AF580248

L'ÂNE D'OR

Collection

fondée par Alain Segonds

et dirigée par Vincent Bontems

LES MATHÉMATIQUES COMME MÉTAPHORE

courtoisie de Xénia Sémionova

YURI I. MANIN

LES MATHÉMATIQUES COMME MÉTAPHORE

ESSAIS CHOISIS

Préface de Freeman J. Dyson
Postface de Pierre Lochak
Traduit de l'anglais et du russe
par Claire Vajou

PARIS

LES BELLES LETTRES

2021

www.lesbelleslettres.com
Retrouvez Les Belles Lettres sur Facebook et Twitter.

ISBN : 978-2-251-45172-5

Conception de l'image : Mikhaïl Laptev et Mikhaïl Panov

« Nous avons passé le mois d'avril 1989 à Paris, où je donnais une série de conférences au Collège de France. Nous demeurions rue de l'Université, dans un appartement du bel immeuble de la Fondation Hugot du Collège de France. Nous nous promenions dans Paris (où j'étais déjà venu en 1967). Comme la plupart des touristes, nous avions envie de trouver un souvenir à emporter. Rue de Rivoli, nous avons découvert une petite boutique qui vendait uniquement des maisons miniatures de formes et de tailles variées. On pouvait en acquérir plusieurs et construire tout un pâté de maisons. Au bout d'un certain temps, nous avons fini par trouver ce qui nous plaisait : cette petite "Maison du Géomètre" ! Nous l'avons emportée à Moscou (puis à Bonn...) et quand l'éditeur russe de *Les mathématiques comme métaphore* nous a consultés pour le choix d'une couverture, nous avons proposé celle-ci.

D'ailleurs, le nom de "Géomètre" ne se réfère pas aux mathématiciens au sens de Platon (ou plutôt d'Euclide). Il indique que dans cette maison vit un artisan tel qu'un cordonnier ou un serrurier, mais qualifié pour mesurer. Un géomètre sait mesurer de façon professionnelle la distance entre des objets, ou entre des points d'une terre, et l'on fait appel à lui par exemple lorsqu'un terrain est vendu, ou déblayé pour être construit... » (Y. M.)

PRÉFACE
de Freeman Dyson

Certains mathématiciens sont des oiseaux, d'autres des grenouilles. Les oiseaux volent haut, et leur regard embrasse de larges perspectives mathématiques qui s'étendent jusqu'à un horizon lointain. Ils adorent les concepts qui unifient notre pensée et qui rassemblent divers problèmes provenant de différentes parties du paysage. Les grenouilles vivent en bas, dans la boue, et ne voient que les fleurs qui poussent dans les parages. Elles adorent les détails des objets particuliers et résolvent les problèmes l'un après l'autre. Manin est un oiseau. Il se trouve que je suis une grenouille, mais je suis heureux de présenter ce livre qui nous montre sa « vue d'oiseau » des mathématiques.

« Les mathématiques comme métaphore » : bon slogan pour les oiseaux. Il signifie que les plus profonds concepts mathématiques sont ceux qui relient un monde d'idées à un autre. Au XVIIe siècle, Descartes a réuni les mondes disparates de la géométrie et de l'algèbre grâce à son concept de coordonnées, et Newton a relié les mondes de la géométrie et de la mécanique grâce à son concept de « fluxions », qu'on appelle aujourd'hui *calculus* ou calcul différentiel. Au XIXe siècle, Boole a réuni les mondes de la logique et de l'algèbre grâce à son concept de logique symbolique, et Riemann a réuni les mondes de la géométrie et de l'analyse grâce à son concept de surface de Riemann. Coordonnées, fluxions, logique symbolique et surfaces de Riemann sont autant de métaphores qui étendent la signification des mots en la faisant passer d'un contexte familier à un contexte non familier. Manin voit l'avenir des mathématiques comme une exploration de métaphores déjà visibles mais pas encore comprises. La plus profonde de ces métaphores est la similarité de structure conceptuelle de la théorie des nombres et de la physique. Dans ces deux champs, il discerne d'intrigants parallélismes de concepts, des symétries reliant le continu et le discret. Il recherche une unification qu'il appelle la « quantification » des mathématiques.

Manin n'est pas d'accord avec ce qu'on raconte un peu partout : à savoir que Hilbert aurait établit la feuille de route des mathématiques du XXe siècle le jour où il a présenté sa fameuse liste de vingt-trois problèmes non résolus au Congrès International des Mathématiciens de Paris en 1900. Manin estime qu'en mathématiques ce sont les programmes, et non les problèmes, qui sont sources d'avancées importantes. On résout en général les problèmes en utilisant de façon nouvelle de vieilles idées. Les programmes de recherche, eux, sont les pépinières où naissent les idées nouvelles. Il considère le programme de Bourbaki, qui réécrit l'ensemble des mathématiques dans un langage plus abstrait, comme la source d'une grande partie des idées nouvelles du XXe siècle. Il voit le programme de Langlands, qui unifie la théorie des nombres et la géométrie, comme une source prometteuse d'idées nouvelles pour le XXIe. Les gens qui résolvent des problèmes célèbres ont beau recevoir de grands prix, ce sont ceux qui lancent de nouveaux programmes qui sont les vrais pionniers.

L'une des plus riches sources d'idées pour le XXe siècle fut le programme de recherche mis en place par George Cantor au XIXe, qui explorait le monde des ensembles infinis et des nombres cardinaux et ordinaux infinis. Hilbert a extrait de ce programme un problème particulier : la confirmation ou la réfutation de l'hypothèse du continu, qui est devenu le numéro un de sa liste. Il s'est avéré que le problème avait une solution plus profonde et plus importante qu'Hilbert ne l'avait imaginé. En 1938, en effet, Kurt Gödel a montré que l'hypothèse ne pourrait jamais être réfutée, et en 1963 Paul Cohen a montré qu'elle ne pourrait jamais être confirmée. L'hypothèse du continu est devenue un exemple de proposition mathématique indécidable, illustrant le fait qu'aucun ensemble d'axiomes ne peut englober la totalité des mathématiques. Ce que dit Manin, c'est que l'hypothèse du continu en elle-même est devenue sans importance. De fait, aujourd'hui, peu de mathématiciens se soucient de savoir si cette hypothèse est juste ou fausse. Le progrès important a été de comprendre que divers ensembles d'axiomes, au choix, peuvent servir de fondations aux mathématiques. Cette compréhension est due au programme de Cantor dans sa totalité et non au problème particulier qu'est l'hypothèse du continu.

Dans son article sur le programme de Cantor[1], Manin convoque en même temps deux domaines mathématiques historiquement distincts : la théorie des nombres infinis inventée par Cantor au XIXe siècle, et la théorie de la calculabilité finie, inventée par Alan Turing au XXe siècle. Il réunit ces deux mondes par une proposition simple :

2^x est considérablement supérieur à x.

Il souligne que les mathématiques profondes commencent dès qu'on essaie d'attribuer une signification précise à ce mot innocent : « considérablement ». Quand x est infini mais calculable, la proposition devient l'Hypothèse du Continu de Cantor, à savoir l'hypothèse que l'ensemble des points d'une ligne est le plus petit ensemble infini supérieur à l'ensemble infini des nombres entiers.

Quand x est grand mais fini, 2^x est, en gros, le nombre d'instances qui doivent être vérifiées afin de trouver un nombre (ayant une propriété générique donnée) parmi les entiers dont la taille du développement binaire n'excède pas x (ou de prouver qu'un tel nombre n'existe pas). La proposition « 2^x est considérablement supérieur à x » signifie que la plupart des questions comportant x inconnues pouvant chacune prendre la valeur 0 ou 1

1. Voir partie I, ch. 4 du présent recueil.

ne peuvent être résolues par un ordinateur en un temps raisonnable (un temps polynomial dépendant de la taille de l'entrée). Cette proposition est la base de la théorie moderne de la calculabilité. La question de savoir quelles fonctions arithmétiques sont en principe calculables n'a pas de réponse générale. Manin avance l'idée que ce n'est pas un hasard. Il existe une similitude formelle entre la théorie de Cantor des ensembles infinis et la théorie de Turing de la calculabilité des fonctions arithmétiques. Dans les deux théories, l'indécidabilité est la règle plus que l'exception, et les preuves de l'indécidabilité sont formellement semblables. Chacune des deux théories est une métaphore de l'autre.

Le présent recueil contient dix articles mathématiques qui nous donnent le noyau de la pensée de Manin, et cinq essais non mathématiques qui nous donnent un aperçu de ses « hobbies » intellectuels[2]. L'article mathématique le plus substantiel est « Mathématiques et Physique », une réédition d'un ouvrage publié à l'origine en russe en 1979 et en anglais en 1981, dont j'ai donné une recension dans la revue *Mathematical Intelligencer* en 1983. Voici quelques phrases de cette recension :

> Le but de Manin était de rendre le processus de pensée des physiciens intelligible aux mathématiciens. Il y parvient grâce à un choix habile d'exemples. Et, incidemment, de par sa façon de penser et d'écrire, il rend les processus de pensée d'un mathématicien accessibles aux physiciens. Il n'essaie pas d'abolir ou de gommer la distinction entre compréhension mathématique et compréhension physique. L'un des nombreux atouts de ce livre est qu'il laisse le mystère central – la miraculeuse efficacité des mathématiques comme outil de compréhension de la nature – non expliqué et non obscurci.

L'essai de comporte qu'une cinquantaine de pages, mais

2. La préface de F.J. Dyson est celle de l'édition américaine (2007). La présente édition française est enrichie de chapitres figurant dans la (seconde) édition russe de 2010 (III, 8 ; III, 9 ; une partie de III, 12), d'articles divers (II, 4 ; III, 3 ; III, 4) et d'un article inédit (III, 10).

il parvient à faire tenir à l'intérieur de ce cadre étroit une exposition parfaitement claire d'un éventail étonnamment large de sujets. Pour donner un exemple parmi tant d'autres possibles, voici le commentaire de Manin sur l'intégrale de Feynman, une expression mathématique mal définie, habituellement utilisée par les physiciens pour décrire les processus quantiques :

> Dans la préhistoire du calcul intégral, le travail remarquable de Kepler, *Stéréométrie des tonneaux à vin*, occupe une place importante. Les intégrales donnant le volume des solides de révolution utilisés dans le commerce étaient calculées dans cet ouvrage, à une époque où la définition générale d'une intégrale n'était pas encore apparue. La théorie mathématique des magnifiques intégrales de Feynman, que les physiciens écrivent avec de grands nombres, n'est pas très éloignée de la stéréométrie des tonneaux à vin.

Manin imagine une révolution future dans les mathématiques, analogue à l'invention du calcul intégral par Newton, qui rendrait les intégrales de Feynman aussi solides et dépourvues d'ambiguïté que des tonneaux à vin.

Manin est un mathématicien professionnel, et son livre concerne surtout les mathématiques. Ce sera peut-être une surprise pour les lecteurs occidentaux qu'il écrive avec une égale éloquence sur d'autres sujets, comme l'inconscient collectif, les origines du langage humain, ou le rôle du fripon (« trickster ») dans la mythologie de nombreuses cultures. Pour ses compatriotes de Russie, une telle variété d'intérêts et de compétences ne constitue pas une surprise. Les intellectuels russes maintiennent la fière tradition de la vieille intelligentsia russe, où scientifiques, poètes, artistes et musiciens appartiennent à une même communauté. Il existe encore de nos jours un groupe d'idéalistes, tels ceux que nous rencontrons dans les pièces de Tchékhov, liés entre eux par leur rejet d'une société superstitieuse et d'un gouvernement autocratique. En Russie, mathématiciens, compositeurs et cinéastes se parlent, marchent ensemble dans la neige par les nuits d'hiver, s'asseyent ensemble autour d'une bouteille de vin, et partagent leurs idées.

L'une des passions de Manin est la théorie des archétypes inventée par le psychologue suisse Karl Jung. Un archétype, selon Jung, est une image mentale enracinée dans un inconscient collectif qui nous est commun à tous. Les émotions intenses que les archétypes véhiculent sont des traces de souvenirs perdus de joies et de souffrances collectives. Manin dit que nous n'avons pas besoin de considérer comme vraie la théorie de Jung pour la trouver éclairante. Parmi les archétypes que décrit Jung, le personnage rusé (« trickster ») présent dans les mythologies est le favori de Manin. Au commencement de la littérature européenne, Achille et Hector, les héros de l'Iliade, accomplissent leur destin tragique jusqu'à leur noble mort. Vient ensuite Ulysse, le héros de l'Odyssée, le futé qui survit. Ulysse nous enseigne à gérer une situation difficile en nous montrant astucieux. Après dix ans de combats héroïques et sanglants sans issue, il met finalement terme à la guerre de Troie en faisant construire un cheval de bois rempli de soldats bien armés. Les Troyens, dupés par cette ruse, font entrer le cheval dans la ville, les soldats prennent les habitants par surprise, et la ville tombe. L'essai de Manin : « The Mythological Trickster / Le personnage mythologique du fripon », montre que l'archétype du « rusé » est plus ancien que la littérature occidentale, qu'il remonte aux mythes et légendes de peuples analphabètes à travers le monde. Dans nombre de ces anciennes légendes, le rusé est l'un de deux frères. L'aîné est le chef, le fondateur de la tribu, plein de dignité et d'héroïsme, l'incarnation de la vertu, du courage et de la justice. Le cadet est le renégat, le petit diable qui joue des tours et enfreint les règles, celui qui se moque du chef et est rarement puni. Dans les cultures animistes de Sibérie antérieures à l'arrivée du christianisme, il arrivait souvent qu'une tribu fût dirigée par deux frères, l'un chef et l'autre chamane, avec le chamane dans le rôle du fripon. Manin raconte aussi l'histoire de Wakdjunkaga, un farceur qui apparaît dans les légendes des Indiens Winnebagos, et que Jung a adopté comme l'exemple-type de l'archétype du fripon. Un autre exemple de deux frères, l'un chef, l'autre farceur, se trouve dans le livre biblique de l'Exode. Moïse fait sortir d'Égypte les enfants d'Israël, tandis que son frère Aaron joue des tours à Pharaon pour le punir et le confondre.

En 1979, Clara Park, professeur d'anglais au William College, a publié dans la *Hudson Review* un article intitulé « No Time for Comedy » décrivant le rôle du « trickster » en littérature. Tout héros comique est un farceur. Clara Park, dans cet article éloquent et pénétrant, dit qu'il y a trop de tragédie dans notre littérature moderne, et pas assez de comédie. Il se trouve, et ce n'est pas un hasard, que Clara Park est une proche amie de Manin. Elle a publié en 1967 un livre intitulé *Le siège*, un récit admirable sur la façon dont elle a élevé sa fille autiste. Manin s'est toujours énormément intéressé à l'autisme, fenêtre sur le fonctionnement de l'esprit humain. Un enfant autiste est en un sens une intelligence pure, car sa vision du monde n'est pas déformée par les émotions et les relations humaines dont les gens normaux font l'expérience. Un enfant autiste voit, comme Euclide, la beauté toute nue. Clara Park raconte que sa fille a employé correctement le mot « heptagone » avant d'utiliser le mot « oui ». Une enfant autiste, n'ayant pas conscience des contraintes et des conventions humaines normales, a certaines qualités en commun avec un « trickster ». L'article de Manin, intitulé « It is still Love » / « C'est encore de l'amour » est une recension du livre de Clara Park publiée dans le magazine russe *Priroda (Nature)*. Il y peint un portrait très vivant de cette enfant extraordinaire et de sa mère, cette dernière se consacrant sans relâche à sa fille, mais gardant une distance brechtienne tandis qu'elle observe et décrit son lent éveil.

Il y a plus de trente ans, la chanteuse Monique Morelli a enregistré des chansons sur des paroles de Pierre Mac Orlan. L'une de ces chansons est « La ville morte ». Sa mélodie s'accorde avec le contralto profond de Monique Morelli, un air d'accordéon joue en contrepoint de la voix, et les paroles ont des images d'une extraordinaire intensité. Imprimées sur la page, les paroles n'ont rien de particulier :

En pénétrant dans la ville morte
Je tenais Margot par la main (...)
Nous marchions dans la nécropole
Les pieds brisés et sans paroles
Devant ces portes sans cadoles,
Devant ces trous indéfinis,
Devant ces portes sans paroles
Et ces poubelles pleines de cris.

Je ne peux entendre cette chanson sans éprouver une émotion d'une intensité disproportionnée. Je me suis souvent demandé pourquoi ses mots simples semblent entrer en résonnance avec une couche profonde de mémoire inconsciente, comme si des âmes défuntes parlaient à travers cette musique et cette voix. Et voici que je découvre de manière inattendue une réponse à ma question dans le présent recueil de Manin. Son bref essai « L'archétype de la cité déserte » décrit la façon dont l'archétype de la cité morte apparaît à maintes reprises dans les créations architecturales, littéraires, artistiques, cinématographiques, depuis l'Antiquité jusqu'à nos jours, au fond à partir du moment où les humains ont commencé à se rassembler dans des villes, et où d'autres êtres humains ont commencé à se rassembler en armées pour ravager et détruire ces villes. Le personnage qui s'adresse à nous dans le poème de Mac Orlan est un vieux soldat qui a jadis fait partie d'une armée d'occupation. Après avoir marché avec sa femme dans la poussière et les cendres de la ville morte, il entend une fois de plus :

Chansons de charme d'un clairon
Qui fleurissait une heure lointaine
Dans un rêve de garnison.

Les paroles de Mac Orlan et la voix de Morelli semblent donner vie à un rêve de l'inconscient collectif, le rêve d'un vieux soldat errant dans une ville morte. Il se peut que le concept d'inconscient collectif soit aussi mythique que celui de la ville morte. L'essai de Manin décrit la lumière subtile que ces deux concepts, possiblement mythiques, projettent l'un sur l'autre. Il décrit l'inconscient collectif comme une force irrationnelle qui nous tire puissamment vers la mort et la destruction. L'archétype de la ville morte est la synthèse épurée de l'agonie des centaines de villes réelles détruites depuis l'invention des villes, et des armées dévastatrices. La seule façon possible pour nous d'échapper à la démence de l'inconscient collectif est d'avoir une conscience collective saine, fondée sur l'espoir et la raison. La grande tâche à laquelle doit faire face notre civilisation contemporaine est de créer une telle conscience collective.

Freeman Dyson[3]

3. Freeman Dyson est professeur émérite de la School of Natural Sciences, Institute for Advanced Study, Princeton.

[illegible] contre [illegible] mythiques, projettent [illegible] l'autre. Il décrit l'inconscient collectif comme une force [illegible] qui nous [illegible] vers la mort et la destruction. L'archétype de la [illegible] est la synthèse épique de [illegible] des centaines de villes [illegible] de [illegible] des villes et des armées de [illegible] possible pour nous échapper à la [illegible] collectif est d'avoir une conscience collective [illegible] fondée sur l'esprit et la raison. La grande tâche [illegible] de faire face [illegible] notre civilisation contemporaine est de [illegible] conscience collective.

Freeman Dyson[*]

---

[*] Freeman Dyson, [illegible] émérite [illegible] School of Natural Sciences, Institute for Advanced Study, Princeton.

UNE PREUVE D'EXISTENCE
(*EN GUISE D'INTRODUCTION*)

À la mémoire de mes parents

Ce recueil rassemble une douzaine de mes articles non techniques rédigés et publiés au cours des trente dernières années. Il complète une sélection de mes articles techniques publiée en 1996[4].

Les mathématiques, cette activité magnifique à laquelle je me suis adonné toute ma vie, ne sont pas ici un simple point de départ pour des considération non mathématiques, mais aussi une métaphore de l'existence humaine. Pas seulement pour les initiés. À chaque génération, il y a peu de mathématiciens, et ils communiquent souvent entre eux par-dessus la tête de leurs contemporains, à travers les décennies et les siècles, comme le font les poètes, les musiciens, les philosophes.

Le sentiment d'être « un coureur de fond solitaire » accompagne cette forme de vie ; chacun le compense à sa façon. Pour ma part, depuis mon enfance, j'aime lire, beaucoup, sans ligne directrice particulière.

* * *

La plupart des recherches dans lesquelles je me suis engagé ont commencé par la géométrie algébrique. La pièce maîtresse de cette discipline est l'étude des solutions des systèmes d'équations

4. Y. Manin, *Selected Papers, World Scientific Series in 20th Century Mathematics*, vol. 3, World Sci., Singapore, 1996, 600 p.

polynomiales à plusieurs inconnues. Quand les équations sont données et déterminées, nous imaginons l'ensemble de toutes leurs solutions, qui consiste en n-uplets de nombres complexes, comme une entité géométrique, une forme située dans un espace à n dimensions, s'étendant à l'infini dans certaines directions et se refermant capricieusement sur elle-même dans d'autres directions. La variété et la complexité de telles formes est incomparablement plus riche que tout ce qu'on peut voir dans des expositions modernes d'art abstrait, mais les géomètres algébristes ont réussi à trouver certaines structures, à découvrir certaines connexions, et à déterminer les lois de ce monde immense.

Ce qui m'a passionné le plus, ce sont les applications de la géométrie algébrique à la théorie des nombres et à la physique théorique.

L'un des plus vieux problèmes de la théorie des nombres, qui remonte aux anciens Grecs et porte le nom de Diophante d'Alexandrie (vers 300 avant J.-C.), concerne aussi les solutions des équations polynomiales, mais cette fois, on considère que les coefficients des polynômes en question sont des nombres entiers, et l'on pose la question suivante :

> Existe-t-il une solution dont toutes les coordonnées soient aussi des nombres entiers ou rationnels ? Combien de solutions peut-on s'attendre à trouver ?

À l'aube de notre science, lorsque les mathématiciens de l'Antiquité avaient à peine appris à poser ce genre de questions et à leur trouver des réponses, même les équations les plus simples ont été une profonde révélation : que l'équation $x^2 - 2y^2 = 0$ ne possède d'autre solution entière que la solution triviale $x = y = 0$ leur a ouvert les yeux sur le fait que le monde des grandeurs géométriques est beaucoup plus grand que le monde des grandeurs « rationnellement mesurables » (la diagonale d'un carré est incommensurable avec ses côtés). La géométrie euclidienne fut aussi à l'origine de la physique théorique – la cinématique de solides idéaux dans un espace vide à deux ou trois dimensions –

et les tentatives de lier les formes et les nombres ont conduit beaucoup plus tard à la cristallisation de l'outillage algébrique, analytique et informatique de la physique. Des nombres comme $\sqrt{2}$, la diagonale d'un carré de côté 1, ou bien $\sqrt[3]{2}$, la longueur du côté d'un cube de volume 2, ou bien π, la circonférence d'un cercle de diamètre 1, représentaient dès le début des constantes physiques ; au cours de l'histoire des mathématiques, on a lentement pris conscience de ce que les nombres réels dont nous avons aujourd'hui l'habitude constituaient un énorme réservoir potentiel pour exprimer les grandeurs physiques. Pour comprendre le monde, les nombres entiers et rationnels ne suffisaient pas.

D'un autre côté, afin de décrire le monde physique et celui des idées, afin que le professeur puisse transmettre à l'élève ce qui était compris à l'époque, afin de préserver les choses de l'oubli pour les générations suivantes, les hommes avaient besoin de mots, de symboles, de signes, et de lois strictes pour leur maniement. Les syllogismes d'Aristote ont servi de rudiments à la théorie linguistique, exactement comme les découvertes de Pythagore ont servi de rudiments à la physique théorique. Peu à peu, à travers les scholastiques, puis Leibniz, Boole, Gödel, von Neumann et bien d'autres, on a pris conscience de ce qu'on pouvait manier les textes écrits en langage scientifique comme on manie les nombres entiers.

La théorie de la connaissance, qui appartient à la philosophie, dépasse le cadre de notre propos, mais disons qu'on peut se représenter comme suit les interrogations techniques qu'elle soulève : *peut-on, à partir d'un corpus donné de connaissances, extraire logiquement une réponse à une nouvelle question, ou cela exige-t-il un élargissement du socle des connaissances ?*

Plus de deux mille ans après Diophante et Pythagore, il est apparu qu'en principe toutes les interrogation de ce type se ramènent à une seule, que nous avons déjà formulée plus haut : *un système donné d'équations diophantiennes a-t-il une solution* ?

* * *

L'interaction mutuelle entre l'algèbre géométrique et la théorie des nombres a conduit à la compréhension d'un principe étonnant et fondamental : les réponses à ces questions diophantiennes sur les systèmes d'équations polynomiales dépendent étroitement de la forme géométrique de l'espace de toutes les solutions complexes de ce système.

Par exemple, l'espace de toutes les solutions complexes peut être (topologiquement) analogue à une sphère, ou à un tore, ou à une sphère à deux anses. Le nombre d'« anses » d'une surface est ce que l'on appelle son genre, auquel est lié un invariant topologique très robuste d'un système des équations, n'ayant à ce qu'il semble rien à voir avec le détail de l'arithmétique ni avec les points discrets d'un réseau de vecteurs à coordonnées entières (dans l'espace projectif la différence entre points entiers et points rationnels s'efface).

Néanmoins, le genre détermine essentiellement dans quels cas l'ensemble des solutions rationnelles peut être infini, à savoir : *seulement si le genre est nul ou égal à un.*

C'est là en substance la célèbre conjecture de Mordell, sur laquelle j'ai travaillé dans les années soixante, avec un succès partiel seulement. Par la suite, j'ai tenté de mettre en place les grandes lignes d'un programme visant à établir l'interdépendance, dans n'importe quelle dimension, des propriétés géométriques et diophantiennes.

La trousse à outils mathématique de la physique théorique ne contenait guère plus qu'une géométrie algébrique rudimentaire jusqu'au milieu du xxe siècle, quand l'appareil de la théorie quantique des champs, et surtout celui de la théorie des cordes a placé la géométrie algébrique au premier plan.

La représentation usuelle de la ligne d'univers d'une particule élémentaire ponctuelle a cédé la place au paradigme de la « feuille d'univers » d'une petite corde. Un tel monde plan prend la forme d'une surface de Riemann dont le genre – le nombre de ses anses – correspond au nombre de boucles dans les expressions en amplitudes de Feynman lesquelles, depuis les années quarante, constituaient l'outil essentiel de la théorie quantique des champs, que ce soit d'un point de vue théorique ou de celui des calculs effectifs.

J'ai réussi à calculer la mesure dite de Polyakov sur l'espace des modules paramétrant les surfaces de Riemann (d'un genre donné), mesure dont la connaissance est indispensable pour le calcul des intégrales de Feynman. Il s'est avéré que cette mesure est constituée des mêmes composants arithmétiques que ceux qui ont joué un rôle central dans la preuve complète que Gerd Faltings avait donnée, peu de temps auparavant, de la conjecture de Mordell sur les équations diophantiennes évoquée plus haut.

Le contrepoint de ces deux thèmes – langage et géométrie, théorie des nombres et physique, logique et intuition – resurgit constamment dans les chapitres physico-mathématiques du présent ouvrage.

Et de fait, le sentiment platonicien que même les idées mathématiques les plus abstruses sont d'une certaine façon prédestinées à être en harmonie avec le monde physique a toujours constitué pour moi l'un des plus irrésistibles attraits de notre profession.

Stéphane Mallarmé voulait nous faire prendre conscience de ce que la poésie est faite de mots plus que d'idées. Dans une certaine mesure, c'est vrai aussi des mathématiques, mais dans un sens plus profond, c'est fondamentalement faux (je soupçonne que c'est faux aussi pour la poésie).

Comme je l'ai récemment écrit dans *Mathematical Knowledge / La connaissance mathématique*,

> les mathématiciens ont développé un type de discours très particulier, qu'on pourrait appeler « la culture des définitions ». Dans cette culture, on consacre de grands efforts à la clarification du contenu (sémantique) de *notions* abstraites de base et de la syntaxe de leurs relations réciproques, alors que le choix des *mots* (et, surtout, des *notations* pour désigner ces notions), constitue une matière secondaire et une convention largement arbitraire, dictée par la commodité, des considérations esthétiques et le désir d'évoquer des connotations appropriées.

Essayant de mieux comprendre moi-même la dimension linguistique des mathématiques, j'ai écrit, surtout dans un but d'auto-éducation, *A Course in Mathematical Logic*, publié dans la série des Springer Graduate Texts en 1977.

Une version russe de ce texte a été publiée par « Radio Soviet » en deux parties : *Provable and Improvable / Démontrable et Indémontrable* en 1979, et *Computable and Incomputable / Calculable et non calculable* en 1980. Pour la seconde partie j'ai rédigé une introduction (reproduite dans le présent recueil[5]) à la fin de laquelle je soutenais brièvement l'idée que les ordinateurs quantiques pourraient être de puissants outils de calcul. Il y a quelques années, j'ai été heureux d'apprendre que mes considérations avaient incité au moins un jeune chercheur en Russie à se consacrer à ce champ prometteur. L'article de Feynman, publié en 1982 en anglais, et développant des arguments similaires de façon extrêmement détaillée, eut beaucoup plus de retentissement[6].

* * *

Le langage, ses origines et son fonctionnement, en mathématiques contemporaines et en logique mathématique comme à ses tout premiers stades préhistoriques, sur lesquels nous en sommes réduits à spéculer, m'a toujours fasciné.

---

5. Voir partie I, ch. 6 du présent recueil.

6. « Ecce Romanos quoque inuasit inane studium superuacua discendi. His diebus audiui quendam referentem quae primus quisque ex Romanis ducibus fecisset : primus nauali proelio Duilius uicit, primus Curius Dentatus in triumpho duxit elephantos. [...] non est profutura talis scientia, est tamen quae nos speciosa rerum uanitate detineat » (Sénèque, *De brevitate vitae*, XIII, 3). « Voici les Romains eux-mêmes gagnés par le stérile engouement des connaissances oiseuses. Ces jours-ci, j'entendis raconter quels généraux romains avaient été les premiers à faire telle ou telle chose : c'est Duillius qui remporta la première victoire navale ; c'est Curius Dentatus qui le premier fit défiler des éléphants à son triomphe. [...] Nul profit à tirer d'une telle connaissance, certes, mais elle nous amuse en nous montrant la vanité des choses. »

Dans la première moitié du xxe siècle, l'intérêt mutuel des sciences humaines et philologiques pour les sciences dites « dures » créait une atmosphère propice à instaurer une collaboration. Le fossé entre les « deux cultures » (C. P. Snow) semblait enfin franchissable, du moins à Moscou et à Paris. Les linguistes, comme aiguillonnés par la logique interne de leurs questionnements, ainsi que par les nouvelles possibilités offertes par l'informatique, commençaient à élaborer les principes d'une description exacte des langues naturelles ; le remarquable programme de linguistique générale « Sens-Texte » d'Igor Mel'čuk me passionnait particulièrement. Kolmogorov et ses élèves travaillaient sur le discours poétique et l'étudiaient par des méthodes statistiques. Sémioticiens et critiques littéraires allaient à la rencontre les uns des autres. Non sans d'inévitables déceptions et agacements[7].

Cependant, je n'étais pas attiré par la perspective d'appliquer mes compétences professionnelles de mathématicien aux matériaux fournis par la philologie et les sciences humaines. J'avais envie d'y faire une incursion comme en territoire étranger, et de décrire ce que je voyais par des mots non pas tant exacts qu'expressifs (dans le contexte de la critique littéraire, Suzan Sontag appelait une telle posture « un rapport érotique à la littérature »).

Les fruits de ces rêveries sont constitués de trois articles : « L'archétype de la ville morte », « Le personnage mythologique du « trickster » : essai de psychologie et de théorie de la culture », et « Les premiers développements de la parole et de la conscience (phylogenèse) ».

En fin de compte, ces trois articles sont nés du désir de com-

7. « Dans les tableaux, les résultats des colonnes et ceux des lignes refusaient de s'accorder (...). D'ailleurs, pas grand monde ne lit les tableaux en chiffres : dans mon livre *Современный русский стих / Le vers russe contemporain* (Moscou, 1974, p. 337), les calculs sur la « tactovique » (la métrique accentuelle) de Blok n'étaient pas effectués correctement, si bien que toutes les déductions qu'on en tirait étaient fausses, mais en 25 ans personne ne s'en est aperçu. »

prendre les traits de la psychologie collective du comportement humain. Les explications matérialistes de l'histoire, formulées dans l'argot de la langue de bois, n'expliquaient ni son invraisemblable cruauté ni sa passion créatrice. On avait parfois l'impression que ce n'étaient ni les grands hommes ni les classes sociales ou les masses qui faisaient l'histoire, mais une petite poignée de sadiques manipulant des foules de masochistes.

J'ai essayé d'entendre ce qu'avait à nous dire l'« archétype de la ville morte », qui apparaît sous diverses formes dans l'art ; je l'ai abordé avec le vocabulaire de la psychologie analytique de Jung, et l'ai analysé comme l'ombre subconsciente de cette « conscience projective » qui crée des utopies laïques et religieuses, parfois incroyablement belles et secourables. Comme on le constate dans des travaux récents de Grigory Revzin et d'Alexeï A. Griakalov[8], cet archétype est aujourd'hui présent dans le discours de la critique d'art et de la philosophie de l'enfance.

Le « trickster » mythologique nécessite une introduction plus développée.

Pendant plusieurs années, j'ai dirigé chez moi un séminaire consacré à la psycholinguistique et à l'évolution de la conscience et de l'intelligence (ce séminaire était une variante des « traditionnelles veillées moscovites dans la cuisine »). Parmi les participants et les intervenants, il y avait des linguistes, des neurobiologistes, des philologues et des psychiatres. Nous avons essayé de trouver des questions et des centres d'intérêts communs, où la mise en commun de nos connaissances professionnelles, de nos habitudes de pensée et de nos expériences diverses serait susceptible de conduire à quelque chose de neuf.

Je me suis peu à peu adonné à des spéculations que seul un dilettante pouvait s'autoriser. J'essayais de m'imaginer la naissance du langage comme système de comportement social.

---

8. http://www.projectclassica.ru/v_o/11_2004_o_01b.htm, http://www.archi.ru/press/revzin/kom071201.htm, http://social.philosophy.pu.ru/press/?cat=publications&key=105.

Les méthodes de la linguistique comparée permettent de reconstruire le lexique et la grammaire des composantes protolangagières de l'époque préhistorique. Elles s'appuient sur la comparaison de mots phonétiquement et sémantiquement proches appartenant à des langues apparentées, puis (disons dans les reconstructions du nostratique), sur la comparaison de racines (reconstituées) phonétiquement et sémantiquement proches. À chaque pas de la reconstruction, la quantité des données conservées diminue de façon exponentielle ; c'est pourquoi la linguistique comparée ne peut pas remonter au-delà d'environ 10 000 à 13 000 ans avant notre ère, c'est-à-dire au-delà du néolithique ancien (naturellement ces dates peuvent être affinées et remises en question). L'apport des données génétiques (Luigi Cavalli-Sforza) confirme et approfondit le tableau ainsi obtenu mais ne communique aucune information sur les langues elles-mêmes.

De plus, on suppose que l'homme a commencé à parler entre 40 000 et 100 000 ans avant notre ère, et je voulais imaginer comment cela avait pu se passer.

Voici, en bref, quelques unes de mes spéculations, sous la forme d'une liste de thèses un peu sèches et simplifiées :

1. Dans les sociétés de l'époque historique, sont par intermittence apparus quelques individus (très peu nombreux) ayant un niveau de langage considérablement supérieur à celui de tous les autres, y compris des gens cultivés ou socialement importants. Souvenons-nous des catalyseurs de leur langue nationale qu'ont été Dante, Shakespeare et Pouchkine. Dans les sociétés préhistoriques, tels furent sans doutes aussi les créateurs de l'*Odyssée* et de l'épopée de Gilgamesh.

   J'ai postulé que cela valait aussi pour les stades beaucoup plus archaïques du développement de la parole. Sont apparus des gens à travers lesquels une langue pas encore née s'articulait, une parole engendrée par un cerveau qui avait muté. Cette proto-langue faisait irruption, à travers proto-poètes et proto-chamanes, dans un environnement qui ne parlait pas encore.

2. La proto-parole s'est développée parallèlement à la proto-conscience.

   Au départ, les fonctions de la parole et de la conscience n'était pas cognitives. Elles consistaient dans l'introduction d'un mécanisme psychique capable de *faire barrage aux réactions innées instinctives et animales, ainsi qu'aux schèmes comportementaux stéréotypés.*

   La proto-parole en développement a fourni un système de signaux qui stoppait ces réflexes instinctifs ; ce système pouvait être intériorisé, et il a commencé à constituer les fondements de la psyché individuelle.

   Leur discours de plus en plus élaboré permettait aussi aux individus particulièrement doués de contrôler le comportement des autres, et en fin de compte, de créer les « réalités alternatives » dont le développement a donné la religion, la littérature, la philosophie et la science.

3. Enfin, l'asymétrie croissante *cerveau gauche / cerveau droit,* qui accompagnait le développement des capacités linguistiques des premiers hommes, et qui se manifestait probablement chez une minorité d'individus éparpillés, pouvait facilement conduire à ce qu'on appellerait, en termes modernes, de graves perturbations névrotiques (on a fait des spéculations analogues à partir de données différentes, par exemple le passage du comportement sexuel propre à la condition animale à celui caractérisant les premières sociétés humaines).

À un certain stade de la reconstruction que j'effectuais, je me suis rendu compte de ce que la figure qui s'était présentée à mon imagination ressemblait de façon frappante au personnage rusé qu'on rencontre dans les mythologies (le « fripon » de Jung, « trickster » en anglais). Je me suis mis à lire une foule d'études consacrées aux « tricksters ». Ces témoignages confirmaient qu'à travers le monde, les « tricksters » étaient doués de capacités langagières exceptionnelles, et étaient en même temps profondément névrosés.

L'évolution darwinienne a favorisé les gènes du « trickster » en ce que sa prodigieuse activité sexuelle était secondée par son talent de manipulateur. De plus, il se peut que son rôle traditionnel de sage auprès du centre du pouvoir lui ait conféré des atouts supplémentaires pour se reproduire.

J'ai décrit succinctement les résultats de cette recherche dans un article publié en 1987 dans la revue *Priroda (Nature)* de l'Académie des Sciences de Russie. C'est seulement récemment que j'ai découvert qu'approximativement à la même époque, en 1988, un groupe de chercheurs avait publié un livre intitulé *Machiavelian Intelligence / L'intelligence machiavélienne*[9].

Le contenu de l'article en question est brièvement résumé comme suit au second tome de cet ouvrage :

> [...] l'évolution de l'intellect fut surtout due, au début, à une sélection favorisant l'habileté relationnelle et manipulatrice à l'intérieur de groupes où le principal défi pour les individus était de savoir s'y prendre avec les autres membres du groupe.

L'expression d'« intelligence machiavélienne » a été forgée par les auteurs (ou les éditeurs) de l'ouvrage en question, précisément pour exprimer métaphoriquement cette compétence manipulatrice. Des enquêtes sur le terrain ont montré qu'elle existe déjà en germe dans les sociétés de primates.

Le « trickster » que j'avais imaginé correspondait remarquablement à cette description.

---

9. *Machiavelian Intelligence I : Social expertise and the evolution of intellect in monkeys, apes and humans / L'intelligence machiavélienne I : Compétences sociales et évolution de l'intellect chez les singes, les chimpanzés et les humains*, sous la direction de R. W. Byrne et A. Whiten, Clarendon Press, Oxford, 1988 ; *Machiavelian Intelligence II. Extensions and evaluations*, Andrew Whiten et Richard W. Byrne, Cambridge Univ. Press, 1997.

* * *

En 1942, mon père est parti au front, où il a été tué un an plus tard. Lors de ses derniers jours à la maison, il a voulu, je pense, être un peu avec moi et m'enseigner quelque chose que je puisse me rappeler longtemps. « Demain, nous irons à la pêche », a-t-il dit.

Le lendemain, nous sommes partis de bon matin, et nous nous sommes arrêtés au bord du plus proche grand canal d'irrigation (l'histoire se passe à Tchardjou, où, après l'évacuation de Simferopol, s'installa une partie de l'Institut Pédagogique de Crimée). Une eau boueuse et brunâtre coulait dans le canal. J'étais quasiment certain qu'aucun poisson ne pouvait vivre là-dedans et, de toute façon, comment l'attraper ? J'avais cinq ans.

Mon père a cassé deux petites branches, leur a enlevé leurs feuilles et a attaché un fil à chacune. Au bout de chaque fil, il y avait une épingle à nourrice en guise d'hameçon. Il a enfilé sur chaque épingle une boulette de mie de pain. Une prémonition terrible s'est glissée en moi : le poisson allait avaler la mie de pain, il souffrirait horriblement, nous le tirerions hors de l'eau, il ne pourrait plus respirer et mourrait. Je n'osais souffler mot.

Mon père a lancé les cannes à pêche. Il ne se passait rien. Les fils remuaient dans l'eau trouble.

Finalement, mon père a dit avec un soupir qu'il était l'heure de rentrer. Il a tiré les « leurres » hors de l'eau, et a regardé les boulettes de mie de pain.

Elles étaient légèrement mordillées ! Donc, il y avait des poissons qui vivaient dans le canal, et nous n'avions tué personne !

Le bonheur que j'ai ressenti après avoir fait ces deux découvertes est resté pour moi la principale leçon que je tienne de mon père ; je ne l'ai jamais oubliée.

Lorsque j'ai composé mon mythe personnel, j'ai décidé que c'était là ma première expérience ontologique, une « démonstration d'existence » par des signes indirects.

* * *

Toute ma vie intellectuelle a été façonnée par ce que j'ai peu à peu identifié, mutatis mutandis, comme le grand projet des Lumières. Son postulat fondamental était la foi en ce que la plus haute valeur est celle de la raison humaine, et que l'expansion de la connaissance et de l'éducation produira inévitablement des êtres humains meilleurs que nous qui vivront dans une société meilleure que la nôtre.

Dans la meilleure tradition des Lumières, les scientifiques se sont mis à étudier la conscience archaïque parce qu'elle existait (tout ce qui existe doit être compris), et pour nous délivrer de l'emprise magnétique qu'elle exerce sur nous.

Mais il s'est avéré que le pouvoir de la conscience archaïque n'a fait que croître à notre époque. Au siècle dernier, la raison et la déraison, aussi fortes l'une que l'autre, se sont développées et ont coexisté en une symphonie monstrueusement dissonante. La science, la politique et l'art, à côté de leurs effets plus bénéfiques, ont fourni à l'humanité des armes de destruction massive, des formes d'organisation totalitaires d'une grande efficacité, et la glorification maligne de tout cela.

Rien de ce que j'ai observé autour de moi au cours des deux derniers tiers du siècle passé et de la première décennie du XXIe ne justifiait cette foi.

Et je continue malgré tout à croire dans le projet des Lumières.

* * *

En conclusion je tiens à exprimer ma profonde gratitude à tous mes professeurs, amis et interlocuteurs. Il m'est impossible de les citer tous, mais c'est grâce à eux, et à leur livres, que j'ai appris tout ce que je sais (ou crois savoir). Je dois une reconnaissance toute particulière à mon épouse Xénia et à mon fils Mitya. C'est Mitya qui a eu l'idée de ces *Selecta* et, lorsque ce projet a pris forme, c'est lui qui a traduit en anglais plusieurs articles qui sont pour moi importants et figurent à présent dans l'édition américaine de ce livre.

Les conseils, les critiques, les encouragements de Xénia et son amour ont accompagné ce travail tout du long, comme ils ont accompagné toute ma vie.

I
LES MATHÉMATIQUES COMME MÉTAPHORE

I.1
LA CONNAISSANCE MATHÉMATIQUE : ASPECTS INTERNES, SOCIAUX ET CULTURELS

0. Préambule

> Il nous traque dans nos contradictions : nous nous enorgueillissons de construire un monde élégant totalement éloigné des exigences de la réalité, tout en prétendant que nos idées sous-tendent virtuellement tous les développements techniques importants.
>
> D. MUMFORD (préface à *Le pont-levis relevé. Les mathématiques – un anathème culturel,* de H. M. ENZENSBERGER, 1999)

Les mathématiques pures sont un immense organisme composé entièrement et exclusivement d'idées qui émergent dans l'esprit des mathématiciens et vivent à l'intérieur de ces esprits.

Si l'on souhaite se débarrasser du sentiment de malaise qu'une telle affirmation peut provoquer, il existe au moins trois échappatoires :

La première est d'identifier purement et simplement les mathématiques au contenu des manuscrits, livres, articles et conférences « de mathématiques » ; au réseau toujours croissant de théorèmes, définitions, preuves, constructions, conjectures (dois-je inclure les logiciels informatiques dans la liste?...); à ce que les mathématiciens présents aux conférences conservent dans les bibliothèques et les archives électroniques, à ce dont ils sont fiers, à ce pour quoi ils se décernent mutuellement des prix, et à ce dont ils discutent parfois âprement l'origine. Bref, les mathématiques sont juste ce que font les mathématiciens, exactement comme la musique est ce que font les musiciens.

La seconde est de soutenir que les mathématiques sont une activité humaine profondément enracinée dans la réalité, et y retournant toujours. Qu'on compte sur ses doigts, qu'on aille sur la lune, qu'on utilise Google, on fait des mathématiques pour comprendre, créer et manier les choses, et peut-être les mathématiques sont-elles davantage dans *cette compréhension* que dans un accompagnement d'abstractions au murmure impalpable. Les mathématiciens sont ainsi des acteurs plus ou moins responsables de l'Histoire humaine, comme Archimède aidant à défendre Syracuse (et à sauver un tyran local), Alan Turing décryptant les messages interceptés que le Maréchal Rommel adressait à Berlin, ou John von Neumann suggérant que l'explosion en altitude est une tactique efficace de bombardement. S'ils acceptent ce point de vue-là, les mathématiciens peuvent défendre leur discipline en insistant sur son utilité sociale. Ce faisant, un mathématicien peut avoir perdu ses repères moraux comme le premier venu, et si je voulais donner un exemple parlant d'une telle confusion morale, je ne trouverais rien de mieux que l'ironie amère de ce constat : « (...) les mathématiques peuvent aussi être un outil indispensable. Ainsi, quand il fallut tester l'effet des bombes à fragmentation sur le corps humain, puisque *des considérations humanistes interdisaient de pratiquer le test sur des cochons* (c'est moi qui souligne), on eut recours à la simulation mathématique. » (Booss-Bavbneck et Høyrup, 2003, p. 11)

La troisième échappatoire est une noble vision du grand Château des Mathématiques qui domine le Monde platonicien des Idées, et que nous découvrons avec dévotion (plutôt que nous ne l'inventons). Les plus grands mathématiciens parviennent à saisir les grands traits du Grand Dessin, mais même ceux auxquels ne s'en révèle qu'un motif sur un petit carreau de cuisine peuvent nager dans la félicité. Ou bien, si l'on est plus enclin à recourir à une métaphore sémiotique, les mathématiques sont un proto-texte dont l'existence n'est que postulée mais qui néanmoins sous-tend toutes les copies corrompues et fragmentaires sur lesquelles nous sommes contraints de travailler. Quant à l'identité de l'auteur de ce proto-texte (ou du constructeur du château), chacun est libre de la conjecturer, mais apparemment George Cantor, avec sa vision de l'infinité des infinis directement inspirée par Dieu, et Kurt Gödel, avec sa « preuve ontologique », n'avaient pas de doute là-dessus.

Divers mélanges et nuances de ces trois types d'attitudes, diverses prises de position sociales entraînant divers choix personnels colorent la réflexion qui va suivre. Le seul but de ce bref préambule est de faire prendre conscience au lecteur des tensions internes de notre exposé, plutôt que de prétendre lui offrir une vision claire ou des jugements définitifs qui n'existent pas.

Une dernière mise en garde concernant les références historiques dans cet essai. Il existe deux façons de lire les textes anciens : l'une est de comprendre l'époque et le peuple dans lesquels ils ont été écrits ; l'autre est de mettre en lumière les valeurs et les préjugés de notre propre époque. Dans l'histoire des mathématiques, ces deux pôles sont respectivement représentés par les « ethno-mathématiques » et l'histoire à la façon de Bourbaki.

Dans la présentation qui va suivre, j'adopte explicitement et consciemment le point de vue « modernisant ».

Remerciements

Silke Wimmer-Zagier m'a procuré des documents sur l'histoire des mathématiques chinoises et japonaises, et Dimitri Manin m'a expliqué la stratégie de classement des pages de Google. Je suis heureux de leur exprimer ma gratitude pour leur aide généreuse.

I. La connaissance mathématique

I.1. Survol historique

Sir Michael Atiyah commence son étude (Atiyah, 2005) en brossant à larges traits le paysage : « Les trois grandes branches des mathématiques sont, par ordre de leur apparition historique : la Géométrie, l'Algèbre, et l'Analyse. La géométrie, nous la devons essentiellement à la civilisation grecque ; l'algèbre est d'origine indo-arabe, et l'analyse (ou Calculus) est la création de Newton et Leibniz – elle ouvre l'ère moderne ». Il explique ensuite que dans le royaume de la physique, ces branches correspondent respectivement à l'étude de l'espace / du temps / du continuum : « Il n'est guère discutable que la géométrie est l'étude de l'espace. Mais tout système algébrique implique l'effectuation d'opérations séquentielles (addition, multiplication etc.), qui sont nécessairement effectuées l'une après l'autre. En d'autres mots, l'algèbre a besoin de temps pour faire sens (même si nous n'avons en général besoin que d'instants temporels discrets) ».

On peut soutenir un point de vue alternatif sur l'algèbre, selon lequel les relations les plus intimes de cette dernière ne sont pas avec la physique mais avec la langue. De fait, quand on observe l'émergence progressive de la numération de position (où l'ordre des signes a son importance) pour écrire les nombres, puis, ultérieurement, la notation algébrique utilisée pour les variables et les opérations, on peut distinguer deux stades historiques.

Au premier stade, la notation sert surtout à abréger et à unifier la mise en symboles des significations disponibles. À ce stade-là, une langue naturelle aurait pu servir le même but (et l'a fait), simplement avec moins d'efficacité. Par conséquent on peut raisonnablement comparer ce processus au développement d'un idiome spécialisé du langage ordinaire. Ce qu'on appelle les chiffres romains, toujours en usage pour des raisons ornementales, sont des vestiges fossilisés de ce stade. Pour recourir à une autre comparaison éclairante, peut-être plus précise et mieux documentée, on peut évoquer l'émergence et l'évolution de la notation en chimie.

Au second stade sont inventés les algorithmes pour l'addition / multiplication puis pour la division de nombres écrits en numération de position. Selon un développement parallèle, les variables et les opérations algébriques commencent à être combinées en équivalences et en équations, puis en chaînes d'équations obéissant aux règles universelles des transformations à l'identique et des déductions. À ce stade-là, les expressions du nouvel idiome (mathématique) sont moins les véhicules de certaines significations que du grain à moudre pour le moulin des calculs. Ce saut de la signification, laquelle passe de la sémantique plus ou moins explicite de la notation, à la sémantique cachée d'un algorithme transformant des chaînes de symboles, fut le chaînon décisif qui marqua la naissance de l'algèbre.

Rien de similaire à ce second stade n'est arrivé aux langues naturelles. Au contraire, quand dans les années soixante du xxe siècle de gros ordinateurs ont rendu possible les premières expériences de traitement algorithmique de textes anglais, français ou russes (par exemple pour fournir une traduction automatique), on a bien vu à quel point les langues naturelles ne convenaient pas à un traitement informatique. D'énormes bases de données de vocabulaire étaient indispensables ; des réseaux embrouillés et illogiques de lois gouvernaient la morphologie, l'ordre des mots et l'emploi correct des constructions grammaticales ; pire, ces lois étaient capricieusement contradictoires d'une langue à l'autre. Et au bout de tant d'efforts, une traduction automatique non retouchée par un être humain n'a jamais donné de résultats satisfaisants.

Cette propriété des langues humaines – leur résistance au traitement algorithmique – est peut-être la raison ultime pour laquelle seules les mathématiques peuvent fournir un langage adéquat à la physique. Ce n'est pas que nous manquions de mots pour exprimer toute cette histoire de $E = mc^2$ et $\int e^{iS(\varphi)D\varphi}$ – on peut facilement inventer des mots – le problème est que nous ne pourrions toujours rien faire de ces grandes découvertes si nous n'avions que des mots pour elles.

Mais nous ne pouvons pas non plus faire l'impasse sur les mots et nous occuper seulement de formules. Les mots jouent trois rôles fondamentaux dans les textes mathématiques et scientifiques. En premier lieu, ils fournissent de nombreux ponts entre la réalité physique et le monde des abstractions mathématiques. En second lieu, ils véhiculent des jugements de valeur, tantôt explicites tantôt implicites, qui régissent à chaque fois notre choix de telle ou telle chaîne de raisonnements mathématiques parmi le vaste éventail de « toutes » les déductions formelles possibles mais pour la plupart stériles. Enfin et surtout, ils nous permettent de communiquer, d'enseigner et d'apprendre.

Je conclurai par une remarque pénétrante de Paul Samuelson concernant l'usage comparé des mots et des symboles mathématiques (citée dans Li Calzi et Basile, 2004) : « Quand nous les abordons (les problèmes de théorie économique) par les mots, nous résolvons les mêmes équations que quand nous écrivons ces équations [...]. Or les grosses erreurs se trouvent en réalité dans la formulation des prémisses [...] Et l'un des avantages du médium mathématique – ou, strictement parlant, des procédures consacrées qu'utilisent les mathématiciens pour exposer une preuve – est que nous sommes obligés de mettre toutes nos cartes sur la table, si bien que tout le monde peut voir nos prémisses ».

Quand on revient à la carte à grande échelle des provinces mathématiques Géométrie / Algèbre / Analyse, on doit trouver sur celle-ci une place pour la Logique (mathématique) avec ses avatars modernes que sont la Théorie des Algorithmes et la Science Informatique. Il existe des arguments convaincants pour la considérer comme une partie de l'Algèbre au sens large (n'en déplaise à Frege). Et si l'on accepte cela, l'intuition d'Atiyah sur le lien de l'Algèbre avec le Temps est corroborée. De fait, le grand saut dans le développement de la Logique, qui marqua les années trente du XXe siècle, s'est produit quand

Turing a utilisé une métaphore physique : la « machine de Turing », pour décrire un calcul algorithmique. Avant ses travaux, la logique était considérée presque exclusivement en termes métalinguistiques, comme nous l'avons dit ci-dessus. La vision de Turing d'un automate fini se mouvant à pas discrets le long d'une bande magnétique à une dimension, et écrivant-effaçant des bits d'information présents sur la bande, ainsi que le théorème relatif à l'existence d'une machine universelle de ce type, mettent parfaitement en valeur l'aspect temporel de tout calcul. Et, ce qui est encore plus important, l'idée du calcul comme processus physique n'a pas seulement aidé à créer les ordinateurs modernes, mais a aussi ouvert des voies pour penser en termes physiques – en mode classique et en mode quantique – les lois générales du stockage et du traitement de l'information.

I.2. Les objets de la connaissance mathématique

Quand nous étudions la biologie, nous étudions des organismes vivants. Quand nous étudions l'astronomie, nous étudions les corps célestes. Quand nous étudions la chimie, nous étudions les divers types de matière et les diverses façons dont la matière se transforme.

Nous effectuons des observations et des mesures sur la réalité brute, nous inventons des expériences étroitement ciblées dans un environnement contrôlé (sauf en astronomie) et finalement nous produisons un paradigme explicatif, qui devient une étape de plus sur le chemin de la science.

Mais qu'étudions-nous quand nous faisons des mathématiques ?

Une réponse possible est la suivante : nous étudions des idées qui peuvent être maniées comme si elles étaient des choses réelles (P. Davis et R. Hersh les appellent « des objets mentaux aux propriétés reproductibles »).

Chacune de ces idées doit être suffisamment rigide pour

conserver sa forme dans tous les contextes, quels qu'ils soient, où elle est susceptible d'être utilisée. En même temps, chacune de ces idées doit avoir un riche potentiel de connexions avec d'autres idées mathématiques. Quand un complexe initial d'idées est formé (pour des raisons historiques ou pédagogiques), les connexions qu'elles ont entre elles peuvent également acquérir le statut d'objets mathématiques, formant ainsi le premier niveau d'une grande hiérarchie d'abstractions.

Tout en bas de cette hiérarchie, il y a les images mentales des choses elles-mêmes et des façons de les manipuler. Par miracle, il se trouve que même des abstractions de très haut niveau peuvent en quelque sorte refléter la réalité : la connaissance du monde découvert par la physique ne peut être exprimée que dans le langage des mathématiques.

Voici quelques exemples élémentaires :

I.2.1. Les nombres naturels

C'est probablement la plus ancienne idée proto-mathématique. La « rigidité » de $1, 2, 3, \ldots$ est telle, que les premiers nombres naturels prennent des significations symboliques dans de nombreuses cultures. La Trinité chrétienne ou le Nirvana bouddhiste nous viennent à l'esprit : ce dernier vient du mot sanskrit *nir-dva-n-dva,* où *dva* signifie « deux », et l'expression entière veut dire que l'état de félicité absolue est atteint par l'extinction de l'existence individuelle et le fait de devenir « un » avec l'Univers (les connotations négatives de l'idée de « deux » survivent même dans des langues européennes modernes, où elle est associée à l'idée de « doute » : cf. le latin *dubius,* l'allemand *Zweifeln* et la description de Méphistophélès par Goethe).

Un nombre naturel est aussi une idée proto-physique : compter des objets matériels (et plus tard des objets immatériels, comme les jours et les nuits) est le premier exemple d'effectuation d'une mesure (voir ci-dessous II. 3.). Un nombre naturel devient une idée mathématique quand

(a) on invente des moyens de manipuler les nombres naturels comme s'ils étaient des choses : additionner, multiplier ;
(b) on découvre les premières caractéristiques abstraites de la structure interne de la totalité de tous les nombres naturels : les nombres premiers, leur infinité, l'existence et l'unicité de la décomposition en nombres premiers.

Ces deux découvertes ont été faites séparément, à une grande distance historique et géographique l'une de l'autre et, probablement, à une grande distance culturelle et philosophique aussi. Le système de la numération de position (où l'ordre des signes joue un rôle) pour écrire les nombres marque l'origine de ce qu'on appelle aujourd'hui les *mathématiques appliquées*, tandis que les nombres premiers marquent l'origine de ce qu'on appelait les *mathématiques pures*. Voici quelques précisions :

Au départ, à la fois les nombres et les moyens de les manipuler étaient codifiés par des objets matériels spécifiques : doigts et autres parties du corps, bâtonnets, entailles... Une entaille est déjà un signe, ce n'est pas un objet proprement dit, et elle peut se mettre à signifier non plus 1 mais 10 ou 60, selon sa place dans la rangée des autres symboles. La voie est ouverte vers la grande découverte des premiers temps mathématiques, celle du système de la numération de position. Cependant, un système de numération de position cohérent exige aussi un signe pour « zéro », ce qui s'est produit tardivement et a marqué un nouveau niveau d'abstraction mathématique.

Une petite histoire parlante (voir Booss-Bavbneck et Høyrup, 2003) nous dépeint le tableau suivant :

> Vers 2074 avant J.-C., le Roi Shulgi organisa une réforme militaire dans l'Empire sumérien ; l'année suivante, une réforme administrative (apparemment imposée sous le prétexte de l'état d'urgence mais bientôt rendue permanente) enrôla la majeure partie de la population active dans des équipes qui travaillaient quasiment comme des esclaves. Elles étaient supervisées par des scribes responsables des résultats de leur équipe, calculés en unités abstraites valant 1/60e d'un jour de travail (12 minutes), selon

> des normes fixées. Ensuite, tout le travail et toute la production devaient être consignés avec précision dans des registres, et convertis en ces unités abstraites, ce qui nécessitait des multiplications et des divisions *en masse*. Un système de numération de position en base 60 fut donc introduit pour les calculs intermédiaires. Son utilisation présupposait l'usage de tables de multiplication, de fractions et de certaines constantes numériques, ainsi que leur enseignement dans les écoles. On voit par là que l'application d'un système dont l'idée de base était « dans l'air » depuis des siècles a nécessité que les décisions soient prises au niveau de l'État, et appliquées avec beaucoup de vigueur. Alors, comme cela arriverait plus d'une fois par la suite, seule la guerre a donné à la société une telle force de volonté.

De l'autre côté, les nombres premiers, eux, semblent jaillir de la pure contemplation, tout comme l'idée d'une infinité très concrète : l'infinité des nombres naturels eux-mêmes ou celle des nombres premiers.

La preuve de l'infinité des nombres entiers codifiée dans les *Éléments* d'Euclide est un joyau du raisonnement mathématique à ses débuts. Rappelons-la brièvement en notation moderne : étant donné une liste finie des nombres premiers $p_1, \ldots, p_n$, nous pouvons lui ajouter un nombre premier de plus en prenant n'importe quel diviseur premier de $p_1 \cdots p_n + 1$.

C'est un exemple parfait de maniement des idées mathématiques comme si elles étaient des objets matériels rigides. Et à ce stade, elles sont déjà des idées pures, dont l'absence de relation avec le moindre vestige de notation sumérienne ou avec quelque *notation matérielle* que ce soit est stupéfiante. Quand on regarde la notation décimale moderne d'un nombre, on peut facilement dire s'il est pair ou divisible par 5, mais pas si c'est un nombre premier. Des générations de mathématiciens depuis Euclide se sont émerveillés du surgissement apparemment aléatoire des nombres premiers dans la série des nombres naturels.

L'observation, l'expérimentation contrôlée, et, récemment, le calcul informatique des nombres premiers (la production et l'identification, pour des applications de sécurité, de grands nombres premiers par des algorithmes applicables à l'informatique) est devenue une marque déposée d'une grande partie de la théorie moderne des nombres.

I.2.2. Les nombres réels et l'« algèbre géométrique »

Les nombres entiers, les humains les ont découverts en comptant, mais d'autres nombres réels sont issus de la géométrie, en tant que longueurs, surfaces, volumes. La découverte par Pythagore de l'incommensurabilité entre la diagonale d'un carré et son côté était en même temps la démonstration de ce qu'il existait davantage de « grandeurs » que de « nombres ». Les grandeurs deviendraient par la suite les nombres réels.

Les opérations arithmétiques sur les nombres entiers ont évolué à partir de l'accumulation de bâtonnets ou d'entailles jusqu'à un usage systématique d'un système normalisé de numération de position. Les opérations algébriques sur les nombres réels ont évolué, elles, à partir de la réalisation ou de l'observation de croquis, qui pouvaient parfois être des plans de construction ou le résultat d'arpentage de sites, et à partir de dessins de cercles, de carrés, et d'angles euclidiens.

Au xxe siècle, les historiens des mathématiques ont pris parti pour ou contre l'interprétation d'une partie considérable des mathématiques grecques comme « algèbre géométrique ». L'un des exemples donnant matière à débat est un croquis représentant un grand carré divisé en quatre parties par deux lignes parallèles aux côtés perpendiculaires, de façon à ce que deux de ces parties soient elles aussi des carrés. Ce croquis peut être lu comme une expression et une preuve de l'égalité algébrique $(a + b)^2 = a^2 + 2ab + b^2$.

Notre perspective de modernes nous invite à reconsidérer de façon plus générale certains modes de processus mentaux, en particulier ceux liés aux mathématiques. Les deux suivants sont les modes de base :

(a) Maniement conscient d'un système fini et discret, avec des lois explicitement définies pour former des chaînes signifiantes de symboles, permettant la construction de nouvelles chaînes, et des lois moins explicites pour décider quelles chaînes sont « intéressantes » (cerveau gauche, activité linguistique et algébrique) ;
(b) Maniement largement subconscient d'images visuelles, implicitement appuyé sur les statistiques des résultats de l'expérience passée, permettant d'estimer les probabilités des résultats futurs et d'apprécier l'équilibre, l'harmonie, la symétrie (cerveau droit, arts visuels et musique, géométrie).

Les processus mentaux des chercheurs en mathématiques doivent combiner ces deux modes, de façons multiples et sophistiquées. Ce n'est pas une tâche facile, en particulier parce que les vitesses sont étonnamment différentes : de l'ordre de 10^7 bits/seconde pour le processus symbolique conscient et 10 bits/seconde pour le processus visuel inconscient (cf. Nørretranders, 1998).

Probablement en raison de la tension intérieure créée par cette différence (et d'autres), les mathématiciens sont souvent considérés, du point de vue émotionnel, comme l'incarnation en une seule personne de valeurs contradictoires – froideur de l'intellect et chaleur des sentiments, sécheresse de la logique et profondeur de l'intuition. Voir les beaux articles de David Mumford (Mumford, 2000a ; 2002), qui défend avec beaucoup de persuasion les statistiques contre la logique en valorisant les statistiques mathématiques ; or ces dernières sont construites, comme toute discipline mathématique, de façon extrêmement logique.

Revenons aux nombres réels et à l'« algèbre géométrique » des Grecs. Nous reconnaissons dans le dessin en question un exemple du traitement par le cerveau droit d'un sujet qui allait par la suite évoluer historiquement en quelque chose de régi par le cerveau gauche. Ou, pour reprendre la formulation de Mumford : l'algèbre moderne est une grammaire du maniement d'objets intrinsèquement géométriques, et l'algèbre grecque est un premier abrégé de ce maniement.

La continuation de la pensée géométrique grecque en tant que phénomène cognitif peut être repérée non seulement dans la géométrie moderne, mais aussi, sans doute, dans la physique théorique. Au cours des dernières décennies, l'apport de la physique aux mathématiques a été si riche en intuitions, en conjectures, en constructions sophistiquées, que l'expression « mathématiques physiques » a été forgée. La pensée théorique qui sous-tend l'utilisation créative de l'intégrale de chemin de Feynman nous frappe par la richesse de résultats établis sur une fondation mathématiquement branlante à tous égards. On peut voir cela comme une confirmation de plus de l'idée que l'« algèbre géométrique » est une réalité, et pas seulement le produit de notre reconstruction.

I.2.3. $e^{\pi i} = -1$: une histoire de trois nombres

La formule d'Euler $e^{\pi i} = -1$ est sans doute la plus belle formule de toutes les mathématiques.

Elle combine de façon parfaitement inattendue trois (ou quatre, si l'on prend -1 séparément) constantes découvertes à diverses époques, et liées à des motivations très différentes.

Très brièvement : $\pi = 3{,}1415926\ldots$ est un legs des Grecs (encore eux). Même son existence en tant que nombre réel, c'est-à-dire en tant que longueur d'un segment de droite ou surface d'un carré, n'est pas quelque chose qu'on puisse saisir sans un certain effort mental. Le problème de la quadrature du cercle n'est pas un problème géométrique parmi d'autres mais un test de légitimité, au résultat incertain.

Au contraire, $e = 2{,}71828\ldots$ a surgi au milieu du XVIIe siècle dans les mathématiques occidentales déjà mûres, sinon pleinement développées. C'est une retombée théorique à la fois de l'invention des tables de logarithmes (un outil d'optimisation des algorithmes numériques, l'addition remplaçant la multiplication), et du problème de la « quadrature de l'hyperbole ». Aucune des constructions classiques existantes ne conduisait à e, et aucune ne suggérait la moindre relation entre e et π.

Enfin, l'introduction de $i = \sqrt{-1}$, nombre « imaginaire », monstruosité pour bien des gens de l'époque, a été littéralement imposée à Cardano par les formules permettant d'extraire les racines d'une équation cubique qui contiennent des radicaux. Quand les trois racines sont réelles, les formules exigeaient des nombres complexes dans les calculs intermédiaires.

La formule d'Euler est un exemple remarquable des égalités « infinies » dont lui-même (et par la suite Srinivasa Ramanujan) était un grand spécialiste. En fait, $e^{\pi i} = -1$ est un cas particulier de la série $e^{ix} = \sum_{n=0}^{\infty} \frac{(ix)^n}{n!}$ qui fournit une expression plus générale, à savoir $e^{ix} = \cos x + i \sin x$.

Les progrès ultérieurs de notre compréhension des nombres réels et la théorie des limites ont relégué à l'arrière-plan la virtuosité avec laquelle Euler et Srinivasa Ramanujan maniaient les « égalités infinies ». Godfrey H. Hardy, qui a décrit la psyché mathématique de Ramanujan, était complétement désemparé quand il essayait de l'intérioriser lui-même. Cette histoire dit bien quelque chose de la dichotomie *logique / statistiques,* mais je suis incapable d'en tirer la moindre conclusion.

Par une évolution totalement indépendante, il s'est trouvé que $e^{ix} = \cos x + i \sin x$ a permis une description adéquate d'une des découvertes les plus importantes et les plus inattendues de la physique du XXe siècle : les amplitudes de probabilité quantique, leur comportement ondulatoire, et l'interférence quantique.

I.2.4. Un ensemble selon Cantor : l'objet mathématique ultime

La description originale de Cantor est la suivante :

> Unter einer « Menge » verstehen wir jede *Zusammenfassung M* von bestimmten wohlunterschiedenen Objekten *m*

> unserer Anschauung oder unseres Denkens (welche die « Elemente » von *M* genannt werden) *zu einem Ganzen.*
>
> Par « ensemble », nous entendons toute *collection M formant un tout,* d'objets *m* de notre intuition ou de notre pensée, définis et distincts (appelés les « éléments » de *M*).

La syntaxe allemande permet à Cantor de faire se refléter le sens de la phrase dans sa structure : *Objekte m unserer Anschauung,* etc. sont tenus embrassés par *Zusammenfassung* [une collection] et *zu einem Ganzen* [formant un tout].

Quand on contemple cette définition pour la première fois, il est difficile d'imaginer quelle sorte de mathématiques, ou même quelle sorte d'activité mentale en général peut être menée avec de si maigres moyens. De fait, c'est justement cette parcimonie qui a permis à Cantor d'inventer son « procédé diagonal », de comparer des infinis comme si c'étaient des objets physiques, et de découvrir que l'infini des nombres réels est strictement supérieur à celui des nombres entiers.

En même temps, l'intuition de Cantor sous-tend la plus grande partie du travail de fondation des mathématiques du XXe siècle : soit elle est vigoureusement réfutée par des logiciens de tout crin, soit elle fonctionne comme un grand projet unificateur, sous le double aspect de la Théorie des Ensembles puis de la Théorie des Catégories.

I.2.5. Tous les hommes sont mortels, Kai est un homme... : *des syllogismes aux logiciels*

Aristote a codifié les formes élémentaires des énoncés et les règles de base des déductions logiques. Les analogies entre ces dernières et l'arithmétique élémentaire ont été perçues tôt, mais précisées tard ; nous reconnaissons le rôle de Boole dans ce développement. Les épistémologues n'ont pas toujours été d'accord sur les relations hiérarchiques entre arithmétique et logique : Frege, par exemple, soutenait mordicus que l'arithmétique était une partie de la logique.

Le xxe siècle a vu une fusion sophistiquée des deux domaines lorsque, dans les années 30, Gödel, Tarski et Church ont produit des modèles (mathématiques) de raisonnement mathématique, qui allaient bien au-delà de la combinatoire de textes finis. L'un des outils conceptuels importants était l'idée, qui remonte à Leibniz, que tous les textes peuvent être numérisés informatiquement à l'aide de nombres entiers, ce qui permet de remplacer les déductions logiques par des opérations arithmétiques.

Tarski a modélisé la vérité comme « ce qui est vrai dans toutes les interprétations », et a découvert que l'ensemble (des nombres) des vérités arithmétiques ne peut pas être exprimé par une expression arithmétique. Le caractère infini de la notion de vérité selon Tarski est lié au fait que les formules logiques sont autorisées à contenir les quantificateurs « pour tout » et « il existe », si bien que l'interprétation d'une formule finie implique une séquence potentiellement infinie de vérifications.

Gödel, recourant à une astuce analogue, a démontré que l'ensemble des vérités que l'on peut déduire de tout système d'axiomes et de règles de déduction ne peut pas coïncider avec l'ensemble de toutes les formules vraies. L'autoréférentialité était un argument essentiel commun aux deux preuves.

Gödel et Tarski ont montré, entre autres choses, que la relation hiérarchique de base entre algèbre et arithmétique est celle d'un langage et d'un métalangage. De plus, seule cette interrelation est objective, non leur statut absolu respectif : on peut utiliser la logique pour décrire l'arithmétique, et on peut utiliser l'arithmétique pour discuter de la logique. Un mélange habile des deux niveaux montre sans ambiguïté les limitations intrinsèques de la logique pure comme outil cognitif, même quand elle s'applique « seulement » à la pure logique elle-même. Au cours de la même décennie, Turing et Church ont analysé l'idée de « calculabilité », qui avait, au début, un parfum plus arithmétique. Alan Turing a accompli un pas décisif en substituant une image physique (la machine de Turing) aux incarnations linguistiques traditionnelles de la logique et du calcul qui dominaient le discours de Gödel et celui de Tarski. C'était un grand pas mental, qui préparait l'évolution technologique qui suivit : l'apparition de calculateurs électroniques programmables.

En théorie, Church et Turing ont tous deux découvert qu'il existait une notion « finale » de calculabilité, incarnée dans la fonction récursive universelle, ou machine universelle de Turing. Ce n'était pas un théorème mathématique, mais plutôt une « découverte physique faite dans un domaine métaphysique », justifiée non par une preuve mais par le fait que toutes les tentatives antérieures de concevoir une vision alternative conduisaient à une notion équivalente. Une part « cachée » (du moins dans les versions vulgarisées) de cette découverte est qu'on a pris conscience de ce que la définition correcte de la calculabilité fait forcément intervenir des éléments incalculables qui ne peuvent être évités à aucun prix : une fonction récursive n'est pas, en général, définie partout, et nous ne pouvons pas savoir où elle est définie et où elle ne l'est pas.

Les ordinateurs que nous utilisons aujourd'hui incarnent une forme technologiquement altérée de ces grandes intuitions.

I.3. Définitions/Théorèmes/Preuves

Je vais maintenant décrire des aspects concrets des mathématiques « pures » en tant qu'activité collective de la communauté professionnelle contemporaine. Je mettrai l'accent moins sur les formes d'organisation de cette activité que sur la façon dont la structure interne du monde des idées mathématiques se réfléchit à l'extérieur.

Regardez n'importe quel article récent d'une des principales revues de recherche scientifique comme *Annals of Mathematics* ou *Inventiones mathematicae*. Il est subdivisé de façon typique en encarts assez brefs intitulés Définitions, Théorèmes (avec Lemmes et Propositions en sous-rubriques), suivis d'un encart intitulé Preuves, qui peut être considérablement plus long. Ce sont les éléments structurels de base d'un exposé mathématique moderne ; des fioritures – motivations, exemples, contre-exemples, discussion de cas particulier, etc. – rendent l'article plus vivant.

Cette façon traditionnelle d'organiser la connaissance mathématique est héritée des Grecs, notamment des *Éléments* d'Euclide. Le but d'une définition est d'introduire un objet mathématique. Le but d'un théorème est d'établir certaines propriétés de cet objet, ou des relations mutuelles entre plusieurs objets. Le but d'une preuve est de rendre cet énoncé convaincant en présentant un raisonnement subdivisé en petits pas, chacun ayant pour justification d'être un argument « élémentaire » convaincant.

Pour dire les choses simplement, nous expliquons d'abord de quoi nous parlons, puis nous expliquons pourquoi ce que nous disons est vrai (n'en déplaise à Bertrand Russell).

Définitions

Le premier point est épistémologiquement subtil et controversé, parce que ce dont nous parlons là, ce sont des images mentales particulières qui normalement ne sont pas présentes dans un cerveau non entraîné (Qu'est-ce qu'un nombre réel ? Une variable aléatoire ? Un groupe ?). Quand, dans les pages précédentes, j'ai présenté certains de ces objets, j'ai recouru à des procédés narratifs pour leur conférer un aspect plus visuel ou plus vivant, mais je n'en ai pas vraiment donné de définitions au sens technique du mot.

Les définitions d'Euclide consistent d'ordinaire en un mélange d'explications qui font intervenir des images visuelles, et d'« axiomes » qui font intervenir certaines propriétés idéalisées dont nous voulons doter ces objets.

Dans les mathématiques contemporaines, on peut plus ou moins explicitement se contenter de l'image mentale de base d'un « ensemble » au sens de Cantor, et d'un éventail limité des propriétés des ensembles et des constructions de nouveaux ensembles à partir d'ensembles donnés. On peut alors considérer chacune de nos définitions comme une description standardisée d'une certaine structure composée d'ensembles, de leurs sous-ensembles, etc. C'est un point de vue qu'a développé le groupe Bourbaki, et qui s'est révélé être une façon extrêmement intéressante, pratique et largement reçue, d'organiser la connaissance mathématique. Ce point de vue a naturellement suscité des réactions, qui visaient surtout le système de valeurs soutenant cette tradition néo-euclidienne, mais ses mérites pragmatiques sont indiscutables. Il a permis, à tout le moins, une meilleure communication entre des mathématiciens venant de divers domaines.

Si l'on adopte une version ou une autre de théorie des ensembles comme base de constructions ultérieures, seuls des axiomes compatibles avec cette théorie demeurent des « axiomes » au sens d'Euclide, un peu comme des propriétés intuitivement évidentes acceptées sans autre discussion (voir ci-dessous), tandis que les axiomes des nombres réels ou de la géométrie plane deviennent des propriétés démontrables d'objets explicitement construits selon les procédés de la théorie des ensembles.

Les Bourbakistes, dans leur travail de fond sur les mathématiques contemporaines, ont développé cette image et lui ont ajouté une belle notion de « structures mères » (voir le numéro de *Pour la Science* (*Bourbaki, une société secrète de mathématiciens*, 2000) consacré à l'histoire du groupe Bourbaki).

Dans un cadre plus large, on peut soutenir que les mathématiciens ont développé un comportement discursif spécifique, qu'on pourrait appeler « culture des définitions ». Dans cette culture, on investit beaucoup d'efforts pour clarifier le contenu (la sémantique) de *notions* abstraites de base et la syntaxe de leurs relations, tandis que le choix des *mots* (ou même, plus largement, des *notations*) utilisés pour ces notions reste une question secondaire, dictée par la commodité, par des considérations esthétiques ou par le désir d'évoquer des connotations appropriées. On peut comparer cela à certaines habitudes du discours des humanités, où des termes comme *Dasein* ou *différance* sont utilisés de façon rigide en tant que marqueurs d'une certaine tradition, sans qu'on s'occupe outre mesure de leur signification[10].

I.4. Problèmes/Conjectures/Programmes de recherche

De temps à autre paraît un article résolvant, ou du moins présentant sous un nouveau jour, un grand problème ou une conjecture qui nous accompagne depuis des décennies, voire des siècles, et qui a résisté à bien des efforts. Le dernier Théorème de Fermat (démontré par Andrew Wiles), la conjecture de Poincaré, l'Hypothèse de Riemann, le problème $P = NP$ aujourd'hui, font même les titres des journaux.

Le 8 août 1900, au second Congrès International des Mathématiciens, David Hilbert a donné à son intervention la forme d'une discussion de 10 problèmes mathématiques exceptionnels, qui faisaient partie de sa liste de 23 problèmes présentés dans la version publiée de sa conférence. On peut discuter de leurs mérites comparés, en termes purement scientifiques, mais ils ont sans aucun doute joué un rôle considérable en focalisant les efforts des mathématiciens dans des directions bien définies, et en fournissant des tâches et des motivations claires aux jeunes chercheurs.

Un problème (une question à laquelle on répond par oui ou par non) est au fond une conjecture concernant la validité ou

10. Je fais peut-être preuve d'un esprit borné en écrivant cela. Il y a quelques jours, j'étais dans le tramway, et je déconstruisais mentalement deux lignes d'Ogden Nash : *Il y a des gens qui, après une journée de travail, veillent toute la nuit pour acquérir le niveau du collège en suivant des cours par correspondance / Tandis que d'autres semblent penser qu'ils arriveront largement aussi loin en consacrant leurs soirées à l'étude de la différence de tempérament entre brunettance et blondance.* Je méditais sur l'idée on ne peut plus derridienne de *différance* implicitement présente dans ce genre d'études, quand mon regard fut attiré par une inscription sur la vitrine d'une magasin de meubles : *DESIGN FÜR DASEIN.*

non validité d'une certaine affirmation (comme la conjecture de Golbach : tout entier pair ≥ 4 est la somme de deux nombres premiers). Un programme, par contre, donne les grands traits d'une vaste vision, une carte ou un paysage dont certaines régions sont déjà complétement explorées, tandis que d'autres sont conjecturées sur la base d'analogies, d'expériences sur des cas précis, etc.

La distinction entre les deux n'est pas absolue. Le Problème Numéro 1, l'Hypothèse du Continu, qui, à l'époque de Cantor et de Hilbert, semblait être une question à laquelle on pouvait répondre par oui ou par non, a engendré un vaste programme de recherche, lequel a établi, en particulier, qu'aucune des deux réponses n'est démontrable à l'intérieur de l'axiomatique généralement acceptée de la théorie des ensembles.

D'un autre côté, la formulation explicite d'un programme de recherche peut être une aventure risquée. Le Problème Numéro 6 envisageait l'axiomatisation de la physique. Or, au cours des trois décennies suivantes, la physique a complétement changé de visage.

Certains des programmes de recherche les plus déterminants étaient l'expression de percées intuitives dans la structure complexe de la réalité platonicienne. André Weil a conjecturé l'existence de « théories cohomologiques pour les variétés algébriques sur des corps de caractéristiques finies ». Grothendieck les a construites, modifiant ainsi à jamais notre compréhension des relations entre continu et discret.

Quand Poincaré a dit qu'il n'y a pas de problèmes résolus, qu'il y a seulement des problèmes plus ou moins résolus, il laissait entendre que toute question formulée en mode oui/non est l'expression d'un esprit borné.

L'aube du XXIe siècle a été marquée par la publication par le Clay Institute de la liste des « Problèmes du Millenium ». Il y en a exactement sept, et tous sont des questions appelant une réponse par oui ou par non. Pour la première fois apparaît un problème généré par la science informatique : la fameuse conjecture $P = NP$. De plus, la liste des Problèmes Clay porte une étiquette de prix : un million de dollars pour la résolution de n'importe lequel d'entre eux. De toute évidence, les forces qui gouvernent l'économie de marché n'ont joué aucun rôle dans cette politique des prix !

II. Les mathématiques comme outil cognitif

II.1. Un peu d'Histoire

Les textes anciens qui sont considérés comme des sources de l'histoire des mathématiques montrent qu'elles étaient au début une activité bien particulière répondant aux besoins du commerce et de l'État, et mise au service de grands travaux ou de la guerre (voir le texte cité ci-dessus à propos de la réforme administrative suméro-babylonienne).

Pour trouver un autre exemple, tournez-vous vers le livre chinois *Neuf chapitres sur l'art mathématique,* recueil de textes rassemblés sous la Dynastie Han vers le début de notre ère. Nous nous appuyons ici sur la présentation de ce livre par K. Chemla à l'ICM de Berlin en 1998 (Chemla, 1998). Le livre se présente en gros comme une suite de problèmes accompagnés de leurs solutions, qui peuvent être vus comme des cas particuliers d'algorithmes assez généraux, permettant de résoudre aussi des problèmes de structure similaire où les paramètres prennent d'autres valeurs. Selon Chemla, les problèmes « évoquent en règle générale des questions concrètes que devait affronter la Dynastie Han, et, plus précisément, des questions dont était responsable le « Grand Ministre de l'Agriculture » (*dasinong*), comme la rémunération des fonctionnaires, la gestion des greniers et la réglementation de la production des céréales. De plus, le sixième des *Neuf chapitres* emprunte son titre à une mesure économique qui fut effectivement préconisée par un Grand Ministre de l'Agriculture, Sang Hongyang (152–82 avant J.-C.), dans le but de lever les impôts de manière équitable, un programme pour lequel l'ouvrage classique en question fournit des procédures mathématiques ».

Cependant, voici une autre description des préoccupations des mathématiciens chinois, donnée par Anjing (2002) :

> Dans la longue histoire de l'Empire chinois, l'astronomie mathématique était le seul domaine des sciences exactes qui attirât une grande attention chez les dirigeants. Sous chaque dynastie, l'observatoire royal était une institution étatique indispensable. Trois sortes d'experts – mathématiciens, astronomes et astrologues – étaient employés par l'empereur en tant que scientifiques professionnels. Ceux qu'on appelait les mathématiciens se chargeaient de composer les algorithmes des systèmes établissant le calendrier. La plupart des mathématiciens étaient formés pour l'élaboration du calendrier. [...]
>
> On avait besoin de ces spécialistes pour maintenir un haut degré de précision dans les prévisions. On s'efforçait constamment d'améliorer les méthodes de calcul numérique afin de garantir la précision requise pour les observations astronomiques [...]. Il n'était ni nécessaire ni possible qu'un modèle géométrique remplaçât la méthode numérique qui occupait la première place dans le système d'élaboration du calendrier chinois. [...] En tant que domaine lié de près à la méthode numérique, c'est donc l'algèbre, plutôt que la géométrie, qui est devenu le domaine le plus développé des mathématiques de la Chine ancienne.

La tradition occidentale remonte à la Grèce. Selon Turnbull (1956), nous devons le mot « mathématiques » et la subdivision des mathématiques en arithmétique et géométrie à Pythagore (569–500 avant J.-C.). Plus précisément, l'arithmétique (et la musique) étudient le discret, tandis que la Géométrie et l'Astronomie étudient le continu. La dichotomie secondaire Géométrie / Astronomie reflète la dichotomie fixe / mobile.

Moyennant de petites modifications, cette classification était à l'origine du « Quadrivium de la connaissance » médiéval, et le panorama général des mathématiques de Michael Atiyah en garde encore des traces évidentes.

Platon (429–348 avant J.-C.) explique dans la *République* (livre

VII, 525c) pourquoi l'étude de l'arithmétique est essentielle pour un homme d'État éclairé :

> Il conviendrait donc, Glaucon, de prescrire cette étude par une loi, et de persuader ceux qui doivent remplir les plus hautes fonctions publiques de se livrer à la science du calcul, non pour leur intérêt privé, mais afin qu'ils arrivent, par la pure intelligence, à voir la nature des nombres ; et de cultiver cette science non pour la faire servir aux ventes et aux achats, comme le font les spéculateurs et les marchands, mais pour l'appliquer à la guerre, et pour faciliter la conversion de l'âme, et l'aider à se tourner du monde de la génération vers la vérité et l'essence.

Avec l'émergence progressive des « mathématiques pures », on a commencé à désigner le retour aux besoins pratiques comme des « applications ». L'opposition mathématiques pures/mathématiques appliquées, telle que nous la connaissons aujourd'hui, était certainement déjà en place au début du XIXe siècle. En France, Gergonne commençait alors à publier les *Annales de mathématiques pures et appliquées*, qui ont paru de 1810 à 1830. En Allemagne, Crelle fonda en 1826 le *Journal für die reine und angewandte Mathematik.*

II.2. Les outils cognitifs des mathématiques

Si l'on veut comprendre *comment* les mathématiques s'appliquent à la compréhension du monde réel, on peut les subdiviser en trois modes de fonctionnement : *modèle, théorie, métaphore.*

Un *modèle* mathématique décrit qualitativement ou quantitativement un certain éventail de phénomènes, mais n'a pas la prétention de faire plus. Depuis les épicycles de Ptolémée (décrivant les mouvements des planètes, ca. 150) jusqu'au Modèle Standard (décrivant les interactions des particules élémentaires, ca. 1960), les modèles quantitatifs collent à la réalité en ajustant les valeurs numériques de parfois des douzaines de paramètres libres ($\geq$ 20 pour le Modèle Standard). De tels modèles peuvent être remarquablement précis.

Les modèles qualitatifs fournissent des aperçus sur le rapport *stabilité / instabilité;* sur les *attracteurs*, qui sont des états-limites tendant à se produire indépendamment des conditions initiales, et sur les *phénomènes critiques* des systèmes complexes, qui se produisent quand le système franchit une frontière séparant deux états périodiques ou deux bassins d'attracteurs. Un rapport récent (Keilis-Borok et al., 2003), consacré à la prévision d'une recrudescence d'homicides à Los Angeles, et appliquant la méthode de « reconnaissance des courbes » d'événements rares, donne les résultats suivants :

> Nous avons découvert qu'une augmentation du taux d'homicides est annoncée au cours des 11 mois précédents par une allure particulière des courbes des statistiques criminelles : une escalade simultanée des cambriolages et agressions, accompagnée d'une baisse des vols et homicides. Les deux tendances, l'escalade et la baisse, ne sont pas constantes mais se produisent sporadiquement, chacune durant 2 à 6 mois.

L'âge des ordinateurs a vu une prolifération de modèles, aujourd'hui produits à échelle industrielle et traités informatiquement. Un essai perspicace de R. M. Solow (1997) démontre que le courant principal de l'économie contemporaine s'occupe surtout de la construction de modèles. Les modèles sont souvent utilisés comme des « boîtes noires », dont les procédures cachées de traitement de données informatisées donnent des résultats oraculaires prescrivant aux êtres humains la façon dont ils doivent se comporter, pour les transactions financières par exemple.

Ce qui distingue une *théorie* (une théorie physique mathématiquement formulée) d'un modèle, ce sont avant tout ses ambitions plus élevées. Une théorie physique contemporaine prétend en général qu'elle décrirait le monde avec une absolue précision si seulement les composantes de celui-ci étaient d'une variété réduite : des particules obéissant seulement à la loi de la gravité, ou un champ électromagnétique dans un vide, et tutti quanti. Dans la loi de Newton, qui décrit une force agissant sur un point matériel dans le champ central de gravitation de type $\frac{Gm}{r^2}$, on peut à la rigueur considérer *Gm* et *r* comme des sortes de concessions à la réalité mesurable ; en revanche le 2 de r^2 est bien un 2 théorique solide comme le roc, pas un 2,000000003... même si les expérimentateurs trouvent le contraire dans leurs mesures. Une bonne théorie quantitative peut être très utile pour construire des machines : une machine est un fragment artificiel de l'univers où seulement quelques lois physiques sont autorisées à régner dans un environnement bien maîtrisé. Dans ce rôle-là, une théorie fournit un modèle.

Ce qui pousse périodiquement à inventer des théories est l'idée qu'il existe une réalité au-delà et au-dessus du monde matériel, une réalité qui ne peut être appréhendée que par des outils mathématiques. Depuis les solides de Platon jusqu'au « langage de la nature » de Galilée et aux super-cordes quantiques, on peut suivre à la trace cette attitude psychologique, même quand elle est parfois en conflit avec les positions philosophiques explicites des chercheurs.

Une *métaphore* (mathématique), quand elle aspire à être un outil mathématique, postule que tel ou tel type de phénomènes complexes peut être comparé à une construction mathématique. La plus récente métaphore mathématique que j'aie à l'esprit est celle de l'Intelligence Artificielle (IA). D'un côté, l'IA est un corpus de connaissances lié aux ordinateurs, et une nouvelle réalité créée grâce à la technologie, consistant en « hardware », « software » (logiciels), Internet, etc. D'un autre côté, c'est un modèle potentiel du fonctionnement du cerveau biologiques et de l'intelligence humaine. Elle n'a pas totalement atteint le statut de modèle : nous n'avons pas de liste cohérente et exhaustive des correspondances entre les puces électroniques et les neurones, les algorithmes des ordinateurs et les algorithmes du cerveau. Mais nous pouvons utiliser, et nous le faisons, notre connaissance

exhaustive des algorithmes et des ordinateurs (exhaustive parce que c'est nous qui les avons créés), pour générer des hypothèses éclairées concernant les structures et le fonctionnement du système neuronal central (voir Mumford, 2000a ; 2002). Une théorie mathématique est une invitation à construire des modèles applicables. Une métaphore mathématique est une invitation à méditer sur ce que nous savons. L'essai de Susan Sontag (1990), sur les (mauvais) usages de la métaphore de la « maladie » est une mise en garde utile.

Bien entendu la subdivision que je viens d'esquisser n'est ni rigide ni absolue. En sciences sociales, les études statistiques oscillent souvent entre modèle et métaphore. Lorsque se produit un changement de paradigme, les théories scientifiques sont reléguées au statut de modèles démodés. Mais, pour la clarté de notre exposition, cette subdivision est une bonne manière d'organiser la présentation des données contemporaines et historiques. Je vais maintenant donner davantage de détails sur ces outils cognitifs, en mettant l'accent sur les modèles et les structures qui leur sont liées.

II.3. Modèles

On peut analyser la création et le fonctionnement d'un modèle mathématique en considérant les trois étapes suivantes, qui font partie inhérente de toute étude systématique d'observations quantifiables.

1. choisir une liste de choses ou phénomènes à observer.
2. Mettre au point une méthode de mesure – en assignant des valeurs numériques aux objets à observer. Cette étape est souvent précédée d'un rangement ordonné, plus ou moins explicite, de ces valeurs sur un axe (relation « plus – moins ») ; ensuite, on doit respecter cet ordre en effectuant les mesures.
3. Conjecturer la loi (ou les lois) régissant la distribution des objets à observer dans l'espace de configuration – en général multidimensionnel. Les lois peuvent être des lois de probabilité ou des lois exactes. Les états d'équilibre peuvent être particulièrement intéressants ; ils se caractérisent souvent comme étant des points stationnaires d'une fonctionnelle appropriée définie sur la totalité de l'espace de configuration. Si le temps est pris en compte, des équations différentielles entrent en jeu pour exprimer l'évolution.

En ce qui concerne l'idée d'« axe », il faut mentionner ses intéressantes connotations culturelles au sens large, exposées par Karl Jaspers. Jaspers a postulé une période de transition vers la modernité, une « période axiale » (ca. 500 avant J.-C.) où a émergé une nouvelle mentalité humaine, basée sur l'opposition entre immanence et transcendance. Pour nous, ce qui est pertinent ici, c'est l'image des oppositions comme orientations opposées d'un seul et même axe, ainsi que l'idée de liberté comme liberté de choix entre deux options incompatibles. C'est aussi l'image qui se trouve derrière l'expression physique courante « degrés de liberté », et qui est presque perdue, comme cela arrive en général aux images lorsqu'elles deviennent des mots.

L'idée de mesure, qui est la base de la science moderne, est si déterminante qu'elle est parfois acceptée de façon non critique dans la construction de modèles. Il est important de garder à l'esprit ses limites.

Dans le mode quantique de description du monde de l'infiniment petit, une « mesure » est une interaction très spécifique, qui produit un changement aléatoire de l'état du système, plutôt qu'elle ne fournit une information sur cet état. En économie, la monnaie sert d'axe universel sur lequel les « prix » de toute chose sont situés. Une « mesure » est censée être une fonction des forces du marché.

La contradiction interne qui se trouve au cœur de l'idée de marché (y compris de la scandaleuse expression « libre marché des idées ») est la suivante : nous projetons le monde multidimensionnel des degrés incomparables et incompatibles de liberté, sur le monde à une dimension des prix monétaires. Par principe, on ne peut pas le rendre compatible avec des relations d'ordre, même basiques, sur ces axes, et encore moins le rendre compatible avec des valeurs de différentes sortes, des valeurs qui n'ont pas d'existence ou qui sont incomparables.

À cet égard, l'usage le plus oxymorique de la métaphore du marché est l'expression « libre marché des idées ».

Une seule idée est à vendre dans ce marché-là : celle de « libre marché » !

Brève terminologie des mesures

Remarque générale sur les mesures : pour chacun des axes que nous allons envisager, l'histoire des « mesures » commence par le stade de l'« échelle humaine » et implique des manipulations sur des objets matériels. Progressivement, elle évolue vers des échelles beaucoup plus grandes et beaucoup plus petites ; et pour faire face aux nouveaux défis apportés par cette évolution, on crée et l'on utilise de plus en plus de mathématiques.

COMPTER

Nous suggérons au lecteur de relire ci-dessus le sous-chapitre sur les nombres naturels (I. 2. 1.) comme un aperçu de l'histoire du calcul (et de la comptabilité). Il fait bien comprendre comment le passage du compte de petites quantités d'objets (« à l'échelle humaine ») au compte à l'échelle de l'État a stimulé la création et la codification d'une numération de position.

Sautant d'autres développements intéressants, nous devons mentionner brièvement ce que Cantor considérait à juste titre comme son plus bel exploit : compter les « infinis », et la découverte qu'il existe une échelle infinie d'infinis, possédant des ordres de grandeur croissants.

Son argument central est très semblable à la preuve d'Euclide démontrant l'infinité des nombres premiers (voir I. 2. 1.) : étant donné un ensemble fini ou infini X, l'ensemble de tous ses sous-ensembles $P(X)$ a une cardinalité (un nombre d'éléments) strictement supérieure à celle de X. C'est ce qu'établit le fameux raisonnement « diagonal » de Cantor.

La théorie de Cantor des ensembles infinis produit une incroyable extension des deux aspects des nombres naturels : chaque nombre mesure une « quantité », et en même temps ils sont ordonnés par la relation « x est plus grand que y ». De la même façon, les « infinis » sont à la fois des cardinaux (mesures de l'infini) et des ordinaux, qui sont des points sur l'axe ordonné des infinis croissants.

Les mystères de l'échelle de Cantor ont conduit à une série de problèmes toujours non résolus (et dans une très grande mesure impossibles à résoudre), et ont été au cœur de nombreux débats épistémologiques et fondationnels du XXe siècle. Les controverses et l'aigreur des débats menés autour de la légitimité de ses constructions mentales ont fait que la découverte suprême de son existence est devenue la source d'une série de troubles nerveux et de dépressions qui ont fini par le tuer au moment où la Première Guerre Mondiale rongeait peu à peu les derniers restes de la croyance des Lumières en la raison.

ESPACE ET TEMPS

La mesure de longueurs à échelle humaine était sans doute inextricablement liée, au départ, à celle des terrains à cultiver ou à bâtir. Un bâton avec deux entailles, ou un bout de ficelle, pouvaient servir à reporter une mesure de longueur d'un endroit à un autre.

L'abstraction de base d'Euclide : un plan infiniment rigide et divisible à l'infini, avec son groupe de symétries cachées (translations et rotations), avec ses points sans taille, ses lignes se prolongeant sans fin dans deux directions, ses cercles parfaits et ses triangles, devait être une image mentale raffinée de l'ancienne géodésie. La géométrie de l'espace d'Euclide était même plus proche du monde observable, et il est remarquable qu'il ait aussi conçu et étudié systématiquement des abstractions d'objets à deux, une et zéro dimensions.

Le théorème de Pythagore était magnifiquement lié à l'arithmétique dans la pratique des bâtisseurs égyptiens : la formule $3^2+4^2 = 5^2$ pouvait être utilisée comme directive pour construire un angle droit à l'aide d'une ficelle sur laquelle se trouvaient des nœuds répartis à distance égale.

Quand Ératosthène d'Alexandrie a inventé sa méthode pour prendre la première mesure scientifique de longueur à grande échelle – la circonférence de la terre – il a utilisé avec beaucoup d'habileté tout le potentiel de la géométrie d'Euclide. Il avait observé qu'à Assouan à midi, le jour du solstice d'été, le soleil était exactement au zénith car il se reflétait au fond d'un puits. Au même moment à Alexandrie, la distance entre le soleil et le zénith était un cinquantième de circonférence. En plus de ces données, il s'est servi de deux autres observations : d'abord la distance entre Assouan et Alexandrie, qui était estimée à 5 000 stades grecs (c'est aussi une mesure à grande échelle, qui se basait probablement sur le temps nécessaire pour couvrir cette distance) ; ensuite, le présupposé qu'Assouan et Alexandrie se trouvent sur le même méridien.

Le reste de la méthode de mesure d'Ératosthène s'appuie sur un modèle théorique. La terre est supposée ronde, et le soleil à une distance pratiquement infinie du centre de celle-ci, si bien que les rayons du soleil sont parallèles à Assouan et à Alexandrie.

Ensuite, une démonstration facile d'Euclide appliquée au plan de la Terre et de l'espace contenant Assouan, Alexandrie et le soleil, montre que la distance entre Assouan et Alexandrie doit être d'un cinquantième de la circonférence de la terre, ce qui donne pour cette dernière 250 000 stades (ce qui constitue, d'après l'évaluation moderne de la longueur du stade grec, une sacrément bonne approximation).

Dans cette démonstration est implicitement présent un groupe de symétries de l'espace euclidien, incluant des translations et des rotations, ainsi que des changements d'échelle : toutes les longueurs sont modifiées en même temps selon la même proportion. L'incarnation pratique de cette idée, c'est-à-dire la *carte*, a été décisive pour une immense part des activités humaines, dont les découvertes géographique à travers le globe.

Le lecteur attentif aura remarqué que des mesures de temps se sont insinuées dans cette description (basées sur un livre de Cléomède, milieu du premier siècle avant J.-C.). De fait, comment savons-nous que nous observons la position du soleil au même moment à Alexandrie et à Assouan, distantes de 5 000 stades ?

La première mesure du temps à échelle humaine était liée aux cycles périodiques du jour et de la nuit, et à la position approximative du soleil dans le ciel. Les cadrans solaires auxquels se référaient Cléomède et Ératosthène traduisent les mesures du temps en mesures de l'espace.

Les mesures du temps à grande échelle qui suivirent sont liées aux saisons de l'année et à la périodicité des célébrations religieuses nécessaires à la communauté. Là, pour obtenir la précision requise, on a besoin d'une astronomie mathématique d'observation. Elle est d'abord utilisée pour enregistrer des irrégularités dans la périodicité annuelle, c'est-à-dire essentiellement dans le mouvement de la terre au sein du système solaire. Les mathématiques employées pour cela font intervenir des calculs numériques basés sur des méthodes d'interpolation.

Le niveau suivant de mesure à grande échelle : la chronologie des « temps historiques », s'est révélé une entreprise qui n'a pas grand'chose à voir avec les mathématiques.

Le temps géologique et le temps de l'évolution nous ramènent à la science : l'évolution des structures de la terre et de la vie est retracée sur un fond de compréhension bien développée du temps physique hautement mathématisé. Cependant, les changements sont si progressifs et les indices si éparpillés que la précision des mesures cesse d'être atteignable ou essentielle. À côté d'une pléthore de données d'observation, de conjectures brillantes et du raisonnement élémentaire qui va avec, un seul petit point de mathématique devient essentiel pour les datations : l'idée que la décomposition des éléments radioactifs d'une substance laisse des restes dont la quantité diminue exponentiellement avec le temps. Une version très originale de cette idée a été utilisée en « glottochronologie » : la datation des états primitifs des langues vivantes, états que l'on a reconstruits grâce aux méthodes de la linguistique comparée.

L'étendue du temps de la géologie et de l'évolution, lorsqu'on l'a découverte et scientifiquement précisée, a représenté un grand défi pour les dogmes de la foi (chrétienne) : la disproportion flagrante entre elle et l'âge supposé du monde depuis la Création ouvrait un abîme.

Les mesures de temps à une *petite échelle* sont devenues possibles grâce à l'invention des horloges. Les cadrans solaires utilisent la régularité relative du mouvement visible du soleil et subdivisent la journée en petites parties. Les clepsydres et les sabliers mesuraient des étendues déterminées de temps, en utilisant l'idée de la reproductibilité de certains processus physiques bien contrôlés. Les horloges mécaniques utilisent en plus la création artificielle de processus périodiques. Les horloges atomiques modernes recourent à des méthodes subtiles d'amplification pour exploiter les processus périodiques naturels qui se manifestent à une échelle microscopique.

Pourtant, le temps demeure un mystère. Comme nous ne

pouvons pas nous mouvoir en lui comme dans l'espace, nous sommes entraînés qui sait vers où, et Saint Augustin nous rappelle ce tourment pérenne et non scientifique :

> C'est le temps que je mesure, je le sais ; mais je ne mesure pas le futur, parce qu'il n'est pas encore ; je ne mesure pas le présent, parce qu'il n'a pas d'étendue ; je ne mesure pas le passé, parce qu'il n'est plus. Qu'est-ce donc que je mesure ? » (*Confessions*, livre XI, XXVI, 33)

HASARD, PROBABILITÉ, FINANCE

Les connotations des mots « chance » et « probabilité » dans le langage ordinaire n'ont pas grand'chose de commun avec les probabilités mathématiques : voir l'analyse intéressante que donne Y. V. Tchaïkovsky de la sémantique des mots relatifs à ces notions dans plusieurs langues européennes anciennes et modernes (Tchaïkovsky, 2001). Fondamentalement, ces mots font intervenir l'idée de confiance, d'espérance (ou de non-espérance) que peuvent avoir des humains se trouvant dans une situation incertaine.

Les mesures de probabilité, et le traitement mathématique de leurs résultats, ne se réfèrent pas à la confiance elle-même, laquelle est un facteur psychologique, mais à des caractéristiques numériques objectives de la réalité, initialement liées de près au calcul.

Si un jeu de cartes en contient 52, et qu'elles sont bien battues, la probabilité de tirer la reine de pique est de 1/52. Des mathématiques élémentaires mais intéressantes entrent en jeu quand on se met à calculer les probabilités de diverses combinaisons (les probabilités d'avoir une « bonne main »). Implicitement, ce genre de calculs fait appel à l'idée de groupe de symétrie : nous ne nous bornons pas à compter le nombre de cartes du paquet ou le nombre de bonnes mains parmi toutes les mains possibles, mais nous présupposons que chaque combinaison est également probable si l'on ne triche pas.

Les mathématiques des jeux d'argent ont été l'une des sources de la théorie des probabilités, une autre source étant les statistiques bancaires, commerciales, fiscales etc. Les fréquences d'occurrence de divers événements, et la stabilité de ces fréquences, ont conduit à la notion de probabilité empirique et à l'idée plus ou moins explicite de « jeu caché » : le royaume non observable des causes qui produisent des fréquences observables avec une régularité suffisante pour qu'elle puisse s'ajuster à une théorie mathématique. La définition moderne d'un espace de probabilité est une axiomatisation de cette image.

La monnaie, qui était au départ une mesure de valeur, s'est peu à peu rattachée de façon décisive au monde des probabilités au fur et à mesure que le crédit devenait l'une des fonctions principales d'un système bancaire.

L'étymologie du mot « crédit » renvoie elle aussi à l'idée de confiance humaine. La « culture de la finance » qui émerge aujourd'hui, selon la fine analyse de Mary Poovey (voir Poovey, 2003), diffère radicalement d'une économie de production, laquelle « génère du profit en transformant la force de travail en produits qui reçoivent leur prix du marché et sont échangés sur le marché ». La finance, elle, génère du profit « en faisant des paris complexes sur la future hausse ou baisse des prix » (Poovey, 2003, p. 27), c'est-à-dire en se livrant à de purs jeux de spéculation. L'échelle de ce jeu spéculatif est en train de vaciller, et l'incroyable mélange de mondes réels et virtuels dans la culture de la finance est explosif.

INFORMATION ET COMPLEXITÉ – exemple d'un paradigme de mesure contemporain assez sophistiqué

Comme les mots « chance » et « probabilité », l'expression « quantité d'information », qui, à la suite des travaux de Claude Shannon et Andreï Kolmogorov, est devenue l'une des notions théorique importantes du xxe siècle, a des connotations qui induisent en erreur. En gros, la « quantité d'information » se mesure simplement à la taille du texte nécessaire à sa transmission.

Au niveau de la vie ordinaire, cette façon de mesurer semble assez inappropriée, d'une part, et inutile, d'autre part. Nous avons besoin de savoir si une information est *importante* et *fiable* : ce sont des caractéristiques qualitatives plus que quantitatives. De plus, l'importance est une fonction du contexte culturel, scientifique ou politique. En tout cas, il paraît ridicule de mesurer le contenu d'information de *Guerre et paix* en le réduisant purement et simplement au volume du texte.

Par contre, la quantité d'information devient centrale si nous avons à faire à une information sans nous occuper de son contenu ou de sa fiabilité (tout en attachant de l'importance à sa sécurité), et c'est ce que font les medias et l'industrie de la communication. La taille de la totalité des textes véhiculés chaque jour par Internet, les medias et les opérateurs téléphoniques est sidérante, et bien au-delà des limites de ce que nous appelons l'« échelle humaine ».

L'idée centrale de Shannon concernant la mesure de la quantité d'information peut être brièvement expliquée comme suit : imaginez que l'information que vous souhaitez transmettre soit simplement la réponse « oui » ou « non » à une question de votre correspondant. Pour ce faire, il n'est même pas besoin de recourir aux mots d'une langue naturelle, quel qu'elle soit : transmettez simplement 1 pour « oui » et 0 pour « non ». C'est un « bit » d'information. Supposez maintenant que vous vouliez transmettre des données plus complexes, et que vous ayez besoin d'un texte comprenant N bits. En ce cas, vous savez au moins que la quantité d'information que vous transmettrez ne sera pas supérieure à N, mais comment savez-vous que vous ne pouvez pas utiliser un texte plus court pour faire le même travail ? De fait, il existe des méthodes *systématiques* pour compresser les données brutes, et ces méthodes ont été explicitées par Shannon. La plus universelle de ces méthodes part du présupposé que parmi le stock de textes que vous êtes susceptible de vouloir transmettre, tous n'ont pas la même probabilité d'être intéressants. En ce cas, vous pouvez changer l'encodage de façon à ce que les textes les plus probablement intéressants aient des codes plus courts que les moins probablement intéressants, et obtenir ainsi un volume de transmission plus économique, du moins en moyenne.

Voici la façon de procéder pour encoder ainsi un texte écrit en langue ordinaire. Étant donné qu'il y a environ 30 lettres dans l'alphabet, et que $2^5 = 32$, on a besoin de 5 bits pour coder chaque lettre, et obtenir ainsi un texte dont la longueur en bits est environ 5 fois sa longueur en lettres. Mais statistiquement, certaines lettres sont utilisées beaucoup plus souvent que d'autres, si bien qu'on peut essayer de les encoder par des séquences plus courtes de bits. Cela conduit à un problème d'optimisation qui peut être résolu de façon explicite, et la longueur d'un texte moyen ainsi compressé peut être calculée. C'est essentiellement la définition de l'*entropie* de Shannon et Kolmogorov.

En utilisant ce paradigme statistique de mesure, les créateurs de Google ont découvert une solution très imaginative pour mesurer aussi la pertinence d'une information. En gros, une demande de recherche sur Google fait apparaître une liste de pages contenant un mot ou une expression donnée. En règle générale, le nombre de pages est très grand, et elles doivent être présentées par ordre décroissant d'importance/pertinence. Comment Google calcule-t-il cet ordre ?

Chaque page comporte des liens vers d'autres pages. On peut modéliser l'ensemble total de ces pages du Web en utilisant les sommets d'un graphe orienté dont les arêtes sont les liens. On peut supposer en première approximation que l'importance d'une page se mesure au nombre de liens qui renvoient à elle. Mais cette idée peut être affinée si l'on remarque que tous les liens ne se valent pas : un lien depuis une page importante a proportionnellement plus de poids, et un lien depuis une page qui renvoie à de nombreuses autres a proportionnellement moins de poids. Cela conduit à une définition apparemment circulaire (en omettant deux détails mineurs) : chaque page confère à toutes les pages auxquelles elle renvoie sa propre importance, divisée strictement par leur nombre, sans pondération ; l'importance de chaque page est fonction du nombre de toutes les pages qui conduisent à elle. Or, un théorème classique, dû à A. Markov, montre que cette valeur est bien définie. Reste à calculer les valeurs de cette « importance » et à classer les pages en ordre d'importance décroissant.

Revenons maintenant aux procédures d'encodage/décodage optimal de Shannon. Le lecteur aura remarqué que l'économie de la transmission a un coût : l'encodage à la source et le décodage à l'arrivée de l'information.

Que se passe-t-il si nous autorisons des procédures plus complexes d'encodage/décodage pour obtenir un degré supérieur de compression ?

La métaphore suivante peut être utile : un texte encodé à la source est essentiellement *un programme P* permettant d'obtenir le texte décodé Q à l'arrivée. Autorisons la transmission de programmes arbitraires susceptibles de générer Q. Nous serons peut-être capables de sélectionner le plus court et d'économiser des ressources.

Un résultat remarquable dû à Kolmogorov est que cette notion est bien définie : de tels programmes P existent et leur longueur (*complexité de Kolmogorov de Q*) ne dépend pas essentiellement de la méthode de programmation. Autrement dit, il existe *une mesure totalement objective de la quantité d'information contenue dans un texte donné Q*.

Une mauvaise nouvelle, par contre, se glisse ici : a) on ne peut pas reconstruire systématiquement P quand on connaît Q (contrairement à ce qui se passe dans le cas de l'entropie de Shannon) ; b) décoder Q à partir de P peut prendre énormément de temps. Un exemple très simple : si Q est une séquence d'exactement $10^{10^{10}}$ fois le chiffre 1, on peut transmettre cette phrase et laisser au destinataire la tâche ingrate d'imprimer $10^{10^{10}}$ fois le chifre 1.

Cela signifie que la complexité de Kolmogorov, tout en étant un bel échantillon hautement sophistiqué de mathématiques (bien qu'élémentaires) ne constitue pas une mesure pratique de la quantité d'information. Elle peut néanmoins servir de métaphore puissante pour éclairer diverses forces et faiblesses de la société moderne de l'information.

Elle nous permet d'identifier une façon essentielle dont l'information scientifique (et de la vie ordinaire) était jusqu'ici encodée. Les « lois de la nature » fondamentales de la physique ($F = ma$ de Newton, $E = mc^2$ d'Einstein, l'équation de Schrödinger, etc.) sont des programmes très compressés permettant d'obtenir une information pertinente dans une situation très concrète. Leur complexité de Kolmogorov est clairement de taille humaine, elles portent le nom d'êtres humains qu'on associe à leur découverte, et la plénitude de leur contenu d'information est totalement accessible à un esprit individuel de chercheur ou d'étudiant.

Aujourd'hui, des entreprises comme le projet de séquençage du génome humain nous fournissent des quantités gigantesques de données scientifiques dont le volume, sous quelque forme compressée que ce soit, excède de loin la capacité d'un esprit individuel. Il est probable que les bases de données analogues qui seront créées pour comprendre le système nerveux central (du cerveau) présenteront le même défi, car leur complexité de Kolmogorov aura une taille analogue à celle de leur volume. Nous étudions donc déjà des domaines du monde matériel dont la description a un contenu d'information (complexité de Kolmogorov) beaucoup plus élevé que celui qui était l'objet de la science classique. Sans ordinateurs, il serait impossible de préserver la mémoire collective et de traiter les données de l'observation.

Que se passera-t-il quand l'essentiel de la « connaissance » scientifique et son maniement devront être confiés à des bases de données et à des réseaux informatiques géants ?

III. Sciences mathématiques et valeurs humaines

III.1. Introduction

Commentant les fragments du papyrus de Rhind, un manuel de mathématiques égyptiennes rédigé vers 100 avant J.-C., l'éditeur de l'anthologie où ils figurent, James R. Newman, écrivait (1956) :

> Il me semble qu'une appréciation sérieuse des mathématiques égyptiennes requiert une compréhension plus large et plus profonde de la culture humaine que les égyptologues et les historiens de la science n'ont coutume de l'admettre. Quant à la question de savoir si les mathématiques égyptiennes soutiennent la comparaison avec les mathématiques babyloniennes, mésopotamiennes ou grecques, la réponse est relativement facile et relativement peu importante. Plus important est de comprendre pourquoi les Égyptiens ont produit leur type particulier de mathématiques, dans quelle mesure ce dernier offre une clef culturelle, comment il peut être relié à leurs institutions politiques et sociales, à leurs croyances religieuses, à leurs pratiques économiques, à leur mode de vie. C'est seulement à ces conditions que leurs mathématiques peuvent être jugées de façon juste.

Dans les années 1990, cette façon de voir est devenue un paradigme largement accepté, et D'Ambrosio a forgé le terme « ethno-mathématiques » (cf. EMMER, 2004). Le présent recueil, et l'ensemble du projet dont il fait partie, est une brève autoprésentation des ethno-mathématiques de la culture occidentale, observées du point de vue de la seconde moitié du XXe siècle.

À l'intérieur d'une culture donnée, les interactions les plus intéressantes impliquant les mathématiques ne sont sans doute pas les interactions directes, mais celles qui se produisent grâce à la médiation d'un système de valeurs. Un système de valeurs influence chaque domaine d'activité, et détermine pratiquement leur interprétation culturelle. Réciproquement, l'émergence d'un nouveau système de valeurs dans un champ d'activité culturelle (scientifique par exemple) amorce un processus de reconsidération et de modification des autres valeurs, qui aboutit parfois à leur disparition ou à leur refonte totale.

C'est pourquoi dans cette dernière section je touche un mot des valeurs humaines dans le contexte de la créativité mathématique.

III.2. Rationalité

Écoutons encore une fois J. R. Newman (Introduction au vol. I de Newman, 1956) :

> [...] J'ai commencé à rassembler les matériaux pour une anthologie qui, je l'espérais, véhiculerait quelque chose de la diversité, de la beauté et de l'utilité des mathématiques.

Ce livre (*ibid.*)

> présente les mathématiques comme un outil, un langage, et une carte ; comme une œuvre d'art et un but en soi ; comme un accomplissement de la passion de la perfection. Elles sont vues comme un objet de satire, un sujet d'humour et une source de controverses ; un aiguillon pour l'esprit et un ferment pour l'imagination narrative ; une activité qui a conduit les hommes à la folie et leur a offert des délices. Elles apparaissent comme un corpus de connaissances constitué par les humains et qui pourtant tient par lui-même indépendamment d'eux.

Dans cette liste personnelle et émotionnelle de valeurs associées aux mathématiques, l'une d'elles est absente : la rationalité. Une explication possible est que dans la tradition anglo-saxonne, cette valeur fondamentale des Lumières en est venue à être associée à un comportement économique, et est souvent interprétée de façon étroite : un « acteur rationnel » est celui qui promeut de façon conséquente son propre intérêt.

Une autre explication est qu'il n'est pas vraiment délicieux d'être rationnel : « Cogito ergo sum » est une preuve d'existence mais manque de l'urgence de vivre (ou de mourir) qu'une âme éprouve sans penser.

Pourtant, la rationalité au sens de la Renaissance, « *Il natural desiderio di sapere* » (cf. Cesi, 2003), et le désir d'être rationnel et cohérent représentent une force sans laquelle l'existence des mathématiques à travers les siècles, et leur contribution réussie au progrès technologique de la société, serait impossible.

III.3. Vérité

Des points de vue complexes, subtils et contradictoires ont été exposés sur le problème de la « vérité en mathématiques » : voir *Truth in Mathematics* (Dales et Olivieri, 1998), qui en fait une recension assez récente. Je veux simplement souligner ici que la vérité est axiologiquement l'une des valeurs fondamentales associées aux mathématiques, quels que puissent être ses corrélats historiques et philosophiques.

L'autorité, l'efficacité pratique, le succès dans la compétition, la croyance religieuse, toutes ces valeurs qui s'entrechoquent doivent passer à l'arrière-plan dans l'esprit d'un(e) mathématicien(ne) quand il ou elle se met à son travail.

III.4. Action et contemplation

De par la nature de leur profession, les mathématiciens sont plus enclins à la contemplation qu'à l'action.

Les Romains, hommes d'action *par excellence*, et qui révéraient la culture grecque, ont fait l'impasse sur les mathématiques grecques. La liste impériale des vertus – valeur virile, honneur, gloire, service de l'État – ne laissaient pas tellement de place à la géométrie. Cette tradition s'est maintenue pendant des siècles mais, comme pour toute tradition, il y eut des exceptions passionnantes, et je conclurai cet essai par un bref portrait d'un grand mathématicien du siècle passé : John von Neumann.

Neumann János est né le 28 décembre 1903 à Budapest, et mort à Washington le 8 février 1957. Au cours de sa relativement brève existence, il a participé et apporté des contributions décisives aux fondations de la théorie des ensembles, aux statistiques quantiques et à la théorie ergodique, à la théorie des jeux comme paradigme de comportement économique, à la théorie des opérateurs algébriques, à l'architecture des ordinateurs modernes, au principe d'implosion pour la création de la bombe atomique, et à bien d'autres choses encore. Voici, de sa pensée et de son style, deux exemples qui ont signé le début et la fin de sa carrière :

Contemplation : l'Univers de von Neumann

Cantor définit un ensemble comme une collection arbitraire d'éléments (de notre pensée) distincts. Dans bien des contextes, cette définition est trop large, et l'Univers de von Neumann se compose, lui, uniquement d'ensembles dont les éléments sont aussi des ensembles. Le danger potentiel d'auto-référentialité est évité par le fait de postuler que toute famille d'ensembles X, telle que X_i est un élément de X_{i+1}, possède un plus petit élément, et que l'ensemble ultime, le plus petit de tous, est vide. Ainsi, l'Univers de von Neumann est-il né d'un « vide philosophique » : ses premiers éléments sont $\emptyset$ (l'ensemble vide), $\{\emptyset\}$ (ensemble à un élément dont le seul élément est l'ensemble vide), $\{\{\emptyset\}\}$, $\{\emptyset, \{\emptyset\}\}$, etc. Les accolades remplacent les mots *Zusammenfassung... zu einem Ganzen* de la définition de Cantor (voir ci-dessus I. 2. 4.), et cette opération, qui peut être réitérée, est la seule qui produise de nouveaux ensembles à partir des ensembles déjà construits. La réitération peut bien sûr être transfinie, ce qui était une autre grande intuition de Cantor.

Il est difficile d'imaginer plus pur objet de contemplation que cette calme et puissante hiérarchie.

Action : Hiroshima

Extrait de la lettre de von Neumann à R. E. Duncan datée du 18 décembre 1947, archives de guerre d'IBM (VON NEUMANN, 2005, p. 111-112) :

> Cher Monsieur Duncan
>
> En réponse à votre lettre du 16 décembre [...], je peux vous dire les choses suivantes : pendant la guerre, j'ai en effet entrepris et mené à son terme un travail sur la réflexion des chocs obliques. Cela a bel et bien conduit à la conclusion que les grosses bombes explosent mieux à haute altitude qu'au sol, puisque on obtient alors la plus grande pression d'incidence oblique en question.
>
> J'ai bien reçu la médaille du Mérite (octobre 1946) et le Distinguished Service Award (juin 1946). La citation est la suivante :

Citation accompagnant la remise
de la Médaille du Mérite
au
Dr John von Neumann

DOCTEUR JOHN VON NEUMANN – pour sa conduite exceptionnellement méritoire dans l'accomplissement de services extraordinaires rendus aux États-Unis entre le 9 juillet 1944 et le 31 août 1945.

Le docteur von Neumann, par son sens exceptionnel du devoir, son autorité technique, son infatigable coopération et son enthousiasme indéfectible, a été le principal auteur de la recherche fondamentale menée par les États-Unis sur l'utilisation opérationnelle des explosions en altitude, dont a résulté la découverte d'un nouveau principe de frappes pour l'action offensive, et qui a déjà prouvé qu'elle augmentait l'efficacité des forces aériennes dans les attaques à la bombe atomique contre le Japon. Sa contribution a été d'une valeur inestimable pour l'effort de guerre des États Unis.

HARRY TRUMAN

[...]

I.2
LES MATHÉMATIQUES COMME MÉTAPHORE

> ORDRE. [...] Je sais un peu ce que c'est, et combien peu de gens l'entendent. Nulle science humaine ne le peut garder. Saint Thomas ne l'a pas gardé. La mathématique le garde, mais elle est inutile en sa profondeur.
>
> Pascal, *Pensées*

Introduction

Quand Poincaré publia en 1902 la première édition de *La Science et l'hypothèse*, son livre devint un best-seller. Le premier chapitre était consacré à la nature du raisonnement mathématique. Poincaré y abordait une vieille controverse philosophique : la connaissance mathématique peut-elle être réduite à une longue chaîne de transformations tautologiques de certaines vérités de base (« synthétiques »), ou bien contient-elle quelque chose de plus ? Poincaré soutenait que le pouvoir créatif des mathématiques était dû à un libre choix des hypothèses-définitions initiales, lesquelles étaient ensuite conservées ou éliminées, selon que leurs conséquences étaient en accord ou pas avec le monde observable.

De nos jours, la société semble s'intéresser beaucoup moins aux subtilités philosophiques que du temps de Poincaré. Je ne veux pas dire par là que la science elle-même attire moins le public. Des livres comme *Les trois premières minutes de l'Univers* de Steven Weinberg, ou *Une brève histoire du temps* de Stephen Hawking, se vendent à des centaines de milliers d'exemplaires, et reçoivent une critique louangeuse dans des journaux à grand tirage. Ce qui a changé, c'est l'attitude générale. Le côté paradoxal des nouvelles théories physiques est perçu de façon moins dramatique et plus pragmatique (notons que la perception des arts visuels a connu une évolution assez similaire : si la première exposition des Impressionnistes fut une sorte de révolution spirituelle, chaque nouvelle vague de l'avant-garde d'après-guerre a immédiatement pris « un air de famille » académique).

Dans l'atmosphère d'aujourd'hui, les discussions enflammées de jadis sur la crise des fondements des mathématiques et sur la nature de l'infini semblent presque déplacées et, en tout cas, stériles. Le public manifeste beaucoup plus d'appétit pour le débat sur l'école ou pour une nouvelle génération d'ordinateurs. C'est pourquoi j'ai décidé de présenter ici un modeste essai dans lequel notre science est considérée comme un dialecte spécialisé du langage ordinaire, et fonctionne comme un cas particulier de discours. Cela implique certaines suggestions concernant la manière d'enseigner dans le secondaire et à l'Université.

Métaphorisation

Le mot « métaphore » est utilisé ici dans un sens non technique, dont la meilleure approche est donnée par les citations suivantes de l'ouvrage de James P. Carse : *Finite and Infinite Games*[11] :

> Une métaphore est une façon de relier le semblable au dissemblable sans que l'un ne devienne jamais l'autre.
>
> Tout langage possède, à sa racine, le caractère d'une métaphore, parce que, quoi qu'il se propose de faire, il reste un langage, et demeure absolument différent de ce dont il parle.

11. Traduction française : *Jeux finis, jeux infinis,* Le Seuil, 1998.

Le fait que la nature ne puisse pas parler est la condition de possibilité du langage.

En considérant les mathématiques comme une métaphore, je veux insister sur le fait que l'interprétation de la connaissance mathématique est un acte hautement créatif. En un sens, les mathématiques sont un roman sur la nature et sur l'humanité. On ne peut pas dire exactement ce que *Guerre et Paix* nous enseigne. L'enseignement en lui-même est dépassé par l'acte de repenser ce qu'il est.

Un tel point de vue semble être en désaccord flagrant avec la tradition séculaire des mathématiques appliquées aux calculs scientifiques et technologiques.

En réalité, je veux seulement rétablir un certain équilibre entre le côté technique et le côté humain des mathématiques.

Deux exemples

Qu'on me permette d'illustrer le potentiel métaphorique des mathématiques par deux exemples éloignés l'un de l'autre : la complexité de Kolmogorov et le « Théorème du Dictateur » qu'on doit à Kenneth Arrow.

1°. La complexité de Kolmogorov d'un nombre naturel N est la longueur du plus court programme P capable d'engendrer N, ou la longueur du plus court code de N. Que le lecteur imagine une façon de coder les entiers qui soit une fonction partielle récursive $f(P)$ à valeurs dans les entiers naturels. Le théorème de Kolmogorov dit que parmi de telles fonctions il en existe qui sont les plus économiques au sens suivant : si $C_f(N)$ est la plus petite valeur de P telle que $f(P) = N$, alors $C_f(N) \leq \text{const.}\ C_g(N)$, où const. dépend de f et g mais pas de N.

Comme P peut facilement être reconstruit à partir de sa notation binaire, la longueur K du plus court programme générant N est limitée par $\log_2 C_f(N)$. Cette fonction, ou plutôt la classe de toutes ces fonctions définies à un facteur borné près, définit la complexité de Kolmogorov.

Tout d'abord, $K(N) \leq \log N + \text{const}$. Bien sûr, cela se conforme de jolie manière au succès historique des notations de type décimal, qui nous fournissent des programmes de longueur logarithmique pour engendrer les entiers. Cependant, il existe de grands entiers arbitraires dont la complexité de Kolmogorov est beaucoup plus petite que la longueur de leur notation décimale ou binaire ; par exemple $K(10^{10^{10}}) \ll K(N) + \text{const}$. En général, lorsque nous utilisons de grands nombres, nous faison plutôt usage de ceux dont la complexité de Kolmogorov est relativement petite. Même les troncatures décimales de π, probablement les plus longs nombres explicites produits par les mathématiciens, sont simples du point de vue de Kolmogorov, parce que $K([10^N\pi]) \ll \log N + \text{const}$. En général, une petite complexité de Kolmogorov correspond à un haut degré d'organisation.

D'un autre côté, presque tous les entiers N ont une complexité proche de $\log N$. Si par exemple, $f(P) = N$ pour une fonction optimale f, alors $K(P)$ est équivalent à $\log P$. De tels entiers possèdent de nombreuses propriétés remarquables que nous associons d'habitude à une forme d'« aléatoire ».

Ensuite, la complexité de Kolmogorov peut être facilement définie pour des objets discrets qui ne sont pas des nombres, par exemple des textes russes ou français. Par conséquent, *Guerre et Paix* a une mesure de complexité assez bien définie ; l'indétermination est liée au choix d'un codage optimal et semble assez petite si l'on choisit l'un des modes d'encodage raisonnables.

De ce point de vue, *Guerre et Paix* est-il un objet hautement organisé ou un objet combinatoire quasiment aléatoire ?

En troisième lieu, la complexité de Kolmogorov est une fonction non calculable. Plus précisément, si f est optimale, il n'existe pas de fonction récursive $G(N)$ dont la différence par rapport à $K(N)$ soit $O(1)$ [c'est-à-dire qui soit bornée par une constante]. On ne peut faire mieux que borner la complexité par des fonctions calculables.

J'ai le sentiment que la complexité de Kolmogorov est une notion essentielle à garder à l'esprit dans toute discussion sur la nature de la connaissance humaine.

Aussi longtemps que le contenu de notre connaissance est exprimé de façon symbolique (verbale ou numérique), il y a des restrictions sur la quantité d'information qui peut être stockée et utilisée. Nous comptons toujours sur diverses méthodes de compression de l'information. La complexité de Kolmogorov apporte des restrictions absolues à l'efficacité d'une telle compression. Quand nous parlons, par exemple, de lois physiques exprimées par les équations du mouvement, nous voulons dire qu'une description précise d'un système physique peut être obtenue en transformant ces lois en programme informatique. Mais la complexité des lois que nous connaissons et utilisons est évidemment limitée. Pouvons-nous être certains qu'il n'existe pas de lois de complexité arbitrairement grande, qui gouvernent même les systèmes « élémentaires » ?

Ici, notre discussion sort complètement du champ des mathématiques, et comme je me trouve devant un public à l'esprit mathématique, je dois m'arrêter là. Mais tel est le destin de toute métaphore.

2°. Le Théorème du Dictateur a été découvert par Arrow vers 1950. Mathématiquement, c'est un énoncé combinatoire qui décrit certaines fonctions qui prennent leurs valeurs dans les relations binaires. Intuitivement, il s'agit de discuter formellement le problème du Choix Social. Supposez qu'un législateur ait à établir une loi régissant le processus par lequel on passe des volontés individuelles des votants à une décision collective. Si l'on demande aux votants de choisir entre les deux branches d'une alternative binaire, la solution standard consiste à prendre en compte la majorité des votes. Cependant, il se présente d'ordinaire plus de deux choix (pensez par exemple au problème de l'allocation de fonds), et il arrive qu'on demande aux votants de les classer par ordre de préférence. Quel devrait être l'algorithme qui extraira la préférence collective à partir de tous les ensembles de préférences individuelles ? Arrow considérait des algorithmes satisfaisant des axiomes naturels et démocratiques : par exemple, lorsque la majorité préfère A à B, la société en fait autant. Néanmoins, il a découvert que lorsqu'il y avait plus de deux choix en présence, la seule solution est de désigner l'un des membre de la société (le « Dictateur ») et, dans les cas incertains, de considérer l'ordre de préférences personnel de ce dernier comme équivalent à celui de la société (à vrai dire, c'est là d'une des versions du théorème d'Arrow, découverte plus tard. D'autre part, l'exemple concerne une société finie ; dans le cas des sociétés infinies, les décisions sociales peuvent passer par des ultrafiltres, appelés encore, et de façon appropriée, « hiérarchies de pouvoir »).

D'une certaine façon, ce théorème illustre l'idée de Rousseau d'un contrat social.

L'incohérence intrinsèque de l'image du choix démocratique idéal peut être illustrée par l'histoire suivante, qui concerne trois votants et une triple alternative. C'est l'histoire de trois chevaliers errants qui arrivent à un carrefour où se trouve une pierre. L'inscription sur la pierre ne prédit que des pertes : celui qui ira à gauche perdra son épée, celui qui ira à droite perdra son cheval, celui qui ira tout droit perdra sa tête. Les chevaliers mettent pied à terre et tiennent conseil. Dans une version russe de cette histoire, les chevaliers sont chacun dotés d'un nom et d'une personnalité : Aliocha Popovitch, le plus jeune, le plus ardent ; Dobrynya Nikititch, le plus âgé et le plus sage ; Ilya Muromets, le paysan un peu balourd. Naturellement Aliocha fait davantage cas de son épée que de son cheval, et de son cheval plus que de sa tête ; Dobrynya estime que sa tête est plus importante que son épée et son épée plus importante que son cheval ; quant à Ilya, il préfère son cheval à sa tête et à son épée.

Le lecteur aura noté que les trois ordres de préférences individuelles constituent un seul et même ordre cyclique sur l'ensemble des trois choix, de sorte qu'en fin de compte il est possible de décider à la majorité entre deux choix quelconques mais ces décisions seront inconsistantes entre elles : la procédure démocratique ne peut nous fournir de liste ordonnée des préférences. Les chevaliers soupirent et délèguent à Dobrynya le pouvoir décisionnaire.

Le théorème d'Arrow nous enseigne-t-il quelque chose que nous ne savions pas à l'avance ? A mon avis, oui si nous sommes prêts à en discuter sérieusement, c'est-à-dire à examiner de près la preuve combinatoire, à imaginer les possibles retombées existentielles des présupposés et des pas logiques élémentaires acceptés en chemin, et, d'une manière générale, à renforcer notre imagination imprécise grâce à la logique rigide d'un raisonnement mathématique. Il nous permet, par exemple, de mieux comprendre certains trucages dans les prises de décision, et certains trous dans lesquels la société peut sauter à pieds joints (comme d'accepter sans la remettre en question une liste choisie par une hiérarchie gouvernante, alors que c'est justement de la constitution de cette liste que dépend la prise de décision sociale).

Nous arrivons là au sujet principal de notre réflexion : qu'est-ce qui différencie un discours mathématique d'un discours en langue ordinaire ? Pourquoi l'« ordre » pascalien en est-il venu à régner sur notre activité symbolique spécialisée, et est-il vraiment si « inutile en sa profondeur » ?

Langage et mathématiques

Un chapitre très intéressant de l'interaction entre les mathématiques et les humanités s'est ouvert il y a environ trente ans, lorsqu'eurent lieu les premières tentatives sérieuses de traduction automatique. Ces premières tentatives furent un échec cuisant, du moins pour maints optimistes qui croyaient que dans ce domaine il n'y avait pas d'obstacle fondamental et qu'il suffisait de surmonter des difficultés techniques liées purement et simplement à la quantité d'information à traiter. En d'autres mots, ils tenaient pour acquis le fait que la traduction est en principe effectuée par un algorithme pas très complexe, qui devait juste être explicité puis transformé en programme informatique.

Une telle présupposition est un bon exemple de métaphore mathématique (en réalité, c'est un cas particulier de la « métaphore de l'ordinateur » appliquée au cerveau dans les sciences cognitives).

Cette métaphore s'est révélée très fructueuse pour la linguistique théorique en général parce qu'elle a obligé les linguistes à décrire le vocabulaire, la sémantique, l'accentuation et la syntaxe des langues humaines avec un degré sans précédent d'explicitation et d'exhaustivité. Des notions et des outils conceptuels nouveaux ont été découverts grâce à ce programme.

Cependant, les succès de la traduction automatique elle-même ont été (et sont toujours) maigres. Il est devenu clair que le discours humain écrit constitue une très mauvaise manière d'entrer l'information en vue d'un traitement algorithmique censé être une traduction ou même une déduction logique (j'ai ajouté cette réserve parce que le discours humain peut, en revanche, parfaitement servir de matériau pour des études statistiques par exemple).

Ce fait peut être considéré comme une propriété universelle des langues humaines, et il mérite notre attention. On doit d'abord rejeter comme trop naïve l'explication qu'on en donne habituellement, à savoir que l'univers des significations des langues humaines serait trop vaste et trop peu structuré pour pouvoir être décrit par un métalangage organisé. En réalité, le problème est que, même si nous réduisons drastiquement cet univers au sous-ensemble de l'arithmétique des petites quantités entières, nous rencontrerons toujours la même difficulté. En fait, cette difficulté fut une raison décisive de la cristallisation de tout le système de la notation arithmétique, des algorithmes des calculs de base, et plus tard de l'algèbre symbolique. En langue ordinaire, même le vocabulaire de l'arithmétique élémentaire est profondément archaïque : la série naturelle finie « un, deux, trois, infiniment nombreux » des société primitives est reproduite à l'échelle exponentielle par notre « cent, un million, un millard, un billion ». Pour exprimer des nombres relativement petits, tel « 1989 », on utilise en réalité les *noms* de la notation décimales et non pas ceux des nombres eux-mêmes.

L'avantage de l'algèbre de Viète sur l'algèbre semi-verbale de Diophante n'était pas dû à sa capacité d'exprimer de nouvelles significations mais à sa capacité infiniment plus grande de traitement algorithmique (les « équations » de notre algèbre du lycée).

La rupture des liens intuitifs et émotionnels entre un texte et son producteur/utilisateur, si caractéristique du langage de la science, a été compensée par les nouveaux automatismes de calcul. Dans leur domaine (aussi restreint soit-il), il se sont montrés infiniment plus efficaces que la culture aristotélicienne ou platonicienne qui imprègne la langue ordinaire. Pourquoi alors nos articles scientifiques sont-ils toujours rédigés dans un mélange inorganisé de mots et de formules ? En partie parce que nous avons encore besoin de ces liens émotionnels ; en partie parce que certaines significations (comme les valeurs humaines) sont mieux rendues en langage ordinaire. Mais même en tant que médium du discours scientifique, le langage humain a des avantages intrinsèques, qui font appel à l'imagination spatiale et qualitative ; il aide à comprendre des propriétés « structurellement stables » comme le nombre de paramètres libres (la dimension), l'existence d'éléments maximaux (les extrema), les symétries. Pour faire simple, disons qu'il rend possible l'usage métaphorique de la science.

Métaphore et preuve

Les points de vue que j'exprime ici peuvent s'appliquer aux programmes scolaires dans le secondaire et le supérieur.

Dans la première moitié du XXe siècle, l'enseignement des mathématiques était orienté vers les mathématiques appliquées. Il fournissait le minimum théorique de base pour résoudre les problèmes de la vie pratique et, au niveau du collège, il offrait une transition douce vers les études d'ingénieur et d'informaticien. L'écart entre ce programme et l'activité des mathématiciens professionnels était devenu de plus en plus prononcé. Comme on sait, cela a fini par provoquer une réaction sous la forme des programmes de « mathématiques modernes » qui introduisaient dans les mathématiques enseignées au lycée des notions et des principes empruntés aux professionnels : théorie des ensembles, présentation axiomatique des preuves, culture stricte de la définition.

Les mathématiques modernes ont été largement acceptées, mais leur expansion s'est accompagnée de protestations qui, dans les années soixante-dix et quatre-vingt, se sont unies en un chœur bruyant. Les critiques étaient en désaccord avec les arguments de base des partisans des mathématiques modernes. Je laisserai de côté les objections fondées sur les apports des sciences cognitives et de la psychologie de l'apprentissage, et me bornerai à rappeler celles liées au rôle de la preuve en mathématiques.

L'un des pôles est représenté par l'affirmation célèbre de Nicolas Bourbaki : « Depuis les Grecs, qui dit mathématiques dit démonstration ». Dans la droite ligne de cette conception, la rigueur de la preuve est devenue une question de principe dans les programmes de mathématiques modernes. Les arguments étaient les suivants : a) une démonstration aide à comprendre un fait mathématique ; b) la rigueur des démonstrations est la composante la plus essentielle des mathématiques professionnelles modernes ; c) les mathématiques satisfont aux critères universellement reconnus de la rigueur.

Ces points de vue ont été critiqués sur toute la ligne, par exemple par Gila Hanna dans son livre *La preuve rigoureuse dans l'enseignement des mathématiques*[12]. Gila Hanna y met tout particulièrement en avant le fait que les mathématiciens sont très loin d'être unanimes à accepter le critère de la rigueur (elle évoque les querelles entre logiciens, formalistes et intuitionnistes) et que les mathématiciens au travail ne cessent d'enfreindre les lois édictées dans les manuels.

À mon avis, ces arguments ne sont pas pertinents.

Ce qu'il est pertinent d'évoquer, c'est le déséquilibre entre certaines valeurs fondamentales créé par l'importance accordée à la preuve. La notion de preuve est un dérivé de la notion de « vérité ». Il existe bien d'autres valeurs que la vérité, parmi lesquelles les « activités pratiques », la « beauté » et la « compréhension », qui sont essentielles dans l'enseignement secondaire et plus tard. S'il néglige ces valeurs, un professeur du secondaire (ou d'université) échoue tragiquement. Malheureusement, cela non plus n'est pas reconnu partout. Une analyse sociologique des controverses autour de la théorie des catastrophes de René Thom montre bien que c'est le changement d'orientation (de la vérité formelle vers la compréhension) qui a provoqué des critiques d'une telle virulence. Mais la Théorie des Catastrophes fait bien sûr partie des métaphores mathématiques développées, et devrait être jugée seulement en tant que telle.

Pédagogiquement parlant, une preuve ou démonstration n'est qu'un genre de texte mathématique parmi d'autres. Il existe de nombreux genres différents : un calcul, un schéma commenté, un programme informatique, une description de langage algorithmique, ou encore une espèce aussi négligée que l'examen des liens entre définitions formelles et notions intuitives. Chaque genre obéit à ses propres lois, notamment les lois de la rigueur qui n'ont pas été codifiées, faute d'avoir jamais reçu une attention particulière.

12. Gila Hanna, *Rigorous Proof in Mathematics Education*, OISE Press, Ontario, 1983.

L'un des problèmes centraux que rencontre un professeur est qu'elle ou il se doit d'exposer, dans le domaine restreint qui fait l'objet de son cours, la diversité des types d'activités mathématiques et des valeurs qui les sous-tendent. Bien entendu cette variété est hiérarchiquement organisée. Les buts sont divers : ils peuvent aller de l'acquisition des rudiments de l'arithmétique et de la logique jusqu'à celle de compétences en programmation informatique, ou des problèmes les plus simples de la vie quotidienne jusqu'aux principes de la science contemporaine. Dans cet éventail d'objectifs divers, l'insistance sur les normes de « démonstration rigoureuse » peut sans dommage être reléguée à une position périphérique.

Cela dit, je dois souligner que mon argumentation ne vise en aucune façon à saper l'idéal d'un raisonnement mathématique rigoureux. Cet idéal est un principe constitutif fondamental des mathématiques, et en ce sens Bourbaki a certainement raison. N'ayant aucun objet d'étude extérieur, étant basées uniquement sur le consensus d'un cercle restreint d'adeptes convaincus, les mathématiques ne sauraient se développer sans le contrôle permanent de règles du jeu inflexibles. L'applicabilité des mathématiques au sens strict de ce mot est due à notre capacité de contrôler une série de manipulations de longueur phénoménale.

L'existence de cet idéal est de loin plus essentiel que son caractère inatteignable. La liberté des mathématiques, pour reprendre une expression de Cantor, ne peut se développer qu'à l'intérieur des limites d'une nécessité de fer. Le « hardware » de nos ordinateurs représente une incarnation de cette nécessité.

La métaphore aide l'être humain à respirer dans l'atmosphère raréfiée des Dieux.

I.3
VÉRITÉ, RIGUEUR ET SENS COMMUN

0. Préambule

La principale difficulté que l'on rencontre en 1995, quand on discute de la nature de la vérité mathématique est, à mon avis, due au fait qu'aucun nouvel approfondissement n'a été apporté à ce sujet depuis l'époque des découvertes essentielles, couronnées au début des années trente par celles de Gödel.

Pour éviter les redites et rendre plus vivant le propos, on peut essayer de replacer la question dans un contexte plus large, et lui ajouter une note personnelle. Ces deux solutions tendent à détourner l'attention du lecteur vers des sujets qui ont un vague lien avec le problème, et je présente mes excuses pour devoir opter ici pour ces tactiques douteuses.

Le présent exposé est divisé en trois parties : a) quelques remarques sur l'histoire des mathématiques conçues comme un genre de jeu symbolique (ou sémiotique) ; b) une réflexion sur la preuve et sur la vérité dans le contexte de la recherche contemporaine (centrée sur le débat récent provoqué par une lettre de Jaffe et Quinn, 1993) ; c) les données nécessaires à l'étude de trois cas d'espèce (étant entendu que l'étude elle-même sera effectuée par le lecteur intéressé).

Nous adoptons pour cette communication un arrière-plan philosophique très naïf.

Selon une approche naïve, une assertion vraie est une assertion qui pourrait être soumise à vérification et qui passerait le test avec succès. La vérification est une procédure qui comporte une comparaison de l'assertion avec la réalité, c'est-à-dire qui se réfère à une idée de *signification* (ceci vaut également pour des assertions « évidentes » dont on fait l'économie de la vérification.) La réalité en question peut être n'importe quelle sorte de construction mentale, depuis les corps tombant en chute libre jusqu'aux cardinaux transfinis. Nous laisserons de côté le problème de savoir comment vérifier des assertions concernant les cardinaux transfinis, qui sera certainement traité par d'autres intervenants du colloque.

L'assertion elle-même est une construction langagière. En tant que telle, elle doit en premier lieu être grammaticalement correcte, et en second lieu avoir un sens, avant de pouvoir être soumise à une procédure de vérification.

La logique nous enseigne que certaines constructions formelles produisent des assertions vraies lorsqu'on les applique à des assertions vraies (les premiers exemples furent les syllogismes). Les mathématiques utilisent de façon récurrente de telles constructions. Les comparaisons avec la réalité n'ont lieu que lors de rencontres relativement rares avec des applications pratiques ou parfois avec des recherches sur les fondements. Le corpus principal des mathématiques ressemble à un immense jeu mental aux règles strictes.

Nous pouvons aussi considérer la notion de vérité en tant qu'appliquée non pas à des assertions isolées mais à des entités, comme un roman, une théorie scientifique ou une doctrine théologique. Les idées de correction grammaticale, de signification, de réalité et de procédures de vérification acquièrent de nouvelles dimensions mais ne perdent pas leur valeur heuristique. Cependant, un nouveau phénomène se présente, qu'on pourrait appeler leur non-localisation : la plénitude du sens et de la vérité d'une théorie ne réside pas dans les assertions qui la composent, mais plutôt dans l'ensemble du corps de doctrine.

Toutes les notions relevant du sens commun que je viens de

mentionner ont été soumises, dans nombre de travaux philosophiques à une analyse philosophique aiguisée. Toutes, y compris l'idée de réalité, ont été critiquées de fond en comble, au point qu'elles ont été complétement réduites à néant. Un exemple pertinent est celui de l'idée de vérification d'une théorie : on a soutenu qu'on ne peut jamais vérifier une théorie (montrer qu'elle est vraie), qu'on peut seulement montrer qu'elle est fausse (la réfuter).

Dans ce qui suit, j'essaierai de m'en tenir au sens commun, et d'éviter les points de vue extrémistes. Une part de vérité se glisse même dans les déconstructions les plus sauvages de cette notion, mais la faiblesse de ce genre d'attaques devient en général manifeste dès que nous les jugeons selon leurs propres critères.

1. La vérité mathématique dans l'histoire

La notion moderne de vérité mathématique remonte à la Grèce ancienne ; selon la formule lapidaire de Bourbaki, « depuis les Grecs, qui dit mathématiques, dit démonstration ».

Ce qui compte, c'est la démonstration, comprise comme une chaîne d'étapes codifiées, bien organisées, découlant l'une de l'autre, et non comme un acte matériel de monstration, contrairement à ce que l'étymologie du mot « démonstration » suggère.

Cela signifie, entre autres, que les mathématiques modernes sont une activité essentiellement langagière, qui s'appuie sur la langue, la notation et la manipulation symbolique en tant que moyens de convaincre, même quand on s'occupe de réalités géométriques, physiques et autres. La cohérence de l'argumentation, qui doit être exempte de contradictions et de ruptures gênantes, joue un rôle majeur pour établir qu'une assertion prouve ce qu'elle vise à prouver. Le statut des postulats P sur lesquels la démonstration est construite n'a nul besoin, strictement parlant, d'être discuté à l'intérieur du champ des mathématiques, qui sont surtout responsables de la structure de la déduction.

Cette image idéalisée a une longue préhistoire, et nous allons tenter de passer brièvement en revue quelques types archaïques de comportement proto-mathématique.

La vie militaire et économique des premières collectivités humaines nécessitait le calcul des ressources alimentaires, de la taille de la tribu, des saisons, etc. et d'en conserver une trace. C'est seulement progressivement que l'arithmétique élémentaire, telle que nous la connaissons, a émergé comme un sous-idiome de la langue qui permettait d'effectuer ce genre d'activités.

Alors que la principale (et pendant des millénaires, la seule) forme d'existence des langues naturelles était le discours oral, la langue orale puis écrite de l'arithmétique élémentaire a dû cristalliser lentement à partir de nombreuses autres pratiques archaïques, comme compter sur ses doigts et sur d'autres parties du corps, amasser des cailloux et des bâtons, et faire des nœuds (ce processus s'inverse aujourd'hui : nous constatons que les calculs sur ordinateur prennent le pas sur les calculs effectués à la main).

Si un mathématicien est enclin à souligner l'« isomorphisme » de toutes ces pratiques lorsqu'il décrit l'univers des nombres naturels et des opérations effectuées sur eux, il doit comprendre qu'il se place là du point de vue moderne et commet un terrible anachronisme.

Selon les termes de la classique dichotomie saussurienne de la *langue* en tant que système et de la *parole* en tant qu'acte, nous observons une lente et difficile émergence de la « langue » à partir de la « parole », cette dernière faisant intervenir une manipulation directe d'objets ou de parties du corps en tant que symboles de quelque chose d'autre. Quelle que soit la notion de vérité qu'on puisse lire dans ce type d'activités, cette vérité doit être essentiellement une fonction de l'efficacité du comportement social que permettent ces activités. Les échanges et le commerce en sont des exemples évidents. Un calcul correct signifie purement et simplement la possibilité des échanges, et d'un commerce profitable.

Ce n'est pas cependant toute l'histoire. Il est important de se rendre compte de ceci : ce ne sont pas seulement les formes matériellement profitables de comportement qui sont susceptibles de revêtir une signification particulière pour un être humain ou une collectivité, ce sont virtuellement toutes les formes de comportement organisé. Cela met l'arithmétique archaïque sur le même pied que les rites, la musique, la danse, et toutes les formes de magie. On retrouve assez tard dans l'Histoire les traces de cette perception indifférenciée des mathématiques comme d'une forme de magie. Quelqu'un qui prédit avec efficacité une éclipse ou l'issue d'une situation incertaine n'est pas nécessairement un sage ; il serait plus approprié de le voir comme un « trickster » (un manipulateur), qui *fait* arriver les choses en manipulant leurs représentations symboliques.

Bien des philosophes ont tenté de démythifier l'image des mathématiques comme activité essentiellement intellectuelle. Arthur Schopenhauer, pour sa part, écrivait, à une époque où les mathématiques de la modernité étaient déjà mises en place :

> Les calculs déterminent une grandeur du point de vue de la quantité et pour cela sont indispensables en pratique. On peut même dire : la compréhension s'arrête là où commence le calcul.

Après avoir cité cette phrase, S. Hildebrandt (1995, p. 13) poursuit :

> Tout lecteur un tant soit peu au fait demeure perplexe et se demande si Schopenhauer a jamais jeté un œil sur les travaux d'Euler, de Lagrange et de Gauss.

Pourtant, au sens littéral, Schopenhauer a raison. Non seulement le fait de calculer interrompt temporairement la pensée, mais la justification ultime de l'acte de calculer est qu'il remplace l'acte de penser (ou l'une de ses étapes) par un interlude quasiment mécanique, afin de fournir un niveau d'efficacité plus élevé au prochain acte de pensée. S'il est vrai que la pensée est un acte intériorisé et incertain, le calcul est une pensée extériorisée, et le degré d'extériorisation que peuvent atteindre les ordinateurs modernes est stupéfiant.

Dans la même veine, au cours de l'ère précédente de l'évolution biologique, l'émergence de la pensée consciente a servi à interrompre les actes instinctifs et à les remplacer par un comportement planifié. Un cerveau animal calcule afin de permettre au corps de l'animal de continuer à vivre, à ruer, à courir, à voler, à voir, à entendre. Un cerveau humain fait la même chose, et cette activité calculatrice est le contenu principal du subconscient individuel (non freudien), lequel ne doit pas autoriser la moindre intervention de la conscience, afin de ne pas briser l'architecture complexe des calculs pertinents. Autrement, des résultats corrects (biologiquement optimaux) ne sauraient être garantis.

L'apparition du langage et de la conscience a permis en un sens au cerveau humain d'élever ce calcul inconscient au niveau de la pensée de sens commun, et plus tard au niveau de la pensée théorique. Le prix à payer fut une perte de spontanéité, et l'émergence de schèmes comportementaux individuels et sociaux de moins en moins naturels. Bref, la civilisation devenait possible.

Cette complémentarité action/pensée/calcul tend à se reproduire à des niveaux divers.

La nouvelle forme d'aliénation de la pensée dans les systèmes informatisés de traitement de l'information est une matérialisation grotesque de l'inconscient collectif (non jungien). Le fait qu'elle échappe à notre contrôle est un cauchemar récurrent de notre société, ainsi que la condition de son fonctionnement efficace.

La nature abstraite des mathématiques contemporaines, comprise non comme leur caractéristique épistémologique mais comme un fait psychologique, va dans le sens de notre métaphore. L'abîme entre notre façon de penser dans la vie de tous les jours et les normes de la réflexion mathématique doit rester béant si nous voulons que les mathématiques remplissent leur fonction.

Les débats enflammés sur les fondations des mathématiques, qui se sont poursuivis pendant plusieurs décennies du XXe siècle, n'ont résolu aucun des problèmes épistémologiques dont on discutait. Permettez-moi de vous rappeler que le centre de l'attention et des critiques était la théorie de l'infini de Cantor.

La contribution remarquable de Cantor aux mathématiques du xxe siècle avait deux versants. D'abord et surtout, il a introduit le langage universel et très économique des ensembles, lequel s'est par la suite révélé capable d'accueillir la sémantique de toutes les constructions mathématiques existantes et possibles. Cela n'a été compris que peu à peu, et ne l'a été pleinement que vers le milieu du siècle. Ce que je veux dire est un peu une image à la Bourbaki : chaque mathématicien individuel, et même chaque notion métamathématique, qu'il s'agisse des probabilités, du morphisme de Frobenius ou d'une règle de déduction, fournit un exemple d'une *structure* qui est elle-même une construction produite de façon récursive à partir d'ensembles initiaux à l'aide d'un petit nombre d'opérations élémentaires. Le langage mathématique formel est lui-même une telle structure (parfois, dans les constructions catégoriques par exemple, on peut faire intervenir des classes au lieu d'ensembles, mais du point de vue que je défends ici, la différence est minime.)

Je crois que Hilbert, lorsqu'il a parlé de façon prémonitoire du « Paradis de Cantor », avait cette image grandiose à l'esprit.

Mais, d'autre part, Cantor a produit des raisonnements mathématiques profonds et originaux sur les ordres d'infinité, qui allaient alimenter pour longtemps des débats enflammés. Comme nous le constatons aujourd'hui, il a probablement découvert le problème indécidable le plus simple que l'on puisse imaginer, à savoir l'Hypothèse du Continuum (HC) (pour une analyse pénétrante du sens de l'indécidabilité dans ce contexte, voir Gödel, 1995, p. 162).

Le monde austère et dépouillé des ensembles infinis non structurés de divers ordres de grandeur a un charme magique qui lui est propre, et la réflexion sur ce monde a tour à tour attiré et rebuté pendant des décennies les mathématiciens à l'esprit philosophique et les philosophes à l'esprit mathématique. La célèbre preuve de Cohen, laquelle démontre la non contradiction de la négation de l'Hypothèse du Continuum (HC), complétant ainsi la preuve antérieurement fournie par Gödel de la cohérence de l'ajout de cette même hypothèse, est arrivée au moment où la fascination pour les mystères de l'infini se dissipait déjà, précisément parce qu'à cette époque-là le langage des ensembles était désormais devenu le langage de quasiment tous les discours mathématiques.

Quand je repense à ces anciens débats, quand je me rappelle la naissance de l'intuitionnisme et du constructivisme, je suis frappé par la mentalité extrêmement classique de certains des détracteurs de Cantor. Les débats se concentraient principalement sur les principes mentaux utilisés pour penser les ensembles infinis. L'Axiome du Choix était considéré en gros comme une extension sauvage d'une expérience de la vie ordinaire : parmi des tas d'objets distincts, en prendre certains au hasard. La vision intuitionniste et la vision constructiviste de cette image révélaient toutes deux une profonde aversion pour une action comparable faisant intervenir un choix infini (plus tard, dans un monde décadent, ultra-intuitionniste, à la Essenine-Volpine, même imaginer une collection finie et assez petite d'objets est devenu un effort insupportable).

Bien sûr, l'idée d'une collection d'objets distincts et immuables relève d'une « physique naïve ». De nombreux acteurs du grand drame des fondements des mathématiques étaient apparemment convaincus de ce que l'axiomatique de la théorie des ensembles devait être comprise comme une extension directe de cette physique naïve.

Le fait que même de petits ensembles d'objets quantiques se comportent différemment n'a jamais été pris en considération (il ne doit probablement pas l'être). Le fait que les infinis (nombres réels, nombres complexes, spectres d'opérateurs, etc.) avec lesquels les mathématiciens travaillent étaient utilisés de façon efficace pour comprendre le monde réel fut jugé non pertinent pour fonder les mathématiques (il l'est probablement).

En tout cas, la gêne qu'il ressentait à l'égard des arguments de Cantor a conduit Hilbert à amorcer une étude formelle approfondie de la syntaxe du langage mathématique (chose bien différente de la sémantique de ce langage), préparant ainsi le terrain pour Tarski, Church, Gödel, et suscitant des platitudes philosophiques comme la définition des mathématiques selon Carnap : « des systèmes d'affirmations auxiliaires sans objets ni contenu » (cf. Gödel, 1995, p. 335).

Ce que ces recherches nous ont apporté, c'est une image hautement technique des relations entre la structure des déductions formelles, de leurs modèles naïfs (ou formels) tirés de la théorie des ensembles, et le degré de décidabilité (ou non) et de formalisation (ou non) des versions formelles correspondantes de la définition de la vérité mathématique. Les versions vulgarisées ou grossières du travail de Gödel parviennent rarement à transmettre la complexité de cette image parce qu'elles ne peuvent pas transmettre la richesse de son contexte mathématique (au contraire du contexte épistémologique).

C'est pourtant précisément cette richesse qui nous fascine le plus.

2. La vérité pour le mathématicien au travail

L'aphorisme de Bourbaki cité au début de la section précédente n'implique pas qu'il ait existé un consensus, pendant deux millénaire, sur ce qui constitue une preuve/démonstration. De plus, la citation suivante de la communication d'A. Weil au Congrès international de mathématiques de 1954 à Amsterdam donne l'impression que l'idée de preuve « rigoureuse » est assez récente, et due, peut-être, aux efforts de Bourbaki lui-même : « On a cessé de penser la rigueur comme un style encombrant de vêtement formel qu'on doit porter dans les grandes occasions et dont on se débarrasse avec un soupir de soulagement dès qu'on rentre chez soi. Nous ne demandons plus si un théorème a été démontré rigoureusement mais s'il a été démontré » (Weil, 1980, p. 180).

Hélas, cela semble n'être qu'un vœu pieux. Dans le développement psychologique individuel des mathématiciens et dans l'histoire sociale des mathématiques, à la fois la conception de ce qui constitue une preuve, et la perception du rôle de celle-ci varient grandement.

J'ai rassemblé ci-dessous un échantillon d'opinions récemment émises par six mathématiciens en activité (empruntées à Jaffe et Quinn, 1993; 1994b). Le lecteur est invité à lire l'ensemble de cette discussion. Elle a été lancée par la lettre d'Arthur Jaffe et Frank Quinn, « *Mathématiques théoriques : vers une synthèse culturelle des mathématiques et de la physique théorique* » (Jaffe et Quinn, 1993). Les auteurs s'inquiétaient de ce qui se passait dans le domaine très actif des mathématiques qui jouxte celui de la physique mathématique. Il leur semblait que le niveau d'exigence du raisonnement physique (niveau d'exigence bien plus bas que celui du raisonnement mathématique) tendait à exercer une influence négative sur le niveau de la recherche mathématique contemporaine. En même temps, ils reconnaissaient pleinement la valeur fécondante des échanges d'une discipline à l'autre, et ils ont suggéré des règles de conduite à imposer à tous les joueurs, en particulier des règles pour déterminer quel crédit accorder à qui. Le mot « théorique » est utilisé dans le présent contexte de façon non traditionnelle, et cet usage n'est pas très heureux parce que les auteurs ont à l'esprit un mélange de spéculations, d'exemples et de programmes informatiques intellectuellement raffinés, qu'ils opposent aux théorèmes arborant des quantificateurs orgueilleux.

> A. Quand j'ai commencé mes études supérieures à Berkeley, j'avais du mal à imaginer comment je pouvais « prouver/démontrer » un nouveau théorème mathématique intéressant. Je ne comprenais pas vraiment ce que c'était qu'une « preuve ».
>
> En suivant des séminaires, en lisant des publications et en parlant avec d'autres étudiants, j'ai peu à peu commencé à comprendre. À l'intérieur de chaque domaine scientifique, il existe certains théorèmes et certaines techniques universelle-

ment connus et universellement acceptés. Quand vous écrivez un article, vous vous référez à eux sans les démontrer. Vous allez voir d'autres articles relevant de ce domaine, vous voyez quels faits ils citent sans les prouver, et ce qu'ils mentionnent dans leur bibliographie. En parlant avec les autres, vous vous faites une idée des preuves qu'ils utilisent. Ensuite, vous êtes libre de citer les mêmes théorèmes et de renvoyer aux mêmes références. Vous n'avez pas forcément besoin de lire en entier les articles ou les livres de votre bibliographie. Toutes les choses universellement connues sont des choses pour lesquelles il ne doit pas forcément exister de source écrite connue. Tant que les gens qui travaillent dans ce domaine sont à l'aise avec le fait qu'une idée fonctionne, elle n'a pas besoin d'avoir une source écrite officielle. (W. Thurston, Médaille Fields 1983, dans Jaffe et Quinn, 1994b, p. 168)

Thurston soutient éloquemment l'idée que le but principal de la preuve/démonstration est la compréhension et la communication, ce qui s'obtient le mieux par le truchement d'échanges personnels. Ses détracteurs rétorquent en particulier que les échanges entre générations différentes ne peuvent être menés à bien que par le truchement de textes écrits d'un niveau de précision suffisant, et que le sort de la géométrie algébrique italienne devrait servir d'avertissement.

B. Nous devons faire avec soin la distinction entre les articles contemporains contenant des spéculations mathématiques, et les articles publiés il y a un siècle, que nous considérons aujourd'hui comme manquant de rigueur, mais qui étaient parfaitement rigoureux selon les normes de l'époque. Poincaré, dans son travail sur l'Analysis Situs était aussi rigoureux qu'il pouvait l'être, et n'était certainement pas consciemment spéculatif. À ma connaissance, les mathématiciens contemporains ne considèrent pas ce travail comme « aventureux » ou « excessivement théorique » (au sens de J. & Q. [Y. M]). Quand le jeune Heegard, dans sa dissertation de 1898, a attiré l'attention du Maître sur de menues erreurs, Poincaré, qualifiant de « très remarquable » l'article de Heegard, a respectueusement reconnu ses propres erreurs et les a corrigées. Par contre, dans son article de 1912 sur le théorème du twist de l'anneau (théorème démontré plus tard par Birkhoff), Poincaré s'est excusé de publier là une conjecture, invoquant son grand âge à sa décharge. (M. W. Hirsch, dans JAFFE et QUINN, 1994b, p. 187)

C. L'intuition, c'est magnifique, mais c'est loin de suffire pour mériter le paradis des mathématiques. [...] En termes théologiques, nous ne sommes pas sauvés par la foi seule, mais par la foi accompagnée des œuvres. [...] La physique a fourni aux mathématiques beaucoup d'idées intéressantes et de nouvelles orientations, mais les mathématiques n'ont nul besoin de copier le style de la physique expérimentale. Les mathématiques reposent sur la démonstration – et la démonstration est éternelle. (S. Mac Lane, dans *ibid.*, p. 190-193)

D. Philip Anderson considère la rigueur mathématique comme « non pertinente et impossible ». J'adoucirais le coup en disant qu'elle est superfétatoire et distrait de l'essentiel, même quand elle est possible. (R. Mandelbrot, dans *ibid.*, p. 194)

La contribution de Mandelbrot constitue une attaque véhémente non seulement contre l'idée abstraite de preuve rigoureuse, mais aussi contre une partie considérable de la communauté mathématique américaine, « les mathématiciens de Charles »[13], supposés totalitaires, obsédés par la question du crédit à accorder, et faisant barrage aux chercheurs à l'esprit ouvert.

E. Jusqu'en 1958, j'ai vécu dans un milieu de mathématiciens composé surtout de bourbakistes, et malgré le fait que je n'étais pas, moi, particulièrement rigoureux, ces gens-là – H. Cartan, J-P. Serre et H. Witney (un bourbakiste manqué) – m'ont aidé

13. Les mathématiciens de l'American Mathematical Society sont surnommés les mathématiciens du Roi Charles, ou « mathématiciens carolingiens » parce que le siège de l'AMS se trouve Charles Street, à Providence (Rhode Island). Le nom de Charles renvoie aussi à l'Empereur Charles Quint, et à l'idée d'impérialisme (note de Y.M. augmentée dans l'édition américaine).

> à me maintenir à un niveau très acceptable de rigueur. C'est seulement après avoir reçu la médaille Fields (en 1958), que j'ai donné libre cours à mes tendances naturelles, avec les résultats (désastreux) qui ont suivi. De plus, quelques années plus tard, j'ai été le collègue d'Alexandre Grothendieck à L'IHÉS, ce qui m'a encouragé à considérer la rigueur comme une qualité très inutile à la pensée mathématique. (R. Thom, dans *ibid.*, p. 203)

On doit prendre son temps pour déchiffrer ce passage ironique de René Thom : en quel sens le fait de suivre ses tendances naturelles a-t-il eu pour lui un résultat désastreux ? En quoi le fait d'être un collègue de Grothendieck a-t-il influencé la pensée de Thom ? Un non initié pourrait se demander avec perplexité si Grothendieck lui-même a adopté les convictions de Thom, ou si ce fut le contraire. Plus loin dans le même article, Thom écrit que la rigueur mathématique lui rappelle la *rigor mortis*.

> F. Je trouve difficile de convaincre les étudiants – souvent attirés vers les mathématiques par la dimension de beauté abstraite et de certitude qui m'a moi-même attiré vers elles – de l'importance de voir les choses du point de vue embrouillé, concret et particulier des exemples. À mon avis, il y a davantage de mathématiciens qui étouffent de par leur étroitesse d'esprit qu'il n'y en a de mortellement blessés par l'épée de la rigueur. (K. Uhlenbeck, dans *ibid.*, p. 202)

Je voudrais maintenant résumer tout cela, en apportant ma propre contribution à la confusion générale.

En premier lieu, du point de vue personnel, produire des preuves acceptables est une activité qui demande un rude entraînement et qui provoque de fortes réactions émotionnelles. Chacun éprouve de l'aversion quand on lui demande de faire ce qui va à l'encontre de sa nature. Une préférence innée ou acquise pour le raisonnement géométrique ou les calculs algébriques peut décider de notre carrière. Quand nous philosophons, nous rationalisons et généralisons forcément ces instincts de base, et tout l'éventail de nos attitudes peut s'expliquer par le sentiment de félicité ou de frustration qui nous submerge lorsque nous sommes confrontés aux défis intellectuels de notre *métier*.

En second lieu, du point de vue social, nous devons nous appuyer sur nos contemporains et sur nos prédécesseurs même quand nous mettons au point une preuve très rigoureuse. En mathématiques, l'autorité a une double fonction : d'une part nous recevons de nos pères et de nos pairs un système de valeurs (quelles questions valent la peine d'être posées, quels domaines valent la peine d'être développés, quels problèmes valent la peine d'être résolus), et d'autre part nous nous appuyons sur l'autorité des preuves et des raisonnements publiés et acceptés. Rien d'absolu là-dedans, mais ce n'est pas parce qu'une chose n'est pas absolue qu'elle est moins importante.

En troisième lieu, du point de vue épistémologique, tous ceux d'entre nous qui ont pris la peine d'y réfléchir savent ce qu'est une preuve rigoureuse. Ils en ont une représentation idéale, élaborée par des logiciens mathématiques au cours du XXe siècle, pas fondamentalement différente de celle d'Euclide, simplement plus explicite (en cela Bourbaki avait raison). Cette représentation idéale est un texte imaginaire qui déduit pas à pas notre théorème à partir d'axiomes ; axiomes et règles de déduction ayant été explicités au préalable, disons dans une version de la théorie axiomatique des ensembles.

Si cette image suscite en vous une forte aversion, ou si vous voulez au moins être réaliste, vous pouvez (et devez) objecter que cet idéal est parfaitement inatteignable, en raison de la longueur fantastique ne serait-ce que des plus simples déductions formelles, et aussi parce que plus un raisonnement est proche d'une démonstration formelle, plus il est difficile à vérifier. De plus, quand les déductions formelles visent à être libres de tout reliquat de sens (sinon elles ne sont pas suffisamment formelles), en fin de compte le sens disparaît totalement.

Au contraire, si cette image suscite votre enthousiasme, ou si, encore une fois, vous voulez être réaliste, vous admettrez que l'essence des mathématiques exige une mise à jour quotidienne des normes en vigueur auxquelles doit se conformer une démonstration. Que nous soyons engagés dans le soutien mathématique d'un vaste projet technologique comme un alunissage, ou que nous entretenions simplement un désir naturel de savoir quelles assertions ont une chance d'être vraies, et quelles assertions n'en ont pas, nous sommes obligés de recourir à l'idéal de la démonstration mathématique comme juge ultime de nos efforts.

Même l'utilisation des mathématiques sur un mode narratif, selon la jolie formulation de Hirsh, ne fait pas exception, car une telle narration est construite à partir de blocs de mathématiques solides pour aboutir à un « bleu » d'architecte, c'est-à-dire à un plan non mathématique.

> Un auteur qui a une histoire à raconter sent qu'elle peut être exprimée très clairement en langage mathématique. Afin de la narrer de façon cohérente sans les délais possiblement infinis que la rigueur exigerait, l'auteur introduit certains présupposés, certaines spéculations, certains actes de foi, par exemple : « pour pouvoir aller plus loin, nous supposons que – la suite est convergente – les variables aléatoires sont indépendantes – l'équilibre est stable – le déterminant n'est pas nul. »
>
> Dans ce genre de cas, il n'est pas toujours pertinent de se demander si l'on peut rendre les mathématiques plus rigoureuses, parce que le but de l'auteur est de persuader le lecteur de la plausibilité ou de la pertinence d'une certaine conception de la façon dont se comportent certains systèmes du monde réel. Les mathématiques sont un langage plein de métaphores subtiles et utiles. La validation doit venir de l'expérience – effectuée très souvent sur un ordinateur. Le but peut en réalité être de suggérer une expérience particulière. La narration ne produira pas de nouvelles mathématiques, mais une nouvelle description de la réalité (de la réalité *réelle* !). (JAFFE et QUINN, 1994b, p. 186-187)

On trouvera un bel exemple récent d'un semblable usage narratif des mathématiques dans la communication de David

Mumford au Premier Congrès Européen de Mathématiques (Mumford, 1992). Voir aussi Manin (1990) sur les métaphores mathématiques.

3. Trois cas d'espèce

Je voudrais, dans cette section, présenter trois cas qui se rapportent à notre discussion : la preuve de l'existence de Dieu par Gödel (1970), l'histoire de la puce au pentium défectueuse (1994), et le résultat de Grégory Chaïtin (1992 et avant) suivant lequel une suite tout à fait rigoureusement et univoquement définie de questions mathématiques peut recevoir une suite « complétement aléatoire » de réponses. Malgré leurs différences, ces trois raisonnements représentent des tentatives humaines pour saisir l'infini par des moyens linguistiques finis, que ce soit l'infinité de Dieu, des nombres réels ou des mathématiques elles-mêmes.

Quant aux leçons morales (si tant est qu'il y en ait) à tirer de ces données, libre au lecteur d'en décider.

La preuve ontologique de Gödel

Le troisième volume des *Œuvres complètes* de Kurt Gödel récemment publié par les Presses de l'Université d'Oxford contient une note datée de 1970. Elle présente un raisonnement formel destiné à prouver l'existence de Dieu en tant qu'« incarnation » de toutes les propriétés positives.

Dans la présentation qu'il en donne (Gödel, 1995, p. 388-401), R. M. Adams resitue cette preuve dans une perspective historique, la comparant notamment à la preuve de Leibniz, et discutant la place qu'elle pourrait occuper en théologie spéculative.

La preuve en elle-même consiste en une page de formules dans le langage de la logique formelle (avec utilisation des quantificateurs existentiels et universels en sus des symboles

Ontological proof
(*1970)

Feb. 10, 1970

$P(\varphi)$ φ is positive (or $\varphi \in P$).

Axiom 1. $P(\varphi).P(\psi) \supset P(\varphi.\psi)$.[1]

Axiom 2. $P(\varphi) \vee P(\sim\varphi)$.[2]

Definition 1. $G(x) \equiv (\varphi)[P(\varphi) \supset \varphi(x)]$ (God)

Definition 2. $\varphi \,\text{Ess.}\, x \equiv (\psi)[\psi(x) \supset N(y)[\varphi(y) \supset \psi(y)]]$. (Essence of x)[3]

$$p \supset_N q \quad = \quad N(p \supset q). \quad \text{Necessity}$$

Axiom 3. $P(\varphi) \supset NP(\varphi)$
$\sim P(\varphi) \supset N\sim P(\varphi)$

because it follows from the nature of the property.[a]

Theorem. $G(x) \supset G\,\text{Ess.}x$.

Definition. $E(x) \equiv (\varphi)[\varphi \,\text{Ess}\, x \supset N(\exists x)\,\varphi(x)]$. (necessary Existence)

Axiom 4. $P(E)$.

Theorem. $G(x) \supset N(\exists y)G(y)$,
hence $(\exists x)G(x) \supset N(\exists y)G(y)$;
hence $M(\exists x)G(x) \supset MN(\exists y)G(y)$. ($M$ = possibility)
$M(\exists x)G(x) \supset N(\exists y)G(y)$.

| $M(\exists x)G(x)$ means the system of all positive properties is compatible. 2
This is true because of:
Axiom 5. $P(\varphi).\varphi \supset_N \psi :\supset P(\psi)$, which implies

$$\begin{cases} x = x & \text{is positive} \\ x \neq x & \text{is negative.} \end{cases}$$

[1] And for any number of summands.

[2] Exclusive or.

[3] Any two essences of x are *necessarily equivalent*.

[a] Gödel numbered two different axioms with the numeral "2". This double numbering was maintained in the printed version found in *Sobel 1987*. We have renumbered here in order to simplify reference to the axioms.

FIG. 1

usuels). Elle est subdivisée en cinq axiomes et un théorème. Une photocopie de la version publiée de cette page est incluse ici (voir fig. 1) pour la commodité du lecteur.

Que calcule au juste un ordinateur ? Ou la vérité dans la publicité

Dans le numéro de janvier 1995 de *SIAM News*, l'article à la Une, intitulé « Petite histoire de deux nombres » commençait par les lignes suivantes :

> Voici l'histoire de deux nombres, qui raconte comment ils ont fait leur chemin sur Internet jusqu'à être à la Une des journaux du monde entier le jour de Thanksgiving, mettant dans l'embarras le premier fabricant mondial de puces électroniques.

En bref : il s'est avéré que la puce à pentium (l'unité centrale de traitement dans les ordinateurs personnels) qui venait d'être lancée par L'Intel Corporation contenait une erreur dans les instructions pour la division avec virgule flottante, de sorte que par exemple le calcul du nombre

$$r = 4195835 - (4195835/3145727)(3145727)$$

donnait comme résultat $r = 256$ au lieu de la valeur correcte $r = 0$.

En fait, ce genre de choses n'est pas exceptionnel. Dans tous les ordinateurs, ce qu'on appelle l'arithmétique des nombres réels *est programmée de telle sorte qu'elle produit systématiquement des réponses incorrectes (erreurs d'arrondi).* Dans ce cas particulier (légèrement exagéré), l'indignation publique a été provoquée par le fait que dans certains cas l'erreur était plus grosse que ne le promettait la publicité (« simple précision » au lieu de « double précision »).

Des calculs d'une précision absolue sur des nombres rationnels de taille arbitraire peuvent en principe être programmés (et le sont effectivement dans des buts particuliers). Cela requiert énormément de ressources et peut aussi nécessiter des processus spéciaux d'entrée et de sortie des données. Il est parfaitement impossible de mettre matériellement en œuvre l'idée qu'est la machine de Türing, et les ordinateurs réels ne sont pas faits pour faciliter cette tâche.

On peut aisément imaginer qu'un système informatisé de prise de décision puisse être instable en raison de petites erreurs de calcul. Le marché boursier ou les applications militaires sont sensibles à ce genre de problème. En voici un autre exemple :

Une récente enquête sur la sexualité aux USA, spécialement conçue pour aider à créer des modèles de la propagation du Sida, ne tenait pas compte des trois pour cent d'Américains qui ne vivent pas chez eux – les gens qui sont en prison, dans des centres d'hébergement pour sans abris, ou à la rue. Un détracteur de cette enquête (R. C. Lewontin, *The New York Review of Books*, 20 avril 1995) fait remarquer à juste titre :

> Les auteurs n'en parlent jamais, et n'en ont peut-être même pas conscience, mais les modèles mathématiques et informatiques de la propagation d'une épidémie qui prennent en compte les complexités réelles du problème se révèlent, dans leurs prédictions, extrêmement sensibles aux valeurs quantitatives des variables. Des différences minimes dans les variables peuvent être déterminantes pour évaluer si une épidémie régresse ou progresse. Aussi l'utilisation d'une enquête inexacte pour projeter des contre mesures peut-elle faire plus de mal que n'en fait une ignorance totale.

La compréhension de ce qui est calculé par un calculateur devient aussi de plus en plus indispensable avec la multiplication des preuves/démonstrations informatiquement assistées de théorèmes mathématiques. Je cite une fois de plus M. Hirsch (Jaffe et Quinn, 1994b, p. 188) :

> Oscar Lanford a attiré l'attention sur le fait que pour justifier qu'un calcul informatique fait partie d'une preuve, vous ne

devez pas seulement prouver que le programme est correct (et même cela, quand le fait-on ?) mais vous devez comprendre de quelle façon l'ordinateur arrondit les nombres, et comment fonctionne le système de calcul, y compris le système de partage de temps.

Le caractère aléatoire de la Vérité Mathématique

À la suite de la découverte par A.N. Kolmogorov, R. Solomonov et G. Chaïtin de la notion de complexité, et de la nouvelle définition de l'aléatoire qu'elle permettait, Chaïtin a construit (dans CHAITIN, 1992) un exemple d'équation diophantienne exponentielle $F(t; x_1, \ldots, x_n) = 0$ ayant la propriété suivante : Posons $\varepsilon(t_0) = 0$ (resp. 1); si cette équation possède, pour $t = t_0$, un nombre fini (resp. infini) de solutions x_i, *alors la suite* $\varepsilon(1), \varepsilon(2), \varepsilon(3), \ldots$ *est aléatoire* (en fait, Chaïtin a écrit un programme produisant l'expression de F. La sortie est une équation à environ 17 000 inconnues qui tient en deux cents pages).

Il s'agit là d'une construction mathématique vraiment subtile, qui utilise, entre autres outils, la présentation de Davis-Putnam-Robinson-Matiassevitch d'ensembles récursivement énumérables. Le point épistémologiquement important est la découverte que l'aléatoire peut être défini sans aucune référence à la réalité physique (on justifie alors la définition en vérifiant que toutes les propriétés standards de l'aléatoire « physique » sont présentes), d'une façon telle que la nécessité d'effectuer une recherche infinie pour résoudre une suite de problèmes conduit à des réponses aléatoires en un sens technique bien défini.

Certains trouvent difficile d'imaginer qu'une discipline comme l'arithmétique élémentaire puisse produire ce genre de phénomènes. Notons que ce que l'on appelle le « chaos » de style mandelbrotien est un modèle nettement moins sophistiqué de comportement aléatoire.

I.4
GEORGES CANTOR ET SON HÉRITAGE[14]

> Dieu n'est pas géomètre, il est plutôt un imprévisible poète.
> (Les géomètres peuvent être d'imprévisibles poètes, il se pourrait donc qu'il y ait place pour des compromis.)
>
> V. Tasic (à propos du romantisme du XIXe siècle ; in TASIC, 2001)

Introduction

Le grand métarécit de George Cantor, la Théorie des Ensembles, qu'il a créée quasiment seul en l'espace d'une quinzaine d'années, ressemble davantage à une œuvre d'art, de grand art, qu'à une théorie scientifique.

En utilisant un langage légèrement modernisé, on peut exposer en quelques lignes les apports principaux de la théorie des ensembles.

---

14. Conférence à la Société Allemande de Mathématiques lors de la cérémonie de la remise de la Médaille Cantor. Publiée dans *Algebraic Geometry, Methods, Relations and Applications*. Publ. Inst. Steklov 246 (2004), p. 195–203.

Considérons la catégorie de tous les ensembles dont les morphismes sont des applications arbitraires. Les classes d'isomorphismes d'ensembles sont appelées des *cardinaux*. Les cardinaux sont bien ordonnés par le fait d'apparaître comme « sous-objet » et le cardinal de l'ensemble de tous les sous-ensembles de U est strictement supérieur à celui de U (ce qui est bien sûr démontré par le fameux argument de la diagonale).

Cela donne lieu à l'introduction d'une nouvelle catégorie, celle des ensembles bien ordonnés, avec les applications monotones comme morphismes. Les classes d'isomorphismes de ces ensembles sont appelé ordinaux. Ils sont bien ordonnés eux aussi. L'Hypothèse du Continu est une conjecture sur la structure d'ordre du segment initial des cardinaux.

C'est avec cette élégante économie de moyens que Cantor atteint un but sublime : comprendre l'infini, ou plutôt l'infinité des infinis. L'auto-référentialité inhérente à cette démarche et l'extension vigoureuse du domaine de l'intuition mathématique liée aux principes de construction de nouveaux ensembles renforcent cette impression de hardiesse artistique alliée à la sobriété.

Cantor, lui, aurait été furieux que l'on voie les choses ainsi. Pour lui, la découverte de la hiérarchie des infinis était la révélation d'une Vérité inspirée par Dieu.

Mais les mathématiciens du XXe siècle ont réagi à l'œuvre de Cantor de bien des façons, qui se comprennent mieux à partir de l'arrière-plan général des divers courants de la science contemporaine, de la pensée philosophique et de l'art[15].

On peut rendre, de façon un peu provocante, l'une des intuitions principales de Cantor comme suit :

2^x *est considérablement supérieur à* x.

15. Le 11 novembre 2006, eut lieu à Halle la Première d'un opéra d'Ingmar Grünauer : *Cantor oder die Vermessung der Unendlichen* (*Cantor ou la mesure de l'infini*).

Ici, x peut désigner un nombre entier, un ordinal arbitraire, ou un ensemble ; dans ce dernier cas, 2^x désigne l'ensemble de tous les sous-ensembles de x. Les mathématiques profondes commencent lorsque nous essayons de préciser cette proposition, d'élucider « *de combien* 2^x *est supérieur à* x ».

Si x est le premier ordinal infini, alors nous avons affaire à l'Hypothèse du Continu.

Je vais essayer de montrer que cette question, quand on la formule correctement pour x fini, est intimement liée au problème NP universel.

Je m'intéressserai ensuite à un choix de sujets liés au rôle de la théorie des ensembles dans les mathématiques contemporaines et à la réception des idées de Cantor.

L'axiome du Choix et le problème P/NP ou le fini comme infini du pauvre[16]

En 1900, dans sa communication au second Congrès International des Mathématiques de Paris, Hilbert plaça l'Hypothèse du Continu en tête de sa liste de 23 problèmes mathématiques fondamentaux. Ce fut l'un des moments phares de la vie scientifique de Cantor, lui qui avait dépensé beaucoup d'énergie à organiser la communauté mathématique allemande et internationale en un corps cohérent et solide, capable de contrebalancer l'influence d'un groupe de professeurs influents et mal disposés envers la théorie des ensembles.

L'opposition à la théorie de l'infini de Cantor persista cependant, ce qui le perturbait beaucoup, remettant en question la valeur qu'il accordait à la nouvelle mathématique.

16. Je ne fais pas ici allusion au million de dollars du Prix Clay offert pour la solution du problème P/NP.

En 1904, au Congrès des Mathématiques suivant, König fit une intervention visant à montrer que le continu ne pouvait pas être bien ordonné, et que par conséquent l'Hypothèse du Continu n'avait pas de sens.

> L'événement dramatique que fut la lecture de l'article de König au Troisième Congrès international de Mathématiqes le [Cantor] contraria profondément. Il était là avec ses deux filles, Else et Anna-Marie, et il était fou de rage de l'humiliation qu'il avait l'impression d'avoir subie. (Dauben, 1990, p. 283)

Il s'avéra qu'il y avait une erreur dans le papier de König : peu de temps après, Zermelo fournit la preuve de ce que n'importe quel ensemble pouvait être bien ordonné à l'aide de son tout neuf Axiome du Choix, un axiome qui postule essentiellement qu'à partir d'un ensemble U on peut former un nouvel ensemble dont les éléments sont des paires (V, v) où V parcourt l'ensemble des sous-ensembles non vides de U, et où v est un élément de V.

Un siècle plus tard, la communauté mathématique n'a proposé au siècle qui s'ouvre aujourd'hui aucune liste de nouveaux problèmes comparable à celle de Hilbert. Peut-être la conception générale des mathématiques a-t-elle changé – déjà, dans la liste de Hilbert, un nombre considérable de points peuvent être mieux décrits comme des programmes de recherche que comme des problèmes bien définis, ce qui semble une façon plus réaliste de percevoir la progression du travail mathématique.

Il n'en existe pas moins quelques problèmes importants et précisément formulés qui restent non résolus. Récemment sept de ces problèmes ont été choisis et un prix a été créé pour leur résolution. Je m'attacherai ici à l'un de ces problèmes, le problème P/NP, en le considérant comme un travestissement finitaire de l'Axiome du Choix de Zermelo.

Notons $U_m = \mathbb{Z}_2^m$ l'ensemble des séquences de m bits. On peut encoder ses sous-ensembles à l'aide des polynômes booléens. En utilisant le langage standard – et plus général – de l'algèbre commutative, nous pouvons assimiler chaque sous-ensemble de U_m au lieu des zéros d'une unique fonction $f \in B_m$ où B_m, l'algèbre des polynômes booléens, est définie comme suit :

$$B_n := \mathbb{Z}_2[x_1, \ldots, x_m]/(x_1^2 + x_1, \ldots, x_m^2 + x_m).$$

Alors le problème de Zermelo — à savoir *choisir un élément dans chaque sous-ensemble non vide de U* – prend la forme : *pour chaque polynôme booléen, spécifier un de ses points d'annulation (racine), ou montrer que ce polynôme est identiquement égal à 1.* De plus, nous voulons résoudre ce problème dans un temps polynomial en la taille de f (mesurée en bits).

Cela conduit à un problème NP-complet (i.e. « de difficulté maximale ») pour peu que l'on écrive les polynômes booléens dans la version suivante de la forme normale. On codera une telle forme à l'aide de la famille suivante :

$$u = \{m; (S_1, T_1), \ldots, (S_N, T_N)\}, \quad m \in \mathbb{N};\ S_i, T_i \subset \{1, \ldots, m\}.$$

La taille d'entrée de la famille u est égale à mN, et le polynôme booléen correspondant s'écrit

$$f_u := 1 + \prod_{i=1}^{N} \left(1 + \prod_{k \in S_i} (1 + x_k) \prod_{j \in T_i} x_j \right).$$

Cette écriture permet d'obtenir une vérification rapide de la relation d'inclusion des éléments de l'ensemble des zéros. Il y a cependant un prix à payer : on perd l'unicité de la représentation du polynôme f, et surtout la vérification de l'équation $f_u = f_v(?)$ devient un problème informatiquement difficile.

En particulier, même la version affaiblie suivante du problème fini de Zermelo : *vérifier si un polynôme booléen donné sous une forme disjonctive normale est constant ou non,* devient un problème NP-complet, que nous ne savons pas traiter pour le moment.

L'Axiome du Choix de Zermelo suscita une discussion tempétueuse dans plusieurs pays, publiée dans le premier numéro des *Mathematische Annalen,* en 1905. Une partie substantielle de cette discussion était centrée sur la psychologie de l'imagination mathématique et sur la confiance qu'on peut accorder à ses productions. Des questions déconcertantes, du genre : « Comment pouvons-nous être certains qu'au cours d'une démonstration nous continuons à penser au même ensemble ? » ne cessaient de surgir. Si nous imaginons qu'au moins une partie des calculs effectués par notre cerveau peut être adéquatement reproduite par des automates finis, alors les estimations quantitatives des ressources nécessaires, estimations fournies par la théorie de la calculabilité en temps polynomial, pourraient éventuellement être utiles dans les neurosciences et par suite en psychologie.

Un article récemment publié dans la revue *Science* résume comme suit des résultats expérimentaux qui éclairent la nature des représentations mentales des objets mathématiques, et les racines physiologiques des divergences entre, disons, intuitionnistes et formalistes :

> nos résultats donnent à espérer qu'il est possible de réconcilier les formes d'introspection de divers mathématiciens, en montrant que même dans un domaine aussi restreint que celui de l'arithmétique élémentaire, divers problèmes sont envisagés par le cerveau avec des moyens eux aussi divers. L'arithmétique exacte met l'accent sur des représentations spécifiquement langagières et s'appuie sur un circuit situé en bas à gauche du lobe frontal, circuit également utilisé pour générer les associations entre les mots. L'arithmétique symbolique est une invention culturelle propre à l'espèce humaine, et son développement a été tributaire de l'amélioration progressive des systèmes de notation numérique. [...]
>
> L'arithmétique approximative, au contraire, ne montre aucune dépendance par rapport au langage, et s'appuie principalement sur une représentation quantitative fournie par les réseaux de cognition visio-spatiale des lobes pariétaux droit et gauche. (Dehaene et al., 1999, p. 973)

Au paragraphe suivant j'examinerai une approche de l'Hypothèse du Continu qui visiblement s'inspire surtout des réseaux de cognition visio-spatiale et se comprend sans doute mieux à l'aide d'un modèle probabiliste que d'ordinateurs logiques ou booléens.

Appendice. Quelques définitions

Par souci d'exhaustivité, je rappellerai au lecteur la définition de base liée au problème P/NP. Soit un univers constructible infini U au sens de MANIN (2000), par exemple celui des nombres naturels $\mathbb{N}$. Un sous-ensemble E de U appartient à la classe P s'il est décidable et si les valeurs de sa fonction caractéristique χ_E sont calculables en temps polynomial pour toutes les variables x de E.

De plus, $E \in$ NP signifie que E est une projection polynomialement bornée d'un certain $E' \subset U \times U$ appartenant à la classe P. Autrement dit il existe un polynôme G tel que

$$u \in E \iff \exists (u, v) \in E' \text{ avec } |v| \leq G(|u|)$$

où v est la taille (mesurée en bits) de l'élément v. En particulier, P $\subset$ NP.

Intuitivement, $E \in$ NP signifie que pour tout u appartenant à E, il existe une preuve polynomialement liée de cette appartenance (à savoir le calcul de $\chi_{E'}(u, v)$ pour un v donné). Cependant, chercher une telle preuve (c'est-à-dire v) au moyen d'une recherche naïve parmi tous les v peut prendre un temps exponentiel.

L'ensemble $E \subset U$ est NP-*complet* si, pour tout autre ensemble $D \subset V$, $D \in$ NP il existe une fonction calculable en temps polynomial $f\colon V \to U$ telle que $D = f^{-1}(E)$, c'est-à-dire $\chi_D(v) = \chi_E(f(v))$.

Le codage des polynômes booléens utilisé ci-dessus est expliqué et motivé par la preuve de la NP-complétude : voir par exemple GAREY et JOHNSON (1979, § 2.6).

Hypothèse du Continu et variables aléatoires

Mumford (2000b, p. 208) rapporte un argument de C. Freiling (dans Freiling, 1986) visant à montrer que l'Hypothèse du Continu est « évidemment » fausse, en considérant la situation suivante :

> Deux personnes jouant aux fléchettes lancent indépendamment une fléchette chacun sur un panneau. Si l'Hypothèse est vraie, les points P de la surface du panneau peuvent être ordonnés de façon à ce que pour chaque P, l'ensemble des points Q tel que $Q < P$, appelons-le S_Q, soit dénombrable. Les joueurs 1 et 2 frappent le panneau aux points P_1 et P_2. Ou bien $P_1 < P_2$ ou bien $P_2 < P_1$. Supposons que nous nous trouvons dans le premier cas. Alors P_1 appartient à un sous-ensemble S_{P_2} dénombrable des points du panneau. Les deux lancers étant indépendants, nous pouvons aussi bien dire que le lancer 2 précède le lancer 1. Après le lancer 2, cet ensemble dénombrable est donc fixé. Mais tout ensemble dénombrable est mesurable et de mesure nulle. Le même raisonnement montre que la probabilité que P_2 atterrise sur S est 0. Et donc presque sûrement nous ne nous trouvons dans aucun des deux cas, ce qui contredit l'hypothèse que le panneau soit le premier cardinal non dénombrable ! [...]
>
> Je crois [...] que cette « preuve » montre que si nous faisons des variables aléatoires l'un des éléments de base des mathématiques, il s'ensuit que HC est fausse, et que nous serons débarrassés de l'un des absurdes casse-tête de la théorie des ensembles.[17]

Le travail de Freiling avait été précédé par celui de Scott et Solovay, qui reformulent en termes d'« ensembles logiquement

17. L'article de Mumford s'intitule, de façon significative, « *À l'aube de l'ère stochastique* ». David m'a assuré qu'il ne voulait aucunement faire allusion à la théorie des cycles historiques de Giambattista Vico, que Bloom présente ainsi (cf. Bloom, 1994) : « Giambattista Vico, dans sa *Science Nouvelle*, a posé en principe l'existence d'un cycle possédant trois phases, théocratique, aristocratique, démocratique – suivi d'un chaos dont un nouvel âge théocratique finit par émerger. »

aléatoires » la méthode du forcing mise au point par Paul Cohen pour prouver la compatibilité entre le rejet de HC et les axiomes de Zermelo-Fraenkel. Ces travaux ont montré que l'on peut en effet inclure les variables aléatoires dans la liste des notions fondamentales et les utiliser de manière non triviale.

Paul Cohen lui-même termine son livre en suggérant qu'il est très possible que soit un jour universellement acceptée l'idée que l'Hypothèse du Continu est « d'une fausseté évidente ».

Cependant, tandis que le raisonnement de Scott-Solovay démontre un théorème précis concernant le langage formel de la théorie des ensembles, l'argument de Freiling fait directement appel à notre intuition physique, et il est plus juste de la classer parmi les *expériences de pensée*. Elle est d'une nature similaire à celle de certaines expériences de physique qui déduisent, par exemple, diverses conséquences dynamiques à partir de l'impossibilité d'un *perpetuum mobile.*

L'idée d'expérience de pensée, par opposition à celle de déduction logique, peut être vue de manière générale comme un équivalent, pour le cerveau droit, des opérations logiques élémentaires du cerveau gauche. Les bonnes métaphores jouent un rôle similaire. Quand nous comparons les capacités respectives des deux cerveaux, nous sommes frappés par ce que j'ai appelé ailleurs la « faiblesse constitutive des métaphores » : elle résistent à devenir les blocs de construction d'un système. On peut seulement les empiler les unes sur les autres avec plus ou moins de savoir-faire ; l'édifice tiendra ou s'écroulera sous son propre poids indépendamment de sa valeur intrinsèque de vérité.

La physique discipline les expériences de pensée comme la poésie discipline les métaphores, mais seule la logique possède une discipline intérieure. Les expériences de pensée réussies produisent des vérités mathématiques qui, une fois acceptées, se solidifient en axiomes, et ces derniers travaillent en activant la meule des déductions logiques.

Fondements et physique

Pour commencer, voici une brève discussion de l'impact de la Théorie des Ensembles sur les fondements des mathématiques. Par « fondements » je n'entends pas la préoccupation para-philosophique pour la nature, l'accessibilité et la fiabilité de la vérité mathématique, ni un ensemble de prescriptions normatives comme celles que recherchent les finitistes ou les formalistes.

J'utiliserai ce mot en un sens large, comme terme général pour désigner le conglomérat variable de règles et de principes utilisés pour organiser le corpus toujours renouvelé de la connaissance mathématique de chaque époque. À certaines époques, il est codifié sous la forme d'un texte mathématique faisant autorité, à l'exemple des *Éléments* d'Euclide. À d'autres, il est mieux exprimé par un auto-questionnement nerveux sur la signification des infinitésimaux ou sur la relation précise entre les nombres réels et les points d'une ligne euclidienne, ou encore sur la nature des algorithmes. Dans tous les cas, les fondements, en ce sens large, ont rapport avec l'activité du mathématicien ou de la mathématicienne, ils ont à voir avec les principes de base de son métier sans pour autant constituer l'essence de son travail.

Au XXe siècle, les tendances fondationnelles principales sont liées au langage de Cantor et à l'intuition des ensembles.

Le projet élaboré par Bourbaki découle de l'idée que tout objet mathématique $\mathcal{X}$ (groupe, espace topologique, intégrale, langage formel...) peut être pensé comme un ensemble X doté d'une structure additionnelle x. Cette idée avait déjà fait son apparition dans de nombreux programmes de recherches spécialisés, depuis les *Fondements de la géométrie* de Hilbert, jusqu'à l'assimilation par Kolmogorov de la théorie des probabilités à la théorie de la mesure.

La structure additionnelle x dans $\mathcal{X} = (X, x)$ est un élément d'un autre ensemble Y appartenant à une *échelle* construite à partir de X à l'aide d'opérations standards et satisfaisant à des conditions (axiomes), elles aussi entièrement formulées en termes de théorie des ensembles. De plus, la nature des éléments de X est inessentielle : une bijection $X \to X'$ appliquant x sur x' produit un objet isomorphe $\mathcal{X}' = (X', x')$. Cette idée a joué un puissant rôle d'unification et de clarification des mathématiques, et a provoqué des développements spectaculaires bien au-delà du groupe Bourbaki. Dans la mesure où elle est acceptée dans des milliers d'articles de recherche, on peut dire tout simplement que le langage des mathématiques est celui de la théorie des ensembles.

Le fait que ce langage soit facilement formalisable a permis aux logicistes de défendre leur position – à savoir que leurs principes normatifs doivent être appliqués à l'ensemble des mathématiques – et de donner une importance exagérée au rôle joué par les « paradoxes de l'infini » et par le théorème d'incomplétude de Gödel.

Néanmoins, cela a aussi rendu possibles des actes aussi autoréflexifs que l'inclusion des métamathématiques dans les mathématiques, sous la forme de la théorie des modèles. Celle-ci étudie des structures algébriques particulières – des langages formels – considérés à leur tour comme des objets mathématiques (des ensembles structurés possédant des lois de composition, des éléments marqués, etc.) et leur interprétation sous forme d'ensembles. Des découvertes frappantes, comme celle de Gödel sur l'incomplétude de l'arithmétique, perdent un peu de leur mystère une fois que l'on comprend leur contenu tout simplement comme l'affirmation que telle ou telle structure algébrique n'est pas générée de façon finie par rapport aux lois de composition autorisées.

Lorsque, au stade suivant de ce développement historique, les ensembles ont cédé la place aux catégories, cela a d'abord simplement signifié que l'on mettait désormais l'accent sur les morphismes (notamment les isomorphismes) entre structures, plutôt que sur les structures elles-mêmes. Et, après tout, une (petite) catégorie pouvait elle-même être considérée comme un ensemble muni d'une structure. Cependant, surtout grâce au travail de

Grothendieck et de son école sur les fondements de la géométrie algébrique, les catégories sont passées au premier plan. Voici une liste (incomplète) des modifications de notre compréhension des objets mathématiques apportées par le langage des catégories. Rappelons qu'en général les objets d'une catégorie ne constituent pas eux-mêmes des ensembles ; leur nature n'est pas spécifiée ; seuls les morphismes $\mathrm{Hom}_C(X, Y)$ entre deux objets forment toujours un ensemble.

A. Un objet X de la catégorie C peut être identifié au foncteur qu'il représente : $Y \mapsto \mathrm{Hom}_C(Y, X)$. Ainsi, si C est petite, l'ensemble X, au départ non structuré, se trouve acquérir une structure. Cette caractérisation externe, « sociologique », d'un objet mathématique, qui le définit par ses interactions avec tous les objets de la même catégorie plutôt qu'en termes de structure intrinsèque, s'est révélée extrêmement utile pour tous les problèmes faisant intervenir par exemple des espaces de modules de géométrie algébrique.

B. Dans la mesure où deux espaces mathématiques isomorphes ont exactement les mêmes propriétés, peu importe le nombre de paires d'objets isomorphes contenues dans une catégorie donnée C. C'est-à-dire, tout simplement, que si C et D ont les « mêmes » classes d'objets isomorphes, et de morphismes entre leurs représentants, ils doivent être considérés comme équivalents. Par exemple, la catégorie de « tous » les ensembles finis est équivalente à n'importe quelle catégorie d'ensembles finis dans laquelle se trouve exactement un ensemble représentant chaque cardinal $0, 1, 2, 3, \ldots$

Cette « ouverture » des catégories, assimilée à une équivalence, est un trait essentiel, par exemple, de la théorie abstraite de la calculabilité. La meilleure façon de comprendre la thèse de Church est d'y voir un postulat selon lequel il existe une catégorie ouverte de « mondes constructifs » – ensembles finis ou dénombrables pourvus de structure, connectés entre eux par des morphismes calculables – tels que tout objet infini de cette catégorie est isomorphe au monde des entiers naturels et que les morphismes correspondent aux fonctions récursives (voir MANIN, 2000 pour plus de précisions). Il existe beaucoup d'autres mondes constructifs intéressants définis à l'aide de diverses structures internes : ainsi les mots d'un alphabet donné, les diagrammes finis, les machines de Türing, etc. Ils sont cependant tous isomorphes à l'ensemble $\mathbb{N}$ des entiers naturels, vu l'existence de dénombrements calculables.

C. La remarque précédente pose aussi des limites à l'idée naïve que les catégories « sont » des ensembles structurés particuliers. En fait, s'il est naturel d'identifier des catégories reliées par une équivalence (pas nécessairement bijective sur les objets), plutôt que par un isomorphisme, ce point de vue risque d'induire largement en erreur.

Pour le dire plus précisément, on assiste à la lente émergence de l'image hiérarchique suivante. Les catégories elles-mêmes forment les objets d'une catégorie plus grande, Cat, dont les morphismes sont les foncteurs ou les « constructions naturelles », sur le modèle de la théorie de la (co)homologie des espaces topologiques. Cependant, les foncteurs ne forment pas simplement un ensemble ou une classe : ils sont aussi les objets d'une catégorie. En axiomatisant cette situation, on arrive à la notion de 2-*catégorie*, dont le prototype est Cat. En traitant les 2-catégories de la même façon, nous obtenons les 3-catégories, etc.

Cette hiérarchie encode la vision suivante des mathématiques : il n'existe pas d'égalités entre les objets mathématiques, seulement des équivalences. Et comme une équivalence est aussi un objet mathématique, il n'existe pas d'égalité entre ces dernières, seulement une équivalence de l'ordre suivant, etc., *ad infinitum.*

Cette conception, due à l'origine à Grothendieck, repousse les frontières des mathématiques classiques, particulièrement de la géométrie algébrique, et précisément dans ses développements contemporains, là où elle interagit avec la physique théorique moderne.

Avec l'arrivée des catégories, la communauté mathématique

a été guérie de sa peur des classes (en tant qu'opposées aux ensembles), et plus généralement de sa peur des « très grandes » collections d'objets.

Dans le même ordre d'idées, il s'est avéré qu'il existe des manières fécondes de penser « tous » les objets d'un type donné, et d'utiliser l'autoréférentialité de manière créative, au lieu de la bannir totalement. C'est là un développement de la vieille distinction entre ensembles et classes, étant donné qu'à chaque stade nous obtenons une structure similaire mais pas identique à celles que nous avons étudiées au stade précédent.

À mon avis, les développements ultérieurs n'ont pas fait éclater la vision prophétique de Cantor, mais l'ont enrichie.

Ce qui l'a reléguée à l'arrière-plan, tout comme les préoccupations concernant les paradoxes de l'infini et les névroses intuitionnistes, c'est une interaction renouvelée avec la physique, ainsi que la transformation de la logique formelle en informatique théorique.

La naissance de la physique quantique a radicalement modifié nos idées sur les relations entre la réalité, ses descriptions théoriques et nos perceptions. Elle a clairement montré que la fameuse définition que donne Cantor des ensembles (CANTOR, 1895) n'était en fait que l'affinement d'une conception classique selon laquelle le monde matériel consiste en objets distincts deux à deux et distribués dans l'espace :

> Unter einer « Menge » verstehen wir jede Zusammenfassung *M* von bestimmten wohlunterschiedenen Objekten *m* unserer Anschauung oder unseres Denkens (welche die « Elemente » von *M* genannt werden) zu einem Ganzen.
>
> Par « ensemble », nous entendons une collection *M*, formant un tout, d'objets distincts et définis *m* (appelés « éléments » de *M*) de notre intuition ou de notre pensée.

Une fois que cette conception s'est révélée n'être qu'une approximation de la description quantique, incomparablement plus complexe, les ensembles ont perdu leur enracinement immédiat dans la réalité. En fait, les ensembles mathématiques munis de structures qui sont utilisés le plus efficacement en physique contemporaine ne sont pas des ensembles d'objets mais plutôt de *possibilités.* Par exemple, l'espace des phases d'un système mécanique classique consiste en paires (*positions, moments*) décrivant tous les états possibles du système, tandis qu'après quantification, il est remplacé par l'espace des amplitudes de probabilité complexe : l'espace de Hilbert des fonctions L^2 des coordonnées, ou quelque chose de ce genre. Les amplitudes sont toutes les superpositions quantiques possibles de tous les états classiques possibles. Nous sommes alors à mille lieues d'un simple ensemble d'objets.

De plus, les exigences de la physique quantique ont élevé considérablement le niveau de tolérance des mathématiciens à l'égard du discours théorique, imprécis mais très stimulant, tenu par les physiciens. Cela a conduit, en particulier, à l'émergence des intégrales de chemin de Feynman comme l'un des plus actifs domaine de recherche en topologie et en géométrie algébrique, bien que le statut de l'intégrale de chemin ne soit pas en meilleur état que celui de l'intégrale de Riemann avant la *Stéréométrie des tonneaux à vin* de Kepler.

L'informatique théorique a apporté une touche pratique très bienvenue aux prescriptions jusque là essentiellement hygiéniques de la logique formelle. L'introduction de la notion de « succès avec une grande probabilité » dans l'étude de la solvabilité algorithmique a contribué à faire tomber les dernières barrières mentales qui érigeaient des clôtures entre les fondements des mathématiques et les mathématiques proprement dites.

Appendice. Cantor et la physique

Il serait intéressant d'étudier de plus près la philosophie naturelle de Cantor. Selon J.W. Dauben (1990), il a plusieurs fois mentionné de façon directe de possibles applications physiques de sa théorie.

Par exemple, il a prouvé que si l'on supprime d'un domaine de $\mathbb{R}^n$, $n \geq 2$, n'importe quel sous-ensemble dense dénombrable (par exemple, les points algébriques), alors deux points, quels qu'ils soient, appartenant à ce qui reste, peuvent être reliés par une courbe continue. Voici son interprétation : le mouvement continu est possible même dans des espaces discontinus, par conséquent il se pourrait très bien que « notre » espace soit lui-même discontinu, parce que l'idée de sa continuité se base sur des observations de mouvements continus. On devrait alors envisager une révision de la mécanique.

En 1883, lors d'une session de la société allemande des médecins et expérimentateurs (GDNA) à Fribourg, Cantor déclara ceci :

> L'un des problèmes les plus importants de la théorie des ensembles [...] est le défi suivant : déterminer les différentes valences ou cardinalités des ensembles présents dans la totalité de la nature, pour autant que nous pouvons les connaître. (Dauben, 1990, p. 291)

Apparemment, pour Cantor, les atomes (monades) étaient donc de véritables points sans extension, en nombre infini dans la nature. Les « monades corporelles » (particules massives ? Yu. M.) devraient exister en quantité dénombrable. Les « monades éthérées » (quanta sans masse ? Yu. M.), devraient apparaître avec la cardinalité aleph un.

Coda. Les mathématiques et la condition post-moderne

Du vivant de Cantor déjà, la réception de ses idées ressemblait davantage à celle que l'on réserve à des courants artistiques nouveaux, comme l'impressionnisme ou l'atonalité, qu'à la réception d'une nouvelle théorie scientifique. Très chargée émotionnellement, elle allait du refus total (Cantor « corrupteur de la jeunesse » selon Kronecker) à l'éloge hyperbolique (la défense par Hilbert du « Paradis de Cantor »). Notons toutefois les sous-entendus, qui passent ordinairement inaperçus et minent subtilement ces deux jugements apparemment sans appel : Kronecker compare implicitement Cantor à Socrate, tandis que Hilbert se permet une allusion légèrement moqueuse au fait que Cantor avait la conviction que la Théorie des Ensembles est inspirée par Dieu.

Si l'on accepte l'idée que la vaste construction de Bourbaki descend directement du travail de Cantor, on n'est pas surpris de voir qu'elle a connu le même destin (voir *Bourbaki, une société secrète de mathématiciens*, 2000). Particulièrement véhémente a été la réaction contre les « mathématiques modernes », qui constituaient une tentative visant à réformer l'enseignement des mathématiques en mettant l'accent sur la précion des définitions, la logique et le langage de la théorie des ensembles, plutôt que sur les faits mathématiques, les images, les exemples et les curiosités surprenantes.

On est tenté de considérer cette réaction à la lumière de la fameuse définition que donne F. Lyotard (1984) de la condition post-moderne comme une « méfiance à l'égard des métarécits » et de la remarque de V. Tasić, pour lequel les mathématiques comptent au nombre des « métarécits les plus entêtés de la culture occidentale » (Tasic, 2001, p. 176).

Dans cet entêtement se trouve notre espoir.

Appendice.
Chronologie de la vie et de l'œuvre de Cantor (d'après Dauben, 1990 ; Purkert et Ilgauds, 1987)

3 mars 1845 : Naissance à Saint-Petersbourg, Russie.
1856 : Déménagement de la famille à Wiesbaden, en Allemagne.
1862–1867 : Etudes à Zürich, Berlin, Göttingen puis à nouveau Berlin.

1867–69 : Premières publications en théorie des nombres (formes quadratiques).
1869 : Habilitation à l'Université de Halle.
1870–1872 : Travail sur la convergence des séries trigonométriques.
1872–1879 : Existence de différentes sortes d'infini, bijections entre $\mathbb{R}$ et $\mathbb{R}^n$, études des relations entre continuité et dimension.
29 novembre 1873 : Cantor demande dans une lettre à Dedekind s'il pourrait exister une bijection entre $\mathbb{N}$ et $\mathbb{R}$ (voir DAUBEN, 1990, p. 49). Un peu après Noël il a l'idée du procédé diagonal (voir *ibid.*, p. 51).
1874 : Première publication sur la théorie des ensembles.
1879–1884 : Publication de la série d'articles intitulée : *Über unendliche lineare Punktmannigfaltigkeiten*.
1883 : *Grundlagen einer allgemeinen Mannigfaltigkeitslehre. Ein mathematisch-philosophischer Versuch in der Lehre des Unendlichen.*
Mai 1884 : Première crise nerveuse après un voyage agréable et réussi à Paris ; la dépression dure jusqu'à l'automne (*ibid.*, p. 282).
1884–1885 : Contacts avec des théologiens catholiques qui prodiguent des encouragements à Cantor ; néanmoins celui-ci se sent isolé à Halle (*ibid.*, p. 146).
18 septembre 1890 : Fondation de la Société Allemande de Mathématiques (DMV) dont Cantor devient le premier président.
1891 : Mort de Kronecker.
1895–1897 : *Beiträge zur Begründung der transfiniten Mengenlehre*, dernière contibution mathématique significative de Cantor.
1897 : Premier Congrès International de Mathématiques. La théorie des ensembles y est bien représentée.
1897 : « Burali-Forti [...] est le premier mathématicien à rendre publics les paradoxes de la théorie des ensembles transfinis » (voir *ibid.*).

1899 : Hospitalisations de Cantor à Halle dans une clinique neurologique, avant et après la mort de son fils Rudolph.

Hiver 1902–1903 : Hospitalisation de Cantor.

Octobre. 1907-Juin 1908 : Nouvelle hospitalisation.

Septembre 1911-Juin 1912 : Hospitalisation.

1915 : Célébration du 70e anniversaire de Cantor.

Mai 1917 – 6 janvier 1918 : Hospitalisation ; Cantor meurt à la clinique à Halle.

I.5
LE THÉORÈME DE GÖDEL[18]

Introduction

Il n'est pas facile de rendre accessibles les mathématiques du xxe siècle : l'enseignement reçu au lycée et même le programme des écoles techniques ne permettent pas de comprendre les points essentiels de la recherche contemporaine. Parmi la poignée de résultats un peu plus connus du public, du moins par ouï-dire, la première place revient sans doute au théorème de Gödel. L'auteur de ces lignes est même tombé un jour sur une allusion à ce théorème dans un roman américain.

Plus précisément, il s'agit d'un théorème sur l'« incomplétude de l'arithmétique », publié en 1931 par le mathématicien autichien Kurt Gödel, alors âgé de seulement vingt-cinq ans. Au sens strict, ce théorème est un énoncé hautement technique sur un objet combinatoire concret et très complexe – le langage formel de l'arithmétique du premier ordre. Néanmoins, à la fois l'énoncé et la démonstration de ce théorème admettent un large éventail d'interprétations générales, qui ont déterminé l'impact philosophique du résultat de Gödel.

La connaissance mathématique est généralement associée à des constructions mentales extrêmement complexes comprenant

18. Publié à l'origine en russe dans la revue *Природа* [*Nature*] 12 (1975), p. 80–87 ; traduction et révision de la version anglaise par l'auteur.

de longs raisonnements déductifs basés sur des abstractions fondamentales élémentaires, sur lesquelles on construit de hautes tours intellectuelles, parvenant ainsi à des conclusions qui, non seulement sont loin d'être évidentes, mais qui ne peuvent, en règle générale, être exprimées en langage ordinaire.

Dans toute activité humaine on observe deux composantes – la part systématique et la part intuitive – la « cuisine » et l'« illumination ». Les mathématiques fournissent des exemples inégalables du travail systématique de l'esprit, de constructions déductives d'une complexité architecturale étonnante, qui reposent sur un minimum de données et qui, après un long enchaînement de déductions, sont couronnées par des résultats importants.

Les succès atteints en mathématiques, ainsi qu'en physique et en technologie, dans laquelle le raisonnement mathématique est profondément ancré, ont conduit des penseurs profonds à formuler l'espoir qu'il existerait quelques lois universelles dont toutes les autres vérités pourraient être déduites à l'aide de la pure raison. Dans la tradition européenne, ces idées sont associées aux noms de Descartes et de Leibniz. Aujourd'hui encore ces noms continuent de se profiler à l'arrière-plan émotionnel d'expressions telles que la « théorie du tout » (en anglais *Theory Of Everything, TOE* : théorie unifiée des particules élémentaires et des interaction visant à expliquer tous les phénomènes à basses énergies).

Depuis Gödel, nous pouvons être certains que ces espoirs-là sont tous sans fondement. Même en faisant abstraction de la question de la complexité du monde, nous savons désormais que le raisonnement déductif à lui seul n'est pas un outil suffisamment puissant. Par le pur raisonnement déductif *on ne peut même pas déduire à partir d'un nombre fini de principes de base tous les énoncés vrais concernant les nombres entiers qui peuvent être formulés dans le langage de l'algèbre du lycée* : voilà le contenu essentiel du théorème de Gödel.

Cette reconnaissance des limitations fondamentales de la méthode déductive et, plus généralement, de toutes les méthodes

« mécaniques » de recherche de la vérité, a acquis un relief tout particulier à l'époque du développement des ordinateurs. De ce point de vue, on peut soutenir que le théorème de Gödel constitue une contribution importante des mathématiques à l'épistémologie et aux sciences humaines en général. La réception des enseignements du résultat de Gödel, interprétés en grande partie métaphoriquement, peut être comparée à celle du « principe de complémentarité » de Heisenberg et Bohr, dont Bohr lui-même a étendu la portée très au-delà des limites de la microphysique.

Dans cet article nous essayerons de présenter de manière accessible les idées et notions principales liées au théorème de Gödel. Nous commencerons par une description aussi peu formelle que possible du langage de l'arithmétique et de son interprétation. La partie la plus technique de la démonstration est basée sur une construction explicite à l'aide de laquelle ce langage peut se combiner avec un métalangage du niveau supérieur, de manière à ce que la formulation d'énoncés autoréférentiels devienne possible.

Notions de base I : le langage

Dans cette section et la suivante, nous décrirons les principales définitions nécessaires à la formulation et à la compréhension du théorème de Gödel. Les mots que nous utiliserons autorisent plusieurs niveaux de précision sémantique. C'est seulement à partir d'un certain niveau qu'ils deviennent des composantes d'un texte mathématique proprement dit. Nous essaierons de temps à autre d'être plus précis.

Langage

En général, un langage (formel) est composé d'un *alphabet fini* et de règles explicites pour former des *expressions* et des *textes*. Toutes les expressions sont des séquences finies de lettres de notre alphabet, considérées comme *syntaxiquement correctes* et *porteuses de sens.* Dans notre contexte, on suppose que ces deux dernières notions coïncident, même si leur différence est hautement pertinente pour la linguistique du langage ordinaire. Les textes sont des séquences finies d'expressions.

Le lecteur devra garder à l'esprit certains points précis de notre exemple principal : le langage de l'arithmétique élémentaire (*LAr*). Nous en décrirons deux versions, la seconde étant considérablement plus précise et plus formelle, mais en un certain sens ces deux versions sont équivalentes.

Première version

L'alphabet de *LAr* comprend des caractères latins (indices et exposants sont autorisés, mais doivent être écrits de façon linéaire, comme dans TEX). Nous avons aussi besoin de chiffres, de parenthèses, de signes d'opérations arithmétiques : $+$ (addition), $\cdot$ ou $\times$ (multiplication), $\uparrow$ (exponentiation ; dans un texte linéaire, la notation $a \uparrow b$ est préférable à a^b), $=$ (signe d'égalité). Un texte typique en *LAr* se compose d'un mélange de formules ordinaires de l'arithmétique et de l'algèbre du lycée, et d'un complément minimal de mots tirés du langage ordinaire, nécessaires à l'expression des notions logiques. Parmi ces derniers : « et », « ou », « non » « si... alors », ainsi que les quantificateurs : « pour tout », « il existe... tel que... ». Le texte doit être organisé selon les règles de l'idiome mathématique standard (que nous ne détaillerons pas ici).

Voici quelques exemples de textes écrits en *LAr.* Nous les plaçons entre guillemets afin de les séparer de nos commentaires :

(i) « 5 », « $5 \cdot x$ », « $1318 + x + y \uparrow z$ ». Ces textes sont les « noms » d'objets mathématiques, comparables aux substantifs du langage ordinaire. Techniquement, on les appelle des « termes ».

(ii) Table de multiplication : « $1 \cdot 1 = 1$ », « $2 \cdot 2 = 4$ », etc. Ces textes sont l'équivalent de phrases. Ils sont appelés des *propositions*, et peuvent être vrais ou faux. Par exemple, les formules $0 = 1$, $2 \cdot 2 = 5$ sont fausses, bien que correctes syntaxiquement et pourvues de sens (voir ci-dessous).

(iii) La formule $(x+y)^2 = x^2 + 2xy + y^2$, ou plus précisément

$$(x+y) \cdot (x+y) = x \cdot x + 2 \cdot x \cdot y + y \cdot y.$$

Il s'agit d'une proposition écrite de façon quelque peu incomplète. Elle devient formellement équivalente à l'identité bien connue au lycée si elle est précédée de deux quantificateurs : « pour tout x » et « pour tout y ».

En fait, en *LAr* les lettres latines sont utilisées pour désigner des variables qui peuvent prendre leurs valeurs dans l'ensemble des entiers non négatifs $0, 1, 2, \ldots$

Illustrons quelques particularités du langage *LAr* à l'aide du texte suivant, qui comporte des quantificateurs :

(iv) Pour tout x, il existe y et z tels que ($y = x + z$, et si $y = u \cdot v$, alors $u = 1$ ou $u = y$).

C'est là le théorème d'Euclide sur l'existence de l'infinité des nombres premiers. En fait, l'énoncé « si $y = u \cdot v$, alors $u = 1$ ou $u = y$ » signifie que u est un nombre premier (ou 1). L'énoncé « il existe y et z tels que ($y = x + z$) » signifie que $y \geq x$. En combinant les deux énoncés, nous obtenons : « il existe des nombres premiers y supérieurs à n'importe quel nombre donné x ». Les parenthèses dans (iv) délimitent l'expression concernée par les quantificateurs.

Les notions de « nombre premier » et d'« infini » ne sont pas comprises dans le vocabulaire de base de *LAr* ; elles sont synthétisées à partir d'unités sémantiques plus élémentaires. En général, on se sert de la langue naturelle pour emprunter ou inventer un nouveau mot afin d'exprimer une nouvelle notion importante. En principe, on peut le faire aussi à partir du langage mathématique formel. Cependant, le but de la formalisation est de présenter un langage qui puisse être analysé à l'aide d'outils mathématiques. À cette fin, il est préférable de laisser le langage formel dans son état « squelettique ».

Ce niveau de description de la langue de l'arithmétique est suffisant pour comprendre une explication qualitative du théorème de Gödel. Le lecteur pourvu d'une formation mathématique pourra utiliser la version du deuxième degré ci-dessous, qui permet déjà de formuler des théorèmes exacts, et de les démontrer. Nous encadrons de • les passages plus techniques du présent article, lesquels peuvent être omis sans dommage.

• Seconde version

Nous allons maintenant décrire un peu plus précisément le langage formel de l'arithmétique, dit de Smullyan, *SAr*.

Son alphabet ne comporte que neuf lettres. Nous avons d'abord x (une variable) et $'$ (prime) qui sert à former n'importe quel nombre de nouvelles variables $x', x'', x''', \ldots$; nous choisissons aussi $\bar{1}$ comme symbole pour désigner le nombre entier 1. Ensuite, nous aurons besoin de signes pour les opérations arithmétiques et l'égalité : $\cdot$ (multiplication) ; $\uparrow$ (exponentiation). Pour les séparer, nous utilisons les parenthèses habituelles (,). Enfin, tous les outils logiques seront synthétisés à l'aide d'un seul opérateur de logique binaire $\downarrow$ qui signifie « conjonction de négations » : appliqué à deux énoncés P et Q, il produit un nouvel énoncé $P \downarrow Q$, qui peut se lire « non P et non Q ».

En langage *SAr*, les *textes* sont constitués de séquences finies d'*expressions*. Une *expression* est une séquence finie, syntaxiquement correcte, de lettres de l'alphabet de base. Il existe trois types d'expressions : les *termes numériques*, les *termes de classe*, et les *formules*.

Les termes numériques comprennent les expressions x, x', x'', ... et $\bar{1}, \bar{1}\bar{1}, \bar{1}\bar{1}\bar{1}, \ldots$ De plus, si t_1, t_2 sont des termes numériques, alors $(t_1) \cdot (t_2)$ et $(t_1) \uparrow (t_2)$ sont aussi des termes numériques. Intuitivement, $\bar{1}\bar{1} \ldots \bar{1}$ dénote l'entier égal au nombre d'occurrences de $\bar{1}$, et, d'une façon générale, les termes numériques sont tous des expressions qu'on peut obtenir à partir de variables et d'entiers en les multipliant et en les exponentiant de nombreuses fois de façon arbitraire.

Formules de premier niveau

Si t_1, t_2 sont deux termes, $t_1 = t_2$ est une formule de premier niveau. Si P_1 et P_2 sont deux formules de premier niveau, alors $P_1 \downarrow P_2$ en est une aussi. Intuitivement $t_1 = t_2$ est une équation multiplicative ou exponentielle.

Termes de classe et formules de niveau supérieur

On définit simultanément et récursivement ces deux classes d'expressions, en les construisant à partir des deux niveaux présentés ci-dessus.

(i) *Des formules aux formules et aux termes de classes*

Si P_1 et P_2 sont des formules, alors $(P_1) \downarrow (P_2)$ est une formule.

Si P est une formule précédemment construite, c'est-à-dire, intuitivement, un énoncé incluant des variables et des opérations sur elles, reliées par des égalités et des opérations logiques, alors $x'^{\cdots\prime}(P)$ est un terme de classe. Intuitivement, ce terme dénote l'ensemble des entiers pour lesquels P devient vrai si nous remplaçons $x'^{\cdots\prime}$ par un entier tel que (« $x'^{\cdots\prime}$ satisfait à P »). L'expression $x'^{\cdots\prime}(P)\bar{1}\ldots\bar{1}$ est une formule qui a intuitivement le sens suivant : le nombre $\bar{1}\ldots\bar{1}$ satisfait à l'énoncé P si nous remplaçons $x'^{\cdots\prime}$ par lui.

(ii) *Des termes de classe aux formules*

Si T_1, T_2 sont deux termes de classe, on peut exprimer le quantificateur « pour tout », qui ne se trouve pas dans le vocabulaire de base : « $x(P_1) = x(P_2)$ » signifie que pour tout

x, x satisfait P_1 si et seulement s'il satisfait P_2. En appliquant deux fois la conjonction des négations, nous pouvons produire le quantificateur « il existe ». Plus précisément, « non P » peut être écrit comme $P \downarrow P$, tandis que « si P alors Q » s'écrira :

$$(((P) \downarrow (Q)) \downarrow (Q)) \downarrow (((P) \downarrow (Q)) \downarrow (Q)).$$

Le lecteur expérimenté saura combler les lacunes de notre présentation, et donner une description complète des expressions syntaxiquement correctes du langage *SAr*.

Pour illustrer comment tout cela fonctionne, nous pouvons écrire, par exemple, l'énoncé du dernier théorème de Fermat (démontré par Wiles). Voici quelques indications pour le lecteur qui aurait envie de faire cet exercice.

Commençons par l'énoncé semi-verbal suivant : « si $x \geq 3$ alors il est faux que $x'^x + x''^x = x'''^x$ ». La condition $x \geq 3$ peut s'écrire, par exemple, sous la forme 2^x est divisible par 2^3, c'est-à-dire qu'il existe x'''' tel que

$$(\bar{1}\bar{1}) \uparrow (x) = ((\bar{1}\bar{1}) \uparrow (\bar{1}\bar{1}\bar{1})) \cdot (x'''').$$

L'équation de Fermat elle-même s'écrit :

$$((\bar{1}\bar{1}) \uparrow ((x') \uparrow (x))) \cdot ((\bar{1}\bar{1}) \uparrow ((x'' \uparrow (x))) = (\bar{1}\bar{1})((x''') \uparrow (x)).$$

Notons que, comme l'alphabet de base ne contient pas le signe $+$, nous écrivons $a + b = c$ sous la forme $2^a \cdot 2^b = 2^c$. •

Dans nos explications sur les langages *LAr* et *SAr* nous nous sommes plus ou moins implicitement référés à quelques notions générales que nous allons maintenant expliciter.

Syntaxe d'une langue

Elle consiste en les règles de formation des expressions et des textes faisant sens (bien formés). Nous apprenons notre langue maternelle par la pratique. Les règles de grammaire que nous apprenons plus tard à l'école ne sont pas complètes, pas suffisamment explicites ni formalisées, et ne servent qu'à normaliser un peu l'usage courant. Au contraire, la syntaxe d'une langue totalement formalisée, comme l'est *SAr*, est décrite par une liste complète et explicite de règles. Ce n'est qu'après une telle formalisation qu'une langue peut être étudiée en tant qu'objet mathématique.

Sémantique d'une langue

Elle consiste en règles permettant d'assigner un sens à un texte, c'est-dire d'interpréter le texte dans une réalité non linguistique. Pour le (ou les) langage(s) mathématique(s), la « réalité » est constituée uniquement d'idées « humaines ». Les mathématiques en tant que telles ne se réfèrent jamais *directement* à des phénomènes observables même si lorsque nous étudions, enseignons ou appliquons les mathématiques nous nous tournons constamment vers de tels phénomènes. Ainsi, « deux pommes plus deux pommes font quatre pommes » ne constitue pas un énoncé mathématique, tandis que « $2 + 2 = 4$ » en est un.

Les idées mathématiques commencent par être exprimées dans diverses langues naturelles et dans leurs dialectes spécialisés. Puis elles évoluent et se développent. Ainsi, dans une certaine mesure, peut-on dire que le sens d'un texte mathématique est un autre texte. Toutefois, une conception plus équilibrée considère le sens comme une structure profonde sous-jacente à diverses expressions, mais qui n'est réductible à aucune d'entre elles.

Métalangage

C'est la langue dans laquelle nous décrivons le langage objet (comme *LAr* ou *SAr*), sa syntaxe et sa sémantique. Dans le cas qui nous occupe, il s'agit d'un fragment restreint de la langue française. Dans l'objectif que nous poursuivons ici, le lecteur est censé posséder la compétence nécessaire en termes du métalangage, de sorte qu'il n'est pas nécessaire d'inclure une description de sa syntaxe et de sa sémantique.

Notions de base II : vérité, exprimabilité, complétude

Les énoncés de la langue *LAr* (et les formules de la langue *SAr*) peuvent être vrais, faux, ou avoir une valeur de vérité indéterminée.

Seuls peuvent demeurer indéterminés les énoncés contenant au moins un ou plusieurs symboles de variables $(x, y, z, \ldots)$ *libres*, c'est-à-dire non contraints par des expressions (quantificateurs) du type « pour tout » ou « il existe ».

L'énoncé « pour tout x on a $(x = 2)$ » est faux parce qu'il existe des entiers différents de 2. L'énoncé « il existe x tel que $(x + 1000 = 2000)$ » est vrai. L'énoncé « $x = 3$ » deviendra vrai ou faux seulement quand nous remplacerons par tel ou tel nombre la variable « libre » x qu'il contient. Enfin, l'énoncé « $x = x$ » est vrai, bien qu'il contienne une variable libre, à savoir x.

Il est essentiel de comprendre pourquoi nous pensons que tout énoncé sans variable libre a une valeur de vérité bien définie. Même avant la démonstration de Wiles, nous avions la conviction que la conjecture de Fermat

$$\textit{pour tout } x, y, z, n \textit{ il est faux que}$$
$$(x+1)^{n+3} + (y+1)^{n+3} = (z+1)^{n+3}$$

devait être soit vraie soit fausse.

Cette conviction était fondée sur la possibilité abstraite de procéder à la vérification d'un nombre infini d'égalités numériques – à savoir toutes les instanciations de l'équation de Fermat, obtenues en remplaçant les variables x, y, z, n par des nombres entiers spécifiés. Chez les praticiens des fondements des mathématiques, il existe des écoles qui considèrent de telles abstractions comme infondées, mais nous ne discuterons pas ici des problèmes philosophiques attenants.

Exprimabilité

Les énoncés comportant des variables libres sont très importants : on peut les voir comme des descriptions des propriétés des entiers ou des n-uplets d'entiers pour $n = 1, 2, \ldots$ (cette idée se trouve derrière l'introduction des « termes de classe » dans SAr). Par exemple, l'énoncé « il existe x tel que $y = x + 2$, et pour tout u, v, si $y = u \cdot v$, alors $u = 1$ ou $u = y$ » contient une variable libre y, et signifie : « y est un nombre premier ».

Considérons plus généralement un énoncé $P(x, y, z)$, contenant, disons, exactement trois variables libres x, y, z (et, possiblement, des variables liées). Nous dirons qu'un triplet de nombres a la propriété décrite par P si, en substituant ces nombres à x, y, z, nous obtenons une proposition vraie (notons qu'après la substitution il n'y a plus de variables libres, si bien que nous pouvons considérer que le nouvel énoncé est soit vrai, soit faux).

Au lieu de parler de « propriétés », nous pouvons utiliser, et nous le ferons, un langage complémentaire, celui des « ensembles d'objets possédant une propriété donnée ». Ce langage convient mieux à notre propos. Nous identifions simplement « une propriété » à l'« ensemble de tous les objets ayant cette propriété », et nous considérons de tels ensembles comme des objets mathématiquement plus simples, ou comme une définition de ce que l'on entend par le terme un peu vague de « propriété ». Notons que des énoncés différents peuvent exprimer la *même* propriété ; par exemple les paires d'énoncés suivantes : « $x = 1$ », « $x \cdot x = 1$ » ; et « $x = 1$ ou $x = 2$ », « non $(x = 0)$ et il n'existe pas de y tel que $x = y + 3$ ».

Une propriété des nombres entiers ou des n-uplets d'entiers, telle qu'il existe dans LAr un énoncé exprimant cette propriété, est dite *exprimable* dans LAr. Le sous-ensemble correspondant est dit lui aussi exprimable. On peut montrer que les langages LAr et SAr

fournissent exactement le même stock de propriétés exprimables.

Le fait suivant est d'une importance cruciale pour la compréhension de la suite de l'exposé : *pour tout langage arithmétique donné, il existe des propriétés des nombres entiers qui ne peuvent* pas *être exprimées dans ce langage.* La démonstration la plus simple de ce fait est basée sur la notion de cardinalité d'ensemble infini, due à Cantor. Il a établi que la cardinalité de l'ensemble de tous les sous-ensembles d'entiers est strictement supérieure à l'ensemble des entiers eux-mêmes : elle ne peut pas être dénombrée par les entiers naturels. Par contre, toutes les propriétés exprimables dans un langage ayant un alphabet fini peuvent être dénombrées par des entiers : on range par exemple tous les textes de ce langage qui contiennent des variables libres, et l'on assigne à chaque propriété le nombre correspondant à sa première occurrence dans la liste.

Nous ne préciserons pas davantage ce point, parce que des exemples concrets de propriétés non exprimables seront donnés plus loin.

La totalité des propriétés exprimables dans un langage donné est la caractéristique la plus importante de ce langage. Elle mesure la richesse, la puissance de ce langage formel. La question de savoir si telle ou telle propriété des nombres entiers (exprimée, disons, en métalangage) est exprimable dans une langue arithmétique donnée peut constituer un problème mathématique hautement non trivial.

Les ressources déductives d'un langage

N'importe quel problème de théorie élémentaire des nombres peut être formulé sous forme de question : étant donné un énoncé *P* du langage *LAr* (ou une formule *P* du langage *SAr*) ne contenant pas de variables libres, *P est-il vrai* ?

Analysons la façon dont les questions de ce type sont (parfois) résolues.

Si *P* ne contient pas de variable du tout, notre question se réduit à vérifier une relation concrète entre plusieurs entiers. Nous supposerons qu'ils sont donnés en numération décimale. Les règles élémentaires du calcul nous permettent alors de décider si cette relation est vraie ou non.

Supposons maintenant que P a la forme suivante : « pour tout $x(Q)$ », c'est-à-dire, « pour n'importe quelle valeur de x, l'énoncé $Q(x)$ est vrai », où Q est un énoncé avec une variable libre x. Par exemple, pour tout x,

$$0 + 1 + 2 + \cdots + x = \frac{x(x+1)}{2}.$$

Comme nous l'avons déjà mentionné, la prescription générale abstraite consisterait à opérer une suite infinie de vérifications. Bien entendu, dans la pratique, on procède différemment. Le lecteur sait probablement que l'outil de base est l'axiome de la déduction mathématique. Dans le langage *LAr*, cet « axiome » est représenté par une liste infinie d'énoncés de la forme suivante :

Si $P(0)$ est vrai, et si pour tout x ($P(x)$ entraîne $P(x+1)$), alors pour tout x, $P(x)$ est vrai. $(*)$

Ici, P parcourt tous les énoncés contenant une variable x libre, et nous admettons que tous les énoncés $(*)$ sont vrais en nous référant à un argument bien connu du métalangage.

Si l'on analyse la preuve de la vérité d'une formule comme $0 + 1 + 2 + \cdots + x = \frac{x(x+1)}{2}$, ou bien celle du théorème d'Euclide sur l'existence d'une infinité de nombres premiers, on s'aperçoit qu'elles peuvent être représentées par une suite d'éléments dont chacun, ou bien appartient à une liste d'axiomes choisis à l'avance, ou bien est obtenue à partir de ces axiomes et de quelques énoncés déjà démontrés en appliquant des *règles de déduction* prescrites à l'avance.

Tout énoncé de la forme $(*)$ est un exemple d'axiome. Les règles de déduction (ou d'inférence) sont généralement des outils logiques qui ne sont pas spécifiques au(x) langage(s) de l'arithmétique. Voici deux exemples de règles de déduction, exprimées dans le métalangage :

(a) Supposons que les énoncés « si P, alors Q », et « P » soient déjà déduits. Alors nous pouvons déduire l'énoncé « Q ».
(b) Supposons que l'énoncé « pour tout x, $(P(x))$ » soit déjà déduit. Alors nous pouvons en déduire « $P(n)$ » où n est tout entier non négatif.

Les axiomes et les règles de déduction constituent les ressources déductive d'un langage. Tout énoncé qui peut être déduit d'axiomes par une application des règles de déduction est dit *déductible, démontrable,* ou *prouvable* (à l'aide de ressources d'inférence données).

L'exigence la plus importante à laquelle doivent satisfaire les axiomes est la suivante : *tout axiome doit être un énoncé vrai.* Ni les définitions de la vérité ni la vérification de la vérité des axiomes ne figurent ou ne sont effectuées « à l'intérieur » du langage formel. Pour ce faire, nous avons besoin de recourir à un métalangage, à un acte d'interprétation d'un énoncé formel, et à un raisonnement intuitif (même si, en principe, le métalangage peut aussi être formalisé, si bien que le problème est reporté au niveau supérieur).

Au lieu de recourir à cette procédure interprétative informelle et d'en appeler à la notion de vérité, nous pourrions nous borner à étudier la question de savoir si l'utilisation de ressources déductives données est susceptible de conduire à une contradiction, c'est-à-dire à la déduction simultanée de deux formules du type « P » et « non P ». Nous n'entreprendrons pas d'expliquer ici les problèmes et les résultats qui relèvent de cette interrogation.

Pour nous, l'exigence la plus importante à laquelle doivent satisfaire les lois de déduction est donc la « conservation de la vérité » : en appliquant les règles de déduction à des énoncés vrais, nous devons obtenir un énoncé vrai.

Complétude

En analysant des articles de mathématiques on peut relever et expliciter les axiomes et les lois de déduction qu'ils utilisent implicitement dans les démonstrations. C'est là une tâche tout à fait non triviale ; une description précise des résultats d'une pareille analyse a constitué l'une des réussites majeures de la logique mathématique du premier tiers du vingtième siècle.

Il est apparu qu'il existe une liste finiment descriptible de règles de déduction (et de ce qu'on appelle des axiomes logiques, qui sont à peu près la même chose), qui décrit de manière exhaustive les outils logiques employés dans n'importe quel domaine des mathématiques.

On peut raisonnablement penser qu'il est impossible d'étendre cette liste : tous les types de raisonnements que nous acceptons comme « logiques », indépendamment de leur contenu, peuvent être synthétisés selon un ensemble fini de règles qui sont toutes déjà connues.

Par contre, on a fait de nombreuses tentatives pour réduire cette liste, par exemple pour interdire l'application du *tiers exclu* (« P ou non P ») aux domaines infinis, en particulier en arithmétique. Nous ne discuterons pas de ces tentatives ici.

En dehors des axiomes logiques, qui sont universels, les règles de déduction de chaque langage orienté vers la description d'un domaine particulier des mathématiques contiennent des « axiomes spéciaux ». Ceux-ci expriment les propriétés d'objets de la théorie que nous postulons en recourant à des considérations informelles. En *LAr*, nous pouvons compter parmi ces axiomes les propriétés ordinaires des opérations arithmétiques (commutativité et associativité de l'addition et de la multiplication, etc.) ainsi que les axiomes de l'induction.

Néanmoins, il arrive assez souvent que ces axiomes spéciaux soient traités plutôt comme des *définitions* de structures de type ensembliste (ou catégorique), formulées dans le langage universel de la théorie des ensembles. Un pareil traitement transforme les axiomes spéciaux de *LAr* en propriétés *démontrables* d'objets définis dans un univers d'ensembles (finis). Plus généralement, les ressources déductives d'un langage peuvent être définies dans un autre langage, qui joue alors le rôle d'extension du langage donné.

Les resssources déductives ne sont pas, en général, fixées une fois pour toute. Pour telle ou telle raison, comme une inclination philosophique pour le « finitisme » ou encore l'« effectivité », nous pouvons imposer des restrictions aux axiomes que nous utilisons, et étudier quels énoncés restent ou ne restent pas démontrables avec ces moyens réduits. Inversement, le développement des mathématiques peut conduire à une large acceptation d'un nouvel axiome, comme ce fut le cas pour l'« Axiome du Choix » de Zermelo (cf. aussi plus bas).

Une restriction additionnelle très importante imposée aux ressources déductives est que l'on doit pouvoir les décrire par des moyens finis, ce que l'on peut exprimer de manière équivalente comme suit : il doit exister une procédure mécanique qui, appliquée à un texte fini, établit en un temps fini si ce texte constitue bien une déduction (notamment, un axiome) et quel est l'énoncé qu'il déduit. Lorsque les ressources déductives sont modifiées, il se peut que cette procédure le soit également, mais elle doit continuer d'exister.

Pendant un certain temps il a semblé naturel d'espérer, pour tout domaine mathématique, ou du moins pour l'arithmétique, pouvoir un jour trouver les ressources déductives à partir desquelles *tous* les énoncés vrais peuvent être logiquement dérivés. Répétons une fois de plus qu'on doit pouvoir décrire de manière finie ces ressources, au sens indiqué ci-dessus. Autrement, nous pourrions purement et simplement déclarer que tous les énoncés vrais de l'arithmétique sont des axiomes. Mais cette prescription n'est pas finie : pour vérifier la vérité d'un seul énoncé, nous devons en général effectuer des vérifications mécaniques en nombre infini.

Il semble que cette attente ou cet espoir ait été partagé,

plus ou moins explicitement, par des esprits comme Descartes, Leibniz, et, au vingtième siècle, Hilbert. Comme nous l'avons déjà mentionné, Gödel a montré que ce rêve était totalement irréaliste.

Les principes d'incomplétude

Le Théorème de Gödel

Il n'existe pas de liste complète des axiomes de l'arithmétique qui soit finiment descriptible.

Ce résultat peut être strictement prouvé pour *SAr*, et illustré pour *LAr*. Le principe de la preuve est applicable à n'importe quel langage formel *L*, pourvu qu'il soit suffisamment expressif et indépendant de son orientation. Cette dernière condition signifie simplement que le langage *L* doit permettre de parler des nombres naturels, et que toute propriété de ces nombres exprimable dans le langage *LAr* doit l'être aussi dans le langage *L*.

Le théorème de Gödel peut être reformulé dans un sens positif : pour produire tous les énoncés vrais concernant les entiers, on a besoin d'un nombre infini d'idées nouvelles, ce qui souligne fortement le caractère créatif des mathématiques. Les limitations inhérentes au raisonnement déductif sont à regarder comme le revers de la médaille.

Principes de la démonstration

Afin de démontrer le théorème de Gödel, on doit commencer par étudier les notions de vérité et de décidabilité en tant que *propriétés de certains énoncés*, c'est-à-dire comprendre quelque chose aux propriétés des sous-ensembles que constituent les énoncés vrais d'une part, déductibles de l'autre. C'est ici qu'apparaît pour la première fois l'astuce de l'auto-référentialité : énumérons simplement tous les énoncés (sans variable libre) de *L* en les numérotant (par exemple en dresssant une liste par ordre lexicographique) ; nous pouvons ensuite les désigner par leur numéro dans la liste. La seule propriété essentielle de cette énumération est qu'elle permet d'établir de façon purement mécanique quel nombre correspond à quel énoncé. L'ordre lexicographique satisfait évidemment à cette condition si les règles décrivant les énoncés sont formulées de manière assez précise pour que l'on puisse confier leur production et leur analyse syntaxique à un ordinateur. Nous ne l'avons pas fait en décrivant le langage *LAr*, de sorte que les explications que nous avons données sur ce langage ne sont pas très précises et ne font qu'en présenter les grandes lignes.

En particulier, il n'est pas nécessaire d'exiger que *tous* les nombres entiers non négatifs soient chacun associé à un énoncé ; il suffit que nous soyons en mesure de décider mécaniquement lesquels le sont. Dans la suite nous fixerons une telle énumération, que nous appellerons une *énumération de Gödel.*

• Voici une énumération de Gödel des expressions du langage *SAr*. Comme l'alphabet de *SAr* comporte seulement neuf lettres nous pouvons les numéroter avec les chiffres 1, . . . , 9 ; disons que le caractère $\bar{1}$ reçoit le numéro 9. Afin d'obtenir le nombre associé à une suite finie de lettres, on remplace alors ces lettres par des chiffres, on lit la suite obtenue dans le système décimal et l'on ajoute 1 au résultat. •

Après avoir choisi une énumération de Gödel, désignons par *V* l'ensemble des nombres correspondant à tous les énoncés vrais, et par *D* l'ensemble des nombres correspondant à tous les énoncés déductibles à l'aide des ressources de déduction fixées. Nous croyons que *D* est contenu dans *V* et voulons montrer que cette inclusion est stricte. Or cela découlera des deux principes fondamentaux suivants :

(a) L'ensemble *V* n'est *pas* exprimable dans un langage *L* si *L* est suffisamment expressif.
(b) L'ensemble *D* est *toujours* exprimable dans le langage *LAr*.

Nous commenterons à présent les démonstrations de ces principes.

Non exprimablilité de la vérité

C'est le théorème de Tarski (1936), lequel peut être considéré comme une explicitation de l'un des résultats intermédiaires de l'argument original de Gödel. Sa preuve est fondée sur une modification très intelligente du « paradoxe du menteur ». Gödel et Tarski montrent que si l'on choisit un énoncé quelconque $P(x)$ du langage de l'arithmétique, comportant une variable libre x, alors on peut construire un autre énoncé Q_P, sans variable libre, dont le sens s'exprime dans notre métalangage par la phrase suivante : Q_P affirme que le nombre qui le numérote *ne possède pas* la propriété exprimée par P.

Supposant maintenant que P exprime (décrit) l'ensemble V des nombres numérotant les énoncés vrais, on obtient une contradiction, comme suit :

- puisque Q_P ne contient pas de variable libre, il doit être soit vrai soit faux ;
- si Q_P est vrai, c'est-à-dire si le « numéro de Q_P n'appartient pas à V », Q_P est faux : contradiction.
- si Q_P est faux, alors son numéro appartient à V, donc Q_P est vrai : contradiction à nouveau !

En conclusion, V n'est exprimable par aucun énoncé P. Le lecteur pourrait objecter que nous avons tout de même décrit d'une certaine façon l'ensemble V. C'est exact, mais nous l'avons fait en recourant au métalangage et non dans le langage L. Si nous formalisons la partie du métalangage nécessaire pour exprimer V, puis étendons ainsi L, le nombre total des énoncés du langage L' obtenu deviendra plus grand, l'ensemble des énoncés vrais V' sera lui aussi plus grand, et l'inexprimabilité de V' demeurera un fait. De plus, notre description de V en termes du métalangage invoque des processus infinis qui ne peuvent être mécanisés.

• Décrivons la façon de construire Q_P à partir de P dans le langage *SAr* de Smullyan. Un mathématicien qui a étudié la difficile construction initiale inventée par Gödel appréciera l'élégance et la simplicité de l'idée de Smullyan. Soit $P(x)$ une formule de *SAr* contenant une variable libre. Considérons d'abord la formule

$$P_E(x) \colon P((x) \cdot ((\overline{1}\overline{0}) \uparrow (x))),$$

où $\overline{1}\overline{0}$ est $\overline{1} \dots \overline{1}$ répété dix fois. En d'autres termes, on obtient $P_E(x)$ à partir de $P(x)$ en remplaçant chaque occurrence libre de x dans P par $x10^x$.

Maintenant, soit Q n'importe quelle suite finie de lettres de *SAr*, et $n(Q)$ le nombre qui lui est associé comme ci-dessus. Nous dirons que ce nombre satisfait à $P(x)$ si nous obtenons une formule vraie après la substitution par $n(Q)$ de chaque occurrence libre de x. On vérifie alors facilement le fait suivant :

Lemme

Le nombre de Q satisfait à $P_E(x)$ si et seulement si le nombre $Q\overline{1} \dots \overline{1}$ ($n(Q)$ répétitions) satisfait à $P(x)$.

En fait, de la description de $n(Q)$ nous tirons

$$n(Q\overline{1} \dots \overline{1}) = n(Q) \cdot 10^{n(Q)}.$$

(Nous nous servons ici du fait que $n(\overline{1}) = 9$.)

Considérons maintenant la formule suivante S en langage *SAr* :

$$S \colon x(P_E)\overline{1} \dots \overline{1}$$

($n(xP_E)$ répétitions). Interprétons-la dans notre métalangage, en prenant en compte que $x(P_E)$ est un terme de classe, et que la dernière séquence $\overline{1} \dots \overline{1}$ contient $n(xP_E)$ symboles. Nous obtenons :

« S est vrai » équivaut à « lenombre de (xP_E) satisfait à P_E » qui équivaut à « le nombre de $x(P_E)\overline{1} \dots \overline{1}$ ($n(xP_E)$ répétitions), i.e. de S, satisfait à P ».

La première équivalence découle de la sémantique de *SAr* (cf. ci-dessus le paragraphe sur les termes de classe et les formules de niveau supérieur), tandis que la seconde équivalence découle du lemme ci-dessus.

De façon informelle, la formule S dit « mon nombre satisfait P ». Afin de construire Q_P, il reste à appliquer la même construction à la négation de P, c'est-à-dire à $P \downarrow P$ au lieu de P. •

Exprimabilité de la déductibilité

Reste maintenant à expliquer pourquoi l'ensemble des nombres associés aux formules déductibles D est exprimable dans LAr ou dans SAr. Il y a ici deux niveaux possibles de généralité, selon que nous sommes prêts à fixer les moyens (ou ressources) de déduction, ou que nous entendons raisonner sur *tous* les moyens « naturels » de déduction.

Commençons avec des moyens de déduction fixés. Ceux-ci sont typiquement donnés par un nombre fini de règles qui génèrent tous les axiomes et toutes les règles de déduction au moyen desquels on peut écrire un code informatique qui construira ensuite, dans un certain ordre, tous les énoncés déductibles en utilisant de plus en plus d'axiomes, de plus en plus de règles de déduction, et des déductions de longueurs croissantes. On ne prend pas ici en compte les limitations de temps et d'espace imposées par les ordinateurs réels.

Une autre version d'un tel code peut simplement engendrer en ordre lexicographique *toutes* les suites finies d'énoncés, puis faire une analyse syntaxique de chaque suite en vérifiant lesquelles sont effectivement des déductions, et de quels énoncés. L'hypothèse selon laquelle il est possible d'écrire un tel programme peut être justifiée directement pour n'importe quel choix concret de moyens de déduction.

Considérons maintenant l'ensemble suivant E de couples d'entiers : par définition (n, m) appartient à cet ensemble si m est le nombre d'un énoncé déduit par la n-ième déduction générée par notre programme.

L'ensemble E est exprimable dans LAr ou SAr simplement parce que la logique et l'arithmétique des ordinateurs sont entièrement incluses dans les moyens d'expression de ces langages. Construisons donc un énoncé $\varepsilon(x, y)$ qui exprime E. Alors l'énoncé de LAr : « il existe x tel que $(\varepsilon(x, y))$ » (avec une variable libre y) exprime le sous-ensemble D.

Reste à examiner la question suivante : comment justifier ce raisonnement pour des moyens de déduction arbitraires, susceptibles de générer des ensembles D de plus en plus grands ? Ce raisonnement a montré que la seule propriété essentielle des moyens de déduction consiste en la possibilité de générer « mécaniquement » *toutes* les déductions. La question se réduit donc à la suivante : est-il vrai que nous connaissons déjà *tous* les principes de génération automatique des textes, ou peut-il se faire que de nouveaux principes soient découverts dans le futur ? En effet, si la seconde éventualité se réalisait un jour, il pourrait arriver que l'ensemble E correspondant ne soit plus exprimable dans LAr.

Aujourd'hui, il est généralement admis que nous connaissons déjà la liste complète des outils élémentaires qui peuvent être combinés en programmes déterministes (codes) générant des suites de textes (ou de nombres naturels). Cette liste est complète en ce sens que toute extension de celle-ci (hormis les choix aléatoires) engendrera la même totalité de suites. C'est là le contenu de ce que l'on appelle la « thèse de Church », et le nom technique pour les suites mentionnées ci-dessus est « fonctions partiellement récursives ».

L'arithmétique et la logique implémentées dans le hardware des ordinateurs contemporains suffisent à engendrer toutes les déductions basées sur n'importe quel choix de ressources finies de déduction. Si l'on accepte ce fait, on doit accepter que l'exprimabilité de D, et par conséquent le théorème d'incomplétude de Gödel, sont valables sous des hypothèses extrêmement générales concernant les ressources déductives du langage formel considéré.

Y a-t-il loin de la déductibilité à la vérité ?

On peut maintenant préciser cette question, et la réponse est, brièvement : « très loin ».

Commençons par l'énoncé non trivial suivant : tout sous-ensemble des entiers exprimable peut être exprimé par une formule de la structure suivante ou par la négation d'une telle formule :

Il existe $x_1, \ldots, x_m$ *tels que pour tous* $y_1, \ldots, y_n$ *il existe* $z_1, \ldots, z_p$ *tels que pour tout* $u_1, \ldots, u_q$*, etc., on ait*
$$P(x_1, \ldots, x_m, y_1, \ldots, y_n, z_1, \ldots, z_p, \ldots; x) = 0.$$

Ici P est un polynôme à coefficients entiers. Une seule des variables, soit x, est libre ; toutes les autres sont liées par des quantificateurs. Le premier quantificateur et le dernier peuvent être « pour tout » (symbole $\forall$) ou « il existe » (symbole $\exists$) ; il peut aussi, dans un cas limite, ne pas y avoir de quantificateurs du tout. L'ensemble exprimé par une telle formule se compose de tous les entiers non négatifs x, qui, lorsqu'on les substitue dans P, rendent vrai l'énoncé obtenu (désormais sans variable libre).

Il est naturel d'essayer de classifier les ensembles exprimables d'entiers selon la complexité d'une formule telle que ci-dessus, qui les exprime. Il se fait qu'une mesure essentielle de la complexité n'est pas donnée par le nombre total de variables apparaissant dans P, ni par le degré de P, mais plutôt par le nombre de changements de quantificateurs précédant le symbole du polynôme P (ainsi la suite $\exists x_1, x_2 \forall y_1 \exists z_1, z_2, z_3$ contient-elle deux changements de quantificateurs).

Désignons par Ω_n la classe de tous les ensembles exprimables par de semblables formules comportant au plus n changements de quantificateurs. On a établi dans les années quarante que chaque classe de cette échelle est *strictement* plus grande que la précédente. La tour $\Omega_0 \subset \Omega_1 \subset \Omega_2 \subset \cdots$ se nomme *hiérarchie arithmétique*. L'union de toutes les classes $\Omega_\infty = \bigcup_{n=0}^{\infty} \Omega_n$ est la classe de tous les ensembles exprimables dans LAr ainsi que dans toute extension raisonnable de LAr.

L'analyse précédente montre que $D \in \Omega_\infty$. À quel étage de cette tour les ensembles déductibles D peuvent-ils donc habiter ? La réponse, surprenante, est la suivante : on a toujours $D \in \Omega_0$. Plus précisément, tout élément de D peut être exprimé par un énoncé de la forme suivante :

$$\exists x_1, \ldots, x_n (P(x_1, \ldots, x_n; x) = 0).$$

Le pas décisif des recherches qui ont conduit à ce résultat est dû à Yu. V. Matiyasevitch. Ainsi, la déductibilité réside-t-elle au niveau le plus bas de la hiérarchie arithmétique, tandis que la vérité plane dans les hauteurs, plus haut que toute la tour Ω.... Dans le dernier paragraphe de cet article nous indiquerons certaines étapes sur le long chemin qui va de D à V.

Créativité mathématique et « ensembles créatifs »

Dans notre exposé nous avons un peu modernisé la démonstration de Gödel afin d'en faire apparaître plus clairement la structure. Cependant, son raisonnement initial contient une autre idée remarquable, que nous allons maintenant expliquer brièvement. Fixons un langage mathématique formel L, sa sémantique et ses ressources déductives. Fixons également une énumération de Gödel des formules et notons toujous D l'ensemble des nombres associés aux formules déductibles. Soit P une formule explicite exprimant D. Afin de prouver que l'ensemble V des énoncés vrais n'est pas exprimé par P, nous avons procédé comme suit :

(a) supposons que V est exprimé par D ;
(b) alors il existe une formule Q_P qui dit en substance : « Je suis fausse ». Comme elle ne contient pas de variable libre, elle doit être soit vraie soit fausse ;

(c) elle ne peut pas être fausse (à cause de sa sémantique) ;
(d) elle ne peut pas être vraie (à cause de sa sémantique à nouveau) ;
(e) donc, *D* n'exprime pas *V*.

C'est l'argument de Tarski : les énoncés c) et d) exploitent le « paradoxe du menteur » dans un contexte formel précis, tandis que e) l'explique.

Néanmoins, nous n'avons jamais utilisé ici la propriété spécifique de *P*, à savoir que : « *P* exprime *D* ». En fait, le même raisonnement vaut pour tout *P*. Le raisonnement de Gödel est légèrement différent, et cette différence subtile fournit un résultat qui constitue une contribution remarquable à l'épistémologie de la connaissance mathématique. En réalité, le schéma de la démonstration de Gödel, quand on la présente ainsi, est le suivant :

(a) la déductibilité est exprimable par une formule *P* ;
(b) il existe (et on peut la construire explicitement) une formule Q_P qui dit : « Je ne suis pas déductible ». Étant donné qu'elle ne contient pas de variable libre, cette formule doit être soit vraie soit fausse ;
(c) elle ne peut pas être fausse (à cause de sa sémantique : sinon, elle serait déductible, donc vraie) ;
(d) donc, elle est vraie ;
(e) par conséquent, elle n'est pas déductible (à cause de sa sémantique).

Cela signifie que Gödel fournit *explicitement* une formule qui est vraie mais qui n'est pas déductible par les moyens de déduction fixés ! En d'autres termes, son raisonnement montre non seulement l'incomplétude d'un stock donné de moyens (ressources) de déduction, mais fournit aussi une manière d'enrichir ce stock avec un nouvel axiome, dont la vérité est établie par des moyens métalinguistiques.

En acceptant cet « axiome », nous pouvons étendre l'ensemble des formules déductibles *D*, et cet ensemble étendu D' ne coïncidera toujours pas avec V. Le raisonnement de Gödel peut ensuite être appliqué à D', ce qui produira un « axiome » de plus. Tout ceci ressemble à des instructions permettant d'effectuer une série d'actes créatifs : compléter l'arithmétique avec de nouveaux axiomes dont nous ne pouvons pas prouver la vérité, mais la deviner. En réalité, bien entendu, le seul acte réellement créatif a été accompli une seule fois, par Gödel lui-même, et le reste relève de la (re)production de masse de son idée. (Une formalisation de cette procédure a conduit à la notion mathématique d'« ensembles créatifs », que nous n'analyserons pas ici).

Il est clair qu'aucune itération finie de pas de ce genre ne conduira jamais à l'identité idéale $D = V$. Néanmoins, nous pouvons tenter d'épuiser V en ajoutant des axiomes acceptables qui ne sont pas décris par des moyens finis au sens expliqué ci-dessus. Un très beau résultat de ce type a été démontré par S. Feferman. Nous conclurons par une brève explication de son idée. Il a remarqué qu'il existe bien d'autres façons de construire des formules qui ne sont pas déductibles tout en étant « évidemment » vraies. Leur vérité est établie de manière métalinguistique et résulte de notre croyance en la vérité des axiomes déjà acceptés (dont l'acceptation constitue aussi un acte de foi : nous employons ici une sorte de raisonnement par induction). Plus précisément, soit $P(x)$ une formule contenant une variable libre x. Solomon Feferman a montré comment écrire une formule A_P sans variable libre, dont la signification peut être métalinguistiquement exprimée comme suit :

Si pour tous les nombres n la formule $P(n)$ est déduisible
à partir du système d'axiomes adopté au préalable,
alors $\forall x(P(x))$ est vraie.

S. Feferman montre ensuite qu'en adjoignant alternativement des formules A_P en tant qu'axiomes et en tant que déductions tirées du nouveau stock d'axiomes, nous pouvons épuiser V en un nombre *infini* de tels pas. En d'autres termes, on commence par accepter les identités arithmétiques élémentaires ainsi que les axiomes de l'induction (ou récurrence). Alors, pour atteindre l'ensemble des vérités concernant les entiers, il reste à effectuer une suite transfinie d'actes de foi en ce que les précédents actes de foi ne nous avaient pas égarés.

Épilogue

Pensée mise en mots est mensonge.

Fedor Tioutchev, *Silentium*

I.6
INTRODUCTION AU LIVRE *CALCULABLE ET INCALCULABLE*

1. Un algorithme est un texte qui, dans un environnement approprié, peut conduire à une suite bien définie d'événements. Un enzyme qui catalyse une réaction chimique spécifique, un plan de bataille, un code informatique peuvent être considérés comme des exemples d'algorithmes au sens large.

Les mathématiques fournissent des algorithmes de calcul et, plus généralement, des algorithmes de traitement de données, qui appartiennent aux outils scientifiques de base. De plus, elles génèrent et étudient des langages spécialisés utilisés pour encoder les algorithmes, les faire fonctionner, décrire les données d'entrée et de sortie, et pour inventer des appareils physiques qui permettent d'implémenter ces algorithmes. Enfin les mathématiques produisent des *modèles théoriques* de toutes ces notions. Ce livre est consacré à certains de ces modèles théoriques, en particulier à la théorie mathématique de la calculabilité algorithmique. Il constitue une suite naturelle du livre *Démontrable et indémontrable* (Moscou, « Radio Soviet », 1979), mais peut en grande partie se lire indépendamment de ce dernier.

2. Le modèle d'algorithme le plus simple et le plus économique en même temps qu'extrêmement universel, fait l'hypothèse qu'un algorithme prescrit une façon de calculer les valeurs d'une fonction définie sur un sous-ensemble des entiers positifs $\mathbb{Z}^+$ et prenant des valeurs entières positives. Il existe de nom-

breuses manières de calculer une fonction donnée $y = f(x)$. Cependant il s'avère qu'on peut se limiter à la classe suivante de calculs, qui produit toutes les fonctions calculables. Plus précisément, partant d'une prescription algorithmique quelconque qui calcule f, il est possible d'en extraire un polynôme à coefficients entiers

$$P_f(x, y : t_1, \ldots, t_n)$$

tel que $b = f(a)$ si et seulement s'il existe des entiers $t_1^0, \ldots, t_n^0$ de $\mathbb{Z}$ satisfaisant l'équation

$$P_f(a, b; t_1^0, \ldots, t_n^0) = 0.$$

Une fois connus P_f et a (dans le domaine de définition de f), on peut déterminer $b = f(a)$ simplement par une vérification systématique des valeurs de P_f sur les vecteurs $(a, b; t_1^0, \ldots, t_n^0)$.

C'est là le résultat principal des deux premiers chapitres du livre, et la route est longue pour y parvenir. La première partie est consacrée à une analyse approfondie de l'idée de calcul déterministe. Cette analyse conduit à postuler qu'un calcul de ce type peut se décomposer en une série de pas ou opérations élémentaires qui appartiennent tous à une liste finie constituée au départ et fixée une fois pour toutes. Le second postulat exprime que les fonctions calculables par itération de ces opérations élémentaires représentent également la totalité des fonctions calculables de manière déterministe par tout autre moyen imaginable.

Ce dernier énoncé constitue essentiellement une loi quasi physique, laquelle ne peut être prouvée mathématiquement, mais qui avait passé avec succès une flopée de tests et de vérifications « expérimentales ». Quand Turing, Church, Post, Markov, Kleene, Kolmogorov ont chacun proposé et étudié leur propre version de la calculabilité algorithmique, il s'est à chaque fois avéré que ces versions étaient équivalentes à la théorie des *fonctions récursives*, définie et décrite en détails dans le premier chapitre du livre.

La seconde partie du chemin qui mène au résultat mentionné ci-dessus consiste en un traitement mathématique des fonctions récursives à l'aide de raisonnements élémentaires mais hautement non triviaux de théorie des nombres. Les idées initiales sont apparues dans les travaux de Gödel, Davis, Putnam, J. Robinson ; le pas final décisif a été franchi par Yu. Matiyasevitch.

3. Tout calcul informatique consiste à traiter des *notations* de nombres, disons sous forme binaire. Avant que ces données d'entrée ne soient transformées en données de sortie, un ordinateur commence par traduire un programme (un texte écrit en langage de programmation) en « code machine ». Le traducteur qui effectue cette tâche est un algorithme qui traite l'information donnée en langage symbolique. Par conséquent, une théorie mathématique de la calculabilité basée sur les fonctions récursives doit comporter un modèle de connexion entre les nombres et les textes. Le Chapitre IV du livre décrit en détails un tel modèle, l'*énumération de Gödel* (voir le chapitre précédent du présent recueil). Son résultat principal établit que toute opération élémentaire (sur un texte) utilisable dans le traitement algorithmique d'une information donnée en notation symbolique, se transforme en une fonction récursive à la suite de n'importe quelle numérisation naturelle du texte. Ainsi la numérisation permet-elle de traduire toute forme de traitement d'un texte dans la langue des fonctions récursives. Ce résultat est d'une importance capitale ; il permet de réunir les outils linguistiques et métalinguistiques dans un unique « univers computationnel ». Si à la fois les arguments et les valeurs des fonctions calculables peuvent être des textes, alors n'importe quel texte décrivant un algorithme (un outil métalinguistique) peut servir de donnée d'entrée pour un autre algorithme. De plus, on peut imaginer un algorithme générant tous les textes qui fournissent des descriptions d'algorithmes.

L'étude de semblables constructions universelles, jointe à l'émergence de l'auto-référentialité, a conduit à la découverte de problèmes mathématiques algorithmiquement indécidables ainsi qu'à celle de théorèmes indémontrables en langage formel. On démontre ainsi au Chapitre V un théorème très général du type de celui de Gödel sur l'incomplétude de l'arithmétique formelle, tandis que le Chapitre VI est consacré à un problème indécidable subtil en théorie des groupes. Le théorème de Matiyasevitch démontré au Chapitre II établit immédiatement, entre autres, l'indécidabilité de l'un des célèbres problèmes de Hilbert.

4. L'existence même de problèmes algorithmiquement non résolubles et de vérités formellement non démontrables a constitué la première découverte fondamentale de la théorie de la calculabilité après la mise en place des fondations de cette théorie. De nouveaux résultats de ce type continuent de faire leur apparition et de susciter un intérêt considérable : voir par exemple le paragraphe 6 du chapitre V où est exposé le théorème de Ramsey – un énoncé combinatoire relativement simple, dont l'indépendance par rapport aux axiomes de l'arithmétique a été découverte en 1977 seulement.

Cependant, les courants principaux de la théorie de la calculabilité sont liés à – et suscités par – ses applications plus larges en mathématiques et même en sciences. Un vaste champ d'application est celui de l'informatique théorique. Celle-ci s'occupe de la création d'algorithmes efficaces (en termes de contraintes de temps et de mémoire) pour la résolution de classes concrètes de problèmes computationnels. Elle est engagée aussi dans l'invention de langages de programmation, de compilateurs et d'études générales de « linguistique du calcul ». Le domaine émergent de la programmation théorique est voué à travailler au bord de l'abîme de l'incalculabilité, mais son souci principal demeure néanmoins celui de savoir comment faire bien ce qui est en principe faisable. Le propos général de notre livre et sa brièveté ne nous permettaient pas de nous plonger dans ce domaine vaste et important ; la théorie des fonctions récursives ne fait qu'indiquer les contours de ses lointaines frontières.

Une seconde direction réunit divers programmes de recherche reliant la théorie de la calculabilité à des structures mathématiques plus familières. Ainsi, il est bien connu qu'en combinant les notions de structure de groupe et de variété différentiable on parvient à la notion de groupe de Lie. Dans le même ordre d'idées on peut enrichir nombre de définitions mathématiques en imposant des conditions de calculabilité (ou des conditions plus générales de constructibilité) aux objets et aux opérations concernés, ce qui produit de nouvelles versions de théories traditionnelles. Des fragments « constructifs » de calcul différentiel et intégral ou d'autres théories sont à l'heure actuelle inventés et testés. Ce genre d'activité est souvent fortement motivé par une passion philosophique ou simplement sentimentale qui remonte à l'ancienne préoccupation pour les « fondements des mathématiques ». On peut espérer que ce souci reculera peu à peu, et que le contenu purement mathématique de ce genre de constructions viendra au premier plan. Les mathématiques constructives ne sont pas appelées à remplacer les mathématiques classiques mais à en devenir une composante à part entière. Il est en particulier permis d'espérer que les descriptions des structures récursives en termes de théorie des ensembles, dans la lignée des travaux de Matiyasevitch (Chapitre II) et de Higman (Chapitre VI) amèneront encore d'autres percées remarquables.

Les idées profondes de Kolmogorov en matière de théorie de la complexité et de théorie des probabilités offrent l'exemple d'une connexion beaucoup moins évidente entre la récursivité et les mathématiques classiques. Certaines de ces idées sont examinées au Chapitre III. D'un point de vue formel, l'un des problèmes résolus par Kolmogorov et ses élèves consistait à trouver une définition précise de la notion de suite aléatoire. Mais à un niveau plus profond, Kolmogorov a réussi à transformer en une théorie bien développée le vague sentiment intuitif que l'ordre caché existant dans les grandes structures (par opposition à leur caractère aléatoire et à leur comportement chaotique) ne peut s'expliquer qu'en interagissant avec celles-ci de manière algorithmique, ce qui est nécessairement beaucoup plus sophistiqué que de simples prescriptions de décompte statistique (voir Chapitre III, § 3). C'est pourquoi la théorie de Kolmogorov peut aussi être interprétée comme une contribution de la théorie de la calculabilité aux sciences en général, la théorie mathématique des algorithmes étant alors considérée comme un modèle formalisé des processus algorithmiques au sens large. Comme exemples de tels processus, on peut mentionner la traduction de textes d'une langue naturelle à une autre, ou bien la traduction du génotype en phénotype. En considérant les algorithmes de ce point de vue général, on découvre des analogies inattendues et des problèmes qui valent la peine d'être développés. J'esquisserai schématiquement ci-dessous deux tels cercles d'idées, concernant respectivement la linguistique et la physique.

5. Le mot *langue* (ou *langage*) au sens large du terme renvoie à la structure des processus de contrôle et d'information dans des systèmes complexes. En étendant l'usage accepté en linguistique des langues naturelles, on peut se référer aux fragments concrets de tels processus comme à des actes de *parole,* fixés dans des textes. On devrait alors comparer la relation entre *un texte et sa signification* à la relation entre *un programme et sa sortie (son output),* ou encore entre *un programme et son implémentation* plutôt qu'à celle qui relie un cliché instantané de la réalité et la réalité elle-même.

De nombreuses années de travail sur le problème de la traduction automatique ont abouti à la cristallisation d'un cadre théorique important pour la description des langues naturelles : la théorie « sens-texte » (Meaning-Text[19]). Dans le cadre de cette théorie un langage est considéré comme une correspondance plurivoque entre deux ensembles infinis, celui des « textes » et

19. Voir I. A. Mel'čuk, *Esquisse d'une théorie sens-texte des modèles linguistiques* (en russe), Naouka éd., Moscou, 1974.

celui des « sens » ou significations. Le premier ensemble est constitué de textes en une langue naturelle, tandis que le second comprend des textes en un langage « sémantique » artificiel, à constituer. La correspondance en question attribue à chaque texte en langue naturelle l'ensemble de ses sens possibles, et attribue à chaque sens l'ensemble de ses expressions correctes en langue naturelle. La linguistique vue sous cet angle devient une théorie de la traduction, autrement dit de l'équivalence sens/texte, suivant un processus de traduction qui traverse une suite de *niveaux de représentation* intermédiaires de la langue.

Chaque niveau renvoie à une description en des langages formels qui doivent être spécialement conçus. Le texte lui-même est d'abord donné par un objet combinatoire dit *phonologique de surface* ou représentation *phonétique*, tandis qu'un sens est donné par une représentation *sémantique*. Les niveaux intermédiaires successifs, ordonnés du texte au sens, sont les suivants : phonologique profond, morphologique de surface et morphologique profond, syntactique de surface et syntactique profond.

Selon un résumé datant des débuts de cette théorie :

> Le modèle sens-texte est ainsi un outil qui nous permet de décrire la production d'un large éventail de textes en langue naturelle, ce qui en fait un concept prometteur en vue de l'implémentation informatique et de l'utilisation de l'information textuelle par divers systèmes de traitement automatique.

Le développement d'un modèle détaillé de langue naturelle constitue une entreprise de longue haleine. Même l'analyse de phrases simples aboutit à des structures passablement compliquées au niveau de la représentation sémantique (cf. Figure 2, page suivante). L'étude de la sémantique fait intervenir des problèmes de nature variée : l'analyse sémantique en tant que telle, la synthèse d'un langage formel capable d'exprimer les résultats de cette analyse, la mise au point d'algorithmes de traduction et de paraphrase. On ignore le degré maximal exact de description formelle susceptible d'être atteint, ainsi que la nature d'un possible

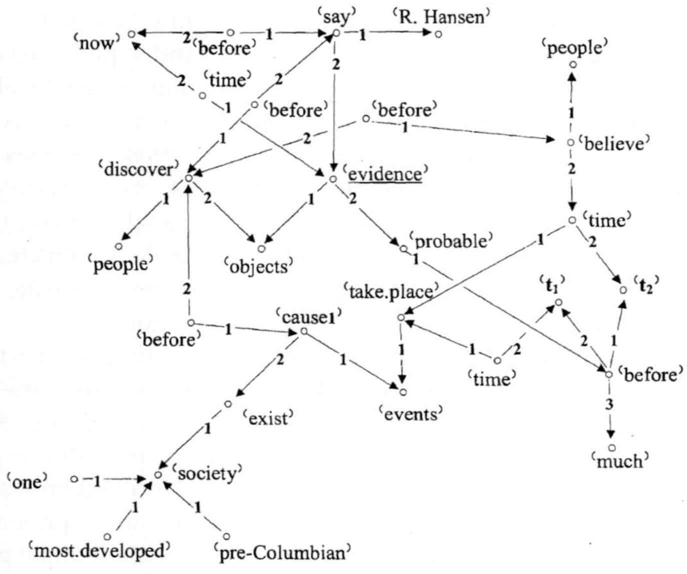

FIG. 2. Ce schéma de l'édition américaine est un exemple de représentation sémantique. Elle représente la signification de la phrase : *Ce que l'on vient de découvrir, dit Richard Hansen, fournit une indication claire que les créations les plus abouties de la société précolombienne la plus avancée ont peut-être eu lieu beaucoup plus tôt qu'on ne le croyait jusqu'ici.*

« résidu non formalisable » : ce dernier représente-t-il seulement le résultat des contingences aléatoires et capricieuses qui se sont produites au cours de l'histoire d'une langue, ou son existence aurait-elle des racines plus profondes ?

Nous pouvons tenter de jeter un peu de lumière sur cette question en considérant des versions réduites et simplifiées de la théorie sens-texte, en somme des « modèles réduits » de ce modèle. Il est commode de commencer avec un domaine de significations suffisamment réduit pour que sa représentation sémantique admette une représentation aussi simple que possible. Choisissons comme domaine initial les « nombres naturels », en leur donnant une représentation sémantique faite de séquences de traits verticaux : |, | |, | | |, | | | |, … . L'histoire de la représentation de ce domaine dans les diverses langues naturelles est une branche de la linguistique descriptive, qui fournit en même temps des informations précieuses sur les premiers stades de la pensée mathématique (phylogenèse).

Nous apprenons ainsi qu'une période proto-mathématique se reflète dans les traits suivants des systèmes de comptage, traits communs à diverses langues naturelles. Certaines langues attribuent des noms seulement à quelques nombres, en mettant le reste dans le même tas sous un seul terme : « beaucoup ». En langue Duwei (une langue papoue), il existe des mots distincts pour « un » et « deux » ; « trois » s'appelle « deux et un », quatre « deux et deux ». Ensuite, « cinq » renvoie au compte sur les doigts : « lima-ngg » = « ma main »[20]. On peut compter en utilisant les doigts (et les autres parties du corps, y compris les yeux et les oreilles) et en associant des mots à ces parties du corps, disons, jusqu'à 20. Il peut exister des noms distincts pour certains nombres plus grands, souvent de manière de plus en plus lacunaire, puis le compte s'arrête, faute de modèle systématique pour former d'autres noms. Bien entendu un système comme « 1, 20, beaucoup », peut être formalisé comme un « petit univers » mathématique légitime. Une véritable propagande philosophique en faveur de tels univers (par opposition aux classiques nombres naturels) a même été élaborée par l'une des écoles radi-

20. Depuis la rédaction et la publication de cette introduction, un corpus considérable, issu de nouvelles recherches sur le terrain et décrivant avec des détails fascinants le système numérique papou et autres systèmes proto-mathématiques, est devenu disponible. De plus, ces descriptions (basées sur le paradigme des « ethno-mathématiques ») montrent des affinités (in)attendues avec la théorie sens-texte. Nous renvoyons entre autres le lecteur intéressé au travail de recherche de G. Lean, résumé dans l'article de survol de J.E. Phytian intitulé *Counting systems of Papua New Guinea* (disponible en ligne).

cales de fondements des mathématiques (l'« ultrafinitisme » d'A. Essenine-Volpine). Néanmoins, cette régression raffinée et cultivée vers les stades archaïques de la conscience ne saurait nous convaincre de jeter par dessus bord l'idée puissante d'une infinité potentielle, voire réelle, de l'ensemble des entiers naturels.

Certaines langues naturelles utilisent différentes séries de nombres pour compter des choses possédant des propriétés différentes (long, rond, animé, inanimé, etc.). On peut voir cela comme des vestiges d'une longue période durant laquelle s'est formée l'idée que le même nombre pouvait être utilisé pour compter n'importe quoi. Il a fallu beaucoup de temps à la conscience humaine pour s'habituer à l'idée de mettre dans une seule classe des ensembles variés de même cardinalité, même quand cette cardinalité était finie et petite. L'application de cette idée aux ensembles infinis n'est devenue un outil mathématique qu'à la suite du travail de Cantor ! Des traces de ce système archaïque de comptage subsistent dans bien des langues, par exemple en chinois contemporain, langue dans laquelle un système unifié de numéraux est complété par un système de mots qui permettent de compter certaines classes particulières d'objets, comme *kuài* (« morceau »), *ge* (« chose »), *běn* (« racine »), etc.

Dans de nombreuses langues, certains ordinaux ont des racines différentes de celles des cardinaux correspondants ; cf. one/first, two/second, un/premier, deux/second, ou unus/primus, duo/secundus en latin. On peut considérer ces exemples comme les signes d'une très ancienne reconnaissance de la différence qui sépare l'idée d'ordre de celle de quantité, une idée qui a cristallisé remarquablement tard en une notion mathématique, à savoir seulement aux XIXe et XXe siècle, avec les ordinaux de Cantor par opposition aux cardinaux, ou encore les ensembles ordonnés de Bourbaki.

Les plus anciens textes écrits conservés (Babylone, Égypte) offrent déjà le riche tableau d'une connaissance mathématique développée, notamment une conception du langage de la notation mathématique comme suffisamment distinct de la langue naturelle. Dans la langue mathématique, la place centrale est occupée par un système de notation pour les nombres et les opérations sur les nombres. La préhistoire des systèmes modernes de notation de position est liée à l'idée de compter des groupes ou entités de tailles croissantes. Ces groupes peuvent correspondre à des puissances d'un entier donné qui devient la base d'un système de position : 60 pour les mathématiques babyloniennes, 10 et 2 pour nos systèmes décimal et binaire, etc. Mais, dans l'Histoire, d'autres options ont aussi été choisies. Ainsi, dans la chronologie Maya, les bases sont-elles 1, 18, 360. Les traces de comptage archaïque en base 20 subsistent dans les noms français de numéraux comme quatre-vingt-six. Aux nombres indiquant les bases utilisées sont affectés des symboles spéciaux. Au départ, un tel symbole varie selon la base utilisée (comme en Égypte Ancienne, en Grèce ou à Rome). Quand ce symbole devient universel et que la base elle-même devient implicitement déterminée par sa position dans une chaîne de signes (ou *chiffres*, constituants d'un *numéral*) désignant un nombre (la *valeur* de ce numéral), un symbole spécial pour zéro doit être inclus dans le système afin d'assurer une interprétation unique. L'apparition et l'acceptation du zéro est le résultat d'une longue évolution. À la fin de la tradition babylonienne, l'absence de base d'une taille donnée est déjà marquée à l'intérieur de la chaîne de chiffres et à la fin, un zéro en position initiale indiquant que le numéral qui suit désigne une fraction sexagésimale de l'unité.

L'idée qu'il doit exister un numéral spécifique dont la valeur est un très légitime nombre « zéro » s'est concrétisée encore bien plus tard. Il semble que son origine est à chercher chez les Hindous (en Inde) et qu'elle a été transmise par les Arabes aux mathématiques européennes qui se la sont appropriée.

Une notation de position codifie déjà implicitement des opérations élémentaires sur les nombres : pour transformer un numéral en sa valeur, on doit multiplier chaque chiffre par la valeur de sa position, puis additionner tous les produits. Les règles systématiques pour accomplir les opérations arithmétiques sur des nombres dans un système de numérotation de position ont été exposées par Mohamed Muḥammad ibn Mūsā al-Khwārizmī au IXe siècle dans ses livres *Hisāb al-jabr wa-l-muqābala* (compendium du *Calcul par complétion et équilibrage*) et *Sur le calcul des Hindous*, lesquels ont eu une grande influence. Son nom, dérivé du toponyme Khwârezm, ville perse située dans l'Ouzbékistan actuel, a donné notre mot « algorithme », et « al-jabr », qui vient du titre de son livre, est devenu un terme générique pour l'« algèbre » occidentale.

À ce tournant-là de la route, les systèmes de comptage en langue naturelle ont, paradoxalement, peu à peu changé de sémantique. « Dix neuf cent quatre-vingt quatre » est le nom du numéral 1984 (en base 10) plutôt que le nom de la valeur de ce numéral. À partir de là, les mots se transforment en signes secondaires, qui ne désignent pas un objet ou une idée, mais un autre signe. Imaginez la difficulté psychologique spécifique qu'implique la lecture de numéraux en base deux : la valeur de 1000 en notation binaire est huit, mais le mot « huit » en tant que substitut de 1000 paraît bizarre parce que ce mot est devenu *le nom d'un nombre*, 8.

Nous arrêtons ici notre brève étude des systèmes de comptage en langues naturelles, et allons maintenant essayer d'imaginer les traits caractéristiques les plus robustes de n'importe quel système de comptage, pas nécessairement un système de numérotation de position. Les exigences minimales que doit satisfaire un tel système sont les suivantes :

(i) les numéraux doivent être des textes finis ;
(ii) la fonction associant à un *numéral* sa *valeur* doit être calculable, c'est-à-dire descriptible par un algorithme.

Mais si ces conditions étaient suffisantes, il ne servirait à rien de chercher quelque chose de mieux que le simple |, | |, | | |, ... En réalité, les systèmes de numération de position se sont répandus comme ils l'ont fait parce qu'ils mettent en œuvre une découverte mathématique fondamentale : *on peut écrire tout entier*

N en utilisant environ seulement log *N lettres d'un alphabet fini.* En conséquence, utiliser, pour désigner *N*, *N* bâtons ou *N* entailles mène à une notation très gaspilleuse.

Les règles d'Al-Khwārizmī montrent le second grand avantage du système de numération de position : les algorithmes des calculs élémentaires en numération de position permettent des descriptions courtes et une effectuation relativement rapide[21].

Ainsi rencontrons-nous une autre exigence :

(iii) les numéraux doivent être courts.

Cette remarque conduit à l'idée suivante : considérons une fonction calculable *f arbitraire* prenant tous les entiers positifs comme valeurs et prenons-la comme modèle des numéraux (rappelons que les textes peuvent être remplacés par leurs nombres de Gödel). Laissons pour le moment de côté la calculabilité des opérations sur les numéraux, et focalisons-nous sur l'idée d'*économie* : nous sommes intéressés par des fonctions *f* de ce type telles que n'importe quel nombre *N* ait un nom aussi court que possible (le nom de *N* étant tout *n* tel que $f(n) = N$). Par exemple, la longueur de « $10^{10^{\cdot^{\cdot^{\cdot^{10}}}}}$ (1 000 exposants) » en système binaire est très grande, mais nous avons pu l'exprimer en utilisant seulement quelques caractères.

A. N. Kolmogorov a montré que de telles fonctions optimales existent et peuvent être décrites explicitement. Chaque fonction *f* de ce type assigne à *N* un nom aussi court que possible avec une marge d'erreur bornée au sens suivant : le plus court nom de *N* que lui assigne toute fonction *g* peut certes être plus court que ce nom « optimal » associé à *f*, mais seulement d'un nombre de bits inférieur à une constante dépendant de *f* et *g* mais pas de *N*.

21. Afin d'apprécier cette propriété, le lecteur est invité à prendre les fractions continues finies comme notation des nombres rationnels, et à inventer les algorithmes de leur addition et de leur multiplication.

Cependant, une fois atteint ce codage optimal, il y a un prix à payer. Tout système optimal de numération possède les propriétés suivantes :

(a) *chaque nombre a une infinité de noms ;*
(b) *tout nombre n'est pas un nom : toute fonction optimale au sens de Kolmogorov est seulement* partiellement *récursive, et ne peut être étendue en une fonction récursive générale ;*
(c) *afin de reconstruire un nombre dont on connaît le nom, un algorithme compliqué doit être appliqué : les fonctions optimales sont construites à l'aide de fonctions calculables* universelles, *qui sont en un sens les fonctions calculables les plus complexes possibles ;*
(d) *le problème de trouver le nom le plus court d'un nombre, c'est-à-dire la fonction* $\nu(N) = \min\{n \mid f(n) = N\}$, *n'est pas algorithmiquement résoluble :* $\nu(N)$ *n'est pas une fonction récursive. Pour le dire de façon plus parlante, l'analyse d'un grand nombre (ou plus généralement d'un long texte) destinée à découvrir ses structures cachées, qui permettrait de le compresser le plus efficacement possible, constitue un problème d'ordre « créatif », qui ne peut être confié à un dispositif mécanique.*

Comparons maintenant cette liste des propriétés d'un système optimal de numération avec les propriétés suivantes des langues naturelles :

(A) *Il y a abondance d'expressions synonymes : dans les langues naturelles, toute signification peut être exprimée par une grande variété de textes.*

Ainsi selon les calculs du linguiste Igor Mel'čuk, la phrase représentée à la Figure 2 admet environ 15 millions de paraphrases.

(B) *Ouverture de la langue : à chaque moment donné, les expressions grammaticalement correctes n'ont pas toutes un sens.*

Ce bref énoncé mérite une petite discussion. Le modèle « sens-texte » postule que n'importe quel texte correct peut être traduit dans « le langage du sens », mais le texte en question peut être « dépourvu de sens » dans l'acception informelle de cette expression : ainsi notre observation est-elle simplement repoussée vers un autre niveau.

Cette ouverture des langues naturelles permet de constituer un stock très important, qui permet l'usage créatif de la langue, non seulement en poésie et en philosophie, mais aussi bien dans les sciences. Ainsi, afin d'exprimer un sens ayant récemment émergé, il est possible d'utiliser un texte qui se trouvait jusque là « dépourvu de sens », comme « onde de probabilité », ou encore, de manière plus terre à terre, « brique de lait ». Encore plus intéressante est la naissance de nouvelles significations dans les métaphores poétiques ou scientifiques, comme la « main invisible du marché » (Adam Smith) ou « les intégrales de chemin » (Richard Feynman).

(C) *La traduction du « texte » vers le « sens » demande la mise en œuvre d'un système d'algorithmes élaborés qui explicitent la grande complexité structurelle de certaines expressions en langue naturelle.*

(D) *Dans toutes les études existantes, la traduction en sens inverse, du « sens » vers le « texte » s'avère une entreprise encore plus difficultueuse.*

Si l'on compare les propriétés (a) à (d) aux propriétés (A) à (D), on observe un remarquable parallélisme. Ceci nous permet de conjecturer que certains traits caractéristiques des langues naturelles, traits que l'on a l'habitude de considérer comme des contingences historiques, sont en fait, à un niveau plus profond, liés à des exigences d'économie qui requièrent l'existence d'expressions d'une brièveté optimale pour exprimer des significations complexes. L'abondance des paraphrases et des textes « dépourvus de sens » dément à première vue cette conjecture, mais si nous acceptons le modèle – ou la métaphore – ci-dessus, cette abondance se révèle paradoxalement être la conséquence inévitable de l'optimalité.

6. En physique post-newtonienne classique, l'idée de déterminisme est en général exprimée sous la forme du principe suivant : l'évolution spatio-temporelle d'un système physique isolé est déterminée par des *équations différentielles* (« lois de la nature ») ainsi que par les *conditions initiales et/ou aux limites*. Le même principe vaut en physique quantique (dans sa version hamiltonienne) : l'évolution spatio-temporelle des observables quantiques est régie par des équations différentielles et les conditions initiales. L'aspect probabiliste de la physique quantique devient essentiel pour la description des interactions, surtout quand on utilise un appareil de mesure, mais ne l'est pas pour la description d'un système isolé.

Le calcul, en particulier informatique, peut être considéré comme une expression alternative de l'idée de déterminisme. Par bien des aspects il est proche de la version classique : les « lois » sont encodées dans la structure du processeur informatique, dans la mémoire, dans les dispositifs d'entrée et de sortie des données, tandis que les programmes jouent le rôle de conditions initiales et aux limites. Un calcul est constitué d'une suite d'opérations élémentaires ; en particulier, on peut rapprocher les modifications élémentaires de la mémoire d'un ordinateur (qui reviennent à effacer ou écrire un bit sur le ruban d'une machine de Turing) de l'idée de calcul différentiel. Lorsque l'on résout numériquement, disons l'équation de la chaleur, on imite de façon assez directe le déterminisme continu en le remplaçant par son analogue discret ; en général cependant, la comparaison entre l'évolution d'un système physique et la résolution de son modèle numérique peut être hautement non triviale.

La biologie moléculaire fournit des exemples du comportement de systèmes naturels (autrement dit qui ne sont pas le produit de la technique humaine) qu'il nous incombe de décrire en des termes conçus à l'origine pour des automates à états discrets.

La Figure 3 (tirée de l'édition américaine) présente un schéma de la traduction de l'ARN en protéines et de la synthèse de ces dernières[22]. Il ressemble vraiment à un dessin de machine de Turing recopiant des informations d'une bande sur une autre.

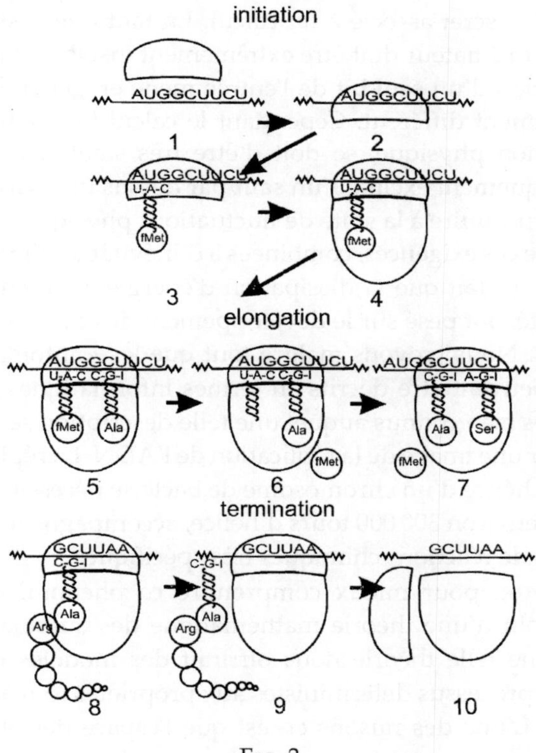

FIG. 3

Un système classique à évolution continue régi par des équations différentielles ne peut se comporter comme une machine à

22. La figure présentée ici a été redessinée pour l'édition américaine par M. Gelfand et O. Khleborodova, auxquels j'exprime ici ma profonde gratitude.

états discrets que si son espace de phases est extrêmement élaboré : il doit comporter de nombreux domaines stables, ou attracteurs, séparés par des barrières à basse énergie. L'entrée d'un programme crée un système labyrinthique de passages à travers ces barrières, créant ainsi une trajectoire qui approxime le processus discret associé à un calcul. En tant que système physique, un ordinateur doit être extrêmement instable, parce que la modification d'un seul bit de l'entrée mène en général à un calcul totalement différent. Cependant le calcul lui-même, en tant qu'évolution physique, se doit d'être très stable : il faut qu'il soit pratiquement exclu qu'un saut par dessus une barrière close puisse se produire à la suite de fluctuations physiques. Il est bien connu que ces exigences, combinées à d'inévitables limitations de vitesse et au fait que la dissipation d'énergie augmente avec la complexité, ont pesé sur le développement des calculateurs électroniques. Nous croyons malgré tout que les « automates génétiques » peuvent être décrits en termes informatiques. L'un des problèmes bien connus auquel une telle description se heurte est de donner une image de la réplication de l'ADN. La réplication de la double hélice d'un chromosome de bactérie nécessite le déroulement d'environ 300 000 tours d'hélice, accompagné d'un réseau complexe de réactions chimiques très spécifiques.

Peut-être, pour mieux comprendre ce phénomène, avons-nous besoin d'une théorie mathématique des automates quantiques. Une telle théorie nous offrirait des modèles mathématiques de processus déterministes aux propriétés tout à fait inhabituelles. L'une des raisons en est que l'espace des états quantiques a une capacité beaucoup plus grande que l'espace classique : pour un système classique à N états, sa version quantique, qui permet la superposition (intrication), peut admettre c^N états. Lorsque nous combinons entre eux deux systèmes classiques, leurs nombres d'états N_1 et N_2 sont muliplés l'un par l'autre ; dans le cas quantique, nous obtenons une croissance exponentielle en $c^{N_1 N_2}$.

Ces estimations grossières montrent que le comportement

quantique du système pourrait être beaucoup plus complexe que sa simulation classique. En particulier, comme il n'existe pas de décomposition unique d'un système quantique en ses parties constitutives, l'état d'un automate quantique peut-être considéré de bien des façons comme celui d'automates classiques virtuels. La remarque suivante de R. P. Poplavskii à la fin de son article sur les « Modèles thermodynamiques du traitement de l'information » (*Uspekhi Fiz. Nauk*, 1975, en russe) est instructive :

> Le calcul en mécanique quantique de l'évolution d'une molécule de méthane nécessite un réseau à 10^{42} sommets. En supposant même qu'à chaque sommet nous n'ayons à effectuer que 10 opérations élémentaires et que le calcul soit effectué à la température très basse de $3 \cdot 10^{-3}$ K, nous aurions tout de même besoin d'utiliser toute l'énergie produite sur Terre au cours du dernier siècle.

La première difficulté que nous devons résoudre est le choix d'un équilibre correct entre les principes mathématiques et les principes physiques. L'automate quantique doit demeurer abstrait : son modèle mathématique ne fait appel qu'aux principes généraux de la physique quantique, sans prescrire une implémentation matérielle. Ensuite, le modèle d'évolution est celui d'un opérateur unitaire dans un espace de Hilbert de dimension finie, et la décomposition du système en ses parties virtuelles correspond à la décomposition du produit tensoriel de l'espace des états (« intrication quantique »). Enfin il faut loger quelque part dans cette image l'interaction quantique, décrite par des matrices densité et des probabilités.

I.7
LES MATHÉMATIQUES COMME PROFESSION ET COMME VOCATION

1

Comme toute profession, les mathématiques peuvent être envisagées sous des angles variés, et je commencerai par le plus privé.

Au début de mon adolescence, j'ai un beau jour commencé à ressentir une tension intérieure, des hauts et des bas d'exaltation et de frustration, provoqués par une occupation aussi bizarre que la lecture du cours de calcul intégral de Granville, édité et publié en Russie en 1935 par N. N. Lusin. J'avais trouvé ce livre dans le grenier de l'appartement d'un ami. Parmi d'autres sujets classiques, il contenait la célèbre définition epsilon-delta des fonctions continues. Après m'être débattu un bon bout de temps avec cette définition (assis à l'ombre d'un pommier poussiéreux dans la chaleur étouffante de l'été en Crimée), j'ai été tellement en colère que j'ai creusé une petite tombe pour le livre entre les racines de l'arbre ; je l'y ai enterré et je suis parti, plein de mépris. Une heure après, il s'est mis à pleuvoir. Je suis retourné à l'arbre en courant, et j'ai déterré la pauvre chose. C'est ainsi que j'ai compris que je l'aimais, malgré tout.

J'ai bientôt découvert qu'on enseignait les mathématiques à l'Université de Moscou ; qu'il existait des recueils des œuvres des grands mathématiciens (ma mère m'avait offert les œuvres choisies d'I.M. Vinogradov pour mon anniversaire) ; on pouvait emprunter à la bibliothèque les *Izviestiya AN SSSR, ser. Mat.* (*Comptes-rendus de l'Académie des Sciences de l'URSS*) et essayer de lire ce qui était imprimé dedans (j'ai passé des heures à recopier dans un cahier l'article de Yu. V. Linnik sur les nombres premiers dans les progressions arithmétiques). La seule chose que je n'ai jamais comprise est pourquoi je voulais m'impliquer dans tout ce qui touchait aux mathématiques, mais j'ai peu à peu appris à en prendre mon parti, et à vivre avec.

Je suppose que ce sentiment de profond engagement personnel, ressenti dès le début d'une existence, est partagé par bien des gens, et constitue la base psychologique initiale qui a conduit à la création et à la continuité historique de la communauté des mathématiciens (musiciens, philosophes, poètes, prêtres...), en transcendant toutes les frontières de peuples, de modes de gouvernement, de nationalités ou d'époques. Néanmoins, ces sentiments-là seraient probablement canalisés dans une direction différente si la société et l'histoire n'avaient prévu un éventail structuré de carrières convenant à la personne en question. Il y a un siècle, qu'auraient fait tous ces gens qui travaillent dur à écrire d'énormes programmes informatiques ? Donald Knuth a posé cette question rhétorique en 1979 lors d'une conférence dédiée à la mémoire d'Al-Khwārizmī, dont le nom est à l'origine du mot algorithme.

Il semble que l'humanité elle-même, ou sa conscience collective, éprouve elle aussi des alternances d'excitation et de frustration concernant ses activités variées. Nous, les mathématiciens, sommes une partie, une parcelle, de la grande communauté des scientifiques qui fait avancer la recherche, enseigne aux générations suivantes, et coopère avec l'industrie, la médecine et le monde des affaires pour créer et préserver l'infrastructure de notre civilisation. Cette civilisation s'est formée dans le climat créé par les Lumières puis la Révolution Industrielle, mais aujourd'hui son système de valeurs est en train de s'effondrer avec le désenchantement du New Age (qu'on doit probablement faire remonter au moins à Oswald Spengler). On reproche amèrement à la science d'aider le secteur militaire, de détruire l'environnement, et plus généralement de contribuer à la folle euphorie qui précède un désastre imminent.

Il est facile d'énumérer des arguments intellectuels allant contre ce désenchantement, mais ils tombent trop souvent dans le vide. Ils n'ont été d'aucune aide à Alexandre Grothendieck, l'un des esprits mathématiques les plus créatifs du xxe siècle, qui ressentait de façon plus aiguë que la plupart d'entre nous les dangers d'un développement insoutenable.

Alors devons-nous enterrer le livre au pied de l'arbre et nous éloigner avec mépris ?

Je ne le crois pas, bien sûr. Je suis convaincu que la science en général, et les mathématiques en particulier, ne sont pas la force motrice de notre civilisation. Elles fournissent, c'est vrai, des cartes et des véhicules, mais ce ne sont pas elles qui décident où nous devons ou ne devons pas aller. Penser différemment, c'est retomber dans la conception archaïque qui fait de la connaissance une forme de magie, et selon laquelle celui qui prédit une éclipse ou l'issue d'une situation incertaine est un « trickster »[23], qui fait advenir les choses en manipulant leurs représentations symboliques.

En réalité, du point de vue biologique, la fonction de la pensée n'est pas de provoquer, mais plutôt d'empêcher l'action automatique, et l'on peut soutenir qu'à notre époque la fonction première de la science, en tant qu'institution sociale, consiste à stopper l'activité frénétique de la société post-industrielle.

Mais même s'il en est vraiment ainsi, là n'est pas le mobile de tous ceux qui éprouvent pour les mathématiques ou la physique l'attirance dont nous avons parlé, et je vais consacrer les pages qui suivent à ce qui est, à mon sentiment, l'essence de notre activité.

---

23. *Trickster* : rusé, malin. Appellation empruntée à Jung, voir texte III.1 ci-dessous. (N.d.T.)

2

La base de toute la culture humaine est le langage, et les mathématiques sont une forme particulière d'activité linguistique.

La langue naturelle est un outil extrêmement flexible pour communiquer les choses essentielles à la survie, pour exprimer les émotions, pour séduire et pour convaincre. La langue naturelle à son sommet crée les riches mondes virtuels de la poésie et de la religion.

Cependant, la langue naturelle n'est pas vraiment appropriée pour ce qui est d'acquérir, d'organiser et de stocker notre compréhension croissante de la nature, qui est le trait dominant de notre civilisation. Aristote est probablement le dernier grand esprit à avoir mené cette capacité de la langue naturelle jusqu'à ses limites. Depuis Galilée, Kepler et Newton, la langue naturelle a été réduite à jouer, dans les sciences, le rôle d'un intermédiaire de haut niveau entre la connaissance scientifique réelle encodée dans les tables astronomiques, les formules chimiques, les équations de la théorie des champs quantiques, les bases de données du génome humain d'une part, et notre cerveau d'autre part. Lorsque nous utilisons la langue naturelle en étudiant et en enseignant les sciences, nous véhiculons avec elle nos valeurs et nos préjugés, l'imagerie poétique, la passion du pouvoir et l'adresse manipulatrice du « trickster », mais rien de vraiment essentiel au contenu du discours scientifique. Tout ce qui est essentiel est véhiculé soit par de longues listes de données structurées, soit par les mathématiques. Et les mathématiques, qui servent au départ à mieux décrire la structure des données, les compressent peu à peu à tel point que nous prenons l'habitude de parler des « lois de la nature » comme générant et expliquant l'infinie diversité des phénomènes. De plus, au cours du processus de leur développement interne, et mues par leur logique intrinsèque, les mathématiques, elles aussi, créent des mondes d'une grande complexité et d'une secrète beauté, qui défient toute tentative de les décrire en langue naturelle, mais qui stimulent pendant des générations l'imagination d'une poignée de professionnels.

La plus singulière propriété des mathématiques en tant que langage est qu'en prenant comme entrée un texte mathématique et en se livrant à des jeux formels sur lui, on peut obtenir en sortie un texte qui véhicule apparemment une connaissance nouvelle. Les exemples de base sont fournis par les calculs scientifiques ou technologiques : des lois générales + des conditions initiales produisent des prévisions – souvent moyennant un long travail et l'assistance d'un ordinateur. On peut dire que l'entrée contenait une connaissance implicite, rendue ainsi explicite. On peut essayer de trouver un parallèle dans les disciplines littéraires, en comparant cela à l'herméneutique : l'art de trouver le sens caché des textes sacrés. Le discours du droit, lui aussi, possède certains traits communs avec le discours scientifique. Au cours de l'histoire, ce n'est que lentement que le langage moderne de la science s'est dégagé de ces deux antiques modalités, et il leur doit encore beaucoup, surtout dans les domaines plus descriptifs et moins mathématiques.

Les mathématiques n'ont pas de règles fixes d'interprétation sémantique dans le monde physique. Les mêmes équations d'onde peuvent décrire les vagues de l'océan, le son, la lumière ou les « ondes de probabilité » de la mécanique quantique. En ce sens, les mathématiques sont une grande source de métaphores. L'acte d'interpréter une construction mathématique dans le champ de la physique théorique par exemple doit être distingué de la construction elle-même.

Aujourd'hui encore, de nombreux mathématiciens ont le sentiment que les mathématiques ont directement affaire à un monde platonicien de significations, dans lequel les nombres réels existent indépendamment de leurs modèles, et où l'Hypothèse du Continu est soit vraie soit fausse. J'ai récemment participé à une discussion improvisée concernant la simulation informatique : est-elle une théorie ou une expérience ? Ma réponse a été : c'est une théorie de la « réalité réelle », et une expérience dans la réalité platonicienne.

Quel que soit le statut philosophique qu'on attribue à ce genre de discussion, certaines des branches les plus belles et les mieux développées des mathématiques sont bel et bien platoniciennes. Je pense à des objets mathématiques comme le corps de tous les nombres algébriques et son groupe de Galois. C'est, avec l'appareil analytique qui lui est lié (fonctions zêta, fonctions L et formes automorphes), l'objet central de la théorie des nombres. L'ensemble de l'histoire de la théorie des nombres ressemble à l'exploration d'un monde préexistant, non à l'invention d'un monde. Alors que l'histoire de la géométrie est quasiment indissociable de l'histoire de la physique théorique, la théorie des nombres, elle, n'emprunte presque rien à notre expérience du monde réel.

3

La collaboration traditionnelle entre les mathématiques et la physique – les physiciens découvrant les équations, les mathématiciens les étudiant – continuera bien sûr, et la simulation informatique jouera un rôle de plus en plus important.

Une relation moins traditionnelle entre les deux disciplines s'est mise en place à partir des années soixante-dix du XXe siècle. En même temps que le « modèle standard », qui décrit de façon satisfaisante le spectre observable des particules élémentaires et leurs interactions, les physiciens se sont mis à développer des modèles assez romantiques qui peuvent peut-être se révéler pertinents pour les très hautes énergies libérées au moment du Big Bang. L'étude de ces modèles a nécessité et stimulé le développement de mathématiques sophistiquées et parfois remarquablement novatrices, liées principalement à la théorie quantique des champs et à celle des cordes quantiques. Ce processus est actuellement en plein essor : les physiciens parlent d'une « seconde révolution des cordes », dont le contenu semble être la découverte saisissante du fait que les modèles de base de cordes quantiques construits jusqu'à présent et donnés par leur série de perturbations doivent être des approximations asymptotiques d'une seule et même théorie dans différentes régions d'un espace de modules.

La communauté mathématique répond à ce défi avec un vif intérêt et une implication croissante. Ce courant me semble la plus intéressante tendance des mathématiques de la dernière décennie du XXe siècle, et il se maintiendra certainement au XXIe.

On peut en gros décrire les mathématiques comme l'activité qui consiste à résoudre des problèmes, ou bien comme le développement de programmes définis à grands traits. Ces deux aspects sont complémentaires. Les mathématiques du XXe siècle ont commencé avec la liste des 23 problèmes de Hilbert, dont les solutions constituent des repères historiques, mais on peut soutenir que leurs apports principaux consistent dans la création de la topologie, de la logique mathématique, et des ordinateurs.

Parfois, lorsque nous prenons conscience suffisamment tôt de l'émergence d'un programme de recherche, il peut être formulé comme une conjecture (les conjectures de Weil) ou comme une vision (les motifs de Grothendieck, les premiers stades du programme de Langlands).

À mon avis, on peut aujourd'hui parler du programme émergeant de la « quantification des mathématiques classiques », qui a une ambition plus large qu'une simple coopération avec les physiciens pour rechercher une compréhension commune de la théorie des cordes quantiques. Je vais brièvement décrire plusieurs domaines dans lesquels ce programme a déjà donné des fruits, domaines que l'on continuera probablement à travailler activement dans le futur prévisible.

1) TOPOLOGIE. Le formalisme heuristique des intégrales de chemin des physiciens a abouti à la découverte, à l'explication, et/ou à une meilleure compréhension de nouveaux invariants de

nœuds, et des variétés tri- et quadridimensionnelles. En topologie symplectique, il a abouti à la preuve de la conjecture d'Arnold.

2) ALGÈBRE GÉOMÉTRIQUE. Le même formalisme, mais appliqué dans un contexte différent, a abouti à la détection d'équations différentielles remarquables satisfaites par les séries génératrices dont les coefficients sont des invariants numériques des espaces de modules des courbes stables et d'applications stables de courbes dans des variétés algébriques. La théorie de la cohomologie quantique, de la symétrie miroir, et leurs liens avec la théorie des singularités en sont quelques exemples.

3) GÉOMÉTRIE DIFFÉRENTIELLE. Le programme des twisteurs a conduit à la création d'un nouveau chapitre de la géométrie, à la découverte des structures lisses non standard sur $\mathbb{R}^4$ et à la classification définitive des groupes d'holonomie. La théorie conforme des champs bidimensionnels (TCC) a conduit à la formulation d'une nouvelle structure géométrique : celle des variétés de Frobenius, qui possède maintenant une riche théorie, et qui fournit la base mathématique de la cohomologie quantique.

4) ALGÈBRE. La renaissance de la théorie des opérades a été stimulée par la TCC et semble être un événement majeur dans le domaine un peu stagnant de l'algèbre générale. Parmi les objets plus concrets, les plus intéressants sont les algèbres à opérateurs vertex, qui constituent une partie mieux comprise de la TCC. Leur théorie de la représentation, la démonstration de la conjecture moonshine, et leur liens avec les algèbres (généralisées) de Kac-Moody font partie des développements algébriques les plus intéressants des dernières décennies.

5) GÉOMÉTRIE NON COMMUTATIVE ET SUPERGÉOMÉTRIE. La supergéométrie, qui fait intervenir des coordonnées commutatives et des coordonnées non commutatives, a été découverte par des physiciens pour servir d'équivalent classique approximatif à la théorie quantique des bosons et des fermions, et est devenue une extension standard, sinon très répandue, de toutes les géométries de base (lisses, analytiques, algébriques)

des mathématiques classiques. La théorie de la supersymétrie, avec l'extension de la classification Killing-Cartan qu'elle permet, est particulièrement importante. La géométrie non commutative, développée par Alain Connes, a des sources diverses, dont la théorie quantique. Elle possède des applications au modèle standard et depuis peu au problème de l'interprétation spectrale de la fonction zêta.

6) INFORMATIQUE QUANTIQUE. C'est une idée assez novatrice et fascinante, qui mérite d'être envisagée ici, parce qu'il s'agit pour le moment d'une proposition purement théorique dont la réalisation matérielle, si toutefois elle est possible, exigera une nouvelle technologie. L'idée est d'utiliser des « registres quantiques à n bits » au lieu des registres classiques ; il s'agit d'un dispositif dont les états quantiques constituent un espace d'Hilbert à 2^n dimensions, ce qui fait que le volume de l'espace quantique augmente avec n de façon doublement exponentielle. De plus, les lois de l'évolution quantique définissent la multiplication de matrices de taille $2^n \times 2^n$ comme opération élémentaire. On a montré récemment qu'en utilisant des registres quantiques, on pouvait résoudre les problèmes de factorisation. Cette solution permet de décoder les principaux systèmes publics de cryptage les plus largement utilisés de nos jours. L'idée de base est de remplacer le calcul parallèle (qui est le moyen principal d'accélérer les calculs quand on ne connaît pas d'algorithmes efficaces) par le « parallélisme quantique de masse », dont la possibilité théorique repose sur le principe de superposition. Cette piste restera certainement un sujet brûlant pendant un bon moment.

4

Mais tout cela est bien cérébral. Qu'en est-il des aspects pratiques de la vie d'un mathématicien ?

Je fais cours le mardi et le jeudi (on peut choisir une autre option : lundi-mercredi-vendredi, mais je vous la laisse), de préférence l'après-midi, ou du moins pas trop tôt le matin. Pour bien des mathématiciens, les petits matins sont l'enfer, et il faut se battre pour avoir des horaires décents.

La classe sent la craie. On a déjà écrit et effacé sur le tableau noir des millions de fois. Il a l'air fatigué.

La craie sent la même chose à Moscou, à Cambridge (Massachusetts), à Tokyo, à Bonn, à Paris VI et à Paris VII. Ces deux derniers lieux ne sont pas des villes mais des universités, mais Moscou, Tokyo et Cambridge (Massachusetts), eux aussi, sont à peine davantage que des universités. Les mathématiques vous envoient partout à travers le monde, mais en un sens tous les lieux où elles vous transportent se ressemblent.

Les étudiants peuvent être fatigants, mais après avoir enseigné pendant quarante ans, vous vous rendez compte que vos étudiants sont la partie la plus importante de votre vie. Ils deviennent plus intelligents avec le temps, tandis que vous ne faites sans doute que devenir plus vieux ; ils se marient et se remarient et vous envoient des photos de leurs enfants et de leur maison ; ils vous demandent des lettres de recommandation et des évaluations qui remplissent un dossier volumineux de votre ordinateur, et de temps en temps ils vous emplissent de stupéfaction et de fierté avec les fantastiques théorèmes qu'ils inventent, et des intuitions dont vous n'auriez jamais osé rêver.

Les mathématiques sont-elles une carrière ? Oui, une sorte de carrière. Il y a un mouvement vers le haut, dont la chaire de professeur est le plus haut degré. Ce métier vous assure votre subsistance quotidienne et celle de votre famille. Mais on a peut-être besoin d'arguments plus convaincants pour leur consacrer sa vie...

Donc, avant de dire adieu, revenons à des considérations plus cérébrales.

5

L'évolution darwinienne est extrêmement gaspilleuse. Le réservoir de gènes d'une population est sujet à des mutations aléatoires sans lien avec les modifications de l'environnement. Puis la sélection naturelle favorise les variantes génétiques susceptibles d'être transmises avec le plus d'efficacité aux générations suivantes. Les organismes les mieux adaptés produiront davantage de descendants, par conséquent ce sont leurs gènes qui sont transmis, tandis que les autres variantes non adaptées sont effacées.

Aujourd'hui, nous comprenons mieux pourquoi la nature préfère Darwin à Lamarck. L'information encodée dans les gènes est – et doit être – bien protégée de l'environnement. Elle constitue le texte d'un programme immensément complexe de développement, qui ne doit pas se laisser altérer par des modifications du contexte extérieur. Autrement, il faudrait admettre l'existence d'un mécanisme capable, par exemple, d'inscrire à dessein dans le code génétique une modification brutale de l'environnement comme le réchauffement climatique, afin de provoquer les suppressions et remplacements nécessaires à la production d'une nouvelle génération de souris sans poils. On n'a jamais entendu parler de mécanismes déterministes de ce genre. Au lieu de cela, la nature produit des variantes aléatoires d'instructions génétiques, et les souris sans poils, qui dans le passé gelaient de froid avant d'avoir le temps de procréer, l'emportent maintenant sur leurs congénères qui ont trop chaud.

Ce raisonnement soulève une question amusante. Après tout, on peut imaginer que la capacité de transmettre à sa descendance des caractères acquis fasse partie des traits généraux d'une espèce biologique. Nous ne connaissons pas d'espèce semblable, mais si cette capacité favorise efficacement l'adaptation, pourquoi n'évoluerait-elle pas à partir d'une séquence de mutations aléatoires, comme cela semble avoir été le cas pour la faculté de voler ou la vision en couleurs ? En d'autres termes, pourquoi l'évolution lamarckienne ne deviendrait-elle pas un stade ultérieur de l'évolution darwinienne ?

On peut soutenir que c'est exactement ce qui s'est produit pour l'humanité, mais à un niveau d'organisation différent. Notre évolution biologique s'est arrêtée depuis un certain temps, et notre évolution culturelle s'est mise en route sur le chemin décrit par Lamarck.

Le langage fournit les moyens de former le réservoir de gènes de la culture. Il est d'abord développé et transmis par la tradition orale, puis par le texte écrit. L'expérience des générations successives est directement encodée dans les poèmes épiques et les programmes informatiques, qui servent ensuite à informer les générations suivantes des modifications des conditions d'existence.

II
MATHÉMATIQUES
ET
PHYSIQUE

II.1
MATHÉMATIQUES
ET
PHYSIQUE

Table des matières

Avant-propos[24]

Une histoire raconte qu'un mathématicien célèbre commençait ainsi son cours de logique de licence : « La logique est la science des lois de la pensée », annonçait-il pompeusement. « Maintenant, je dois vous dire ce qu'est la science, ce qu'est une loi, et ce qu'est la pensée. Mais je n'expliquerai pas ce que « de » signifie. »

Au moment d'entreprendre l'écriture de *Mathématiques et Physique,* l'auteur s'est rendu compte de ce que la taille de l'ouvrage suffirait à peine à tenter d'expliquer ce que le « et » du titre signifie. Ces deux sciences, qui étaient jadis une branche unique de l'arbre de la connaissance, sont désormais assez distinctes. L'une des raisons en est qu'au XXe siècle elles ont

---

24. *Mathématiques et physique* a été publié à l'origine en russe par les Éditions Znanié (« Connaissance »), Moscou, 1979 (63 pages) et en anglais par Birkhäuser, Boston, 1981 (62 pages).

chacune construit leurs propres modèles avec leurs propres outils. Les physiciens étaient tourmentés par le rapport entre la pensée et la réalité, et les mathématiciens par le rapport entre la pensée et les formules. Ces deux rapports se sont l'un et l'autre révélés plus compliqués qu'on ne le pensait jusque là, et les modèles, les autoportraits, les images que se font d'elles-mêmes ces deux disciplines se sont révélées fort dissemblables. Le résultat est que, dès le tout début de leurs études, les mathématiciens et les physiciens apprennent à penser différemment. Il serait merveilleux de maîtriser en professionnel ces deux formes de pensée, exactement comme nous maîtrisons l'usage de la main droite et celui de la main gauche. Mais le présent livre ressemble à une mélodie sans accompagnement.

L'auteur, mathématicien de formation, a eu l'occasion de donner une série de quatre conférences intitulée « Pourquoi un mathématicien devrait étudier la physique ». Dans ces conférences, il disait que la physique théorique moderne est un monde d'idées vigoureux, luxuriant, complétement rabelaisien, et qu'un mathématicien pouvait y trouver tout ce dont il avait besoin pour se rassasier, sauf l'ordre auquel il était accoutumé. Par conséquent, une bonne manière de se mettre au diapason de l'étude active de la physique est de faire comme si vous essayiez précisément d'y introduire cet ordre-là.

Dans ce livre, qui s'est développé à partir de ces conférences et de réflexions ultérieures, j'ai tenté de sélectionner quelques notions abstraites importantes de chacune de ces deux sciences, et de les confronter entre elles. Au plus haut niveau, ces abstractions perdent toute précision terminologique et sont susceptibles de devenir des symboles culturels d'une époque : souvenons-nous du destin des termes « évolution », « relativité » ou « subconscient ».

Dans le présent ouvrage, nous descendons à un niveau inférieur et nous intéressons à des mots qui, sans être encore devenus des symboles, ne sont plus de simples termes : « ensemble », « symétrie », « espace-temps » (cf. la tentative de Mikhaïl Bakhtine d'introduire ce dernier concept en critique littéraire par le biais du terme délibérément étranger de « chronotope »). Certains de ces mots apparaissent ici dans les titres de chapitres. Tout lecteur ou lectrice a probablement déjà en tête des images de semblables concepts, des images qui ont une origine physique au sens large de cet adjectif.

L'auteur voudrait montrer comment les mathématiques associent de nouvelles images mentales à ces abstractions physiques ; ces images sont quasiment tangibles pour un esprit exercé, mais sont très éloignées de celles fournies directement par la vie et l'expérience physique. Par exemple, un mathématicien se représente le mouvement des planètes du système solaire par la ligne d'écoulement d'un fluide incompressible dans un espace de phases à 54 dimensions, dont le volume est donné par la mesure de Liouville.

La lectrice aura peut-être besoin de faire un effort de volonté pour percevoir les mathématiques comme un étai pour notre imagination spatiale. On les associe plutôt à une logique rigoureuse et un formalisme calculatoire. Mais ces derniers ne sont qu'une discipline, une règle qui nous apprend à ne pas mourir[25]. Le formalisme calculatoire des mathématiques constitue un processus mental, externalisé à tel point qu'il en vient à se déshumaniser à certains moments pour se transformer en processus technologique. Un concept mathématique est créé quand ce processus de pensée, après avoir été temporairement extrait de son réceptacle humain, est à nouveau transplanté dans un moule humain. Penser... signifie calculer en conservant une conscience critique.

L'« idée folle » qui sera à la base d'une future théorie de physique fondamentale viendra de la prise de conscience que la signification physique revêt une forme mathématique qui n'était pas jusque là associée à la réalité. De ce point de vue, le problème de l'« idée folle » est de choisir, et non pas de générer, la bonne

25. Allusion au poème de Pasternak « À Brioussov », dans lequel le poète écrit : « En ce temps-là d'un coup strict de ta règle / Tu nous apprenais chaque matin à ne pas mourir » (note du traducteur américain).

idée. Ceci n'est pas à entendre façon trop littérale. Dans les années soixante du XXe siècle, on disait (dans un certain contexte) qu'en physique, la découverte récente la plus importante avait été celle des nombres complexes. L'auteur a en tête quelque chose de semblable.

Je ne présenterai pas d'excuses pour la subjectivité des opinions et le choix des exemples. « Mathématiques et Physique » : Galilée, Maxwell, Einstein, Poincaré, Feynman et Wigner, entre autres, ont déjà traité le sujet. Seul l'espoir de dire quelque chose de subjectif et de personnel peut justifier une nouvelle tentative.

1. Les mathématiques à vol d'oiseau

La vérité mathématique

Les opérations mathématiques les plus simples consistent en des calculs arithmétiques du type suivant :

$$\frac{0{,}25}{20} \times \frac{\sqrt{13}}{1{,}1} \times \frac{7{,}8 \times 10^4}{2{,}04 \times 10^5} \times \frac{2 \times 0{,}048}{0{,}021 + 0{,}019} = 0{,}038.$$

Par souci de vraisemblance, cet exemple n'a pas été pris dans le cahier de brouillon d'un étudiant mais dans un article d'Enrico Fermi et E. Amaldi intitulé « Sur l'absorption et la diffusion des neutrons lents ». Réfléchissons un peu à la signification de ce calcul.

a) Pour vérifier cette égalité, nous pouvons admettre qu'elle concerne des entiers (il suffit de faire les multiplications, de résoudre les fractions, et de prendre 0,001 comme unité. Notre égalité peut alors être considérée comme une prédiction du résultat d'une « expérience physique », en l'occurrence celle-ci : prenons deux groupes de 48 objets ($2\times 0{,}048$), répétons cela 78 000 fois ($\times 7{,}8\times 10^4$), etc. Au cours élémentaire, les enfants composent ainsi des piles de petites briques pour apprendre ce que veut dire

« compter », « entiers », « addition » et « multiplication », et aussi le sens des égalités arithmétiques.

b) Cependant, en pratique, le calcul est évidemment effectué de façon différente ; il consiste en une série de transformations standards effectuées du côté gauche du signe égal. Nous prenons un groupe de symboles à gauche, 0,25/20 par exemple, et nous le remplaçons par 0,0125 en utilisant des règles de calcul élémentaires, et ainsi de suite. Toutes les règles, y compris celle de l'ordre des opérations, peuvent être définies à l'avance. Le caractère infaillible du calcul réside dans sa correction grammaticale (prescriptive) ; et c'est ce qui assure la « vérité physique du résultat ». (Bien entendu Fermi et Amaldi arrondissent le côté gauche : il est clair que même sans faire le calcul, leur égalité ne peut pas être littéralement vraie puisque $\sqrt{13}$ est un nombre irrationnel.)

c) Pour Fermi et Amaldi, la signification de ce calcul peut être résumée ainsi : « Nous avons découvert que la bande la plus étroite est le groupe A (radiation fortement absorbée par l'argent), pour lequel $\Delta w/w = 0{,}04\ldots$ », la probabilité qu'un neutron reste dans le même groupe après un parcours libre est assez faible (le 0,04 correspond au 0,038 du côté droit.) Évidemment, nous ne pouvons pas parvenir immédiatement à cette conclusion, quelle que soit la façon dont nous concevons la signification d'un calcul arithmétique. Ni la construction de 78 000 piles de 96 objets chacune, ni la division de 0,096 par 0,04 n'a en elle-même le moindre lien avec les neutrons. Un raisonnement mathématique intervient dans un article de physique en même temps que l'acte qui lui donne une interprétation physique ; c'est cet acte qui est le trait le plus frappant de la physique moderne.

Quoi qu'il en soit, même notre exemple très simple indique trois aspects de la vérité mathématique, qu'on peut, à certaines conditions, appeler *vérité ensembliste, déductibilité formelle ou démonstrabilité,* et *adéquation au modèle physique.*

Pour les mathématiques, aussi longtemps qu'elles sont autosuffisantes, seuls les deux premiers aspects sont essentiels, et la différence entre eux deux n'a été comprise qu'au XIXe siècle. Considérons une assertion qui peut être énoncée simplement, comme la conjecture de Fermat. Même si nous ne savons pas comment la démontrer, ou la réfuter, nous pouvons être certains qu'elle est soit vraie soit fausse. Cette conviction est fondée sur la possibilité abstraite d'effectuer une infinité d'opérations arithmétiques (ou de « constructions de piles »), en l'occurrence d'additionner les puissances des nombres entiers pris par paires. En général, la notion de vérité (de la plupart) des énoncés mathématiques repose sur la possibilité d'imaginer semblable suite infinie de vérifications. Néanmoins, toute démonstration mathématique, c'est-à-dire tout raisonnement consistant en l'application successive d'axiomes ou de règles logiques de déduction, est une procédure essentiellement finie. Dans les années trente du XXe siècle, Kurt Gödel a démontré que c'est la raison pour laquelle la démonstrabilité est considérablement plus étroite que la vérité, même si l'on ne considère que les nombres entiers. Par suite, peu importent les axiomes dont nous partons, pourvu qu'ils soient vrais et que leur liste soit finie (ou bien qu'ils soient générés par un nombre fini de règles). Aujourd'hui, la différence entre vérité et démonstrabilité est bien connue, mais il semble que ses conséquences soient mal comprises. Beaucoup de choses ont été écrites sur le problème du réductionnisme : la biologie et la chimie sont-elles réductibles à la physique ? Il est clair que dans ce contexte, on peut seulement parler du modèle théorique des phénomènes physiques, biologiques et chimiques – modèle, de plus, passablement mathématisé. Mais alors on doit expliquer ce qu'on entend par « réductibilité » : l'idée abstraite d'un type de vérité, ou bien d'un type de déductibilité à partir d'axiomes ? Si nous réfléchissons sérieusement à ces deux possibilités, nous avons l'impression frappante que nous ne comprenons simplement pas de quoi nous parlons quand nous disons que des lois sont « réductibles ».

Les ensembles

L'idée qu'on se fait aujourd'hui de la vérité mathématique est liée à deux développements majeurs en mathématiques : la théorie des ensembles et les langages formels. Tout le monde est habitué à un certain formalisme mathématique. Le bagage mathématique d'un étudiant au sortir du lycée lui permet en général de pouvoir effectuer les opérations sur les nombres en système décimal, résoudre des équations algébriques, et calculer certaines intégrales et leurs dérivées. Ce langage du *calculus* (calcul différentiel et intégral) qui, pour l'essentiel, était déjà bien développé du temps d'Euler et de Lagrange, s'est révélé très commode : il est efficace pour résoudre les problèmes, et accessible aux élèves du secondaire. Parallèlement au développement de ce langage lui-même, on a de mieux en mieux compris ce dont il parle, c'est-à-dire que la signification de concepts comme $\sqrt{-1}$, fonction, différentielle, a été élucidée. Les représentations géométriques ont joué là-dedans un rôle immense : les nombres complexes n'ont perdu leur mystère que lorsque Argand et Gauss en ont proposé une interprétation cohérente par des points dans le plan euclidien ; les différentielles ont pu être interprétées à l'aide de la notion d'espace tangent, et ainsi de suite. Les concepts de la théorie des ensembles ont posé des fondements universels pour la définition de toutes les constructions mathématiques à l'aide de ces images « géométriques généralisées ». Ces constructions mentales constituent à la fois un réceptacle pour la signification des formalismes mathématiques et un moyen d'extraire, de la vaste mer des formules mathématiques déductibles, les énoncés significatifs.

Nous voudrions, dans ce livre, montrer la valeur de ces constructions mentales en tant qu'intermédiaires entre les mathématiques et la physique. Bien sûr, les possibilités d'en donner une présentation accessible sont limitées. Il est impossible d'expliquer en une centaine de pages leur sens exact ni d'enseigner au lecteur comment les utiliser pour résoudre des problèmes. Mais peut-être certaines idées des mathématiques et de la physique théorique en seront-elles clarifiées. La difficulté à comprendre les concepts de la théorie quantique ou de la théorie de la relativité générale est en partie liée à ce que les tentatives faites pour les expliquer omettent de donner, comme nous allons le faire ici, une interprétation intermédiaire des modèles mathématiques en termes de théorie des ensembles. Même à l'université, l'enseignement n'y prête pas suffisamment attention ; la communication entre un physicien et un mathématicien est souvent compliquée par la tendance du physicien à passer directement des formules à leur signification physique, en omettant la « signification mathématique ». Notons toutefois que la situation s'est nettement améliorée au cours des dernières années.

Un bon physicien utilise le formalisme comme un poète utilise la langue. Il justifie le fait de négliger les impératifs de la rigueur en alléguant au besoin la vérité physique, ce qu'un mathématicien ne peut se permettre de faire. Le choix d'un lagrangien dans la théorie unifiée des interactions faibles et électromagnétiques de Salam et Weinberg, l'introduction des champ de Higgs, la soustraction de la valeur attendue du vide et autres sorcelleries, qui aboutissent, disons, à la prédiction de l'existence de courants neutres – tout cela laisse le mathématicien abasourdi.

Mais revenons aux ensembles. Pour les physiciens, les ensembles les plus importants ne sont *pas* des ensembles d'*objets* mais des *ensembles de possibilités* : l'espace des configurations d'un système est l'ensemble de ses états instantanés possibles, l'espace-temps est l'ensemble des événements possibles qui éclatent comme des « ampoules de flash », chacune donnant un point d'espace-temps. Un physicien se hâte en général d'introduire dans cet espace des coordonnées, c'est-à-dire des fonctions avec des valeurs numériques. Si un ensemble de n fonctions de ce type nous permet de repérer les points de l'ensemble de façon unique, alors nous sommes en droit de supposer que cet ensemble se trouve dans un espace réel $\mathbb{R}^n$, constitué de vecteurs de forme $(a_1, \ldots, a_n)$. Les « figures », c'est-à-dire les sous-ensembles de cet espace ; les mesures de distances, d'angles, de volumes etc. à l'intérieur de cet espace ; et enfin ses déplacements et ses projections sur lui-même, tout cela compose l'arsenal principal de formes géométriques qu'utilise le physicien. Le fait que la dimension n puisse être aussi grande qu'on veut, y compris infinie, a son importance. Dans un texte mathématique rigoureux, la définition de la dimensionnalité infinie doit être introduite séparément, mais ici nous ferons comme si celle-ci revenait à une « dimensionnalité finie indéfiniment grande ». Si les coordonnées prennent des valeurs complexes, alors nos ensembles se trouvent dans un espace $\mathbb{C}^n$. Mais en général il n'est pas nécessaire de s'attarder sur les coordonnées. Physiquement, elles sont souvent les vestiges de représentations exagérément simplifiées d'une observation ; mathématiquement, elles sont un souvenir d'une époque où il n'existait pas de langue pour parler d'autres ensembles que les ensembles de points ou de vecteurs.

Le langage ensembliste est bon en ce qu'il n'oblige personne à dire quoi que ce soit de superflu. Georges Cantor a défini un ensemble comme « une collection formant un tout, d'objets distincts et définis de notre intuition ou de notre pensée ». C'est la meilleure manière d'expliquer ce qu'est un ensemble en tant que concept qui aide à percevoir le monde.

Les espaces de dimensions supérieures et l'idée de linéarité

Si une voiture parcourt vingt mètres par seconde, en deux secondes elle aura probablement parcouru quarante mètres. Si un faible vent déporte de trois centimètres une balle légère, alors un vent deux fois plus fort la déportera de six centimètres. La réponse à de petites perturbations dépend de façon linéaire de la perturbation – c'est un principe des sciences naturelles qui est à la base de très nombreux modèles mathématiques. Entre les mains d'un mathématicien, ce principe devient la définition d'une fonction différentiable et le postulat que la plupart des processus sont décrits par ce genre de fonctions. La loi de l'élasticité de Hooke et la loi d'Ohm disent-elles quelque chose de plus que ce principe de réponse linéaire à de petites forces ? La réponse est positive s'il s'avère que ces lois demeurent valables pour des perturbations légèrement plus grandes.

L'espace linéaire est une idéalisation de ces « petites perturbations d'une taille arbitraire ». Il est inutile d'introduire des coordonnées ; il est juste nécessaire de garder à l'esprit que les éléments d'un espace linéaire (dit aussi « espace vectoriel ») peuvent être additionnés entre eux et multipliés par des nombres (réels ou complexes – l'une ou l'autre épithète étant accolée au nom de l'espace). La construction géométrique archétypale est notre « espace physique » de dimension trois ; les espaces $\mathbb{R}^n$ et $\mathbb{C}^n$, avec addition composante par composante et multiplication par des scalaires (réels ou complexes), épuisent tous les espaces vectoriels de dimension finie.

La dimension d'un espace vectoriel est le nombre de fonctions coordonnées linéaires indépendantes qui existent sur lui. Un théorème affirme que la dimension ne dépend pas du choix de ces fonctions coordonnées. Malgré sa simplicité, ce théorème est un résultat profondément important. Il établit pour la première fois l'existence d'une connexion entre quelque chose de continu et quelque chose de discret : un entier – la dimension – apparaît pour la première fois, non comme un nombre d'objets discrets ou de formes discrètes, mais comme la mesure de la taille d'une entité continue.

Une application linéaire (ou opérateur) constitue l'idéalisation d'une réponse linéaire à des perturbations arbitraires. La réponse peut être mesurée par des éléments du même espace que celui de la perturbation, ou par des éléments d'un autre espace ; dans tous les cas c'est une application d'un espace vectoriel sur un espace vectoriel, laquelle envoie une somme de vecteurs sur la somme de leurs images et le produit d'un vecteur par un scalaire sur le produit de l'image par ce même scalaire.

Toute application linéaire sur lui-même d'un espace à une dimension est donnée par la multiplication par un nombre – le « coefficient d'agrandissement ». Dans le cas d'un nombre complexe, la forme géométrique est un peu plus compliquée : dans la mesure ou un espace linéaire complexe à une dimension est vu comme un plan réel, la multiplication par un nombre complexe est une combinaison de dilatation réelle et de rotation.

Les rotations pures, par exemple la multiplication par des nombres de module un, jouent un grand rôle en mécanique quantique ; ainsi la loi d'évolution d'un système quantique isolé est-elle formulée en termes de telles rotations.

Une classe importante d'applications linéaires d'un espace à n dimensions sur lui-même est celle des dilatations dans n directions indépendantes avec un coefficient d'agrandissement correspondant à chaque direction. L'ensemble des « coefficients de dilatation » d'un opérateur linéaire est appelé son spectre : l'homonymie avec un terme de physique reflète une profonde connexion entre ces deux situations.

En physique quantique, l'idée de linéarité acquiert une signification physique fondamentale, en vertu du postulat de base sur la superposition des états quantiques. En physique classique et en mathématiques, en plus de l'idée de départ que « n'importe quoi » peut être linéarisé à petite échelle, un rôle important est joué par l'observation du fait que les fonctions sur n'importe quel ensemble (toutes les fonctions ou seulement les fonctions continues, ou les fonctions différentiables ou les fonctions intégrables au sens de Riemann, etc.) forment un espace vectoriel, parce qu'elles peuvent être additionnées les unes aux autres ou multipliées par des scalaires. La plupart des espaces fonctionnels ne sont pas de dimension finie, mais la possibilité d'apprendre systématiquement à leur appliquer notre intuition, originellement adaptée à un monde de dimension finie (plus précisément de dimension trois), s'est avérée être une découverte extrêmement fructueuse. C'est ce que nous ont enseigné David Hilbert et Stéphane Banach au XXe siècle.

Les mesures dans un espace linéaire

Dans l'espace physique à trois dimensions, il existe des corps rigides qui préservent une « identité personnelle » dans de grands domaines d'espace-temps. C'est là la base de toutes les mesures physiques. Il n'est pas du tout évident à l'avance de prévoir, parmi les propriétés idéalisées de la mesure en physique, lesquelles s'avèreront les plus utiles à la théorie mathématique et à ses applications. En fait, les notions mathématiques liées aux idées de mesure classique forment un dispositif conceptuel complexe. Nous pouvons immédiatement nommer certains de ces concepts : longueur, angle, aire, produit scalaire, mouvement.

Afin que le lecteur ne se fasse pas une idée fausse, notons que le concept d'espace vectoriel en lui-même ne contient rien qui nous permette de mesurer quoi que ce soit de façon univoque. Les vecteurs n'ont pas de longueur (même si des vecteurs proportionnels sont liés par un coefficient de proportionnalité naturel), il n'existe pas de mesure naturelle de l'angle formé par deux vecteurs, et ainsi de suite. Par conséquent, en vue d'une formulation mathématique de l'idée de mesure, nous devons introduire un concept géométrique additionnel, ou même plusieurs concepts ; dans le jargon mathématique nous dirons qu'il nous faut munir l'espace d'une structure additionnelle.

Le premier de ces concepts est la sphère unité de l'espace en question : l'ensemble des vecteurs dont la longueur est égale à l'unité de longueur. Si tout vecteur non nul se trouve sur la sphère unité quand nous le multiplions par un nombre a, nous pouvons écrire la longueur de ce vecteur, à savoir précisément $|a|^{-1}$; par conséquent, a doit être déterminé de façon univoque, à multiplication près par un nombre de module un. La distance entre deux vecteurs x et y peut être définie comme la longueur de leur différence $|x - y|$. Si les vecteurs non nuls ont une longueur non nulle, si ce qu'on appelle l'inégalité triangulaire $|x + y| \leq |x| + |y|$ vaut, et si de plus nous avons une condition garantissant l'existence de limites pour les suites de Cauchy, alors nous aboutissons au concept d'espace de Banach. De nombreux espaces fonctionnels utiles sont des espaces de Banach.

Toutefois, un espace de Banach arbitraire n'est pas suffisamment symétrique pour être considéré comme la généralisation correcte de la sphère unité dans un espace tridimensionnel. Il existe deux méthodes différentes pour obtenir la symétrie nécessaire : (a) poser la condition que la sphère soit stable sous un groupe continu de dimension $n(n-1)/2$ d'applications linéaires (où n est la dimension de l'espace) ; (b) poser la condition que n'importe quelle paire de vecteurs de l'espace ait un produit scalaire (x, y). Ce produit est une fonction linéaire de chacun des arguments dans le cas réel, et c'est un peu plus compliqué dans le cas des nombres complexes. On demande que pour tout x, $|x|^2 = (x, x)$. La première méthode est une généralisation de l'idée que les corps rigides peuvent tourner sur eux-mêmes ; la seconde méthode est une généralisation de l'idée que la mesure de l'angle formé par deux vecteurs ne varie pas avec les rotations de cette paire de vecteurs. Les deux idées sont très liées, et conduisent au concept d'espace euclidien de dimension supérieure (appelé espace de Hilbert dans le cas complexe). En prenant des coordonnées appropriées, la sphère unité d'un tel espace est donnée par l'équation habituelle $\sum_{i=1}^{n} |x_i|^2 = 1$. Les rotations sont des applications linéaires de cette sphère sur elle-même ; elles forment un groupe noté $O(n)$ dans le cas d'un espace réel et $U(n)$ dans le cas complexe. Dans l'espace euclidien réel, le produit scalaire prend des valeurs réelles, et il est symétrique : $(x, y) = (y, x)$. Dans les espaces euclidiens complexes, il prend des valeurs complexes, et l'on doit prendre le conjugué complexe lorsqu'on transpose les vecteurs : $(x, y) = \overline{(y, x)}$. Dans les deux cas, nous avons l'inégalité importante $|(x, y)|^2 \leq |x|^2 \cdot |y|^2$, si bien que le nombre $(x, y)/(|x| \cdot |y|)$ est de module au plus égal à 1. Dans un espace réel, ce nombre est réel et il existe donc un angle φ pour lequel $\cos \varphi = (x, y)/(|x| \cdot |y|)$. Dans le cas complexe cet angle peut être défini par : $\cos \varphi = |(x, y)|/(|x| \cdot |y|)$. Le côté droit de cette égalité prend ici des valeurs comprises entre 0 et 1, et l'on remarque qu'il existe une quantité physique remarquable possédant la même propriété – *une probabilité.* En mécanique quantique, les nombres $(\cos \varphi)^2$ sont interprétés comme des probabilités – nous verrons cela plus en détail plus loin. Dans la géométrie du lycée, deux vecteurs x et y sont dits perpendiculaires si le cosinus de l'angle qu'ils forment est égal à zéro, c'est-à-dire si $(x, y) = 0$; on emploie la même terminologie dans le cas général aussi.

Si nous renonçons à certaines propriétés des espaces euclidiens, le concept de produit scalaire peut conduire à plusieurs nouvelles classes importantes de géométries linéaires. Par exemple, dans $\mathbb{R}^4$, on peut donner la « longueur » d'un vecteur $x = (x_0, x_1, x_2, x_3)$ par la formule $|x|^2 = x_1^2 + x_2^2 + x_3^2 - x_0^2$. Le signe de soustraction conduit à lui seul à de nombreuses différences par rapport à l'espace euclidien : par exemple, il existe des lignes entières composées de vecteurs de longueur zéro. Elles représentent les rayons lumineux dans le modèle d'espaces-temps qui est à la base de la théorie de la relativité restreinte – les fameux espaces de Minkowski.

Si nous rejetons la condition $(x, y) = (y, x)$ et la remplaçons par $(x, y) = -(y, x)$, alors tout vecteur de ce type d'espace sera « perpendiculaire à lui-même » ! On a besoin d'étudier longtemps cette géométrie-là, appelée géométrie symplectique, si l'on veut s'y accoutumer. Le gyroscope qui guide une fusée est un émissaire d'un monde symplectique à six dimensions dans notre monde à trois dimensions ; chez lui, dans son monde à lui, son comportement paraît simple et naturel. Bien que la géométrie symplectique ait été découverte dès le XIXe siècle, le rôle qu'elle joue en physique a été longtemps sous-estimé, et dans les manuels ce rôle est toujours obscurci par le vieux formalisme.

Il est temps de revenir au monde euclidien, mais en dimensions supérieures. La dernière chose dont j'aimerais parler est la mesure du volume. Si $\varepsilon_1, \ldots, \varepsilon_n$ sont des vecteurs de longueur unité deux-à-deux perpendiculaires, alors le cube de volume unité à n dimensions qu'ils engendrent est l'ensemble de vecteurs de forme $x_1\varepsilon_1 + \cdots + x_n\varepsilon_n$, où $0 \leq x_i \leq 1$. Il va de soi que son volume est égal à un. La translation de ce cube par n'importe quel vecteur ne modifie pas son volume ; le cube d'arête de longueur a est donc, lui, de volume a^n. Ensuite, le volume de n'importe quelle figure à n dimensions peut être défini en la remplissant de petits cubes et en additionnant leurs volumes. Les problèmes surgissent sur le bord, où il reste encore un peu d'espace vide ; si l'on essaie de le remplir, les petits cubes débordent. Mais si le bord n'est pas trop déchiqueté, on peut diviser le cube en cubes encore plus petits de manière à rendre l'erreur aussi petite qu'on veut. Cette idée se trouve à la base de la théorie de l'intégration.

Nous complétons notre construction de l'intégration comme suit : supposons que dans notre partie cubique d'espace il y ait quelque chose, une « substance », comme on disait au XIXe siècle, caractérisée par sa densité $f(x)$ aux abords du point x. La quantité totale de cette substance sera approximativement égale à la somme des quantités de cette même substance présente dans tous les petits cubes de remplissage ; et pour chaque petit cube la quantité de substance sera le produit du volume de ce cube par la valeur de sa densité en un point de son intérieur. La somme totale s'appelle « somme de Riemann », et sa limite est l'intégrale de la fonction f sur le volume.

En mathématiques, il est difficile de trouver un concept plus simple et en même temps plus efficace que celui d'intégrale. Pratiquement chaque décennie en apporte de nouvelles variantes, et la physique en a toujours besoin de davantage. La définition de l'intégrale de Riemann, que nous venons de donner, est mathématiquement raisonnable seulement pour des fonctions f qui ne varient pas trop vite, comme les fonctions continues. Mais presque tout modèle physique, dès qu'il est remplacé par un modèle plus détaillé, révèle qu'une fonction f qui paraissait assez lisse résulte en fait du lissage d'une image plus compliquée, « à grain plus fin ». Ainsi la charge peut être mesurée en intégrant une densité, jusqu'à atteindre une échelle où les porteurs de charge sont les électrons et les ions. La densité de charge en un point porteur est infinie, tandis qu'à l'extérieur du point elle est nulle, ce qui oblige à construire un appareil mathématique capable d'intégrer de telles fonctions.

Les remarquables intégrales de chemin de Feynman représentent encore un défi pour les mathématiciens. Ces intégrales, devenues un outil fondamental de la théorie quantique des champs, ne sont pas encore bien définies en tant qu'objets mathématiques. Deux circonstances font obstacle à leur compréhension : l'intégration doit être effectuée sur un espace de dimension infinie et, de plus, les fonctions à intégrer sont rapidement oscillantes. Ici nous dirons quelques mots des effets de la dimension infinie, entendue naïvement comme une très grande dimension finie.

Si nous extrayons d'un segment de longueur 1 une partie médiane de longueur 0,9, la longueur du reste représente évidemment 10% de la longueur du segment total. Si nous extrayons d'un disque de diamètre 1 un cercle concentrique de diamètre 0,9, l'aire de l'anneau restant représente maintenant 19% de l'aire du disque. Si nous extrayons d'une boule de diamètre 1 une balle concentrique de diamètre 0,9, le volume de la coquille restante représente 27,1% du volume de la balle : presque un tiers, alors que pour le segment, c'était un dixième. Il n'est pas difficile de voir « physiquement » que le volume d'une boule de dimension n et de diamètre d s'exprime par la formule $c(n)d^n$, où $c(n)$ est une constante qui ne dépend pas de d. La fraction du volume total occupée par une balle concentrique de diamètre $0{,}9d$ sera par conséquent $(0{,}9)^n$ (elle tend vers 0 quand n augmente). Presque les deux tiers du volume d'une pastèque de dimension vingt et de 20 cm de rayon se trouvent dans son écorce si celle-ci a 1 cm d'épaisseur :

$$1 - \left(1 - \frac{1}{20}\right)^{20} \approx 1 - e^{-1}, \quad e \approx 2{,}72.$$

Ces calculs conduisent à un principe géométrique : « Le volume d'un solide multidimensionnel est presque entièrement concentré près de sa surface ». Il est intéressant de considérer un cube au lieu d'une sphère – le même effet se produit à mesure que le nombre de faces augmente.

Imaginons le modèle le plus simple, celui d'un gaz : N atomes ponctuels se meuvent dans un réservoir avec des vitesses v_i, $i = 1, \ldots, N$; chaque atome a une masse m. L'énergie cinétique E du gaz est égale à $\sum_{i=1}^{N} mv_i^2/2$; l'état du gaz décrit par un ensemble de vitesses d'une énergie totale donnée E détermine un point de la sphère euclidienne de dimension $(N - 1)$ et de rayon $\sqrt{2E/m}$. Pour un volume macroscopique de gaz dans des conditions normales, la dimension de cette sphère, (déterminée par le nombre d'Avogadro), est de l'ordre de 10^{23}–10^{25}, c'est-à-dire très grande. Si l'on relie entre eux deux réservoirs de ce type de façon à ce qu'ils puissent échanger de l'énergie mais pas d'atomes, et à ce que la somme de leurs énergies $E = E_1 + E_2$ reste constante, alors la plupart du temps les énergies E_1 et E_2 se rapprocheront des valeurs qui maximisent le volume de l'espace des états atteints par le système combiné. Ce volume est égal au produit des volumes des sphères de rayons $\sqrt{2E_1/m}$ et $\sqrt{2E_2/m}$, dont le premier augmente rapidement quand E augmente, tandis que le second diminue rapidement. Par conséquent, leur produit présente un pic aigu en un point facilement calculable ; ce point correspond à l'égalisation des températures. C'est essentiellement le fait que « le volume d'un solide multidimensionnel est presque entièrement concentré près de sa surface » qui assure l'existence de la température en tant que variable macroscopique. De quel espace s'agit-il dans cet exemple ? De l'espace des états d'un système physique, ou plus précisément d'un espace quotient de celui-ci puisque nous ne prenons pas en compte les positions des atomes ni les directions des vecteurs vitesses. Un point de cet espace représente à nouveau une possibilité. Un ensemble type n'est pas l'ensemble des chaises d'une pièce, ni celui des élèves d'une classe, ni même celui des atomes d'un réservoir, mais plutôt l'ensemble des états possibles des atomes dans le réservoir.

Les propriétés asymptotiques des volumes multidimensionnels forment l'arsenal géométrique de la physique statistique. La nature construit toute la variété du monde à partir d'un petit nombre de briques différentes. Les briques de chaque type sont identiques, et quand les statistiques décrivent le comportement de leurs agrégats, elles utilisent le concept d'un point errant dans des domaines d'un espace des phases de dimension quasiment infinie. Les observations macroscopiques nous permettent seulement d'indiquer approximativement une région qui contient le point à n'importe quel instant ; plus cette région est grande, plus il est probable que nous y voyions réellement le point. Afin d'élaborer des règles de pensée et de calcul qui soient valides en dimension infinie, alors que presque tout le domaine coïncide avec son propre bord, nous avons besoin de certains des outils les plus raffinés de l'arsenal des mathématiques.

Non linéarité et courbure

Exactement comme l'idée de linéarité extrapole à partir de petits incréments, l'idée de courbure utilise une extrapolation similaire pour étudier la déviation d'un objet géométrique (par exemple le graphe d'une fonction f) par rapport à un objet linéaire.

Les petites dimensions nourrissent l'intuition qui engendre la conception géométrique de la courbure. Le graphe de la courbe $y = ax^2$ dans le plan réel a trois formes de base : une « coupe » (convexe vers le bas) pour $a > 0$, un « dôme » (convexe vers le haut) pour $a < 0$ et une ligne horizontale pour $a = 0$. Le nombre a détermine la pente des côtés de la coupe ou du dôme, ainsi que le rayon de courbure au point le plus bas (ou le plus haut) : ce rayon de courbure est égal à $1/(2|a|)$. Dans les modèles physiques de petites oscillations, une boule pesante roulant au fond d'une coupe décrit les mêmes oscillations qu'un objet suspendu à un ressort, et l'on exprime la courbure correspondante à l'aide de la masse de la boule et de la rigidité du ressort. En dimensions supérieures, le graphe d'une fonction quadratique prend la forme $y = \sum_{i=1}^{N} a_i x_i^2$ dans un système approprié de coordonnées. Parmi les coefficients, il peut y avoir des nombres positifs, des nombres négatifs et des zéros ; ils déterminent le nombre de directions dans lesquelles le graphe monte, descend, ou reste horizontal. En théorie quantique des champs, ce modèle simple fournit, dans un nombre étonnant de cas, l'allure du spectre des masses des particules élémentaires et de celui des forces d'interaction (constantes universelles) ; c'est le premier pas sur le long chemin qui mène à des représentations plus raffinées. Dans ce cadre, les fonctions quadratiques interviennent dans un espace de dimension infinie, et les directions horizontales qui apparaissent sur les graphes sont dues à l'action de groupes de symétrie. Quand une fonction est invariante par certains déplacements de l'espace, son graphe ne peut ressembler à un puits mais il peut avoir la forme d'un ravin (lequel est invariant par translation le long de sa ligne de fond, tandis qu'un puits ne peut être translaté).

Ainsi, la première notion de non linéarité, que nous avons brièvement décrite, pose la question de savoir de combien une surface multidimensionnelle – le graphe d'une fonction – dévie d'une surface linéaire aux abords de son point de tangence avec cette surface. Si l'on imagine l'espace tangent comme horizontal, nous pouvons distinguer dans ce plan un ensemble de directions perpendiculaires entre elles, le long de chacune desquelles la surface monte, descend, ou reste horizontale. La vitesse à laquelle la surface monte ou descend est mesurée par le rayon de courbure ; il existe autant de rayons de courbure que la surface a de dimensions.

Pour décrire cette déviation, nous utiliserons donc un « moule extérieur ». Ce genre d'idées est naturel et utile, mais la théorie de la gravitation d'Einstein, la théorie de l'électromagnétisme de Maxwell et, comme nous commençons aujourd'hui à le comprendre, la théorie des forces nucléaires, peut-être même de toutes les interactions en général, exigent des notions de courbure plus fines. Les premières théories mathématiques de la « courbure intrinsèque » (par opposition à la « courbure extrinsèque » que nous venons de décrire) ont été développées par Gauss et par Riemann.

Le concept de courbure intrinsèque est d'abord construit pour un domaine de l'espace numérique, dans lequel pour chaque paire de vingt points voisins, on donne la distance entre eux.

La géométrie du domaine selon le nouveau concept riemannien de distance devrait être euclidienne à l'échelle infinitésimale. Mais divers aspects du concept de courbure montrent à quel point, à plus grande échelle, cette géométrie diffère de la plate géométrie euclidienne. Pour expliquer ce que sont ces aspects, il est commode de commencer par les équivalents de lignes droites dans cet espace (cette « variété ») que sont les *géodésiques*, c'est-à-dire les lignes les plus courtes joignant deux points de l'espace, comme les arcs de grands cercles sur une sphère. La longueur d'une courbe est bien entendu mesurée par une intégrale : la courbe doit être divisée en nombreux petits segments, et la longueur de chaque segment est approximativement mesurée par la distance entre ses points extrêmes.

Imaginons maintenant sur cette variété un petit vecteur, qui se meut le long d'une courbe géodésique de façon telle que l'angle qu'il forme avec la géodésique demeure contant ; sur une surface à deux dimensions cette prescription détermine le mouvement de façon univoque mais en dimensions supérieures il faut davantage d'information pour le spécifier précisément. Comme, à petite échelle, l'espace est pratiquement euclidien, il n'est pas difficile de donner à cette prescription une signification précise. Ce type de déplacement d'un vecteur s'appelle une translation parallèle. Nous pouvons définir des translations parallèles le long de n'importe quelle courbe : comme pour le calcul de la longueur, la courbe doit être remplacée par une ligne polygonale composée de courts segments de géodésiques, puis on translate le vecteur parallèlement le long de ces géodésiques.

Considérons une petite courbe fermée dans l'espace, une petite boucle presque plate. Après avoir translaté un vecteur le long de cette courbe et l'avoir ramené au point de départ, nous trouvons que le vecteur a effectué une rotation d'un angle petit par rapport à sa position initiale ; cet angle est proportionnel à l'aire de la boucle. De plus, le coefficient de proportionnalité dépend : a) du point autour duquel est située la boucle, b) de la direction de l'aire de dimension deux circonscrite par la boucle.

Ce coefficient, en tant que fonction du point et de la direction bidimensionnelle en ce point, s'appelle le tenseur de courbure de Riemann. Pour un espace euclidien plat, le tenseur de courbure est identiquement nul.

Il a fallu longtemps pour arriver à voir quelles étaient les étapes les plus importantes de cette construction, et pour parvenir à la conclusion que l'idée fondamentale était celle de la translation parallèle le long d'une courbe. L'image géométrique la plus élégante de la courbure, pour comprendre, par exemple, la théorie des champs de Yang-Mills en physique contemporaine, est plus générale que l'image de la courbure de Riemann. Pour définir la courbure de Riemann, nous avons translaté un vecteur le long d'une courbe dans l'espace. Imaginons maintenant le vecteur comme un petit gyroscope, et la courbe comme la ligne d'univers du mouvement du gyroscope dans un espace-temps à quatre dimensions (ceci sera expliqué plus en détails ci-dessous, dans le chapitre sur l'espace-temps). Supposons que deux gyroscopes partant du même état initial s'éloignent puis se rejoignent et qu'on les compare alors. Prévoir la différence entre les directions de leurs axes est une tâche facile pour la physique moderne. D'autre part, l'ensemble des comportements imaginables de tous les gyroscopes possibles de ce type constitue un concept mathématique : il s'agit d'un espace dans lequel sont données des règles de transport parallèle pour les vecteurs tangents le long de courbes.

Cependant un dernier pas reste à faire avant de pouvoir introduire le concept mathématique général d'espace à connexion, et la courbure de la connexion. La direction de l'axe d'un gyroscope est un cas particulier de l'idée qu'un système physique localisé peut cependant posséder des degrés intérieurs de liberté. En physique classique c'est là une idéalisation qui fait que nous prenons sommairement en compte les parties composites du système, leurs rotations, oscillations, etc. ; en physique quantique il existe des degrés non classiques de liberté, tel le spin ou le moment magnétique d'un électron, qui ne se réduisent pas au comportement imaginable de « parties » d'un électron dans l'espace-temps. D'une façon générale, supposons donnés un couple d'espaces M et E, et une application f de E à M, où, disons, M est un modèle d'espace-temps, et en chaque point m de M il existe un système physique localisé avec un espace d'états internes $f^{-1}(m)$. Alors une connexion sur cet objet géométrique est une règle permettant de translater le système le long des courbes dans M. En d'autres termes, si nous connaissons un morceau de la ligne d'univers d'un système dans M, ainsi que l'état initial interne du système, alors, en utilisant le transport parallèle défini par la connexion, nous connaîtrons toute l'histoire du système. La courbure d'une connexion mesure la différence entre les états finaux du système, si l'on part de points voisins de l'espace-temps et si l'on parvient à des points d'arrivée voisins en passant par des chemins différents, le système se trouvant au départ dans un état initial fixé.

Cette idée relie directement la géométrie à la physique ; nous passons sous silence les péripéties compliquées, les brillantes devinettes, les erreurs, le formalisme excessif et les incidents de parcours qui ont accompagné l'émergence de ces nouvelles idées, et que les ouvrages de mathématiques relatent à satiété.

Un champ gravitationnel est une connexion dans l'espace des degrés internes de liberté d'un gyroscope ; il contrôle l'évolution du gyroscope dans l'espace-temps. Un champ électromagnétique est une connexion dans l'espace des degrés de liberté internes d'un électron quantique ; la connexion contrôle son évolution dans l'espace-temps. Un champ de Yang-Mills est une connexion dans l'espace des degrés de liberté internes colorés d'un quark.

Cette image géométrique semble être aujourd'hui le schéma mathématique le plus universel pour la description classique d'un monde idéalisé dans lequel un petit nombre d'interactions fondamentales sont considérées tour à tour. La matière dans l'espace-temps est décrite par une section d'un fibré vectoriel approprié $E \to M$ indiquant l'état dans lequel cette matière se trouve en chaque point et à chaque moment. Un champ est décrit comme une connexion sur ce fibré. La matière affecte la connexion en imposant des restrictions à sa courbure, et la connexion affecte la matière, en imposant son « transport parallèle » le long des lignes d'univers. Les célèbres équations d'Einstein, de Maxwell-Dirac et de Yang-Mills sont des expressions exactes de ces idées.

Mais même sans écrire ces équations, nous pouvons dire beaucoup de choses. La découverte que les champs de la physique fondamentale sont donnés par des connexions n'a pas été aussi théâtrale ni aussi précisément datable que la découverte de ces équations. En théorie de la gravitation, par exemple, le concept de base pour Einstein n'était pas la connexion mais une métrique (pseudo)riemannienne dans l'espace-temps. C'est Hermann Weyl qui a le premier avancé l'idée qu'un champ électromagnétique était une connexion, même si en physique préquantique il n'était pas en mesure d'indiquer correctement le fibré sur lequel cette connexion définit une translation parallèle. Il a plutôt deviné que le champ fait varier les longueurs de segments ayant suivi différents chemins dans l'espace-temps. Einstein a montré que cette vision était inappropriée, et c'est Dirac qui a découvert le fibré correct sur lequel agit la connexion de Maxwell. Mais il a fallu tellement de temps pour comprendre complétement les particularités physiques d'un champ avec connexion, que c'est seulement dans les années soixante du xxe siècle qu'Aharanov et Bohm ont proposé une expérience qui a vraiment montré que le champ de Maxwell se comporte « comme une connexion ». Pour ce faire, on doit diviser un faisceau d'électrons en deux parties, permettre à ces deux parties de contourner une région cylindrique contenant un flux magnétique, et observer alors l'image des franges d'interférence sur un écran. Suivant leurs hypothèses, l'image sur l'écran devrait se modifier selon qu'on éteint ou allume le champ magnétique, bien que les faisceaux d'électrons, lorsqu'ils contournent le domaine du flux magnétique, ne passent que par des régions où l'intensité du champ magnétique est nulle. Autrement dit, les faisceaux divisés qui se rejoignent sur l'écran « ressentent » la courbure de la connexion sur le fibré de Dirac, causée par l'allumage du champ magnétique dans la région qu'ils contournent. Les franges d'interférence sur l'écran reflètent en effet la différence des angles de phase dans l'espace spinoriel des degrés de liberté de l'électron ; cette différence apparaît parce que les électrons qui parviennent à un point donné de l'écran ont pris des chemins différents en contournant le flux magnétique. L'expérience a été effectivement réalisée et a corroboré ces prévisions.

Quelques nouveautés

La « galerie » des formes géométriques importantes que nous avons fait parcourir au lecteur au pas de course n'est nullement épuisée par ces pièces. Le nombre de ces concepts ne cesse de croître. Parmi ceux qui ont attiré l'attention des physiciens au cours des dernières années, on peut mentionner, par exemple, les « catastrophes », les « supersymétries », et les « solitons ».

Le terme de « catastrophe » a été introduit par le mathématicien français René Thom pour transmettre des notions intuitives liées à un appareil mathématique qui décrit des phénomènes tels que les discontinuités, les sauts, les coins, les surfaces séparant des phases homogènes, les différenciations d'espèces biologiques, etc. La question de l'utilité de ces notions dans la modélisation de phénomènes naturels n'est toujours pas tranchée aujourd'hui, et a même fait l'objet de débats enflammés dans la presse à grand tirage. Ce qui fournit d'ailleurs à l'historien des sciences une bonne occasion d'observer une tentative d'établissement d'un nouveau paradigme (au sens de Thomas Kuhn) et de réfléchir aux aspects sociaux de la constitution de l'opinion publique en matière scientifique.

Les « supersymétries » étudiées en « supergéométrie » ont fait leur entrée dans la science avec moins de fanfare, bien qu'elles soient sans doute destinées à exercer des effets plus importants sur le développement de la physique et de la géométrie. D'un point de vue formel, la supergéométrie ne s'intéresse pas seulement aux fonctions ordinaires sur un espace, $\mathbb{R}^n$ par exemple, mais aussi aux fonctions anticommutatives, c'est-à-dire celles satisfaisant à la condition $fg = -gf$, ce qui entraîne, notamment, que $f^2 = 0$. Etant donné qu'il n'existe pas de nombres non nuls dont le carré soit nul, une telle fonction ne peut prendre des valeurs numériques ; son image naturelle est constituée par des algèbres introduites au XIXe siècle par Grassmann, remarquable mathématicien et sanskritiste. En physique, les algèbres de Grassmann ne sont apparues qu'après l'émergence de la théorie des quanta et du concept de spin, quand il s'est avéré qu'une description adéquate d'une collection de particules identiques de spins demi-entiers, comme les électrons, nécessitait l'introduction de variables anticommutatives.

La notion de soliton a résulté de la découverte de certaines solutions particulières d'équations décrivant la propagation d'ondes dans divers milieux – comme l'eau par exemple. Les équations d'onde classiques sont linéaires, c'est-à-dire qu'une somme de solutions et le produit d'une solution par un scalaire sont aussi des solutions. En d'autres termes, ces équations décrivent des ondes qui n'interagissent pas entre elles. Si l'on cherche à prendre en compte certaines propriétés des milieux réels comme la dispersion (relation non linéaire entre la fréquence et la longueur d'une onde élémentaire) ou la manière non linéaire dont la vitesse de l'onde dépend de son amplitude, l'image de l'interaction des perturbations ondulatoires à laquelle on est conduit devient beaucoup plus complexe que celle d'une simple superposition. Cela explique l'excitation considérable qui a suivi, dans les années soixante, la découverte par un groupe de physiciens et de mathématiciens américains d'une forme de « superposition non linéaire » de certaines ondes solitaires décrites par l'équation de Korteweg - de Vries (ces excitations solitaires furent d'abord le nom donné aux « solitons »). La hauteur d'une onde soliton est proportionnelle à sa vitesse. On peut donc essayer d'observer ce qui arrive à deux solitons qui se trouvent loin l'un de l'autre à un instant initial, lorsque le plus grand soliton se dirige vers le plus petit, et par conséquent le dépasse. On s'attendrait à ce qu'après la « collision » l'image de l'onde s'effondre, mais les expériences numériques montrent qu'il ne se passe rien de tel : après une période d'interaction, le plus grand des deux solitons « passe à travers le plus petit », puis les deux solitons s'écartent à nouveau l'un de l'autre, chacun conservant sa forme initiale. Une théorie mathématique exacte a été construite peu après cette découverte – elle corroborait la préservation de l'individualité des solitons après l'interaction, indépendamment de leur nombre initial.

Depuis cette époque, le nombre des équations d'ondes non linéaires qui se sont révélées posséder des propriétés analogues a suivi, avec le temps, une progression linéaire, et le nombre de publications consacrées à elles a cru, lui, exponentiellement. On a exprimé l'espoir que les excitations de type soliton fournissaient une image classique adéquate des particules élémentaires, ce qui ressuscite, à un niveau intellectuel différent, l'idée proposée il y a un siècle par Rankine et Thomson, selon laquelle les atomes seraient des « anneaux tourbillonaires du fluide fondamental [ou « éther »] ». Le point essentiel est que, contrairement aux équations de Maxwell, les équations qui conduisent aux connexions de Yang-Mills sont non linéaires.

À propos des découvreurs du soliton, voici une petite anecdote historique que le lecteur trouvera peut-être édifiante[26]. Diederik Johannes Korteweg, né en Hollande en 1848 et mort dans ce pays en 1941, était un scientifique connu. Plusieurs nécrologies ont donc été écrites à sa mémoire. Aucune ne mentionne son article, aujourd'hui célèbre, qui contenait la découverte du soliton. Celui-ci constituait en substance un fragment de la thèse de

26. Voir aussi, pour d'autres à-côtés intéressants, un article de F. van der Blij : « Some details of the history of the Korteweg-de Vries equation », in Nieuw Archief voor Wiskunde, 1978 (note du traducteur de l'édition américaine).

Gustav de Vries, rédigée sous la direction de Korteweg et soutenue le 1er décembre 1894. Quant à de Vries, il était professeur dans l'enseignement secondaire et l'on ne sait pratiquement rien de lui.

Ensembles, formules, et cerveau divisé

Quelle relation y a-t-il entre un texte mathématique et son contenu au large sens de ce mot (la multiplicité de ses possibles interprétations) ? Nous avons essayé de montrer qu'il fallait construire, en utilisant la théorie des ensembles, une image intermédiaire entre, par exemple, les équations de Maxwell et leur signification en termes de concepts physiques ; cette construction est un médiateur interprétatif, fonctionnellement similaire à la langue intermédiaire artificielle dont se servent les modèles linguistiques contemporains de traduction informatique. En réalité, une analyse attentive de la pensée scientifique nous permettrait de découvrir toute une hiérarchie d'intermédiaires langagiers qui prennent part à l'explication potentielle de concepts comme ceux de « nombre », de « photon » ou de « temps ». Cependant, la plupart de ces explications sont données sous une forme vague, obscure et incertaine, souvent accessible aux capacités cognitives individuelles mais ne se prêtant à la communication que dans les limites où notre langue naturelle peut être utilisée. La langue naturelle joue un rôle immense dans la découverte, la discussion et la sauvegarde de la connaissance scientifique, mais elle est très mal adaptée à la transmission exacte du contenu de cette connaissance, et spécialement à son traitement, qui constitue une part importante de la pensée scientifique. La langue naturelle remplit d'autres fonctions ; elle a d'autres vertus.

Le langage des mathématiques ensemblistes modernes peut revendiquer ce rôle d'intermédiaire langagier, en vertu de sa capacité unique à former des formes géométriques, spatiales et cinématiques, tout en fournissant un formalisme précis pour transcrire leur contenu mathématique. On a traité de naïve, avec une certaine ironie, la définition de Cantor d'un ensemble (citée plus haut), par rapport à la définition d'Euclide d'un point : « un lieu sans longueur ni largeur ». Cette critique témoigne de la non compréhension du fait que les concepts fondamentaux des mathématiques, qui ne sont pas réductibles, dans un système donné, à des concepts plus élémentaires, doivent nécessairement être introduits de deux manières : concrètement (naïvement) et formellement. Le but de la définition concrète est de créer une forme prototypique, pas encore complétement aboutie, et d'accommoder à une même échelle, d'accorder selon une même gamme, comme avec un diapason, des intelligences individuelles différentes. La définition formelle, elle, n'introduit pas vraiment un concept, mais plutôt un terme ; elle n'introduit pas l'idée d'« ensemble » dans notre structure mentale mais introduit plutôt le mot « ensemble » dans la structure des textes destinés à traiter des ensembles de façon recevable. Ces textes sont décrits par les règles qui permettent de les engendrer, à peu près comme les instructions en ALGOL décrivent des règles qui permettent de composer des programmes. En poussant l'idéalisation à la limite, la totalité des mathématiques peut être considérée comme la collection des textes potentiels grammaticalement corrects écrits en langage formel.

On trouve dans cette image une étrange esthétique de la laideur, qui attire beaucoup de gens. Elle est apparue dans les œuvres de penseurs qui ont réfléchi en profondeur à la façon de réconcilier la foi dans la vérité absolue des principes mathématiques avec les abstractions des ensembles infinis et des processus infinis de vérification utilisés pour introduire cette vérité. La conjecture initiale de David Hilbert affirmait que ces abstractions n'avaient pas besoin d'interprétations « plus ou moins physiques » et par conséquent sujettes à caution, et qu'elles pouvaient être considérées comme des faits purement linguistiques. L'« infini » n'est pas un phénomène – ce n'est qu'un mot, qui nous aide parfois à apprendre des vérités sur les choses finies. Nous avons déjà mentionné que Gödel avait montré par la suite qu'une telle notion linguistique de « vérité démontrable » était considérablement plus restrictive que la forme abstraite de vérité qui peut être développée en suivant l'idée de vérifications infinies.

Les aspects externes, scientifiques et appliqués (au sens large) de la connaissance mathématique, quand on les analyse d'un point de vue épistémologique, nous permettent de comprendre quelque chose de la création mathématique et de son lien dialectique avec la mise en garde de Gödel. Le choix d'une interprétation plus ou moins physique des énoncés formels, la foi en l'adéquation de cette interprétation avec ce qu'on sait de certains comportements des phénomènes physiques, nous permettent de conjecturer ou de postuler l'existence de vérités mathématiques qui ne sont pas accessibles à l'« intuition pure ». C'est en cela que réside la source de la possibilité d'élargir la base même de la connaissance mathématique. À un niveau moins général, il est devenu possible, depuis ces dernières années, de considérer la relation entre le symbolisme mathématique, la pensée non formelle et la perception de la nature, à partir des nouvelles connaissances dont nous disposons sur la structure et les fonctions du système nerveux central.

Le cerveau est composé de deux hémisphères, un gauche et un droit, qui sont connectés en chiasme avec les moitiés droite et gauche du corps. La connexion neuronale entre les deux hémisphères passe par le *corpus callosum* et les commissures. Dans la pratique neurochirurgicale, il existe une méthode de traitement des crises sévères d'épilepsie, qui consiste en la résection du *corpus callosum* et des commissures, ce qui coupe les connexions entre les hémisphères. On observe que les patients, après cette opération, ont « deux perceptions ». Les études menées sur ces patients, ainsi que sur des cas de traumatismes divers du cerveau, peuvent être résumées par cette formulation laconique du neuropsychiatre K. Pribram :

> Chez les droitiers l'hémisphère gauche traite l'information à peu près comme le fait un ordinateur ; tandis que les fonctions

de l'hémisphère droit suivent plutôt les principes des systèmes de traitement optique et holographique.

En particulier, l'hémisphère gauche contient des mécanismes génétiques prédéterminés destinés à la compréhension de la langue naturelle et, plus généralement, du symbolisme, de la logique, de la « ratio » latine ; l'hémisphère droit gère les formes, la perception globale (*gestalt*), l'intuition. Le fonctionnement normal de la conscience humaine fait sans cesse appel à une combinaison de ces deux composantes, dont l'une se manifeste parfois de façon plus évidente que l'autre. La découverte de leur base physiologique éclaire la nature et la typologie des divers intellects mathématiques, et même des diverses écoles travaillant sur les fondements des mathématiques. On peut supposer que les deux plus grandes intelligences mathématiques qui se sont penchées sur le berceau des mathématiques modernes, Newton et Leibniz, étaient, respectivement, du type cerveau droit et cerveau gauche. Nous devons à Newton l'invention de l'analyse mathématique et les premiers résultats fondamentaux de la physique mathématique : la loi universelle de la gravitation, ainsi que la dérivation des lois de Kepler et la théorie des marées qui en découle. De l'autre côté, Leibniz a inventé le calcul intégral et a introduit la notation symbolique, en particulier $\int y\,dx$, que nous utilisons encore aujourd'hui. Pour citer l'historien des mathématiques D. J. Struik, il fut l'« un des inventeurs les plus féconds de symboles mathématiques », et même sa version de l'analyse mathématique fut le résultat de sa recherche d'une langue universelle. Il est intéressant de noter que Newton qui n'échappa pas, lui non plus, à cet engouement de l'époque pour la langue universelle, n'inventa cependant pas le formalisme de l'analyse, et présentait ses démonstrations sous forme géométrique.

Si nous acceptons des notions modernes concernant l'asymétrie fonctionnelle du cerveau, nous pouvons imaginer que la théorie des ensembles est le plus court chemin permettant au mathématicien de parvenir à équilibrer correctement l'activité des deux hémisphères cérébraux. C'est ce qui explique l'efficacité remarquable de cette théorie.

En conclusion, j'aimerais citer les mots de I. A. Sokolyanski, qui a consacré sa vie à l'éducation des enfants aveugles sourds et muets. Ils sont extraits d'une lettre adressée à V. V. Ivanov dont le livre, *Pair et impair ; asymétrie du cerveau et des systèmes cognitifs* (Moscou, Radio Soviet, 1978 ; en russe) apportait l'information suivante :

Si les parties du système nerveux central d'un enfant sourd-muet qui contrôlent la perception visuelle du monde extérieur ne sont pas endommagées, on peut apprendre à l'enfant un langage, et même à « parler », et le complet développement de sa personnalité peut être assuré. Ce processus s'accomplit en plusieurs étapes. D'abord, l'enfant est soutenu par un contact permanent avec la mère ou une éducatrice, la tient par la main ou la jupe, marche à travers la maison, touche et sent les objets dont elle se sert, et sur cette base se compose un langage de gestes qui imite jusqu'à un certain point ses actions, ainsi que les propriétés des objets. Normalement, c'est là une fonction de l'hémisphère droit. Ce qu'a découvert Sokolyanski, c'est qu'au stade suivant, on peut apprendre à l'enfant à recoder le langage des gestes en un langage des doigts, si bien qu'un geste-hiéroglyphe est remplacé par un geste-mot. Le symbole de la traduction est un geste spécial analogue au signe égal des mathématiques : les deux paumes parallèles tendues en avant. La signification de ce recodage est que l'information est transmise à l'hémisphère gauche qui, puisqu'il est prédisposé à apprendre un langage discret et symbolique (pas nécessairement sonore !) se met à développer cette fonction pratiquement à la même vitesse qu'un enfant normal – la maîtrise du langage nécessite deux ou trois ans. La syntaxe de ce langage de l'hémisphère gauche est différente de la syntaxe du « monde réel » incorporée à l'hémisphère droit, et est plus ou moins identique à la syntaxe de la langue parlée naturelle. Néanmoins sa sémantique est apparemment plus restreinte, ou en tout cas pas équivalente à la sémantique de quelqu'un qui voit et qui entend. Comment explique-t-on ce que signifie « étoile » à quelqu'un qui ne verra jamais d'étoile ? Sokolyanski apporte une réponse remarquable :

> Le discours verbal, bien qu'il soit susceptible d'être maîtrisé par des personnes muettes, ne saurait en lui-même garantir à un aveugle muet un développement intellectuel qui irait jusqu'à refléter le monde physique extérieur tel qu'accessible à une personne normale. L'image authentique de ce monde ne peut se dévoiler qu'à un esprit mathématiquement éduqué...

Même ceux qui voient les étoiles se demandent ce qu'est une étoile, parce qu'il ne voient qu'avec les yeux, ce qui est encore bien peu de chose.

2. Quantités physiques, dimensions et constantes : la source des nombres en physique

> Tout le but de la physique est de trouver un nombre, avec ses décimales, etc. ! Sinon, on n'a rien fait.
>
> R. Feynman

C'est là une assertion exagérée. Le but principal des théories physiques est de comprendre. La capacité d'une théorie à trouver un nombre est simplement un critère utile de compréhension correcte. En physique, les nombres sont le plus souvent les valeurs de quantités qui décrivent les états des systèmes physiques. « Quantités » est le nom générique pour des abstractions comme la distance, le temps, l'énergie, l'action, la probabilité, la charge, etc. L'état d'un système est, lui, défini par les valeurs d'une collection suffisamment complète de quantités physiques, et il est parfaitement naturel de décrire un système en donnant l'ensemble de ses états possibles. On ne peut échapper à ce cercle vicieux si l'on s'en tient à des descriptions purement verbales. Mais il y a deux façons d'en sortir – opérationnelle, lorsque l'on explique comment mesurer la masse de la terre ou d'un électron, et mathématique, en proposant un modèle théorique pour un système ou une classe de systèmes, et en posant que la masse m est, disons, le coefficient de la formule de Newton $F = m\gamma$.

Les mathématiques substantielles, y compris les plus simples, liées aux quantités physiques, commencent par le rappel que les valeurs d'une quantité physique (plus précisément, d'une quantité scalaire réelle) peuvent être assimilées à des nombres *seulement après qu'on a choisi une unité de mesure et une origine de référence (un point zéro).* Il est sage de se retenir le plus longtemps possible d'introduire cet élément d'arbitraire. En fait, la plupart des lois physiques les plus fondamentales établissent que certaines quantités physiques possèdent des unités de mesure naturelles. C'est ce que nous allons voir plus en détails.

Le spectre d'une quantité scalaire

Le spectre d'une quantité est l'ensemble des valeurs que cette quantité peut prendre, qu'il s'agisse des divers états d'un système donné ou d'une classe donnée de systèmes, ou de « tous » les systèmes, ce que l'on précise selon les besoins. Le postulat mathématique de base, qui peut être considéré comme la définition d'une quantité scalaire dans les modèles théoriques, est que le spectre est toujours un sous-ensemble d'un espace affine unidimensionnel sur le corps des nombres réels. En d'autres termes, il appartient à une droite sur laquelle le 0 et le 1 ne sont pas indiqués ; si deux points sont marqués comme 0 et 1, alors le spectre devient l'ensemble des nombres réels. Il est essentiel de comprendre que parfois il n'est pas nécessaire de choisir arbitrairement ces deux points, qui sont définis par le spectre lui-même. Voici quelques exemples élémentaires :

(a) *Vitesse.* La plus petite vitesse (relative) est naturellement appelée « zéro ». Le second point spécifique sur le spectre des vitesses est c, la vitesse de la lumière. En ce qui concerne le spectre des vitesses, on suppose par convention, depuis l'invention de la théorie de la relativité restreinte, qu'il couvre tout l'intervalle entre 0 et c. Il est alors naturel de poser c comme unité de vitesse et de ramener toutes les vitesses au segment $[0,1]$; dans les notations les plus courantes, cela vaut pour le rapport v/c. Dans la vie ordinaire, nous avons rarement à faire avec des vitesses supérieures à $10^{-6}c$ sur cette échelle (la vitesse du son).

(b) *Action.* C'est peut-être la quantité la plus importante de toutes en physique théorique, et nous lui consacrerons un chapitre spécial. Elle prend ses valeurs dans les intervalles de l'histoire ou du chemin suivi par un système, et non dans les états instantanés. En physique classique elle détermine la dynamique, c'est-à-dire les intervalles du chemin physiquement possibles sur lesquels l'« action » prend les plus petites valeurs admissibles. Sur le spectre des actions, le zéro naturel est l'action de l'histoire « infinitésimale » du système. La limite supérieure du spectre de l'action est inconnue. Il se peut qu'elle existe dans un modèle cosmologique où cette limite sera l'action de l'Univers au cours de toute son histoire depuis le Big Bang jusqu'au grand effondrement, si ce dernier est prédit par le modèle.

Cependant, on connaît un autre point remarquable sur le spectre de l'action : la fameuse constante de Planck, h. À l'échelle humaine elle est extrêmement petite – l'action d'un stylo écrivant le mot « action » est de l'ordre de $10^{29}h$ à $10^{30}h$. En pratique, h indique le moment où l'on doit recourir à des modèles quantiques plutôt qu'à des modèles classiques. C'est le cas lorsque l'on s'intéresse aux détails de l'histoire d'un système pour lesquels les variations de l'action sont seulement de l'ordre de quelques h (cette condition n'est cependant ni nécessaire ni suffisante). En choisissant h comme unité d'action, on peut assimiler le spectre de la variable d'action à une demi-droite $[0,\infty[$ et le spectre des *variations* de l'action à la droite toute entière. Ainsi, le point h est-il « invisible » sur le spectre des actions, contrairement par exemple à la vitesse de la lumière c, extrémité droite du spectre des vitesses. C'est très étrange. Il existe néanmoins deux contextes dans lesquels h apparaît explicitement.

Le premier contexte est lié au spectre du spin, soit le moment angulaire interne des particules élémentaires. Le spin a la même dimension que l'action et consiste en multiples entiers de $\hbar/2 = h/4\pi$. Cela ne signifie-t-il pas que le spin est la véritable quantité fondamentale tandis que l'action n'est qu'un vestige de la physique classique ?

Le second contexte est celui du fameux principe d'incertitude de Heisenberg. Les modèles quantiques définissent une partition du système classique des quantités en paires conjuguées : (position, impulsion), (énergie, temps). Le produit des deux quantités d'une paire a la dimension d'une action. En langage commun, le principe d'incertitude affirme que les deux membres d'une paire de quantités conjuguées liées ne peuvent prendre en même temps une valeur exacte sur aucun état du système, le produit des « imprécisions » étant minoré par $\hbar/2$. Appliquant cette relation à l'énergie et au temps, nous obtenons formellement la relation $\Delta E \cdot \Delta t > \hbar/2$, dont la signification profonde a été discutée maintes fois dans la littérature physique. De notre point de vue, cette relation signifie que la notion d'un segment classique de l'histoire du système, sur lequel la variation de l'action serait inférieure à $\hbar/2$ est dépourvue de sens. Nous examinerons plus loin de façon plus détaillée la question difficile des significations comparées de quantités respectivement classiques et quantiques portant le même nom.

(c) *Masse.* Selon Newton, des valeurs de la masse inerte peuvent être assignées aux corps matériels stables. Les plus petits objets auxquels le concept de masse newtonienne s'applique encore sans réserve fondamentale sont l'électron et le proton. Ils nous fournissent deux points (autres que zéro) sur le spectre des masses, soit m_e et m_p. À échelle humaine, une masse typique peut être donnée en utilisant le nombre d'Avogadro : $6{,}02 \times 10^{23} m_p$. Le rapport $m_p/m_e \approx 1840$ est le seul nombre vraiment fondamental que nous ayons rencontré jusqu'ici, contrairement aux points du spectre qui, eux, ne sont pas à proprement parler des nombres.

D'autres particules élémentaires déterminent d'autres points sur le spectre des masses ; ayant mesuré ces masses nous obtenons un paquet de nombres qui appellent des explications théoriques.

(d) *Constante gravitationnelle.* Si deux masses ponctuelles m_1 et m_2 se trouvent à une distance r l'une de l'autre et sont attirées l'une vers l'autre par une force F résultant seulement de leur attraction gravitationnelle newtonienne, alors la quantité Fr^2/m_1m_2 ne dépend ni de m_1 ni de m_2 ni de r. Cette quantité a été découverte par Newton, et on la note G. Ce dernier exemple est plus compliqué conceptuellement que les précédents : pour introduire G nous devons faire intervenir explicitement une « loi physique ». Par ailleurs, nous avons ainsi obtenu un point d'un nouveau spectre, celui des constantes des interactions fondamentales, qui comprennent également les interactions électromagnétiques, ainsi que les interactions fortes et faibles.

Cependant il convient d'introduire, à ce point de la discussion, un autre grand groupe d'abstractions physiques.

Loi physique, dimension et similitudes

Pour les besoins de ce paragraphe, l'expression « loi physique » désignera le contenu de formules comme $F = m\gamma$, $F = Gm_1m_2/r^2$ (Newton), $E = h\nu$ (Planck), $E = mc^2$ (Einstein), etc. Une théorie physique, comme la mécanique de Newton ou la théorie électromagnétique de Maxwell, fait intervenir, dans son aspect mathématique, les données suivantes : (a) les quantités de base de la théorie, et (b) les lois de base qui les relient. De plus, dans son aspect opérationnel, une théorie se doit de décrire : (c) la situation physique à laquelle la théorie peut s'appliquer, et (d) les principes permettant de comparer les énoncés théoriques aux mesures et aux observations.

Seuls les deux premiers points nous intéressent ici. Connaissant les quantités et les lois qui les relient, nous pouvons construire une caractéristique mathématique fondamentale de toute théorie – son groupe D de dimensions. En langage mathématique, c'est un groupe abélien, qui peut être défini par des générateurs et des relations : les générateurs sont les quantités physiques de la théorie, et les relations sont déterminées par l'exigence que toutes les lois de la théorie soient homogènes. La classe d'une quantité du groupe D s'appelle la dimension de cette quantité. On peut choisir des quantités de base qui forment un système indépendant de générateurs dans le groupe D; les dimensions des autres quantités de la théorie peuvent être exprimées sous la forme de monomes formels en les quantités de base. Les unités des quantités de base déterminent les unités des autres quantités. Nous donnons là une présentation sommaire des principes qui sous-tendent une notation du genre de cm/sec^2. Notons qu'il y a des circonstances dans lesquelles l'introduction explicite du groupe D aide à élucider l'essence de la théorie.

Le groupe des dimensions de la mécanique newtonienne

Ce groupe est engendré par les dimensions de longueur L, de temps T et de masse M. La loi $F = m\gamma$ montre que, dans le groupe, la force a la dimension MLT^{-2}, tandis que l'énergie (la force multipliée par la longueur) a la dimension ML^2T^{-2} et l'action (l'énergie multipliée par le temps) la dimension ML^2T^{-1}.

Les progrès en physique s'accompagnent toujours de deux processus opposés : l'*agrandissement* du groupe D des dimensions en raison de la découverte de nouvelles sortes de quantités (l'électromagnétisme après Newton; ou encore de nouveaux nombres quantiques comme l'« étrangeté » et le « charme » de nos jours) et le *rétrécissement* du groupe, en raison de la découverte de nouvelles lois révélant des relations entre des dimensions jusque-là indépendantes.

Afin de mieux comprendre ce second processus, retournons à la constante gravitationnelle de Newton G. D'après nos règles, sa dimension est : force $\times$ (longueur)^2 $\times$ masse^{-2} $= M^{-1}L^3T^{-2}$.

Sa valeur numérique dépend donc du choix des unités de masse, de longueur et de temps. C'est une constante au sens où, une fois que nous avons choisi ces unités, la valeur numérique que nous obtenons en utilisant la formule Fr^2/m_1m_2 (où F, m_1, m_2 varient dans diverses expériences de type Eőtvős, ou bien sont calculées d'après des données astronomiques) ne dépend pas des quantités variables dans ces expériences : r, m_1, m_2.

Après avoir établi ce fait physique, nous pouvons nous en servir pour construire un plus petit groupe de dimensions D' pour la théorie « Mécanique newtonienne + Gravitation newtonienne ». Mathématiquement, ce groupe plus petit est le groupe quotient de D par le sous-groupe constitué de toutes les puissances de $M^{-1}L^3T^{-2}$. Pour les dimensions de base dans D', on peut prendre n'importe quelle paire (M, L), (M, T) ou (L, T) ; les dimensions restantes peuvent alors être exprimées à l'aide de cette paire et de la dimension G. Le nombre d'unités fondamentales pour D' se réduit à deux si nous prenons G comme unité de mesure de la dimension $M^{-1}L^3T^{-2}$. Cet exemple nous met aussi sous les yeux la signification physique des points remarquables du spectre : ce sont des points qui peuvent être reproduits dans une série d'expériences d'un certain type, destinées à isoler certaines interactions, certains types de systèmes, etc.

Invariance d'échelle

Le groupe D^* des similitudes, ou invariances scalaires, d'une théorie donnée, peut être défini du point de vue mathématique comme le groupe des caractères du groupe D des dimensions, c'est-à-dire comme le groupe des applications χ du groupe D vers les nombres réels positifs préservant la multiplication : $\chi(d_1d_2) = \chi(d_1)\chi(d_2)$ pour tout $d_1, d_2 \in D$. Ce groupe possède une signification physique immédiate : il montre dans quelle proportion on peut faire croître (ou diminuer) les caractéristiques d'un phénomène sans quitter le domaine d'applicabilité de la théorie. Si l'on connaît toutes les lois de la théorie, le groupe D^* se détermine trivialement. Mais l'utilité de D^* est que l'on peut parfois le conjecturer à partir de considérations physiques avant même que la forme exacte de ces lois ne soit connue. Ensuite, il s'avère que D^* transmet des informations importantes sur ces lois. Un exemple bien connu de découverte classique faite par ce moyen est la loi de Wien, $\varepsilon(\nu, T) = \nu^3 F(\nu/T)$, qui donne la capacitance radiative du corps noir en fonction de sa température. Elle correspond au caractère $\chi_a([\nu]) = a$, $\chi_a([\varepsilon]) = a^3$, $\chi_a([T]) = a$ dans le groupe D^*, où $[\varepsilon]$, $[\nu]$, $[T]$ sont les dimensions et a un nombre réel arbitraire. On peut aussi mentionner l'argument de Galilée sur la taille des créatures vivantes, ainsi que les nombreuses applications d'arguments d'invariance d'échelle dans les calculs d'hydrodynamique et d'aérodynamique.

Au niveau des théories fondamentales, le groupe D^* constitue l'exemple le plus simple d'un groupe de symétries. En physique des particules élémentaires et en théorie quantique des champs, ces groupes sont de plus en plus souvent considérés comme des lois physiques indépendantes de niveau supérieur, qui imposent des contraintes rigides au niveau inférieur, par exemple sur les lagrangiens. Les plus importants de ces groupes sont non commutatifs et complexes, comme les groupes unitaires $U(n)$, parce qu'en mécanique quantique les quantités de base habitent des espaces complexes de grandes dimensions et non plus des espaces réels unidimensionnels. Mais c'est déjà une autre histoire.

Les unités de Planck et le problème d'une théorie physique unifiée

En physique newtonienne, il n'existe pas d'unités naturelles en dehors de G. La vitesse de la lumière peut être déclarée unité naturelle seulement à l'intérieur d'une nouvelle théorie qui postule son rôle particulier en tant que limite supérieure (inatteignable) de la vitesse de propagation des corps matériels, ou de la vitesse (atteignable) de propagation des signaux, ou bien en tant qu'invariant par rapport à un changement de système inertiel de coordonnées, etc. De façon similaire, l'unité d'action $\hbar$ de Planck est devenue l'emblème d'une nouvelle théorie physique – la mécanique quantique.

Dans le groupe newtonien D, c et $\hbar$, comme G, ont des dimensions complétement déterminées : LT^{-1} pour c, ML^2T^{-1} pour $\hbar$. Après avoir choisi G, c et $\hbar$ comme unités de base pour les dimensions correspondantes, on découvre qu'il existe une échelle naturelle qui transforme en nombres réels les valeurs de *toutes* les quantités physiques classiques exprimables dans D, c'est-à-dire qu'il existe des unités naturelles pour toutes les quantités ! En fait, les dimensions $M^{-1}L^3T^{-2}$ (de G), LT^{-1} (de c) et ML^2T^{-1} (de $\hbar$) engendrent le groupe D tout entier ; pour être tout à fait précis, elles engendrent un sous-groupe d'indice 2.

En particulier les unités naturelles de longueur, de temps et de masse – les célèbres unités de Planck – sont :

$$L^* = (\hbar G/c^3)^{1/2} = 1{,}616 \times 10^{-33}\ \text{cm}\,;$$
$$T^* = (\hbar G/c^5)^{1/2} = 5{,}391 \times 10^{-44}\ \text{sec}\,;$$
$$M^* = (\hbar c/G)^{1/2} = 2{,}177 \times 10^{-5}\ \text{g}.$$

Le lecteur demandera peut-être : Pourquoi ne nous servons-nous pas des unités de Planck pour les mesures ? Réponse pragmatique : parce qu'elles fournissent une échelle complétement absurde. Le rayon de Bohr mesure $3{,}9 \times 10^{-11}$ cm : L^* est d'un ordre de grandeur 22 fois plus petit ! T^* est lui aussi d'un ordre de grandeur 22 fois plus petit que le temps nécessaire à la lumière pour franchir un rayon de Bohr. À côté de cela, M^* est la masse d'une particule macroscopique réelle contenant environ 10^{19} protons. L'unité de Planck de densité M^*/L^{*3} est égale à 5×10^{93} g/cm^3 ; nous ne pouvons rien imaginer dont la densité s'approcherait tant soit peu, dans quelque circonstance que ce soit, d'une densité pareille.

Réponse plus substantielle : en fait, nous ne possédons pas de théorie physique unifiée dans laquelle G, c et $\hbar$ apparaissent simultanément. Même les théories considérées comme les plus grandes réussites du XXe siècle ne combinent que des couples de ces constantes : la paire (G, c) pour la théorie de la relativité générale, et la paire $(c, \hbar)$ pour la théorie quantique des champs relativiste, qui n'est relativement complète que pour les interactions magnétiques. Les estimations concernant la création quantique de particules dans des champs de gravitation classiques très puissants, en particulier dans le voisinage de trous noirs de faible masse (S. Hawking), sont liées aux fragments d'une future théorie englobant $(G, c, \hbar)$. Tant qu'une théorie quantique complète de ce type n'existe pas, les unités de Planck demeureront les postes avancés isolés d'un vaste territoire non encore cartographié.

Il existe un autre point de vue sur cette étrange disparité des ordres de grandeur des unités de mesure entre elles et par rapport à des unités plus communes. Dans les équations fondamentales hypothétiques d'une théorie unifiée – la « théorie universelle du tout » (S. Lem) – les différents termes (désormais des nombres sans dimension !) prendront, grâce à cette disparité, des valeurs dont les grandeurs pourront être très différentes selon les échelles du domaine de l'espace (temps, impulsion, énergie) dans lequel les phénomènes à étudier sont situés. Les termes les plus petits peuvent être laissés de côté avec une erreur négligeable, conduisant ainsi à l'une des théories approximées possibles. Cela se produit aussi aux limites de l'applicabilité des modèles ordinaires que nous connaissons, lorsque nous décrivons le monde de façon classique à des échelles humaines (en supposant que $v/c = 0$ et que $\hbar/S = 0$, où v est une vitesse typique et S une action typique), ou quand nous négligeons la gravitation aux petites échelles, en posant que $G = 0$.

En réalité, cet argument, même s'il contient une once de vérité, est très naïf. Un réel changement de théorie ne consiste pas en un changement d'équations – c'est un changement de structure mathématique, et seuls des fragments des théories concurrentes, souvent pas ceux qui sont conceptuellement les plus importants, admettent des comparaisons, et ce dans un éventail limité de phénomènes. Le « potentiel gravitationnel newtonien » et la

« courbure de la métrique einsteinienne » décrivent des mondes différents dans des langages différents.

De plus, la vie – peut-être le plus intéressant de tous les phénomènes physiques – est brodée sur un canevas délicat fait de tout un jeu d'instabilités, où les moindres quanta d'énergie peuvent revêtir une énorme valeur informationnelle et où négliger les petits termes dans les équations signifie la mort.

La classification des constantes physiques

Résumons ce qui précède. Un ouvrage de référence, disons le *CRC Handbook of Chemistry and Physics*, comporte en l'occurrence 2 431 pages de textes et beaucoup de millions de nombres. Comment les *comprendre* ? Ces quantités peuvent être classées au moins en quatre types :

(a) *Unités naturelles de mesure* ou points remarquables des spectres. Ce ne sont pas des nombres mais des entités comme G, c, h, m_e, e (charge d'un électron). Il s'agit de caractéristiques de la taille de certains phénomènes qui peuvent être reproduits avec un grand degré de précision. Cela reflète le fait que la nature produit en grande quantité des situations élémentaires. La contemplation de la nature identique de chaque type de briques constitutives de l'Univers a conduit à des idées profondes, telles la statistique de Bose-Einstein et celle de Fermi-Dirac. L'idée fantastique de Wheeler que tous les électrons sont identiques parce qu'ils sont les sections transverses de l'unique ligne d'univers enchevêtrée d'un unique électron a conduit Feynman à une élégante simplification de la technique de calcul diagrammatique en théorie quantique des champs.

(b) *Constantes vraies, ou sans dimension.* Ce sont les rapports de divers points remarquables du spectre d'une quantité scalaire, par exemple les rapports des masses de particules électriques (nous avons déjà mentionné le rapport m_p/m_e). La découverte, par le biais d'une nouvelle loi, de l'identification de dimensions *a priori* différentes, c'est-à-dire la réduction du groupe des dimensions, a pour effet de combiner des spectres jusque là distincts, et de donner naissance à de nouveaux nombres, lesquels demandent explication.

Par exemple, les dimensions m_e, c, et $\hbar$ engendrent le groupe newtonien et par conséquent permettent d'exprimer les dimensions M, L et T avec des unités atomiques aussi naturelles que les unités de Planck. Ainsi, leur rapport aux unités de Planck requiert-il une explication théorique. Mais, comme nous l'avons déjà dit, cela reste impossible tant que nous ne possédons pas de théorie englobant le triplet $(G, c, \hbar)$. Cependant, même dans une théorie mettant en jeu le triplet $(m_e, c, \hbar)$ – à savoir l'électrodynamique quantique – il y a une constante non dimensionnelle à laquelle celle-ci doit en un sens son existence même. Si nous plaçons deux électrons à une distance $\hbar / m_e c$ (ce qu'on appelle la longueur d'onde Compton de l'électron) et mesurons le rapport entre l'énergie de leur répulsion électrostatique et l'énergie $m_e c^2$, équivalente à la masse au repos d'un électron, nous obtenons le nombre $\alpha = 7{,}2972 \times 10^{-3} \approx 1/137$. Autrement dit la fameuse « constante de structure fine ».

L'électrodynamique quantique décrit en particulier des processus qui ne préservent pas le nombre de particules ; ainsi le vide peut-il engendrer une paire électron-positron qui s'annihilent mutuellement. Etant donné que l'énergie nécessaire à la création d'une telle paire (qui n'est pas moindre que $2m_e c^2$) est 100 fois plus grande que l'énergie caractéristique de l'interaction coulombienne (du fait de la valeur de α), il est possible de mettre en place une théorie des perturbations effective dans laquelle les corrections radiatives ne sont pas complétement négligées, sans non plus « gâcher » totalement la vie des théoriciens. Cela dit, il n'existe aucune explication théorique de la valeur de la constante α.

Les mathématiciens ont leurs propres spectres remarquables : les spectres de divers opérateurs linéaires (par exemple les générateurs de groupes de Lie simples dans des représentations irréductibles, les volumes des domaines fondamentaux, les dimensions d'espaces d'homologie ou cohomologie, etc.). Mettre en correpondance les spectres des mathématiciens et ceux des physiciens ouvre un large champ d'action à une fantaisie débridée. Nous avons plutôt besoin de principes qui permettent de circonscrire les choix possibles. Revenons cependant aux constantes.

Une grande partie des tables de quantités physiques est occupée par des informations du type suivant :

(c) *Coefficients de conversion d'une échelle à une autre*, par exemple pour passer des échelles atomiques à des échelles « humaines ». Parmi ces constantes figure le nombre d'Avogadro mentionné plus haut, $N_0 = 6{,}02 \times 10^{23}$, qui correspond en substance à l'expression d'un gramme en « masses de protons », même si la définition traditionnelle est un peu différente ; et aussi des choses comme l'expression des années-lumière en kilomètres. Pour les mathématiciens, l'aspect le plus désagréable est, bien sûr, que ces coefficients permettent les conversions à partir d'un ensemble d'unités physiquement dénuées de sens vers un autre ensemble tout aussi dépourvu de sens : on passe en quelque sorte des coudées aux pieds, ou des degrés Réaumur aux degrés Fahrenheit. En termes humains, ce sont parfois des nombres essentiels ; comme Winnie l'ourson le fait remarquer avec philosophie :

> Mais quel que soit son poids en livres, shillings et onces
> Il semble bien plus gros du fait de ses grands bonds.

(d) « *Spectres diffus* ». Ils caractérisent des matériaux (pas des éléments ni de purs composés, mais des marques industrielles ordinaires d'acier, d'aluminium, de cuivre), des données astronomiques (la masse du soleil, le diamètre de la Voie Lactée...) et bien d'autres choses encore. Contrairement à ce qui se passe avec les électrons, la nature produit des roches, des planètes, des galaxies, sans se soucier de créer une exacte similitude ; toutefois, leurs caractéristiques varient à l'intérieur de limites assez bien définies. Les explications théoriques qu'on donne de ces « zones autorisées », quand elles sont connues, sont souvent intéressantes et instructives.

V. Weisskopf a rassemblé une série de telles explications dans son excellent article : « Une présentation élémentaire de la physique contemporaine » (Rapport CERN, 1970–8). Voici un exemple de raisonnement physique extrait de cette publication, dans lequel tous nos héros principaux jouent un rôle : « Les hauteurs des montagnes en termes de constantes fondamentales ». Considérons la question suivante : la montagne la plus haute du monde, le Chomolungma (l'Everest), a environ 10 km de haut ; pourquoi n'y a-t-il pas de montagnes plus hautes ? Il se fait que même sans prendre en considération les mécanismes géologiques comme l'érosion et les intempéries, la hauteur d'une montagne terrestre est limitée à quelques dizaines de kilomètres en raison des dimensions concrètes de la Terre et de la valeur des constantes fondamentales. Le raisonnement de Weisskopf est le suivant : une montagne de trop grande hauteur ne peut pas exister en raison de la liquéfaction de sa partie inférieure sous la pression de sa partie supérieure. Un calcul de la hauteur à laquelle la pression est presque suffisante pour provoquer la liquéfaction conduit à l'estimation suivante :

$$\gamma \frac{\alpha a_0}{\alpha_G} \cdot \frac{1}{N^{1/3}} \cdot \frac{1}{A^{5/3}} \approx 40\,\text{km},$$

où $\gamma = 0{,}02$ est la température de fusion (qui peut être estimée entièrement en termes des constantes fondamentales) ; α est la constante de structure fine, $\alpha_G = Gm_p^2/\hbar c$; $N \approx 3 \times 10^{51}$ est le nombre de protons et de neutrons de la Terre ; $A \approx 60$ est le poids atomique moyen de la matière dans une montagne. Dans cette estimation, seul le nombre N n'est pas fondamental. Mais même sa place à lui dans le spectre diffus des masses de la planète est circonscrite par les constantes fondamentales. En recourant à des estimations très grossières, Weisskopf montre que N ne peut excéder 10^{53}, sans quoi la matière de la planète ne pourrait exister sous forme d'atomes non ionisés. Enfin, on peut donner une borne inférieure pour N en posant comme condition que la hauteur des montagnes sur une planète ne soit pas supérieure au rayon de la planète, c'est-à-dire que la planète soit approximativement sphérique : on ne pourrait pas, sinon, distinguer les montagnes en tant que telles ! Cette estimation permet également d'estimer la taille des grands astéroïdes.

3. Une goutte de lait : observateur et observation, observable et inobservable

> ... qu'observerait-on (sinon avec les yeux réels, du moins avec ceux de l'esprit) si un aigle, porté par la force du vent, laissait tomber une pierre de ses serres ?
>
> G. Galilée

Les yeux bien réels de mes contemporains ont observé, sur les écrans des bandes d'actualités et sur des milliers de dessins d'enfants, la trajectoire du vol d'une bombe lorsque la trappe d'un bombardier s'ouvre dans un ciel enfumé ; j'en ai moi-même dessiné. Tâchons d'oublier cela et de regarder le monde avec les yeux de l'esprit, comme notre immortel contemporain Galileo Galilei enseignait à le faire au bien nommé Simplicio.

Systèmes isolés

Parmi toutes les abstractions de la physique classique, l'une des plus importantes est l'idée d'un système isolé, ou clos. Il s'agit d'une partie de l'Univers dont l'évolution, pendant une certaine période de son existence, est déterminée seulement par des lois internes. Soit le monde extérieur n'interagit pas du tout avec le système, soit, dans certains modèles, cette interaction est incorporée de façon sommaire au système, à l'aide de diverses notions : contraintes, champ externe, thermostat, etc. (nous avons donc utilisé les mots « isolés » et « fermés » dans un sens plus large qu'on ne le fait d'habitude ; cette notion d'isolement se réfère ici plutôt au modèle mathématique). Il n'y a pas de boucle de rétroaction ou, s'il y en a une, on la supprime artificiellement. Le monde est divisé en parties, modules et assemblages, comme dans les spécifications destinées à l'industrie. De fait, c'est là l'idéologie non seulement de l'Homo Sapiens, mais aussi de l'Homo Faber. Une fois compris le fonctionnement des écrous et des engrenages de la grande machine du monde, il est possible de les assembler et de les monter dans un ordre différent. C'est ainsi que sont construits un arc, un métier à tisser ou une puce électronique.

Pour le mathématicien, un système isolé se compose (a) de son espace des phases, c'est-à-dire de l'ensemble des possibles états instantanés du mouvement du système ; (b) de l'ensemble des courbes de l'espace des phases qui décrivent toutes les histoires possibles du système, c'est-à-dire la séquence des états traversés par le système au cours du temps. La première de ces données est d'ordre cinématique, et la seconde d'ordre dynamique. Il est important de distinguer l'état d'un système de l'état de son mouvement : le premier est traditionnellement donné par des coordonnées, le second par des coordonnées et des vitesses. Quand on connaît seulement les coordonnées, on ne peut pas prédire le mouvement ultérieur du système, ce qui devient possible si l'on connaît à la fois les coordonnées et les vitesses. Le présupposé qu'un système clos peut être décrit à l'aide d'un espace des phases approprié et d'un système de courbes dans cet espace (l'ensemble étant souvent appelé *portrait de phase* du système) constitue le contenu mathématique du principe classique du déterminisme.

L'un des plus célèbres paradoxes de Zénon d'Élée peut s'interpréter comme une première approche de la compréhension du rôle de l'espace des phases : à chaque instant, une flèche en vol et une flèche immobile sont situées à la place où elles se trouvent; qu'est-ce alors qui distingue le vol de l'immobilité? Réponse : la place apparente de la flèche n'est que la projection, sur l'espace des positions, de sa « vraie » place dans l'espace des couples (position, vecteur vitesse).

Un système clos classique est totalement isolé du monde extérieur, par conséquent aussi de tout observateur extérieur ainsi que de l'effet qu'un tel observateur pourrait exercer sur lui. Une observation n'est pas une interaction. L'observation est l'expérience de pensée la plus importante qui puisse être effectuée sur le système, et son premier objectif est de localiser le système dans son espace des phases. La réciproque vaut aussi : l'espace des phases est l'ensemble de tous les résultats possibles d'observations instantanées et complètes. Une observation complète permet de calculer l'évolution totale d'un système classique; l'existence d'observations complètes est une autre forme du postulat déterministe. L'évolution est l'ensemble des résultats des observations à tous les instants du temps. La possibilité d'une observation mentale sans interaction est confirmée lorsqu'on considère les différentes méthodes d'observation qui approximent la réalité, et dans lesquelles l'interaction fait partie du protocole d'observation mais peut être rendue aussi petite qu'on veut, ou bien prise en compte dans les calculs, autrement dit est contrôlable. En substance, on considère un système isolé S comme une partie d'un système plus grand (S, T) dans lequel il est inclus. Une observation correspond à un acte d'interaction faible entre S et T, qui interrompt à peine l'évolution de S (il peut se faire que l'interaction soit activée un bref instant, puis coupée). Il est d'une importance capitale que l'idée abstraite d'observation conceptuelle abstraite puisse alors être appliquée à la combinaison (S, T) sans influer sur l'évolution du système combiné. De plus, nous supposons que S peut devenir pour un court instant une partie de (S, T) sans perdre son individualité, c'est-à-dire de manière réversible. C'est là un postulat très naturel pour l'homme, dont le principal moyen d'observation est la vue. Les interactions électromagnétiques sont si faibles qu'à toutes les échelles, de l'échelle cosmique à l'échelle humaine, le fait de « donner un coup d'œil » à un système n'agit aucunement sur lui.

Les « yeux de l'esprit » doivent être capables de voir dans l'espace des phases de la mécanique, dans l'espace des événements élémentaires de la théorie des probabilités, dans l'espace-temps courbe à quatre dimensions de la relativité générale, dans l'espace projectif complexe de dimension infinie de la théorie quantique. Pour saisir véritablement ce qui est visible aux « yeux réels », il faut comprendre en premier lieu qu'il est alors seulement question de la projection sur la rétine d'un monde de dimension infinie. L'image de la caverne de Platon me semble la meilleure métaphore de la structure de la connaissance scientifique contemporaine : nous ne voyons en réalité que les ombres, l'ombre étant la meilleure métaphore pour une projection.

Il est psychologiquement très difficile à un être humain de transcender les limites de l'espace ordinaire à trois dimensions. Mais nous nous fourvoyons si nous essayons maladroitement de décrire les degrés internes de liberté quantique comme la « valeur de la projection du spin sur l'axe des *z* », parce qu'un vecteur de spin se trouve dans un espace complétement différent de l'axe des *z*. Il ne faut pas oublier que même la tridimensionnalité du monde a été reconnue avec difficulté – ce sont les artistes de la Renaissance qui nous l'ont enseignée. Uccello a cessé toute activité pendant dix ans à seule fin d'étudier la perspective. Les mathématiques contemporaines constituent, entre autres, un entraînement rigoureux à la perspective multidimensionnelle, en suivant un programme unifié. À en croire les neuropsychologues, au cours de cet entraînement les cerveaux droit et gauche se comportent comme l'aveugle et le guide cul-de-jatte qu'il porte sur le dos.

Classiquement, un observateur est en général représenté par un système de coordonnées dans les espaces fondamentaux de la théorie. Une unité de mesure détermine une coordonnée dans le spectre de la quantité qu'on est en train de mesurer. Une fois ces unités choisies, les fonctions des coordonnées, c'est-à-dire les observables, permettent d'identifier l'espace des positions et les espaces des phases, ou des parties de ces derniers, à des sous-ensembles des ensembles $\mathbb{R}^n$ et $\mathbb{C}^n$ des mathématiciens. Une théorie comportant des observables est bonne si elle décrit à la fois les concepts et leurs « ombres » observables. Elle est mauvaise lorsqu'il s'avère plus simple, plus instructif et plus direct de séparer explicitement et le plus tôt possible l'observé de l'observateur, en considérant leurs relations mutuelles comme un nouvel objet d'étude.

Selon Newton et Euler, la couleur est la composition spectrale de la radiation lumineuse dans la bande des longueurs d'ondes autour d'un demi-micron ; selon Goethe, la couleur est ce que nous voyons. Il est frappant de constater à quel point ces deux conceptions se refusent à une comparaison directe – on ne peut les relier que par une théorie physiologique compliquée de la vision des couleurs. L'artiste Goethe ne pouvait admettre de ne pas prendre en compte l'observateur, dans la mesure où son système de valeurs tout entier ne pouvait exister sans l'idée de la participation humaine à la mesure des choses. On peut dire bien des choses en faveur de ce point de vue. On peut en dire aussi beaucoup contre lui : le meilleur moyen de se trouver soi-même est souvent de se détourner de soi. On a fait appel à la théorie newtonienne de la lumière – et à toutes les théories physiques ultérieures – pour expliquer ce qu'est la lumière, indépendamment du fait qu'elle peut être vue. Pour Goethe, le fait principal est qu'elle puisse être vue. Et il s'avère une fois de plus que, comme toujours, le visible doit être expliqué dans les termes de l'invisible.

> Tous les mouvements qu'on observe chez un corps céleste ne sont pas les siens mais ceux de la Terre. (Copernic, 1515)

Depuis cette phrase, qui a mis la Terre en mouvement, toutes les théories ultérieures basées uniquement sur la notion d'« observable » sont devenues archaïques avant même leur naissance.

L'observateur classique vit dans un monde à échelle humaine, ce qui fait que la notion d'observateur classique se transforme naturellement lorsqu'on passe à des échelles cosmologiques ou microscopiques. Pour les phénomènes astronomiques, la distance, le temps, l'énergie et le mouvement sont si grands que l'hypothèse que l'observateur n'influence pas les événements semble acceptable sans autre forme de procès. Ce sont d'autres problèmes d'observation qui viennent au premier plan. Deux d'entre eux peuvent être résumés brièvement sous forme de questions : L'Univers peut-il être considéré comme un système clos ? Quelle doit être notre attitude face à une théorie qui décrit des phénomènes qu'il est impossible d'observer, soit en raison de leurs effets destructeurs sur l'observateur, soit parce que pour certaines régions de l'espace-temps l'observation est fondamentalement exclue (températures des étoiles, masses, pressions et champs gravitationnels des trous noirs, conditions du Big Bang) ?

Les principes mêmes de la description des systèmes clos se fondent sur l'hypothèse que de tels systèmes peuvent être reproduits – l'espace des phases d'un système est une réalisation de l'idée que différents états et différents chemins d'évolution sont possibles. Comment réconcilier cette idée avec l'unicité de l'évolution que nous transmettent les observations effectuées sur le système ? La réponse se trouve bien entendu dans la notion d'interaction locale des « parties du monde » entre elles, ainsi que dans l'identité essentielle des lois physiques qui régissent les différentes parties. Dans les modèles les plus simples et les plus fondamentaux de l'Univers (modèle de Friedmann, modèle d'Einstein-de Sitter) intervient l'idée d'homogénéité, qui se manifeste par l'existence d'un groupe important de symétries dans le modèle mathématique correspondant. Dans tous les modèles cosmologiques on retrouve au premier plan l'idée de modélisation d'un système clos. En décrivant un système isolé, non seulement nous imaginons qu'il n'interagit pas avec le monde extérieur, mais nous simplifions aussi beaucoup sa structure interne en ignorant de nombreux détails « insignifiants ». Quand ce « système isolé » se trouve être l'Univers, tout ce qui est associé, même de loin, à notre vie quotidienne, rétrécit jusqu'au rang de « détail insignifiant ». Dans un modèle cosmologique de l'Univers ne subsiste pas la moindre trace de ce qui nous est familier.

En dépit de cela, ou peut-être grâce à cela, un article de physique peut commencer par la phrase suivante : « Nous serions heureux que Cygne X-1 se révèle être un trou noir » (*Uspekhi Fisitcheskikh Nauk,* 1978, p. 515). Nous avons acquis une certaine connaissance du monde, parce que nous éprouvons de la joie à le connaître de mieux en mieux.

Les principes de la description quantique

Un observateur idéal du macrocosme ne saurait le modifier, tandis que même un observateur idéal du microcosme le modifie fatalement. Force traités de mécanique quantique expliquent ce fait, qui semble pourtant mal compris. La mécanique quantique ne nous donne pas seulement de nouveaux modèles mathématiques des phénomènes ; elle nous fournit un nouveau modèle de relation entre description et phénomène. En particulier, plusieurs caractéristiques de ces modèles s'expliquent dans le langage commun si l'on affine la notion d'« inobservabilité ». Ce mot est protéiforme dans ses diverses significations, nuances et inflections ; ainsi la phase de la fonction psi est inobservable, de même qu'un photon virtuel, la couleur d'un quark, la différence entre des particules identiques, et bien d'autres choses encore. Essayons maintenant de regarder la géométrie de la mécanique quantique avec les « yeux de l'esprit ».

Espace des phases

L'espace des phases d'un système quantique fermé est un ensemble de droites (sous-espaces unidimensionnels) dans un espace vectoriel complexe $\mathcal{H}$ muni d'un produit scalaire. Par ce postulat nous exprimons : (a) le principe de la superposition linéaire ; (b) le principe de l'« inobservabilité de la phase ». Au lieu d'utiliser une droite entière de $\mathcal{H}$ pour décrire l'état du système, nous considérons en général un vecteur de cette droite, défini à multiplication près par un nombre complexe. Même si nous normalisons le vecteur en posant comme condition que sa longueur soit égale à un, il reste encore un élément d'arbitraire dans le choix d'un facteur $e^{i\theta}$. Ce θ représente la « phase inobservable ».

Courbes de phases

Afin de les décrire, nous devons expliquer comment chaque droite de $\mathcal{H}$ varie avec le temps au cours de l'évolution d'un système isolé. La description standard est la suivante :

(a) Dans $\mathcal{H}$, il existe N droites mutuellement orthogonales qui ne varient pas du tout ; elles correspondent aux états stationnaires du système (ici, N est la dimension de $\mathcal{H}$; pour simplifier, nous nous bornons à un cas de dimension finie, comme au premier chapitre.)

(b) À chaque état stationnaire ψ_j correspond une quantité E_j, qui a la dimension d'une énergie et qui est appelée niveau d'énergie de l'état stationnaire correspondant.

Si au temps zéro le système se trouve dans l'état $\sum a_j\psi_j$, alors au temps t il se trouvera dans l'état $\psi(t) = \sum a_j\psi_j e^{E_jt/i\hbar}$. Notons que E_jt a la dimension d'une action et se mesure naturellement en unités de Planck $\hbar$. Comme $e^{Et/i\hbar} = \cos(Et/\hbar) + i\sin(Et/\hbar)$, chaque terme de la somme est périodique par rapport au temps, et décrit essentiellement un mouvement circulaire à vitesse angulaire constante. La somme représente donc des rotations autour de N axes à des vitesses différentes. Les trajectoires de mouvements bidimensionnels de ce type conduisent aux fameuses courbes de Lissajous ; autre image tirée de l'histoire de la science antique : les épicycles de Ptolémée, qui mènent également à une somme de mouvements circulaires. Chaque coordonnée du vecteur $\psi(t)$ subit avec le temps des oscillations fréquentes et extrêmement irrégulières ; même le graphe de la simple fonction $\sum_{n=1}^{10} \cos(n^2 t)$ a l'allure d'un sismogramme. Il est commode d'écrire $\psi(t)$ sous la forme $e^{-iS(t)}\psi(0)$, où $S(t)$ est l'opérateur linéaire « action pendant l'intervalle de temps $[0, t]$ ».

Observation : fours, filtres et sauts quantiques

L'idéalisation classique d'un observateur capable d'enregistrer les positions instantanées d'un système sur sa courbe de phases est remplacée par un système de concepts radicalement nouveau. Nous ne leur donnerons pas tout de suite leurs noms couramment acceptés, pour ne pas créer d'illusions chez le lecteur. En ce qui concerne le lien entre le schéma décrit ci-dessus et la réalité, une présupposition hautement idéalisée est que pour tout état $\psi \in \mathcal{H}$, il est possible de fabriquer un appareil physique (un « four ») A_ψ, qui produise le système dans l'état ψ. De plus, pour chaque état $\chi \in \mathcal{H}$, on peut fabriquer un appareil (un « filtre ») B_χ dans lequel le système entre dans l'état ψ, et à la sortie duquel il peut soit être détecté dans l'état χ, soit ne pas être détecté du tout (le « système ne passe pas à travers le filtre »).

En plus du principe de superposition et de la loi d'évolution, le troisième postulat de base de la mécanique quantique est le suivant : la probabilité qu'un système préparé dans l'état ψ et qui immédiatement après est passé par le filtre B_χ, se trouve dans l'état χ, est égale au carré du cosinus de l'angle entre les droites de $\mathcal{H}$ portées par ψ et χ. S'il s'écoule un temps t entre la préparation du système dans l'état ψ et son admission à traverser le filtre B_χ, alors la probabilité sera égale au carré de l'angle entre $e^{-iS(t)}\psi$ et χ.

On peut interpréter ce postulat comme suit. Tant qu'on ne fait rien au système, il se meut selon sa courbe de phases. Mais dès qu'il rencontre un filtre qui ne produit que des systèmes dans l'état χ, son vecteur d'état se modifie en faisant un saut – soit il effectue une rotation ayant pour amplitude l'angle entre ψ et χ et le système passe alors à travers le filtre, soit le filtre le bloque. Un système qui est passé par le filtre B_χ ne se souvient pas de l'état dans lequel il se trouvait avant d'avoir touché le filtre – l'état χ aurait pu être obtenu à partir d'absolument n'importe quel état (sauf ceux strictement orthogonaux à χ).

Si ψ et χ sont de longueur unité, alors la « probabilité de transition » de ψ à χ est notée $|\langle\chi|\psi\rangle|^2$ et le produit scalaire $\langle\chi|\psi\rangle$ s'appelle l'amplitude de transition. Étant donné que les phases de χ et de ψ sont indéterminées, l'argument du nombre complexe $\langle\chi|\psi\rangle$ l'est aussi ; seule la différence entre les arguments de $\langle\chi_1|\psi\rangle$ et de $\langle\chi_2|\psi\rangle$ – disons – possède une signification univoque. Le carré du module de la somme de deux nombres complexes ne dépend pas seulement des nombres eux-mêmes, mais aussi de l'angle qu'ils forment, c'est-à-dire de la différence de leurs arguments. De cette propriété résulte l'« interférence des amplitudes ».

L'interaction entre un système ψ et un filtre B_χ est un cas particulier de ce qu'on appelle en mécanique quantique une observation ou une mesure. En généralisant ce schéma on peut supposer que le système rencontre un système de filtres $B_{\chi_1}, \ldots, B_{\chi_N}$ où $\chi_1, \ldots, \chi_N$ sont un ensemble complet de vecteurs de base orthogonaux ; ces filtres sont à imaginer comme disposés « en parallèle » (au sens qu'a ce mot pour les circuits électriques), de sorte que le système peut se retrouver dans un état χ_j après être passé par n'importe quel filtre. À cet ensemble de filtres on associe la représentation d'une quantité physique B qui prend les valeurs $b_1, \ldots, b_N$ dans les états correspondants $\chi_1, \ldots, \chi_N$; nous disons que l'acte de mesure ou l'observation attribue à B la valeur b_j dans l'état ψ si ψ est passé à travers le filtre B_{χ_j}. Mathématiquement parlant, les systèmes de filtres $\{B_{\chi_j}\}$ ou la quantité B sont représentés par un opérateur linéaire $\mathcal{H} \to \mathcal{H}$ qui, pour tout j, envoie le vecteur χ_j sur le vecteur $b_j\chi_j$. Tous ces opérateurs linéaires, qui effectuent une dilatation de $\mathcal{H}$ en respectant les N directions mutuellement orthogonales (avec des coefficients réels), sont appelés des observables.

Pour illustrer ce qui précède, voici une description idéalisée de l'expérience de Stern et Gerlach sur la mesure quantique du moment angulaire (spin) d'ions d'argent. L'espace de Hilbert $\mathcal{H}$ correspondant aux degrés de liberté de spin de ce système est bidimensionnel. On vaporise de l'argent dans un four électrique ; les ions sont collimatés (alignés) à l'aide d'un petit trou percé dans un écran, et l'on fait passer le faisceau ainsi obtenu entre les pôles d'un aimant produisant un champ magnétique inhomogène. Les ions du faisceau initial se trouvent dans tous les états de spin possibles, mais après passage à travers le champ magnétique ils ont tendance à se rassembler (« collapse ») dans l'un des deux états stationnaires χ_+ et χ_- ; ces derniers sont traditionnellements dits « de spin $\frac{1}{2}$ » et « de spin $-\frac{1}{2}$ ». Lorsque le rayon quitte la région du champ, ces états sont séparés spatialement en raison de l'inhomogénéité du champ magnétique. Le faisceau est ainsi divisé en deux moitiés, et le champ magnétique a agi comme un système de filtres.

Nous voyons donc qu'une « observation » quantique, dans son essence même, n'a rien de commun avec une observation classique parce que : (a) l'« acte d'observer » fait presque inévitablement dévier le système de sa trajectoire de phases ; (b) au mieux, l'acte d'« observer » permet d'enregistrer la nouvelle position du système sur la courbe de phases, mais pas la position qu'il avait jusqu'au moment de l'observation, position dont la mémoire s'est perdue ; (c) la nouvelle position du système n'est déterminée que statistiquement par l'ancienne position ; (d) parmi les « observables » quantiques il y a des quantités physiques (qui en réalité jouent un rôle fondamental) qui ne correspondent à aucune observable classique.

Une comparaison entre les valeurs des observables quantiques et classiques ne peut être que très indirecte. Par exemple, on peut associer à une observable quantique B sa valeur moyenne

$\hat{B}_\psi$ sur l'état ψ (au sens d'une moyenne statistique). Si ψ est normalisé, cette valeur est égale à $\langle\psi|B|\psi\rangle$, où le lecteur peut considérer ce dernier symbole simplement comme une nouvelle notation. La valeur moyenne $\Delta\hat{B}_\psi = \sqrt{[B - \hat{B}^2_\psi]^\vee_\psi}$ mesure alors la variance des valeurs de B relativement à sa valeur moyenne $\hat{B}_\psi$ dans l'état ψ.

Si maintenant B et C sont deux quantités observables, soit $[B, C] = \frac{1}{i}(BC - CB)$. On montre alors que le « théorème de Pythagore » appliqué dans l'espace $\mathcal{H}$ fournit l'inégalité

$$\Delta\hat{B}_\psi \cdot \Delta\hat{C}_\psi \geq \frac{1}{2}|[B, C]^\vee_\psi|,$$

qui est l'expression mathématique du principe d'incertitude de Heisenberg. Il est très souvent appliqué à des paires d'observables B, C pour lesquelles $[B, C]$ se réduit à une multiplication par $\hbar$. L'inégalité prend alors une forme plus familière : $\Delta\hat{B} \cdot \Delta\hat{C} \geq \hbar/2$, indépendante de ψ.

Notons que si $\mathcal{H}$ est de dimension finie, il n'existe pas de tels couples d'observables. Le principe d'incertitude est d'ordinaire appliqué aux analogues quantiques de couples d'observables classiques, comme une coordonnée et la projection du moment sur l'axe correspondant, ou encore l'énergie et le temps.

Combinaison de systèmes quantiques

En parlant des observations classiques nous avons signalé que si l'on tâche d'obtenir une description détaillée, il est nécessaire d'inclure le système observable S dans un système élargi (S, T). On est ainsi amené à penser que les propriétés inhabituelles des observations quantiques seront mieux comprises dès lors qu'on examine les principes d'une description quantique d'un système combiné.

Le postulat de mécanique quantique lié à cela affirme que l'espace d'état $\mathcal{H}_{S,T}$ du système combiné est un certain sous-espace du produit tensoriel $\mathcal{H}_S \otimes \mathcal{H}_T$ (si S et T sont de dimensions infinies, ce produit doit être complété ; nous négligeons ici ces « détails »). Des postulats supplémentaires permettent de déterminer quel sous-espace de $\mathcal{H}_S \otimes \mathcal{H}_T$ doit être choisi. Pour l'instant, considérons le cas $H_{S,T} = \mathcal{H}_S \otimes \mathcal{H}_T$. La formulation mathématique elle-même met déjà en lumière la possibilité de connexions absolument non classiques entre les « parties » S et T du système combiné. En fait, pour l'écrasante majorité des états du système (S, T) il s'avère impossible d'indiquer l'état dans lequel S et T se trouvent « séparément », si bien que la notion de « partie » n'a qu'un sens très limité. En réalité, $\mathcal{H}_S \otimes \mathcal{H}_T$ contient bien des états décomposables $\psi_S \otimes \psi_T$, où $\psi_S \in \mathcal{H}_S$ et $\psi_T \in \mathcal{H}_T$. Lorsque le système (S, T) se trouve dans l'un de ces états décomposables, il est raisonnable de dire qu'il se compose de S dans l'état ψ_S et de T dans l'état ψ_T. Mais déjà pour l'état $\psi_S \otimes \psi_T + \psi'_S \otimes \psi'_T$ une telle assertion devient intenable. Cependant, le principe de superposition nous permet de construire un grand nombre de tels états $\sum_i \psi_S^{(i)} \otimes \psi_T^{(i)}$. L'ensemble des vecteurs d'états décomposables est de dimension $m + n$, et l'ensemble des vecteurs de tous les états est de dimension mn, m et n étant les dimensions respectives de $\mathcal{H}_S$ et $\mathcal{H}_T$; « presque tous » les états du système (S, T) sont donc indécomposables, autrement dit dans l'écrasante majorité des états du système total (S, T), les sous-systèmes S et T n'existent que « virtuellement ».

Il est fréquent que ce type de connexion non classique entre les parties d'un système combiné ou complexe ne puisse pas être expliqué à partir de l'idée classique que la connexion entre les diverses parties d'un système s'effectue à travers un échange d'énergie entre eux. En fait, dans le cas fondamental où deux systèmes identiques S et T sont combinés, en général l'espace des phases du système combiné ne comporte pas même un seul état décomposable.

Soit S une particule élémentaire fermionique, un électron par exemple, et soit T une autre particule du même type. Alors $\mathcal{H}_{S,T}$ est le sous-espace du produit tensoriel $\mathcal{H}_S \otimes \mathcal{H}_T = \mathcal{H}_T \otimes \mathcal{H}_S$, constitué des vecteurs qui changent de signe quand on intervertit S et T – ce sont des combinaisons linéaires des vecteurs du type $\psi_1 \otimes \psi_2 - \psi_2 \otimes \psi_1$. Il est alors facile de voir que tout état du système des deux électrons est indécomposable. En particulier, il n'existe pas de vecteurs de la forme $\psi \otimes \psi$ dans l'espace des phases ; en présentation vulgarisée, on dira que deux électrons ne peuvent pas se trouver dans le même état. C'est la raison pour laquelle il existe des atomes stables et, en dernière analyse, c'est ce qui permet l'existence du monde matériel qui entoure les humains. Cependant, dans une présentation vulgarisée, il est presque impossible d'expliquer ce que sont les « états quasiment décomposables » $\psi_1 \otimes \psi_2 - \psi_2 \otimes \psi_1$. On peut dire que l'un des deux électrons se trouve dans l'état ψ_1 tandis que l'autre est dans l'état ψ_2, mais il est impossible de préciser lequel des deux se trouve dans quel état.

La langue naturelle nous place dans une position encore plus désespérée lorsqu'il s'agit d'exprimer la différence qui sépare deux *fermions* identiques et deux *bosons* identiques, pour lesquels l'espace des phases $\mathcal{H}_{(S,S)}$ consiste au contraire dans les vecteurs de $\mathcal{H}_S \otimes \mathcal{H}_S$ qui sont symétriques par rapport à la permutation des deux facteurs. C'est-à-dire qu'on tente alors d'expliquer qu'il est possible que deux systèmes soient « différents mais indiscernables », et ce de deux façons différentes ; or déjà l'indiscernabilité envisagée d'une seule de ces deux façons a causé jadis bien des difficultés à la philosophie.

C'est là une bonne occasion pour une digression à propos de la « langue naturelle ». En réalité, l'idée que nous nous faisons des physiques « classique » et « non classique » est liée de très près à l'idée que nous nous faisons de ce qui peut ou ne peut pas être exprimé adéquatement par des mots simples. L'affaire n'a rien d'anodin. Non seulement le vulgarisateur, mais également le physicien au travail, essaie tout d'abord d'expliquer un phénomène, une loi ou un principe nouveau d'une manière « brute de décoffrage ». Il faut reconnaître qu'une telle explication a aussi sa place. Elle tente : (a) de nommer et de faire venir à l'esprit le fragment correspondant d'une théorie exacte (avec formules mathématiques, structures, etc.) à peu près de la même façon que le code d'une commande en ALGOL déclenche le processus d'exécution de la commande, ce qui constitue aussi son sens ; (b) de déclencher un processus d'associations libres, c'est-à-dire d'aider à découvrir que quelque chose est semblable à quelque chose d'autre ; (c) de créer dans le cerveau, sur tel ou tel sujet, une structure faite de notions intuitives dont le but n'est pas d'en remplacer la connaissance précise, mais plutôt de former des principes de jugements de valeur et de faciliter des estimations rapides – de nous aider à voir quoi chercher ensuite, quelle direction explorer, ce qui est démontrable et ce qui ne l'est pas (c'est notamment ce qui rend la vulgarisation précieuse pour les spécialistes d'une autre discipline).

Il importe d'insister à nouveau sur le point suivant : la signification d'une description verbale d'un fragment de physique ne correspond pas, en général, à une articulation de phénomènes naturels, mais plutôt à un fragment de théorie dont la sémantique est, à son tour, explicitée par d'autres fragments de la théorie, des prescriptions opérationnelles, etc. Néanmoins, le désir compulsif d'interpréter directement des expressions verbales peut se révéler très fécond. C'est comme cela qu'on a découvert les quarks : quand il s'est avéré que l'espace de certains degrés internes de liberté d'un hadron se scinde en produit tensoriel de trois sous-espaces, il était tentant de considérer ces trois sous-espaces comme les degrés internes de liberté de trois nouvelles particules qui composeraient ledit hadron. Ces particules sont les quarks u, d, s, lesquels « ont été découverts mais ne sont pas détectés à l'état libre ».

Revenant au problème des observations quantiques, nous sommes amenés à la conclusion que leur modèle mathématique est non classique, d'abord parce que ce n'est là qu'une version grossière d'un modèle beaucoup plus compliqué dont le but est d'expliquer l'interaction entre un système et un autre système conçu comme un « dispositif de mesure ». Quand nous avons, pour commencer, examiné la question de l'appareil mathématique de la mécanique quantique, nous avons particulièrement insisté sur le fait que le dispositif est macroscopique, et qu'il n'y pas le moindre espoir de disposer d'une théorie quantique complète qui rende compte du processus de son interaction avec le système. Nous sommes donc contraints de remplacer le dispositif par l'opérateur linéaire de l'observable correspondante. Par conséquent, la logique de la description mathématique nous conduit aux considérations suivantes, qui, prises ensembles, sont quasiment contradictoires. Pour autant que la notion abstraite d'un système quantique isolé soit valable, nous avons besoin d'une seule « observable », à savoir l'opérateur d'énergie, pour le décrire. Néanmoins il ne faut pas associer cette observable à l'idée de mesurer l'énergie, puisque cet acte de « mesure » nécessite une extension du système. La localisation d'un système dans son espace des phases peut aussi s'effectuer grâce à la « mesure » d'autres observables, mais ces dernières constituent des modèles grossiers d'une combinaison qui est, elle, inaccessible à une description complète (système + dispositif + opérateur d'énergie du système / dispositif). Après interaction avec le dispositif de mesure il se peut que le système perde son individualité, et qu'ainsi l'idée qu'il commence une nouvelle vie en un point d'une nouvelle courbe de phases perde tout sens. Enfin, dans la mesure où même avant son interaction avec le dispositif de mesure le système faisait partie de quelque chose de plus grand, il est fort probable qu'à aucun moment il n'est doué de l'individualité nécessaire pour en donner un modèle adéquat. Il semble donc qu'il n'existe pas de système clos plus petit que l'Univers tout entier.

Après cela, il est miraculeux que nos modèles décrivent quoi que ce soit de façon satisfaisante. En fait, il décrivent correctement pas mal de choses : nous observons ce qu'ils avaient prédit, et nous comprenons ce que nous observons. Cependant, ce dernier acte d'observation et de compréhension se dérobe toujours à une description *physique*.

À la fin des années soixante on a inventé pour les appareils photos des obturateurs optiques qui permettent un temps d'exposition de seulement 10 picosecondes. Durant ce temps extraordinairement court, un rayon de lumière parcourt une distance de 2,2 mm dans l'eau, et l'on peut ainsi obtenir une photographie d'une brève impulsion laser pendant sa traversée d'une bouteille. Aux Laboratoires de la Bell Telephone Company, qui ont été les premiers à réaliser ce genre de photographies, on ajoutait à l'eau une goutte de lait, afin d'augmenter la dispersion de la lumière et rendre plus brillante la trace de l'impulsion laser. Cette goutte de lait constitue un symbole de l'implication de l'homme dans un Univers où il est impossible de n'être qu'un observateur.

4. L'espace-temps comme système physique

> Je ne définis pas le temps, ni l'espace, ni le lieu, ni le mouvement, car ils sont bien connus de tous.
>
> I. Newton

> ... le temps et l'espace sont des modes selon lesquels nous pensons et non des conditions dans lesquelles nous vivons.
>
> A. Einstein

Nous nous percevons nous-mêmes comme localisés dans l'espace et persistant dans le temps ; en dernière analyse, presque tous les schémas de la physique moderne décrivent des événements qui se produisent dans l'arène de l'espace-temps. Néanmoins, depuis l'invention de la théorie de la relativité générale et de la mécanique quantique, on a de plus en plus tendance à considérer ce dernier comme un système physique à part entière. Les principes de description de l'espace-temps restent les principes classiques. Pourtant, les difficultés que rencontre la théorie quantique des champs semblent indiquer une contradiction entre ces principes et les lois quantiques universelles.

La principale image mathématique de l'espace-temps est celle d'une variété spatio-temporelle différentiable à quatre dimensions, que par commodité nous appellerons l'Univers. Un point de cet Univers est une idéalisation d'un événement très « bref » et très « petit », comme un flash, ou comme l'émission ou l'absorption d'un photon par un atome. De plus, un point de l'Univers est seulement un événement *potentiel* ; un tel point est « préparé à accueillir » un événement mais il « existe » avec ou sans cet événement. Le modèle d'un événement concentré dans une petite région de l'espace mais se prolongeant un certain temps, comme la vie d'un observateur, d'une étoile ou même d'une galaxie, est celui d'une courbe dans l'espace-temps, appelée ligne d'univers ou encore histoire de l'événement. Il est extrêmement important d'apprendre à imaginer l'Univers du *devenir* comme un Univers du *devenu*, c'est-à-dire d'imaginer l'histoire entière de l'Univers, ou une grande partie de celle-ci, comme une forme complète à quatre dimensions, un peu comme le « tao » de l'antique philosophie chinoise.

Le pas suivant consiste dans l'introduction d'une dynamique temporelle. Il s'effectue comme suit. On commence par définir dans l'Univers la distance spatio-temporelle entre deux points voisins $x^\alpha = (x^0, x^1, x^2, x^3)$ et $x^\alpha + dx^\alpha = (x^0 + dx^0, \ldots, x^3 + dx^3)$. Son carré $ds^2 = \sum g_{\alpha\beta} dx^\alpha dx^\beta$ est une forme quadratique en les différences des coordonnées de ces points voisins. Ici, x^α est un système local arbitraire de coordonnées. Un observateur classique, avec son petit laboratoire pourvu de règles graduées et d'horloges, peut établir un tel système local de coordonnées, dans lequel $x_0 = ct, x_1, x_2, x_3$ sont des coordonnées cartésiennes dans l'espace physique de l'observateur, tandis que t est enregistré sur son horloge. La métrique, dans un voisinage de l'observateur, est proche de celle de Minkowski, à savoir $dx_0^2 - (dx_1^2 + dx_2^2 + dx_3^2)$. Si nous imaginons l'Univers comme peuplé par des observateurs dont les différents domaines propres de coordonnées ressemblent à des cartes qui couvrent l'ensemble de l'Univers, alors les coordonnées des événements doivent être recalculées lorsqu'on passe d'un observateur à un autre. Cependant l'intervalle d'espace-temps entre deux points (infiniment) voisins, même calculé par des observateurs différents, restera le même. On utilise ensuite la vitesse de la lumière c pour convertir des unités temporelles en unités spatiales ; c'est dans ces unités que le temps est mesuré. La ligne d'univers d'un observateur définit son propre courant temporel : l'horloge atomique de l'observateur égrène les valeurs de l'intégrale $\int \sqrt{ds^2}$ le long de cette ligne d'univers, autrement dit calcule sa longueur. Dans l'Univers il n'existe pas de « temps commun » qui ait une signification physique (bien qu'on puisse en introduire un dans certains modèles d'Univers). Il n'est nullement surprenant que dans l'Univers deux courbes ayant même début et même fin puissent être de longueurs différentes ; c'est déjà le cas dans le plan euclidien. Par conséquent, il n'est pas étonnant que deux observateurs qui synchronisent leurs montres puis s'en vont chacun de leur côté, découvrent que leurs montres n'indiquent pas la même heure lorsqu'ils se retrouvent. Le phénomène suivant est moins familier : si par deux points de l'espace-temps on peut faire passer la ligne d'univers d'un observateur, parmi ces lignes il en existe une plus longue que toutes les autres, mais pas de plus courte (dans l'espace euclidien, c'est précisément l'inverse qui est vrai). C'est là une propriété spécifique de la métrique de Minkowski, liée au fait qu'elle n'est pas définie positive : le carré de l'intervalle entre des points distincts peut être positif, négatif ou nul.

Les observateurs dont les lignes d'univers sont les plus longues, c'est-à-dire dont le cours du temps propre est le plus rapide, sont dits « inertes ». Du point de vue de la théorie de la relativité générale, ils se trouvent en chute libre dans un champ gravitationnel. Leurs lignes d'univers sont des « géodésiques du genre temps ». Dans l'Univers, la seconde classe importante de courbes est celle des trajectoires de particules se déplaçant à la vitesse de la lumière, comme les neutrinos. Le long de ces courbes-là, l'intervalle d'espace-temps s'annule identiquement et le « temps s'arrête », du moins si la particule est sans masse, comme on le pensait jusque récemment. La géométrie de telles « géodésiques du genre espace » détermine ce qu'un observateur peut observer et, plus généralement, quels événements de l'Univers peuvent influencer quels autres. En particulier, c'est dans les termes de cette géométrie qu'il est possible de donner une formulation précise du postulat qu'aucun signal ne peut se propager plus vite que la lumière.

L'Univers de Minkowski

L'exemple concret d'Univers le plus simple et le plus important est l'Univers plat de Minkowski. Il constitue une bonne image locale de la plupart des autres Univers en la plupart de leurs points. Dans cet Univers il y a un observateur inerte dont le système de coordonnées (x^α) couvre l'Univers entier et possède une métrique donnée identiquement par la formule $(dx^0)^2 - ((dx^1)^2 + (dx^2)^2 + (dx^3)^2)$. Fixons une origine de référence, autrement dit un point sur la ligne d'Univers de cet observateur. L'Univers de Minkowski $\mathcal{M}$ devient un espace vectoriel muni du système de coordonnées que nous avons choisi, et sa structure d'espace vectoriel ne dépend pas, en fait, de l'observateur inerte, moyennant une translation de l'origine de référence. Par conséquent les concepts de ligne, de plan et de sous-espace tridimensionnel possèdent chacun une signification absolue dans $\mathcal{M}$. Les transformations linéaires de $\mathcal{M}$ qui préservent la métrique de Minkowski forment le groupe de Poincaré, et le sous-groupe de celles qui fixent une origine des coordonnées forment le groupe de Lorenz. Ce sont les groupes de symétrie de base de toute la physique ; plus précisément, ce sont les groupes de symétrie de base des lois physiques : aucun des points de l'Univers de Minkowski et aucun des systèmes de coordonnées des différents observateurs n'est privilégié par rapport aux autres ; toutes les formulations en coordonnées d'une même loi doivent être équivalentes.

L'ensemble des points situés à une distance nulle de l'origine de référence P forme le cône de lumière C_P, d'équation $(x^0)^2 - (x^1)^2 - (x^2)^2 - (x^3)^2 = 0$. Les géodésiques de genre temps qui passent par P sont des droites qui se trouvent à l'intérieur de C_P, et les géodésiques de genre espace des droites qui se trouvent sur le cône C_P lui-même, c'est-à-dire que ce sont les génératrices de ce cône. Celui-ci se compose de deux moitiés, un « cône passé » et un « cône futur ». Le temps, le long d'une géodésique temporelle, s'écoule de la moitié passée vers la moitié future. La distinction entre les deux moitiés de C_P dépend continûment de P, ce qui exprime *l'existence d'une flèche du temps* valable dans tout l'Univers de Minkowski, *en dépit de l'absence d'un temps unique.*

Un point P muni d'un vecteur unité tangent de genre temps en P constitue le modèle d'un « observateur instantané » dans l'Univers de Minkowski. Le vecteur indique la direction du temps individuel de l'observateur. Le sous-espace de $\mathcal{M}$ orthogonal à ce vecteur est un modèle de l'espace physique à trois dimensions de l'observateur instantané. Sa métrique (avec des signes inversés) est obtenue par restriction de la métrique de Minkowski. Les espaces physiques associés à deux observateurs instantanés différents sont différents, même si ces observateurs sont situés au même point de $\mathcal{M}$. Leur intersection avec le ruban d'Univers d'une règle graduée par exemple, se fait selon des angles différents. Dans certaines approximations cette intersection constitue la forme observable instantanée de cette règle. Par conséquent elle peut avoir des longueurs différentes pour des observateurs différents – les coordonnées d'espace et de temps peuvent se compenser mutuellement.

Comment alors imaginer l'observation d'un objet éloigné, d'une étoile par exemple, dans l'Unives de Minkowski ? Supposons que l'observateur se déplace sur la ligne d'Univers P et que l'étoile se déplace sur sa ligne à elle, soit S. On commence par se représenter la moitié passée $C^+_{P_0}$ du cône de lumière en P_0, où P_0 est un point de la trajectoire P. Il « balaie » une certaine partie de $\mathcal{M}$, un domaine d'Univers qu'un observateur peut effectivement observer. En un point P_0, l'observateur voit l'étoile au point d'intersection de S avec $C^+_{P_0}$ par l'intermédiaire du rayon de lumière joignant $S \cap C^+_{P_0}$ et P_0. Mais il nous reste à trouver le moyen de déterminer la position visible de l'étoile dans le ciel de l'observateur. Le problème est que son ciel « se trouve dans son espace physique E_{P_0} » et non dans l'Univers de Minkowski $\mathcal{M}$, tandis que la position de l'étoile est donnée par un rayon lumineux de E_{P_0}. Afin de trouver ce rayon, nous devons projeter un rayon de $\mathcal{M}$ – la demi-trajectoire partant de P_0 et passant par $S \cap C^+_{P_0}$ – sur l'espace physique E_{P_0}. Cette projection est orthogonale, selon la métrique de Minkowski bien entendu.

Ainsi, il est commode de distinguer le « ciel absolu » au point P_0 – base de la moitié « passé » du cône de lumière – du ciel d'un observateur instantané en ce point – c'est-à-dire de la projection du ciel absolu dans l'espace physique de cet observateur. En cosmographie classique, on peut imaginer le ciel comme une sphère cristalline de rayon indéterminé ; les distances angulaires sont définies entre les points du ciel, et la géométrie du ciel est la même que celle d'une sphère rigide. Mais les distances angulaires entre les étoiles seront différentes pour un autre observateur ; si l'on vole à grande vitesse en direction de la constellation d'Orion, on la voit se ratatiner, tandis que l'hémisphère céleste opposé semble s'étirer (les astronomes appellent cela « aberration »). Ainsi, la structure mathématique du « ciel absolu » n'est pas la même que celle d'une sphère euclidienne : dans le ciel absolu la valeur des distances angulaires n'est pas indépendante de l'observateur. Une étude détaillée montre que la structure naturelle du ciel absolu est celle de la sphère complexe de Riemann, autrement dit le plan des nombres complexes étendu par l'ajout d'un point à l'infini, lequel est traité exactement de la même façon que les points finis. Plus précisément, la sphère de Riemann est l'ensemble des sous-espaces vectoriels unidimensionnels dans un espace vectoriel complexe bidimensionnel ; ce qui équivaut à dire que c'est la droite projective complexe $\mathbb{CP}^1$. En particulier, les coordonnées naturelles d'une étoile dans le ciel sont des nombres complexes. Une fois choisies trois étoiles de référence auxquelles on assigne les coordonnées 0, 1, ∞, il existe une procédure simple qui permet, sur la base des observations, d'associer à n'importe quelle quatrième étoile un nombre complexe z qui, lui, est indépendant de l'observateur.

Si, au lieu d'attribuer les coordonnées 0, 1, ∞ à des étoiles de référence, on les attribue à trois points du ciel reliés par trois axes orthogonaux du système de coordonnées spatiales d'un observateur, alors, bien sûr, les coordonnées complexes z et z' de la même étoile peuvent être différentes pour différents observateurs situés en un point donné du Monde, mais elles sont toujours reliées par une transformation du type linéaire fractionnelle du type $z' = (az + b)/(cz + d)$ où a, b, c, d sont des nombres complexes indépendants de l'étoile, et tels que $ad - bc = 1$. La matrice $\left(\begin{smallmatrix} a & b \\ c & d \end{smallmatrix}\right)$ de déterminant 1 est une représentation rarement utilisée des transformations de Lorentz reliant deux systèmes inertiels de coordonnées en un même point de l'Univers. Pourtant, en physique moderne, cette représentation du groupe de Lorentz est bien plus fondamentale que les matrices 4×4 de transition habituelles.

L'Univers courbe

Les modèles d'Univers plus généraux diffèrent de celui de Minkowski à plusieurs égards. Premièrement, il n'est pas possible de réduire la métrique à la forme $(dx^0)^2 - (dx^1)^2 - (dx^2)^2 - (dx^3)^2$, même localement, dans le système de coordonnées d'un observateur inertiel. Deuxièmement, il se peut qu'il n'existe pas de système global de coordonnées du tout. Troisièmement, la métrique d'univers et l'histoire de la matière et des champs dans cet univers ne sont pas indépendantes : la courbure de la métrique est déterminée par la matière et, à son tour, la métrique impose de fortes restrictions sur les histoires possibles de la matière ; ces contraintes sont décrites par les équations d'Einstein.

Géométriquement, on peut appréhender les caractères typiques d'une courbe d'Univers en étudiant le comportement possible des géodésiques de genre temps voisines (point de vue local) ainsi que des cônes de lumière voisins (point de vue global). Nous allons tâcher de donner une description en langage ordinaire des effets d'une courbure très forte, ce qui amène à la notion de trou noir. Imaginons la ligne d'univers S d'un point de masse m. On lui associe la longueur spécifique d'un intervalle spatio-temporel $2Gm/c^2$ – appelé rayon de Schwarzschild. Les points de l'Univers qui se trouvent à une distance de genre temps de S inférieure ou égale au rayon de Schwarzschild forment le tube de Schwarzschild $\bar{S}$ autour de S. Loin de ce tube, l'Univers est presque plat, du moins si l'on néglige l'influence du reste de la matière. Mais à l'intérieur de ce tube, l'Univers est tellement courbe que pour tout point $P_0 \in \bar{S}$ la moitié future du cône de lumière C_{P_0} se trouve toute entière à l'intérieur du tube de Schwarzschild. Le champ gravitationnel de la masse m ne libère pas les photons émis à l'intérieur de $\bar{S}$. Cependant la moitié passée $C^+_{P_0}$ ne se trouve pas nécessairement dans $\bar{S}$ – le tube de Schwarzschild peut *absorber* une radiation extérieure.

Considérons maintenant un modèle plus réaliste, dans lequel la masse m est concentrée dans un domaine fini dont le rayon peut être plus grand que le rayon de Schwarzschild. Par exemple la Terre a un rayon de Schwarzschild d'environ 1cm, tandis que celui du Soleil est d'environ 3 km. Dans ce cas-là, le tube de Schwarzschild ne possède pas de signification physique particulière. Mais, au cours de son évolution, une étoile de masse suffisamment importante peut s'effondrer sous l'influence de sa propre gravitation, si bien qu'en un point K_0 de la ligne d'univers de son centre, le rayon de l'étoile devient comparable au rayon de Schwarzschild, puis continue à diminuer. Le segment du tube de Schwarzschild issu du point K_0 constituera alors un domaine de l'espace-temps inaccessible à un observateur extérieur. La représentation quadridimensionnelle de ce que voit un observateur sera approximativement la suivante : en tout point d'observation, la moitié passée du cône de lumière de l'observateur croise le tube de monde d'une étoile, mais cette intersection se produit toujours avant le point K_0. En d'autres termes le temps local à l'extrémité d'un rayon de lumière perçu par l'observateur tend vers l'infini, tandis que le temps local le long de la ligne d'univers de l'étoile émettant ce rayon tendra vers une limite finie, correspondant à K_0 (rappelons que le temps local est la longueur de la ligne d'univers correspondante). Selon l'horloge de l'observateur, l'effondrement dure infiniment longtemps.

Répétons une fois encore que l'image quadridimensionnelle est liée à l'image visible dans le ciel de l'observateur. Dans un univers courbe une étape supplémentaire s'ajoute au processus déjà complexe de traduction, étape qui consiste en la construction d'un Univers plat tangent à l'Univers courbe au point où se trouve l'observateur instantané. Pour obtenir l'image visible d'une étoile S dans son ciel à lui, l'observateur devra : a) construire dans l'Univers quadridimensionnel courbe la géodésique du genre espace incidente joignant sa position d'observateur à la ligne d'univers de l'étoile ; b) construire la demi-droite tangente à cette géodésique dans l'Univers plat tangent à l'Univers courbe au point où se trouve l'observateur ; c) tracer la tangente à la ligne d'univers de l'observateur dans ce même Univers plat ; d) construire l'espace physique instantané de l'observateur dans cet Univers plat ; e) projeter sur cet espace la tangente au rayon lumineux provenant de l'étoile.

C'est ainsi que les « ombres des idées » se meuvent sur la paroi de la Caverne.

Spineurs, twisteurs et Univers complexe

Si l'on adopte l'idée qu'un point de l'espace-temps constitue une idéalisation de la notion classique de « plus petit événement possible », alors on est inévitablement amené, au fur et à mesure que la connaissance de tels événements progresse, à la nécessité de considérer d'autres modèles géométriques. Par exemple, l'acte d'absorber un photon est loin d'être complétement caractérisé par l'indication du point de l'Univers auquel cette absorption se produit – il faut aussi indiquer l'énergie et la polarité du photon. La position d'un électron sur sa trajectoire ne détermine pas non plus complétement son état – la direction de son spin doit être indiquée.

Même si la polarité et le spin sont tous deux des degrés internes de liberté qui relèvent de la mécanique quantique, il est remarquable que leur description géométrique soit incluse de façon très naturelle dans la géométrie de l'Univers. Plus précisément, la valeur de la polarité ou du spin en un point de l'Univers est donnée par une droite dans un espace complexe bidimensionnel, ou encore par un point sur la sphère de Riemann $\mathbb{CP}^1$. Cette sphère de Riemann s'identifie elle-même naturellement au ciel absolu de ce point, lequel ciel, comme expliqué plus haut, est lui aussi une sphère de Riemann. Par conséquent, pour tout Univers $\mathcal{M}$ nous pouvons considérer un Univers élargi $\overline{\mathcal{M}}$ dont les points sont définis par des paires (un point de $\mathcal{M}$, un point du ciel absolu au-dessus de ce point de $\mathcal{M}$). La projection naturelle $\overline{\mathcal{M}} \to \mathcal{M}$ fait de $\overline{\mathcal{M}}$ un fibré au-dessus de $\mathcal{M}$, de fibre $\mathbb{CP}^1$. Si nous remplaçons chaque exemplaire de $\mathbb{CP}^1$ par l'espace complexe bidimensionnel dont $\mathbb{CP}^1$ est l'espace des droites, nous sommes amenés au fameux espace de spineurs de Dirac.

La ligne d'univers d'une particule de spin $\frac{1}{2}$, un électron par exemple, est représentée naturellement par une ligne dans $\overline{\mathcal{M}}$ plutôt que dans $\mathcal{M}$. Les rayons de lumière se relèvent aussi naturellement vers $\overline{\mathcal{M}}$: en chaque point un rayon détermine un point sur le ciel correspondant – le point vers lequel il se dirige : l'ensemble de ces paires de points dans $\overline{\mathcal{M}}$ constitue le relèvement de ce rayon.

Roger Penrose a suggéré d'étudier l'espace remarquable H obtenu en contractant chaque rayon de $\overline{\mathcal{M}}$ en un point. Mathématiquement, H est l'espace-quotient de $\overline{\mathcal{M}}$ par la relation d'équivalence définie par les droites de $\overline{\mathcal{M}}$. Afin de mieux comprendre la construction de H, analysons le cas où $\mathcal{M}$ est l'Univers plat de Minkowski. Tout point de $\overline{\mathcal{M}}$ se trouve alors précisément sur un rayon (contrairement à ce qui se passe dans $\mathcal{M}$), et chaque rayon, soit ne coupe pas un ciel donné, soit le coupe en un point unique. Par conséquent, chaque ciel $\mathbb{CP}^1$ est plongé dans H sans auto-intersection, et il n'existe pas non plus d'intersection entre deux ciels différents. L'espace le plus simple dans lequel il est possible de tracer un grand nombre de droites complexes est le plan projectif complexe $\mathbb{CP}^2$. Cependant, celui-ci ne peut être candidat au rôle de H, car deux droites quelconques de $\mathbb{CP}^2$ s'intersectent. En fait, H se trouve dans $\mathbb{CP}^3$, l'espace projectif complexe tridimensionnel, l'espace des « twisteurs projectifs ». Il est vrai cependant que les ciels situés au-dessus des points de l'Univers de Minkowski ne constituent pas *toutes* les lignes de $\mathbb{CP}^3$, mais seulement une partie d'entre elles, tracées sur une hypersurface de dimension réelle 5 ($\mathbb{CP}^3$ lui-même étant de dimension 6). Il est très utile d'introduire des points « idéaux » supplémentaires appartenant à l'Univers plat $\mathcal{M}$, dont les ciels correspondent aux droites manquantes de $\mathbb{CP}^3$. On obtient ainsi l'espace-temps complexe compact de Penrose, noté $\mathbb{C}\mathcal{M}$; les coordonnées de ses points sont des nombres complexes arbitraires ; de plus, on a aussi un cône lumineux complexe « à l'infini ».

Une construction aussi abstraite peut-elle avoir un lien quelconque avec la physique ? Il semble que la réponse doive être positive. L'une des raisons en est la découverte relativement récente d'une analogie entre la théorie quantique des champs et la physique statistique. Si dans les formules de base de la première on remplace la coordonnée *ict*, purement imaginaire, par une coordonnée réelle, alors *grosso modo* ces formules se transforment en les formules de base de la physique statistique, le rôle d'*ict* étant joué par l'inverse de la température.

Géométriquement, ce remplacement correspond à une transition de l'Univers de Minkowski, dont la métrique est indéfinie, vers un Univers euclidien à quatre dimensions, dont la métrique est définie par la « somme des carrés ». Par bonheur cet Univers s'insère dans $\mathbb{C}\mathcal{M}$; il suffit pour cela de faire subir à l'axe du temps dans $\mathcal{M}$ une rotation de 90°. Tous les autres points de $\mathbb{C}\mathcal{M}$ sont obtenus par des interpolations entre l'Univers euclidien et celui de Minkowski et, apparemment, les descriptions de nombreux phénomènes importants admettent un prolongement analytique de $\mathcal{M}$ à $\mathbb{C}\mathcal{M}$ ou du moins à une partie de cet espace. Un exemple standard est l'interprétation de l'« effet tunnel » de la mécanique quantique en termes de l'évolution classique d'un système suivant un temps imaginaire.

Le « paradis de Penrose » $H = \mathbb{CP}^3$ (il est naturel d'utiliser le mot « paradis » pour se référer à un espace qui contient tous les ciels, mais dans lequel rien ne subsiste de l'espace-temps) s'est révélé très récemment fort utile pour étudier les équations de Maxwell et leurs généralisations – les équations de Yang-Mills qui, estimons-nous aujourd'hui, décrivent les champs de gluons qui lient les quarks à l'intérieur d'un nucléon. Des raisons physiques profondes amènent à penser qu'un Univers rempli seulement de rayonnement (ou de particules se déplaçant à des vitesses proches de celle de la lumière et donc quasiment le long de cônes de lumière) se décrit mieux dans les termes de la géométrie de H que dans ceux de la géométrie quadridimensionnelle réelle à laquelle nous nous sommes accoutumés. Ce qui nous attache à l'espace-temps est notre masse au repos, qui nous empêche de voler à la vitesse de la lumière, à laquelle le temps s'arrête et l'espace perd toute signification. Dans un monde de lumière il n'y a ni points ni instants temporels ; des êtres tissés de lumière vivraient sans « où » ni « quand » ; seules la poésie et les mathématiques sont capables de parler de manière signifiante de ce genre de choses. Un point de $\mathbb{CP}^3$ raconte l'histoire de la vie entière d'un photon libre – le plus petit « événement » qui puisse arriver à la lumière.

Espace-temps, gravitation et mécanique quantique

La leçon la plus importante qu'on tire de l'étude des relations entre nos modèles de l'Univers classique et les principes de la mécanique quantique visant à décrire la matière, est que nous comprenons bien mal ces relations – les lois fondamentales qui régissent ces deux descriptions ne s'accordent pas entre elles.

Voici un exemple. Si nous essayons de marquer un point de l'Univers sur la ligne d'univers d'une particule de masse m, nous ne pouvons pas le faire avec une erreur inférieure au rayon de Schwarzschild $2Gm/c^2$ de cette masse. Par conséquent, pour accroître la précision, nous devons nous servir de particules dont la masse est aussi petite que possible. D'un autre côté, comme l'ont fait remarquer Landau et Peierls, le principe d'incertitude entre les cordonnées et l'impulsion, joint au fait que toutes les vitesses sont limitées par la vitesse de la lumière, impliquent que l'indétermination de la position ne peut être inférieure à $\hbar/mc$; autant dire qu'en vue d'une plus grande précision il faut utiliser des particules aussi massives que possible.

Ces deux limitations de la précision sont les mêmes pour une masse donnée par l'équation $\hbar/mc = 2G/c^2$, ce qui définit précisément la masse de Planck. Cette limite commune de la précision de la mesure de la position est la longueur de Planck. Donc, l'unité de longueur de Planck, dont on se souvient qu'elle est de l'ordre de 10^{-3} cm, donne la limite en-dessous de laquelle la notion de domaine de l'espace-temps est fondamentalement inapplicable. Un domaine plus petit ne peut être le théâtre d'un événement élémentaire. Même si les événements étudiés dans les accélérateurs modernes se produisent dans des domaines considérablement plus grands, la limite de précision de la localisation n'en est pas moins clairement indiquée dans le cadre des théories contemporaines.

Les principes quantiques se heurtent encore de bien d'autres façons à la conception qui identifie un point de l'Univers à un événement élémentaire. Ainsi une particule quantique libre de vecteur moment quadridimensionnel k n'est-elle localisée « nulle part » – elle « s'étend uniformément dans l'Univers », puisque sa fonction d'onde ψ est l'onde plane de de Broglie e^{ikx}. De même, deux particules quantiques identiques doivent être décrites par une fonction ψ dépendant de deux points de l'Univers, symétrique pour des bosons, antisymétrique pour des fermions. Mais cela signifie littéralement que rien ne peut « se produire » en un point isolé de l'Univers ; plus précisément, un point est indissociablement relié à tous les autres points par l'intermédiaire des fonctions d'onde ψ de la matière et des champs.

Il se peut que dans une future théorie l'image de l'Univers quadridimensionnel réel de la métrique de Minkowski se révèle être quelque chose comme une approximation quasi-classique d'un Univers quantique complexe de dimension infinie. Par exemple, en optique géométrique, laquelle représente une approximation de l'optique ondulatoire, existe le concept de *caustique* : l'ensemble des points où l'intensité du rayonnement est infinie dans cette approximation. Il est tentant de penser à l'Univers quadridimensionnel comme à une sorte de variété caustique d'une représentation quantique de dimension infinie. Cette façon de voir les choses permettrait de résoudre parfaitement les difficultés que nous rencontrons avec la densité infinie de l'énergie du vide en électrodynamique quantique.

Le groupe de Lorentz est un groupe étrange d'un point de vue réel, mais si on le remplace par $SL(2, \mathbb{C})$ – le groupe des matrices complexes 2×2 – on obtient un objet très naturel : le groupe de symétries de l'espace des états du système quantique imaginable le plus simple. Cela ne signifie-t-il pas que les degrés de liberté de spin sont plus fondamentaux que les degrés de liberté dans l'espace-temps ? La division mystérieuse du Monde en espace et en temps est implicitement contenue dans le groupe $SL(2, \mathbb{C})$ et son existence est donc « expliquée » sur la base de règles qui ne supposent pas *a priori* cette division. Bien plus, comme nous l'avons vu, on peut obtenir à partir de $SL(2, \mathbb{C})$ – ou de sa généralisation $SL(4, \mathbb{C})$ – sans introduire l'espace-temps, un Univers de matière sans masse au repos. Les points ou les petites régions de notre Univers quadridimensionnel se distinguent par des événements qui impliquent de la matière sans masse au repos. Peut-être la masse et l'espace-temps sont-ils tous deux le résultat d'une violation spontanée de la symétrie des lois de base.

Il est difficile d'inventer une telle théorie. Nous continuons à essayer de quantifier l'Univers classique comme nous l'avons fait pour l'atome d'hydrogène, au lieu de chercher à obtenir sa forme en tant que limite d'une description quantique. Peut-être le premier modèle quantique réussi de l'Univers, disons dans le voisinage du Big Bang, sera-t-il mathématiquement très simple, et seules les habitudes d'un esprit disposé à l'inertie nous empêchent-elles de la deviner dès à présent. J'aimerais vivre assez longtemps pour voir un tel modèle proposé et accepté.

5. Action et symétrie

> La physique se trouve là où se trouve l'Action.
>
> Anonyme

Action

Une petite boule roulant dans une vasque sous l'action de son propre poids définit le système physique le plus simple. L'état de repos est ce qu'il peut lui arriver de plus simple. La boule peut se trouver au repos seulement aux points de la vasque en lesquels la tangente est horizontale ; sinon la boule roule en suivant la ligne de pente. Spécifions la position de la boule par une coordonnée horizontale x, et soit $V(x)$ son énergie potentielle, proportionnelle à la hauteur de la vasque en x. Les coordonnés des points où la boule peut être au repos sont les solutions de l'équation $dV/dx = 0$ ou simplement $dV = 0$; lorsqu'on s'éloigne un peu d'un tel point, la variation de la fonction énergie potentielle est très petite par rapport à celle de la coordonnée. En ces points V est stationnaire.

Second exemple : un film de savon tendu entre deux boucles de fil de fer. La forme d'équilibre du film au repos est donnée par la condition que, pour de petites déformations, l'énergie V de la tension superficielle varie très peu en comparaison avec une certaine mesure naturelle liée à la déformation. L'énergie V de tension superficielle est proportionnelle à la surface du film. Par conséquent, la forme d'un film au repos correspond à des états dans lesquels l'aire du film est stationnaire. Ici la fonction (ou fonctionnelle) V est définie sur un domaine constitué, non pas de *nombres* x, mais de toutes les *surfaces* possibles dont le contour est donné. Au lieu de la différentielle dV, on parle en général de « variation du premier ordre », notée δV.

Supposons par exemple que des boucles circulaires de fil de fer de rayons r et R se trouvent dans des plans parallèles situés à une distance l l'un de l'autre, et que la ligne joignant leurs centres soit perpendiculaire à ces plans. Cette ligne constitue un axe de symétrie du contour, et par conséquent on peut s'attendre à ce que la forme d'équilibre du film soit une surface de révolution définie par une courbe $q(x)$ telle que $q(0) = r$ et $q(l) = R$. Supposons que c'est bien le cas; alors l'énergie totale V est proportionnelle à l'aire $2\pi \int_0^l q(x)(1 + \frac{dq}{dx})^2)^{1/2}\, dx$; l'équation $\delta v = 0$ se réécrit $-q(d^2q/dx^2) + (dq/dx)^2 + 1 = 0$; et l'on peut résoudre cette équation avec les conditions aux limites indiquées.

Cette transition vers le formalisme est à la fois utile et dangereuse. Nous avons postulé que la symétrie des conditions aux limites conduisait à la symétrie de la forme à l'équilibre. Voici un exemple tout à fait similaire dans lequel ce n'est évidemment pas le cas. Imposons à une tige élastique une force de compression; lorsque la charge de compression atteint une certaine valeur critique, la tige cède et se courbe. La direction que prend ce flambage dans un plan perpendiculaire à la tige n'est en aucune façon distinguée dans l'image à symétrie axiale originale, mais le devient après que le flambage s'est produit. Dans ce genre de situations, les physiciens parlent de symétrie spontanément brisée : un phénomène gouverné par certaines lois est moins symétrique que lesdites lois. En outre, dans le problème précédent, nous avons négligé la solution consistant en deux films plats tendus séparément sur chacune des boucles.

C'est là un rappel du fait qu'il faut d'abord et avant tout, lorsqu'on étudie une fonctionnelle V sur une variété de dimension infinie, comme l'espace des surfaces, essayer d'analyser la situation géométrique. La topologie a affaire à ce genre de problèmes. C'est seulement depuis ces dernières années que les idées géométriques issues de la topologie ont été systématiquement appliquées en physique; par exemple la notion de « charge topologique» est apparue en théorie quantique des champs (il serait malheureusement trop long de discuter cette idée ici). Mathématiquement, il est commode de prendre $\delta V = 0$ à titre d'équation de base. Le domaine de définition de la fonction V n'est peut-être pas complétement défini, mais il peut se faire qu'il se précise au cours de la résolution du problème. Le graphe de V ressemble à une vasque de dimension infinie dans lequel évolue le système, cherchant le repos.

Physiquement, cette image est justifiée par un principe d'une universalité étonnante, que l'on peut énoncer comme suit : *l'évolution dans le temps des systèmes classiques fondamentaux est donnée par leur équilibre dans l'espace-temps*. Plus précisément, la cinématique d'un système est déterminée par la description de l'ensemble de ses histoires virtuelles dans le domaine d'espace-temps approprié. Une fonctionnelle S ayant la dimension de l'action est définie sur ces histoires virtuelles. La dynamique du système est décrite par la condition $\delta S = 0$. Le passage de la dimension de l'énergie (V) à la dimension de l'action (S) est lié, bien sûr, à l'ajout de la coordonnée temporelle. C'est l'action qui est la quantité première : l'énergie est seulement sa dérivée par rapport au temps. À un niveau plus fondamental, l'action demeure tandis que l'énergie devient une quantité quasiclassique.

L'histoire virtuelle ou encore le «chemin» φ d'un système dans un domaine d'espace-temps U est défini classiquement comme une section du fibré associé aux degrés de liberté du système sur ce domaine. Si le domaine U est une union de deux morceaux disjoints U_1 et U_2, et si le chemin φ est union des chemins φ_1 et φ_2, alors l'action de φ est la somme des actions de φ_1 et φ_2. Presque toutes les fonctionnelles d'action utilisées en physique classique satisfont à ce postulat. Par conséquent, on peut écrire l'action complète du chemin φ dans le domaine U comme la somme des actions de φ sur de nombreux petits domaines recouvrant U, et à la limite comme une intégrale $S(\varphi) = \int_U L(\varphi(x, y, z, t))\, dxdydzdt$, où (φ) est l'ensemble des coordonnées intrinsèques du système et de leurs dérivées spatiales et temporelle. La fonction L (ou son intégrale sur les coordonnées spatiales) est appelée le lagrangien du système : c'est la densité d'action. Si nous plaçons deux systèmes de lagrangiens L_1 et L_2 dans un domaine d'espace-temps, alors le lagrangien du système combiné a la forme $L_1+L_2+L_{12}$, où le troisième terme est la « densité de l'interaction ». Les deux systèmes n'interagissent pas si ce terme est nul.

L'espace-temps lui-même (le « vide ») contribue au lagrangien par un terme proportionnel à la courbure de l'espace-temps. Celui-ci peut donc être considéré sur la même base que les systèmes incluant de la matière ou un champ magnétique. Le rôle de l'action en physique quantique a été clarifié de manière extraordinaire par Richard Feynman, en s'appuyant sur des travaux antérieurs de Dirac. En l'absence d'une théorie quantique fondamentale, nous sommes forcés de formuler ses idées comme une recette de « quantification », c'est-à-dire de passage de la description classique d'un système physique à une description quantique. Selon cette recette, on imagine que chaque histoire classique φ contribue à la description quantique de l'histoire du système, mais qu'elle le fait avec un poids complexe (facteur de phase) $e^{-iS(\varphi)}$, l'action étant bien entendu mesurée en unités de $\hbar$.

Pour expliquer cela plus en détails, fixons le comportement classique du système à la frontière du domaine U, disons φ_1 et φ_2 aux instants t_1 et t_2. À partir de ces conditions – « les boucles des films de savon » – la théorie quantique détermine non pas l'histoire classique de l'évolution de φ_1 à φ_2, mais plutôt un nombre complexe $G(\varphi_1, t_1, \varphi_2, t_2)$ – l'amplitude de la probabilité de transition de l'état (φ_1, t_1) à l'état (φ_2, t_2) – dont le carré du module est en principe observable, ou entre dans d'autres quantités observables. La prescription de Feynman dit que cette amplitude est donnée par $\int e^{-iS(\varphi)}\, D\varphi$ où l'intégrale est prise sur l'ensemble de dimension infinie des chemins classiques joignant (φ_1, t_1) à (φ_2, t_2) ; écrire $D\varphi$ plutôt que $d\varphi$ rappelle que la dimension est infinie : il ne s'agit pas d'une différentielle mais d'un « élément de volume » !

Dans la préhistoire du calcul intégral, une place importante revient au remarquable essai de Kepler sur la *Stéréométrie des tonneaux à vin* (voir le tome 9 de ses *Œuvres complètes*). Les intégrales qui donnent le volume des solides de révolution utilisés dans le commerce se trouvaient calculées dans cet essai, à une époque où la définition générale d'une intégrale n'était pas encore apparue. La théorie mathématique des magnifiques intégrales de Feynman, que les physiciens écrivent en grand nombre, n'est pas très éloignée, en réalité, de la stéréométrie des tonneaux à vin. Du point de vue d'un mathématicien, chaque fois qu'on calcule ainsi une intégrale de Feynman, on définit en même temps ce qui est calculé, c'est-à-dire qu'on construit un texte dans un langage formel dont la grammaire n'a pas encore été décrite. Au cours du processus de calcul, un physicien multiplie et divise tranquillement par l'infini ou plus précisément par quelque chose qui, si on le définissait, se révélerait probablement infini ; il somme des séries infinies de termes dont chacun est infini, en supposant que deux ou trois termes de la série fournissent une bonne approximation de la série toute entière ; et il vit en général dans un royaume de liberté sans s'encombrer d'aucune « norme morale ».

Il serait difficilement possible de construire une théorie mathématique consistante et applicable des intégrales de Feynman sans un progrès de la compréhension physique. L'idée même de « quantification » appartient moins à la physique qu'à l'histoire et à la psychologie de la science. La déquantification, c'est-à-dire le passage d'une description quantique à une description classique, peut avoir une signification substantielle pourvu que cette dernière fasse sens ; le passage inverse, par contre, ne peut en aucun cas avoir de signification substantielle. Les champs classiques présents dans les lagrangiens des interactions faibles et fortes, par exemple, sont des fantômes physiques : nous ne leur connaissons pas de sens en dehors de la quantification, et il est fort improbable qu'ils décrivent l'histoire virtuelle classique de quoi que ce soit (on pense que les choses se présentent mieux pour la quantification de l'électromagnétisme).

Les modèles quantiques de dimension finie nous permettent de conjecturer quels aspects de la formulation de Feynman sont essentiels, et quels autres sont des atavismes. Comme expliqué au Chapitre 3, l'opérateur d'évolution d'un système quantique localisé et clos à l'instant t de son temps local est de la forme $e^{-iS(t)}$, où $S(t)$ est maintenant un opérateur ayant la dimension d'une action. En considérant les différentes lignes d'univers du système pour différents temps locaux, on constate que l'action quantique définit une connexion dans l'espace des degrés de liberté internes du système, qui détermine les histoires physiquement admissibles comme le résultat d'un transport parallèle. Les recettes de quantification sont une manifestation primitive du fait que l'espace des degrés de liberté internes « en un seul point » dans le vide est déjà de dimension infinie en raison de la création virtuelle de particules. Toute compréhension plus profonde demeurera bloquée tant que nous n'abandonnerons pas l'idée que l'espace-temps constitue la base de la physique toute entière.

Symétrie

> La symétrie désigne la forme d'accord selon laquelle plusieurs parties s'accordent pour former un tout. La beauté est liée à la symétrie.
>
> H. Weyl

Du remarquable ouvrage d'Hermann Weyl intitulé *Symétrie,* (1952, Princeton Univ. Press) je ne citerai que ce passage. Ce livre doit être lu par tous ceux qui souhaitent faire le voyage qui conduit de la symétrie perçue comme une donnée sensorielle (couleurs, ornements, cristaux) à la symétrie comprise comme la plus profonde des idées physiques et mathématiques. La structure mathématique universelle décrivant une symétrie est constituée d'un groupe G et de son action sur un ensemble X, par exemple le groupe S_n de toutes les permutations des nombres $\{1,\ldots,n\}$. Une action est donnée comme une application $G \times X \rightarrow X$ qui établit une correspondance entre un couple (un élément g du groupe, un point de l'ensemble) et un élément gx de l'ensemble (l'image de x sous l'action de g). Les éléments de la forme gx pour g variable constituent l'orbite de x sous l'action du groupe. Le groupe G lui-même n'est jamais donné comme un objet physique – nous pouvons imaginer un corps rigide en tant que donnée sensorielle mais l'ensemble de toutes ses rotations est une idée située à un niveau d'abstraction plus élevé. L'homonymie, dans les langues européennes les plus communes, des mots « action » dans le contexte d'« action d'un groupe » et d'« action d'un segment d'histoire virtuelle » est une conséquence aléatoire de la vague idée initiale de « changement résultant d'un faire » ; mais dans l'expression $U(t) = e^{-iS(t)}$ définissant un opérateur d'évolution quantique, cette homonymie acquiert de manière inattendue un sens profond.

L'un des grands apports de la pensée mathématique a été de distinguer le concept de groupe abstrait de celui d'une action d'un groupe sur un ensemble ; cela s'est révélé de la plus haute importance pour la physique. Imaginons un atome d'hydrogène comme un électron se déplaçant autour d'un noyau fixe dans un champ central coulombien. Le groupe $SO(3)$ des rotations autour du noyau agit sur l'espace vectoriel complexe des états quantiques de l'électron. Il s'avère que tout l'espace de dimension infinie des états possibles non ionisés se scinde en une somme de sous-espaces de dimensions finies, sur chacun desquels $SO(3)$ agit séparément. Ces actions sont des représentations linéaires irréductibles du groupe, et elles donnent les états stationnaires possibles de l'atome d'hydrogène. La description mathématique précise de ces représentations explique le spectre, les nombres quantiques, etc. De même, le groupe de Poincaré – le groupe des symétries de l'Univers de Minkowski – agit sur l'espace des états quantiques d'une particule solitaire dans un Univers imaginaire ne contenant rien d'autre que cette particule. Comme l'a montré Wigner, la classification expérimentale des particules élémentaires selon leur masse et leur spin découle de la classification des représentations irréductibles (de dimension infinie) du groupe de Poincaré. Cela a donné lieu à une plaisanterie : le monde du vingtième siècle n'est pas constitué des quatre éléments, air, feu, terre et eau, mais des représentations irréductibles d'un certain groupe. Au cours des dernières décennies la physique théorique s'est consacrée à une recherche intensive des groupes de symétrie des interactions fondamentales ; leurs lois (lagrangiens) apparaissent comme des objets secondaires dans la description mathématique.

Les descriptions physiques qui recourent davantage au formalisme qu'à une interprétation ensembliste demeurent parfois obscures quant à l'objet sur lequel le groupe de symétrie agit. Voici deux cas extrêmes, conduisant à deux physiques fondamentalement différentes : a) le groupe de symétries G agit sur l'espace des phases d'un système en laissant son portrait de phase globalement invariant ; b) l'espace des phases X du système est lui-même représenté comme l'espace des orbites d'un autre espace Y sous l'action du groupe G. Le cas a) inclut la description de l'atome d'hydrogène considérée plus haut. Les invariants discrets d'une représentation irréductible sont les nombres quantiques des états correspondants, mais le vecteur d'état lui-même n'est pas déterminé de façon unique dans l'espace de la représentation, de même que dans l'exemple du flambage d'une tige, où la symétrie était spontanément brisée. Dans les schémas de description des interactions fondamentales, on postule souvent un schéma de violation de la symétrie par le biais d'une interaction plus faible. « Violation de symétrie » est également une expression ambivalente. On peut parler de violation (brisure) spontanée de symétrie quand le portrait de phase d'un système est symétrique mais que ses trajectoires individuelles ne le sont pas. La prise en compte d'une nouvelle interaction viole (brise) en général la symétrie du portrait de phase tout entier, dans la mesure où elle le transforme. Mais si le changement est mineur on peut évaluer approximativement ses effets en considérant la nouvelle interaction comme une petite perturbation de l'image symétrique d'origine. Le cas b) inclut ce qu'on appelle les théories de jauge. Dans ce type de théorie, un champ classique lié à la matière (un objet quantifiable) n'est pas vu comme section du fibré des degrés de liberté internes, comme énoncé plus haut, mais plutôt comme l'orbite d'une telle section sous l'action du groupe des transformations de jauge. Au-dessus d'un point de l'espace-temps un tel groupe est représenté par certaines rotations de l'espace des degrés de liberté internes, ces rotations pouvant varier de manière indépendante et continue avec le point. La condition que les lagrangiens de la théorie doivent être invariants par rapport à ces transformations impose des exigences très strictes, qui limitent nettement le choix des lagrangiens. Dans les théories supersymétriques que nous avons brièvement évoquées au premier chapitre, le groupe de jauge peut être un objet encore plus général ; il peut notamment mêler les champs de bosons et de fermions. Ce sont les théories de jauge et de supersymétrie qui rallument aujourd'hui l'espoir fondamental d'une Grande Unification, c'est-à-dire l'espoir de construire une théorie unifiée des interactions fondamentales.

En conclusion, j'aimerais dire quelques mots sur la théorie des nombres, un domaine des mathématiques hautement développé et d'une extraordinaire beauté, mais qui n'a pas encore trouvé d'application profonde aux sciences de la nature. Les nombres premiers sont l'un des principaux objets d'étude de la théorie des nombres : un nombre premier est un entier positif qui n'a pas de diviseurs entiers en dehors de lui-même et de 1. Les *Éléments* d'Euclide contiennent déjà un théorème montrant qu'il existe une infinité de nombres premiers : si l'on a un ensemble fini $p_1, \ldots, p_n$ de nombres premiers, on peut en construire un nouveau en calculant le plus petit diviseur (en dehors de 1) du nombre $p_1 \cdots p_n + 1$. C'est là, avec toute sa simplicité, un raisonnement remarquable. Voici maintenant un exemple plus moderne de théorème sur les nombres premiers. Désignons par $\tau(n)$ (le n-ième nombre de Ramanujan) le n-ième coefficient de la série obtenue par développement formel du produit infini

$x\prod_{m=1}^{\infty}(1 - x^m)^{24}$. *Si p est premier, alors* $|\tau(p)| < 2p^{11/2}$. Il est totalement impossible de démontrer ce fait ici ; selon l'auteur de la preuve, Pierre Deligne, en supposant connu le programme de licence, il faudrait encore environ deux mille pages de texte. En mathématiques contemporaines ce théorème détient probablement le record du rapport de la longueur de la démonstration à celle de l'énoncé. Bien entendu, la démonstration a conduit à une meilleure compréhension de bien des choses intéressantes. Par exemple, pour démontrer cet énoncé on a créé une nouvelle et vaste théorie (la « cohomologie *l*-adique ») et on en a utilisé deux ou trois plus anciennes (groupes de Lie, fonctions automorphes, etc.). Il est remarquable que les idées les plus profondes de la théorie des nombres révèlent une ressemblance de grande portée avec les idées de la physique théorique moderne. Tout comme la mécanique quantique, la théorie des nombres fournit des schémas complètement non triviaux de relations entre le continu et le discret (séries de Dirichlet et sommes trigonométriques, nombres *p*-adiques, analyse non archimédienne, etc.) et met l'accent sur le rôle des symétries cachées (théorie du corps de classes, décrivant la relation entre les nombres premiers, groupes de Galois des corps de nombres algébriques, etc.). On se plaît à espérer que cette ressemblance n'est pas fortuite et que nous percevons déjà des paroles nouvelles à propos de l'Univers dans lequel nous vivons, sans toutefois en comprendre encore le sens.

II.2
SUR LES RELATIONS ENTRE MATHÉMATIQUES ET PHYSIQUE[27]

RÉSUMÉ. Après avoir décrit la structure mathématique de la physique moderne, cet article analyse la divergence entre mathématiques et physique dans la première moitié du XXe siècle, en étudiant, pour chacune des disciplines, le rôle respectif des définitions et démonstrations rigoureuses, des calculs algébriques et des idées intuitives.

1. Préambule

J'aimerais commencer par une description explicite du cadre conceptuel de cette étude.

Pour nous en faire rapidement une idée, prenons le cas de la linguistique comparée. L'histoire d'une langue n'est pas l'histoire de tous les propos, pas même des « propos les plus importants » (oraux ou écrits) tenus en cette langue. C'est plutôt une histoire de l'évolution de la *langue en tant que système*. C'est pourquoi nous avons besoin d'une description préliminaire du ou des systèmes dont nous étudions la genèse.

L'application de ce schéma saussurien à l'histoire des mathématiques (lesquelles, soit dit au passage, je ne considère pas

27. Publié à l'origine dans : *Séminaires et Congrès*, vol. 3, Société Mathématique de France, 1998, p. 158–168.

seulement comme un langage) attirait sans doute particulièrement Jean Dieudonné, qui, en tant que membre actif du groupe Bourbaki, a participé à la création d'un tableau systématique des mathématiques modernes[28]. Je suis son exemple dans ma présente communication, à une échelle beaucoup plus modeste. Il va sans dire que les limitations d'espace, de temps et de compétence m'obligent à choisir une mince chaîne d'idées liées à cette question, et à les présenter de façon hautement sélective.

Je me refuse donc (non sans regret) à examiner l'histoire des mathématiques à la façon de Ranke, qui insiste sur le *wie es eigentlich gewesen ist* (« qu'est-ce qui a réellement eut lieu »). L'une des raisons de ce refus est que l'histoire des mathématiques contemporaines, tout en manquant pathétiquement de l'attrait dramatique dont l'histoire des luttes pour le pouvoir réel est chargée, a tendance à se réduire à la question de savoir qui a trouvé quoi le premier. Une autre raison, plus personnelle et plus forte, est formulée succinctement par Joseph Brodsky dans son essai autobiographique *Less Than One / Moins qu'un* : « Le peu dont je me souviens est encore amoindri par le fait d'être remémoré en anglais ».

Je vous dois encore un dernier mot d'avertissement et d'excuse. Tout système est, bien sûr, une construction théorique. En tant que tel, il possède une valeur, au mieux, relative et dépendante d'une culture, au pire, subjective. C'est précisément en cela qu'il peut servir de matériau pour l'histoire des mathématiques du XXe siècle.

28. Jean Dieudonné, d'après mon souvenir, avait une voix forte, des mains fortes, et des opinions fortes. Il insistait notamment pour que, dans les calculs faisant intervenir des tenseurs, on utilise les produits tensoriels et les diagrammes commutatifs au lieu des indices et des exposants. Je faisais confiance à son jugement – à savoir que cette manière de faire permettait d'économiser la craie – jusqu'à ce qu'un jour j'aie eu moi aussi à faire des calculs comportant des tenseurs. Je me suis alors aperçu que les indices et les exposants étaient beaucoup plus économiques.

2. La physique mathématique en tant que système

2.1. Physique

La physique décrit le monde extérieur, et, dans son domaine de compétence, le fait sous deux modes complémentaires : classique et quantique.

Dans le *mode classique*, des événements affectent les corps et les champs qui se trouvent et évoluent dans l'espace-temps. Les lois physiques contraignent directement les observables. Elles sont déterministes à la base, et exprimées par les équations différentielles qui (de manière tantôt démontrable, tantôt hypothétique) satisfont à des théorèmes appropriés d'existence et d'unicité.

Un sous-mode statistique du mode classique de description fait intervenir les probabilités et les moyennes qui (de façon tantôt démontrable tantôt présumable) peuvent être déduites d'une description déterministe idéale. Le besoin de recourir à un traitement statistique provient de deux données de base : des degrés de liberté trop nombreux et/ou une instabilité (métaphoriquement, l'instabilité signifie que chaque décimale consécutive est un nouveau degré de liberté).

Une abstraction physique fondamentale est celle d'un *système isolé* évoluant dans l'oubli du reste du monde, et de l'*interaction* entre des systèmes potentiellement isolés, ou bien entre un système isolé et le reste du monde.

Suivant l'un des plus remarquables élans de l'imagination de la physique classique, l'espace-temps lui-même apparaît comme un tel système isolé, régi par les équations d'Einstein de la relativité générale (éventuellement avec un tenseur énergie-impulsion responsable en gros de tout ce qui n'est pas pur espace-temps).

Dans le *mode quantique* de description théorique, le monde observable est, de façon inhérente, probabiliste. De plus, et c'est plus important, les lois de base – qui sont en un sens déterministes – régissent une entité inobservable, l'amplitude de probabilité, qui est une fonction prenant des valeurs complexes sur l'espace des trajectoires quantiques. En gros, l'amplitude d'un événement composite est le produit des amplitudes de ses constituants, tandis que l'amplitude d'un événement qui se présente comme somme d'événements mutuellement exclusifs est la somme des amplitudes de ces derniers.

La probabilité d'un événement est le carré du module de son amplitude. Les observables physiques sont par essence les valeurs moyennes correspondantes, même quand on parle de l'acte élémentaire qu'est la diffusion d'une particule individuelle. Le comportement ondulatoire observable, de la lumière par exemple, n'est qu'un reflet imparfait du comportement ondulatoire propre aux amplitudes (fonctions d'onde) d'un nombre indéterminé de photons, comportement décrit par l'espace de Fock associé au champ électromagnétique quantifié.

Nombre de modèles quantiques, en partie pour des raisons dues à leur développement historique, comportent un stade intermédiaire qui est un modèle classique quantifié par la suite. Le mot de « quantification » est appliqué sans guère de discrimination à un large éventail de procédures dont deux des plus importantes sont la quantification opératorielle (ou hamiltonienne) et la quantification à l'aide d'*intégrales de chemin*. La première est davantage algébrique et présente, en général, un arrière-plan mathématique plus solide. La seconde possède un énorme potentiel heuristique et esthétique. C'est cette dernière que j'ai choisie pour poursuivre plus en détails la présente analyse.

Si j'avais chois la première quantification, le tableau de la divergence entre mathématiques et physique durant la première moitié du XXe siècle, esquissé plus bas à la section 4, présenterait des traits moins prononcés. Néanmoins, les résultats principaux de mon analyse seraient les mêmes.

La dualité de ces deux approches est d'ailleurs un sujet qui mérite à lui seul une étude historique et structurelle. Elle a commencé avec la mécanique classique, Lagrange et Hamilton, et a continué, via la mécanique ondulatoire d'Heisenberg-Schrödinger, jusqu'à la controverse opposant les intégrales de chemin aux opérateurs de diffusion. Aux frontières de la physique elle recèle de récents joyaux mathématiques, comme les représentations de l'algèbre de Virasoro sur les espaces des modules de courbes.

2.2. Mathématiques

S'il y a une notion d'une importante capitale en physique mathématique, c'est bien celle de fonctionnelle d'action. Elle embrasse les idées classiques d'énergie et de travail ; sa densité dans un domaine d'espace-temps est le lagrangien ; multipliée par $\sqrt{-1}$ et élevée en exposant, elle fournit l'amplitude de probabilité de base. L'action est mesurée en unités absolues de Planck, et peut donc être pensée comme un nombre réel. Plus précisément, nous considèrerons comme central pour les deux modes de description physique évoqués plus haut le schéma descriptif suivant.

Pour modéliser un système physique on doit commencer par spécifier sa cinématique. Cela fait intervenir l'espace $\mathcal{P}$ des chemins virtuels classiques du système, et une fonctionnelle d'action $S\colon \mathcal{P} \to \mathbb{R}$. Par exemple, $\mathcal{P}$ peut être composé de courbes paramétrées dans un espace des phases classique de système mécanique, ou de la métrique de Riemann sur une variété lisse donnée (espace-temps) ou de triplets (une connexion sur un fibré vectoriel donné, une métrique sur ce fibré et une section). La valeur de la fonctionnelle d'action en un point $p \in \mathcal{P}$ est en général donnée sous la forme $\int_p L$, c'est-à-dire comme l'intégrale d'une forme volume sur l'un des espaces figurant dans la description de p.

Les équations classiques de mouvement spécifient un sous-espace $\mathcal{P}_{\text{cl}} \subset \mathcal{P}$. Ce sous-ensemble est composé des solutions des équations variationnelles $\delta(S) = 0$, c'est-à-dire des points stationnaires de la fonctionnelle d'action.

Si la description classique est une description statistique, alors $\exp(-S)$ est la densité de probabilité.

Dans la description quantique, nous choisissons des sous-ensembles $B \subset \mathcal{P}$ sélectionnés pour des raisons physiques, et déterminés de façon standard par des conditions-limites, puis nous définissons la moyenne d'un observable O dans B par une intégrale de chemin du type

$$\langle O \rangle_B := \int_B O(p) e^{i \int_p L} Dp. \tag{2.1}$$

Voilà nos acteurs principaux. Je présenterai ci-dessous quelques libres réflexions sur l'histoire de ce tableau vu à travers les yeux des physiciens et des mathématiciens.

Je m'intéresserai surtout à l'idée d'intégrale et à son incarnartion définitive sous la forme de l'*intégrale de chemin*.

3. L'intégrale

La notion d'intégrale est l'un des thèmes centraux et récurrents de l'histoire des mathématiques au cours des deux derniers millénaires. La résolution enthousiaste des problèmes qu'elle pose est périodiquement relayée par la recherche angoissée de sa définition, quand elle n'est pas remplacée par une nouvelle heuristique manquant de rigueur mais étonnamment efficace, qui laisse abasourdi le fondamentaliste à l'esprit logique que chacun de nous porte en soi. R. Feynman, créateur du hiérogramme (2.1) – encore dénué d'une signification mathématique exacte précisément dans les cas où les physiciens[29] en auraient le plus besoin –

29. Pour un point de vue plus positif, voir GLIMM et JAFFE (1981), ouvrage remarquable qui a influencé la structure du présent essai. Les auteurs écrivent entre autres, à la p. 313 : « la question de savoir si une *théorie* électrodynamique existe au sens d'un cadre mathématique est un casse-tête théorique... »

disait avec fierté que (2.1) permettait de calculer le moment magnétique anomal de l'électron, avec un résultat qui coïncidait à la dixième décimale près avec le résultat expérimental.

> En 1983, le nombre théorique trouvé était 1,00115965246 avec une incertitude d'environ 20 pour les deux dernières décimales ; le nombre expérimental était 1,00115965221, avec une incertitude d'environ 4 pour la dernière décimale. Cette précision équivaut à mesurer la distance entre Los Angeles et New York, une distance de plus de 4 800 km, à l'épaisseur d'un cheveu près. (Feynman, 1948, p. 118)

Cet exploit a été récemment réitéré par des calculs physiques (qualifiés même de « prédictions » (cf. Candelas, Ossa, Green et Parkes, 1991) de divers nombres intéressants en géométrie algébrique, comme le nombre N_d de courbes rationnelles de degré d sur une quintique générique tridimensionnelle (par exemple 70428 81649 78454 68611 34882 49750 pour $d = 10$, nombre théorique (?) pas encore vérifié par une expérience (?) faisant intervenir une définition mathématique de N_d et un ordinateur). L'idéologie de l'intégration selon des trajectoires a joué un rôle essentiel dans ces calculs, conduisant à interpréter une instanciation de (2.1) comme somme sur des instantons d'un modèle sigma, lesquels instantons dans ce cas particulier sont des courbes rationnelles sur une quintique.

L'image physique intuitive d'une intégrale est celle d'*une quantité de quelque chose dans une région donnée*. Même si les premiers calculs de ce « quelque chose » ont été interprétés par la suite comme, par exemple, ceux du volume d'une pyramide, on ne peut guère douter qu'ils étaient utilisés pour estimer la quantité réelle de *pierre* (et de travail d'esclaves) nécessaire à la construction d'un tombeau de pharaon égyptien. La *Stereometria doliorum* de Kepler mentionne les tonneaux à vin dans son titre. Le domaine en question a acquis une dimension temporelle quand la longueur d'un chemin a été calculée comme une intégrale de vitesse, et quand la notion d'énergie a été progressivement remplacée par celle d'*action*. Au vingtième siècle, la topologie est devenue pour ainsi dire l'une des « substances » dont la quantité pouvait être mesurée par l'intégration de formes différentielles fermées (cf. la théorie des périodes de de Rham, anticipée par Poincaré). La *probabilité* s'est révélée être une autre substance de ce type ; Wiener a traité le mouvement brownien comme une mesure sur un espace de chemins continus, ce qui ouvrait la voie à la fois au traitement axiomatique de la probabilité par Kolmogorov, et à notre actuelle acceptation réticente de l'intégrale de Feynman (ce qui plaide au moins partiellement en faveur de ce traitement, ce sont les succès de la théorie constructive des champs, et l'intégration stochastique. Cependant, les surfaces aléatoires inhérentes aux intégrales de chemin appliquées aux cordes présentent des difficultés considérables).

Du point de vue mathématique, tout calcul (ou définition) d'une intégrale s'appuie sur deux principes intuitifs d'ordre physique : d'une part l'additivité par rapport aux domaines et aux intégrandes, de l'autre une forme de procédure de passage à la limite. Il existe au moins deux formes archétypales de passage à la limite.

L'une est représentée par les indivisibles de Cavalieri, les sommes de Riemann, etc. Elle est liée à la structure topologique du domaine d'intégration, et en particulier à l'idée de bord et de couches fines d'objets de dimension $(d - 1)$ entourant un objet de dimension d. La formule de Stokes sous toutes ses formes ultérieures appartient à ce cercle d'idées, tandis que le complexe de de Rham est sa mise en forme bilinéaire.

L'autre forme de procédure de passage à la limite est plus proche de la théorie de la mesure que de la topologie. On considère des domaines de base remplis de quantités facilement mesurables de la substance à laquelle on s'intéresse (volume, action, probabilité...). Puis on tente d'approximer les autres répartitions à l'aide de leurs « portraits en mosaïque », en faisant tendre vers zéro la valeur des écarts locaux. Alors la localisation n'est plus topologique, et l'image d'un « bord » devient inutile ou inappropriée.

Ce à quoi nous avons affaire, ce sont des ensembles mesurables qui doivent simplement constituer une algèbre par rapport aux intersections et aux unions. Les constructions en dimension infinie sont en général de ce type car l'effet bien connu d'« écorce de pastèque », à savoir qu'en grandes dimensions le volume tend à se concentrer sur le bord, rend l'image des indivisibles non pertinente. Même en dimension finie il arrive que le bord, s'il est très déchiqueté (fractal), ne puisse pas jouer le rôle d'indivisible de Cavalieri. Au début du vingtième siècle les subtiles études de théorie de la mesure ont amplement développé ce thème.

La formule (2.1) contient *deux* intégrales, de natures assez différentes. L'action $S = \int_p L$ est en général une entité classique, L étant un lagrangien local. Une belle idée récente, issue de la collaboration entre physiciens et mathématiciens (WITTEN, 1989 et ATIYAH, 1989 en tête, après que A.S. Schwarz eut fourni un premier exemple décisif) consistait à considérer les intégrales de chemin dans lesquelles l'action est un invariant topologique de p. Localement, cela signifie que les équations classiques du mouvement $\delta(S) = 0$ sont identiquement satisfaites. L'invariant de Chern-Simons défini sur l'espace des connections d'un fibré vectoriel sur une variété tridimensionnelle est un exemple d'une telle fonctionnelle d'action. Les observables quantiques (dont le choix et le nom ont été inspirés par la théorie des interactions fortes) sont des boucles de Wilson, autrement dit les traces convenablement moyennées de représentations de monodromie le long de courbes fermées tracées sur la base.

Dans ce contexte, les propriétés algébriques de l'intégrale de chemin, reflétées par l'additivité de $\int_p L$ et la « multiplicativité » qui en résulte pour l'expression (2.1), deviennent si fortes qu'elles peuvent servir à définir une structure mathématique suffisamment rigide de « Théorie Topologique des Champs Quantiques », laquelle peut alors être étudiée à l'aide d'outils mathématiques précis. Ce qu'ont fait G. Segal et M. F. Atiyah (voir RESHETIKHIN et TURAEV, 1991 et BLANCHET, HABEGGER, MASSBAUM et VOGEL, 1995 pour quelques développements récents).

L'histoire de l'intégration telle qu'elle se présente aujourd'hui à nos yeux peut être conçue selon les termes du paradigme « défi / réponse » cher à Toynbee. Les défis proviennent de la physique au sens large, incluant la géométrie. On peut soutenir de façon convaincante que la géométrie euclidienne elle-même n'est rien d'autre que l'étude de la cinématique des corps rigides en l'absence de champ gravitationnel (espace-temps courbe), et qu'à la fois l'invention et le développement des premières géométries non euclidiennes (en courbure constante) étaient inextricablement liés à la physique. Gauss cherchait à savoir quelle était la géométrie *réelle* de l'espace interstellaire. Le retour de Hilbert à l'axiomatique constituait une réponse au défi que représentait la découverte que le monde physique avait de multiples géométries *possibles*.

4. Le schisme

Dans cette section de mon exposé, je soutiendrai qu'au cours de la première moitié du vingtième siècle, l'événement qui a le plus marqué la relation entre les mathématiques et la physique, proches alliées depuis plusieurs siècles, a été leur éloignement mutuel.

Leur divergence, amorcée au cours des deux dernières décennies du dix-neuvième siècle, fut liée à la prise de conscience de plus en plus nette qu'il existait deux micro-mondes : l'un, mathématique, qu'incarnait l'idée classique du continu des nombres réels, l'autre, physique, accessible à l'expérimentation.

Pour faire simple, disons que vers la fin du XIXe siècle et le début du XXe, Peano, Jordan, Cantor, Borel, Stieltjes et Lebesgue ont découvert et exposé avec une grande subtilité de nouvelles propriétés du continu : la continuité, précisément, et la mesurabilité. Ils ont donné une série de définitions, de plus en plus générales, de l'intégration, et ont inventé des manières de construire de nombreux objets mathématiques étranges et de prouver leur existence – objets qui n'appartenaient pas au monde de la géométrie et de l'analyse classiques, mais qu'il fallait bien accepter comme conséquence du fait de pousser les modes classiques de raisonnement mathématique jusqu'à ce qui semblait leur limite.

L'opposition croissante à de nombreuses découvertes contre-intuitives a conduit les mathématiciens à une auto-analyse centrée sur plusieurs problèmes de base : qu'est-ce qu'une démonstration mathématique ? Quelle signification peut-on donner à un énoncé affirmant l'existence d'un objet mathématique ? Quel est le statut de l'infini mathématique ?

On sait ce qui en est résulté. Ces cinquante années d'introspection se sont avérées plutôt fécondes du point de vue mathématique : elles ont produit une logique mathématique adulte, qui incluait des théories de la preuve et de la calculabilité, et une image claire de la hiérarchie des langages et des systèmes axiomatiques en pleine expansion que les mathématiciens avaient dû adopter en conséquence de leur quête de la vérité mathématique.

Pendant ce temps-là, les physiciens s'étaient engagés dans une quête complétement différente. La découverte par Planck d'un quantum d'action, annoncée le 14 décembre 1900, signa le début de l'âge quantique. La physique avait besoin de mathématiques sophistiquées pour formuler les lois non classiques qu'on venait de découvrir, mais les nouvelles mathématiques n'étaient d'aucune aide. Tout ce dont on avait besoin fut inventé ou réinventé à la hâte : matrices algébriques, spineurs, espace de Fock, la fonction delta, la théorie des représentations du groupe de Lorentz. Aucun des pionniers (Bohr, Einstein, Pauli, Schrödinger, Dirac) n'avait besoin de l'intégrale de Lebesgue ni n'était intéressé par la cardinalité du continu. La logique les intéressait encore moins.

Cela ne veut pas dire que les physiciens n'aient pas eu de préoccupations métaphysiques ; en fait, ils en avaient. Mais les mathématiciens s'intéressaient aux relations entre le langage et la pensée, tandis que c'était le rapport du langage à la réalité qui préoccupait les physiciens. Le problème de base auquel les critiques des mathématiques classiques se confrontaient était l'inexprimabilité de l'infini, liée à la structure syntactique finie inhérente au langage. Dans la controverse Bohr-Einstein, le cœur du problème était l'inexprimabilité de l'indétermination quantique, liée à la sémantique classique inhérente au langage. Entre la philosophie des mathématiques et la philosophie de la physique, tout contact s'était pratiquement perdu. Des détracteurs ardents des prétendues aberrations de la recherche contemporaine, comme Brouwer en mathématiques et Pauli en physique, n'avaient pas une seule idée en commun. En mathématiques, la critique avait tendance à devenir profondément autiste, tandis qu'en physique la critique s'efforçait de découvrir de meilleures façons de décrire une réalité complexe[30].

Un fossé s'était également creusé dans les échanges professionnels traditionnels. Depuis les premiers succès de l'électrodynamique quantique des années trente, jusqu'à la reprise des échanges dans les années soixante, la contribution des mathématiciens au programme de recherche principal du XXe siècle : la théorie des champs quantiques, a été quasiment nulle. Réciproquement, les physiciens ne s'intéressaient pas à la logique mathématique (ce qui est compréhensible), ni à la théorie analytique des nombres (ils ne l'ont jamais fait), ni même à la topologie algébrique alors émergente. Trente ans plus tard, la topologie deviendrait le nouveau terrain commun aux deux communautés. Un peu paradoxalement, cette reprise des échanges entre les deux disciplines a été plus profitable aux mathématiques qu'à la physique : elle a eu pour fruits de nouveaux invariants des variétés tri ou quadridimensionnelles, les groupes quantiques, la cohomologie quantique.

Les observations empiriques suivantes, qui sont bien connues, s'insèrent parfaitement dans le tableau que nous venons d'esquisser. Chaque fois qu'émerge le besoin d'un nouvel outil mathématique pour comprendre la physique, les physiciens inventent

30. Il est révélateur que G. H. Hardy, dans sa conférence sur « La démonstration mathématique », donnée en 1928 dans le cadre des Rouse Ball Lectures (Hardy, 1929), n'ait pas même mentionné l'existence de la physique quantique.

très vite un formalisme *algébrique* nouveau, ou bien transforment un formalisme existant, pour faire face à la nouvelle situation. Nous avons déjà mentionné l'algèbre d'Heisenberg, les spineurs et la fonction delta de Dirac. On peut y ajouter l'équation de Schrödinger-Dyson (pour une intégrale de chemin qui, autrement, resterait indéfinie), l'intégrale de Berezin sur les supervariétés, et l'expression des invariants topologiques de Witten sous la forme d'intégrales de chemin en théorie quantique des champs topologique. Tout cela ne représente qu'un petit échantillon d'inventions, aujourd'hui complétement assimilées et transformées en d'honnêtes mathématiques.

C'est « seulement » lorsqu'on a affaire à des constructions infinitaires, c'est-à-dire à des passages à la limite de toutes sortes, que les mathématiciens se mettent au travail sans aide extérieure. D'après les chapitres de Bourbaki sur l'intégration (Bourbaki, 1974), la seule contribution des mathématiciens à la théorie de l'intégrale au siècle dernier a consisté à faire une analyse soigneuse des limites.

Après la création moderne de la notion d'espace topologique, et la découverte des procédures de passage à la limite qui se trouvent à la base de la théorie de la mesure, le grand paquet suivant de constructions infinitaires d'une nouveauté frappante a été introduit par Alexandre Grothendieck avec son traitement de l'algèbre homologique, des catégories dérivées et des foncteurs, des topos et des sites. Mais c'est une autre histoire.

5. Discussion

Un contact direct entre les modes de pensée des mathématiques et de la physique est la plupart du temps source de tensions. Les valeurs fondamentales sont différentes, les formes acceptées de comportement social se heurtent, les délais nécessaires pour qu'un problème retienne l'attention du public sont pratiquement incommensurables[31]. Dans un remarquable passage introspectif, F. Dyson (1972) a montré à quel point les murs entre les mathématiques et la physique pouvaient être infranchissables à l'intérieur d'un seul et même esprit. Nous serions bien plus tolérants les uns envers les autres si nous pouvions discerner en nous-mêmes les deux personnalités si bien décrites par F. Dyson. Une discussion récente (cf. Jaffe et Quinn, 1994a) montre bien la vulnérabilité de notre communauté dans une période où des contacts féconds reprennent, alors que nous essayons de nous accorder sur ce qui est et ce qui n'est pas une preuve, sur ce qui est publiable et sur ce qui ne l'est pas, sur qui a découvert quoi.

Tout cela se limite, heureusement, à notre vie sociale. Il semble que les intuitions profondes subsistent, même si nous les embrouillons, et c'est précisément la complémentarité de la pensée mathématique et de la pensée physique qui rend créatifs les échanges entre elles.

La différence décisive entre les façons dont nous avons les uns et les autres présenté nos idées au cours de la seconde moitié du vingtième siècle tient moins à nos positions respectives sur ce qu'est une preuve/démonstration rigoureuse, qu'à nos visions respectives de ce qu'est une définition précise.

Les mathématiciens ont développé un langage commun très précis pour dire ce qu'ils ont à dire. Cette précision se manifeste avant tout dans les *définitions* des objets sur lesquels ils travaillent, en général énoncées dans le cadre d'une théorie des ensembles (ou des catégories) plus ou moins axiomatique, et avec

31. Les causes psychologiques réelles de ces difficultés ne sont pas souvent exprimées noir sur blanc. Pour une réaction intéressante, voir dans le recueil (Jaffe et Quinn, 1993) la contribution de S. Mac Lane, dont nous ne citerons que cette phrase : « Ainsi, quand j'ai assisté à un colloque dans l'espoir de comprendre la façon dont l'un de mes petits résultats était utilisé, j'ai entendu des interventions sur « la théorie topologique des champs quantiques », sans même l'ombre d'une définition ; on a dit que cette notion était apparue dans une conférence antérieure, si bien que "Tout le monde savait ce que c'était". »

l'utilisation adroite d'un métalangage (fourni par nos langues naturelles) pour nuancer les énoncés. Tous les autres véhicules de la rigueur mathématique sont secondaires, même celui de la démonstration rigoureuse. En fait, quand il ne s'agit pas d'erreurs proprement dites, la principale difficulté, lorsque l'on vérifie une démonstration, est liée à l'insuffisance des définitions (ou à leur absence pure et simple). Pour dire les choses simplement, il est plus dérangeant de se demander ce que l'auteur veut dire, que de ne pas voir tout à fait si ce qu'il ou elle dit est correct. Lorsque les définitions et restrictions sont proprement posées, les failles d'un raisonnement sont facilement repérables. Il est parfaitement possible de faire de bonnes mathématiques avec des preuves incomplètes ou manquantes lorsque des devinettes éclairées délimitent déjà un beau paysage : les conjectures d'André Weil et le programme de Langlands en sont des exemples remarquables, mais il en existe bien d'autres à plus petite échelle.

L'étymologie du terme *de-fin-itio* montre bien que la fonction première d'une définition est d'établir des limites strictes. Selon la recherche que nous entreprenons, nous décidons de considérer seulement des espaces topologiques localement compacts satisfaisant à la condition de calculabilité, ou seulement des algèbres de Lie de dimension finie, ou seulement des espaces de modules grossiers de courbes algébriques stables, et ainsi de suite. Si nous omettons de mentionner une clause restrictive pertinente lorsque nous présentons un séminaire professionnel, on nous le fera poliment remarquer. Si nous nous targuons d'avoir accompli quelque chose de sérieux, on scrutera de près notre travail pour vérifier que toutes les précautions nécessaires sont bien respectées.

Bien entendu, nos définitions sont loin d'être arbitraires. L'une des fonctions d'une bonne définition est de fournir des analogies entre des situations variées, et pour ce faire, la « cage » que délimite une définition se doit d'être d'une taille optimale. Par exemple, on peut soutenir de façon convaincante que le résultat de loin le plus important de la théorie des groupes est précisément la définition d'un groupe abstrait et de son action sur un ensemble, parce qu'elle décrit une structure qu'on retrouve très souvent en géométrie, dans la théorie des nombres, en probabilités, dans la théorie de l'espace-temps, dans la théorie des particules élémentaires, etc. L'idée générale de tout le traité de Bourbaki est de présenter les mathématiques comme une construction soutenue par un système strict de bonnes définitions (les axiomes des structures de base). Et dans la mesure où une bonne définition est souvent le fruit du travail de plusieurs générations de grands mathématiciens, la tentation de croire que nous les connaissons déjà toutes peut être grande.

Par contre, en physique, même les plus intéressantes publications laissent souvent le lecteur inexpérimenté dans un vide total quant à la signification précise des termes les plus usuels. Les physiciens sont sans aucun doute tenus d'obéir à leurs propres règles, mais ces règles ne sont pas les nôtres. Au fond, qu'est-ce qu'une algèbre ordinaire, une transformation de super-symétrie, une théorie des champs topologiques, une intégrale de chemin ? Ce sont des concepts très ouverts, et c'est précisément cette ouverture qui les rend si intéressants.

L'histoire de nos deux métiers nous enseigne ceci : nous ne pouvons pas vivre les uns sans les autres. La vie devient morose, du moins pour certains d'entre nous, si nous restons trop longtemps sans contacts avec le travail de bons physiciens.

C'est l'interaction avec un système de valeurs farouchement différent du nôtre qui est la chose la plus précieuse.

Comme le montre une pénétrante étude de H. Grant (1995) qui aborde l'histoire culturelle à la façon d'Isaiah Berlin, les mathématiques sont une entreprise très classique. En fait, elles se fondent sur une idée communément acceptée de la vérité et des moyens de l'atteindre, formant ainsi un système stable. La révolution romantique du milieu du XIXe siècle n'a pas véritablement influencé les mathématiques, en très grande partie parce que celles-ci laissaient peu de place aux caprices personnels.

Au XXe siècle, c'est de la physique que sont issus les romantiques : la vastitude de l'Univers en expansion, le comportement merveilleusement erratique du monde de l'infiniment petit, les pouvoirs de l'inobservable, le Big Bang, le principe d'entropie, sont des tentatives tour à tour humbles et mégalomaniaques visant à appréhender une Nature irrévérencieuse.

Les mathématiques, elles, donnent des habitudes hygiéniques et des maux de tête.

II.3
RÉFLEXIONS SUR LA PHYSIQUE ARITHMÉTIQUE[32]

Dédiées à Alexandre Grothendieck pour son soixantième anniversaire

Il en est qui, face à cela, se contentent de hausser les épaules d'un air désabusé et de parier qu'il n'y a rien à tirer de tout cela, sauf des rêves. Ils oublient, ou ignorent, que notre science, et toute science, serait bien peu de choses, si depuis ses origines elle n'avait été nourrie des rêves et des visions de ceux qui s'y adonnent avec passion.

A. Grothendieck (1984, p. 18)

Dans le dernier quart du vingtième siècle, le développement de la physique théorique a été guidé par un système de valeurs très romantique. Aspirant à décrire des processus fondamentaux dont l'ordre de grandeur est l'échelle de Planck, les physiciens sont voués à perdre tout lien direct avec le monde observable. Dans ce contexte social, les mathématiques sophistiquées qui sont apparues en liaison avec la théorie des cordes cessent d'être un simple outil technique nécessaire au calcul de certains effets mesurables, pour devenir une question de principe.

---

32. Première publication dans *Conformal Invariance and String Theory* (Brasov, 1987), Academic Press, Boston, 1989, p. 293–303.

Aujourd'hui [1987], nous nourrissons encore, du moins pour certains d'entre nous, l'antique sentiment platonicien que les idées mathématiques sont, d'une certaine manière, prédestinées à décrire le monde physique, quelque éloignées de la réalité que leurs origines puissent apparaître. De ce point de vue, on pourrait espérer non sans une certaine perversité que la théorie des nombres devienne la branche des mathématiques la plus susceptible d'applications. De fait, on observe une nette tendance à au moins inclure la théorie des nombres dans l'univers du discours de la physique théorique.

Ainsi l'auteur de ces remarques a-t-il été stupéfait et ravi de découvrir que pour calculer la mesure de Polyakov en théorie des cordes, il est possible d'utiliser le calcul dû à Faltings d'une fonction typique en théorie des nombres, à savoir la « hauteur » (cf. Faltings, 1984 ; Manin, 1986b ; Smit, 1988). Sascha Polyakov m'a confié qu'après la communication de Falting au Congrès International des Mathématiciens à Berkeley, Ed Witten avait acheté tous les livres de théorie des nombres disponibles à la librairie d'en face (je n'ai pas vérifié la chose auprès d'Ed – *se non è vero, è ben trovato*).

Il est donc grand temps de proposer ces quelques réflexions rêveuses d'un professionnel de la théorie des nombres et physicien amateur, sur le sujet controversé de la « physique arithmétique ». Et tout d'abord, peut-on calculer quoi que ce soit en physique par des moyens qui relèvent sans ambiguïté de la théorie des nombres ? Je crois que la réponse doit être affirmative. Regardons par exemple l'une des plus belles formules découvertes par Euler :

$$\frac{\pi^2}{6} = \prod_{p \text{ premier}} (1 - p^{-2})^{-1}. \quad (1)$$

Le côté droit de cette équation appartient sans erreur possible à la théorie des nombres : les nombres premiers $p = 2, 3, \ldots$ constituent l'un de ses principaux objets d'étude. J'oserais dire que le côté gauche, qui utilise π, est une constante physique, même s'il faudrait argumenter un peu pour convaincre le lecteur. De fait, π peut être mesuré, et l'a été, exactement comme on mesure la température d'ébullition de l'eau ou la longueur de l'équateur. On peut dire à bon droit que la géométrie euclidienne, dans laquelle π apparaît en tant que constante mathématique, décrit en réalité la cinématique de solides idéaux, valable à l'approximation macroscopique dans un vide gravitationnel (plat).

Pour mieux comprendre l'équation (1), il est utile de rappeler quelques faits concernant les nombres premiers. Classiquement, un nombre premier est défini comme un entier positif n'ayant d'autres diviseurs que 1 et lui-même. Tout nombre entier peut être décomposé en un produit de nombres entiers de façon unique ; ils sont distribués de façon assez inégale ; la formule asymptotique la plus simple donnant le nombre des nombres premiers égaux ou inférieurs à N est $N/\log N$.

Ce n'est cependant pas le point de vue dont nous avons besoin ici.

Une explication moderne du rôle des nombres premiers est donnée par le théorème d'Ostrowski : les nombres premiers décrivent toutes les façons raisonnables de définir la notion de continuité sur l'ensemble des nombres rationnels $\mathbb{Q}$ (explication qui s'ajoute à l'explication classique sans l'invalider).

Pour être plus précis, définissons une fonction $|a|_p$ de $a \in \mathbb{Q}$ par $|a|_p = p^{-n}$, si $a = p^n cd^{-1}$, où c et d sont des entiers non divisibles par p. Elle vérifie les propriétés ordinaires d'une norme $|ab|_p = |a|_p|b|_p$, $|a+b|_p \leq |a|_p + |b|_p$ (on a même $|a+b|_p \leq \max(|a|_p, |b|_p)$, ce que l'on appelle l'inégalité triangulaire non archimédienne). Elle définit par conséquent sur $\mathbb{Q}$ une topologie dans laquelle $a_i \to 0$ si $|a_i|_p \to 0$. Cette topologie est dite p-adique. L'addition et la multiplication étant p-adiquement continues, on peut définir de façon standard la notion de suite de Cauchy, ainsi que l'ensemble des limites de telles suites, appelées nombres p-adiques.

L'ensemble des nombres p-adiques est un nouvel analogue de l'ensemble des nombres réels $\mathbb{R}$, qui peut lui aussi être construit de cette façon-là, à l'aide de la valeur absolue habituelle $|a|$, qu'on note commodément $|a|_\infty$. Le théorème d'Ostrowski dit que toute norme, ou toute valuation de $\mathbb{Q}$, définit la même topologie que $|\cdot|_\infty$ ou $|\cdot|_p$ pour n'importe quel nombre premier p.

Les propriétés de $\mathbb{Q}_p$ diffèrent bien entendu de celles de $\mathbb{R}$ à bien des égards. La raison principale en est que la topologie de $\mathbb{Q}_P$ est très différente de celle de $\mathbb{R}$: les nombres p-adiques forment un ensemble de Cantor, autrement dit un « fractal » (Mandelbrot, 1977). Toutefois, de nombreux chapitres du calcul intégral et de la géométrie classique ont été développés sur les corps de nombres p-adiques (voir Koblitz, 1984 pour une belle introduction à ce sujet).

Les mathématiques basées sur l'ensemble des réels $\mathbb{R}$ (et sur son extension $\mathbb{C}$, l'ensemble des nombres complexes) sont très efficaces pour décrire le monde physique tel que nous le connaissons. Récemment, on a émis l'idée qu'à l'échelle de Planck, une topologie p-adique pourrait devenir plus pertinente (Volovich, 2010). Mais cela fait surgir une question : pourquoi tel ou tel premier p serait-il pour ainsi dire « physiquement distingué » ? N'est-il pas plus raisonnable de croire en une démocratie de toutes les topologies disponibles (ou du moins de toutes les topologies p-adiques, puisque $\mathbb{R}$, seul défini par la norme archimédienne, est à coup sûr un *primus inter pares*) ?

Il s'avère que l'égalité d'Euler (1) et toute une série de faits similaires peuvent être expliqués d'une façon qui donne une image très parlante de cette démocratie. Partons d'une formule presque évidente : $|a|_\infty = \prod_p |a|_p^{-1}$. Cette égalité signifie que connaître la valeur absolue ordinaire d'un nombre rationnel équivaut à connaître toutes les valeurs absolues p-adiques de a en même temps. Ce qui revient à dire, de façon parfaitement démocratique, que $\prod_v |a|_v = 1$, avec $v = \infty$ ou $p = 2, 3, 5, \ldots$ Les formules de ce genre abondent en théorie des nombres ; on les appelle formules de produit, lois de réciprocité, etc.

Dans la formule de produit ci-dessus, nous avons considéré un nombre rationnel a tour à tour comme un nombre réel, comme un nombre 2-adique, 3-adique, ... Introduisons maintenant plus généralement l'ensemble des vecteurs infinis $(a_\infty, a_2, a_3, \ldots)$ où $a_\infty \in \mathbb{R}$, $a_p \in \mathbb{Q}_p$. Un tel vecteur, avec la restriction que $[a_p]_p = 1$ pour tous les nombres premiers p suffisamment grands, s'appelle une adèle. Ce terme a été forgé vers 1940 par Claude Chevalley, en même temps que le mot idèle, qui désigne une adèle inversible (c'est-à-dire que $a_v \neq 0$ pour tout v, et $|a_p|_p = 1$ pour p assez grand). L'étymologie de ces noms est douteuse; idèle vient probablement d'idéal, tandis qu'adèle signifie idèle additive. Quoi qu'il en soit, ce sont aujourd'hui des mots communément utilisés par les théoriciens des nombres.

Imaginons à présent les premiers pas de mathématiques dans lesquelles la notion de nombre réel est remplacée par celle d'adèle. Une adèle $a = (a_v)$ possède une composante réelle a_∞ et des composantes p-adiques pour tous les nombres premiers p. L'ensemble de toutes les adèles forme un anneau topologique $A_\mathbb{Q}$ avec addition et multiplication composante par composante. Sa topologie combine des propriétés archimédiennes et des propriétés fractales. Les nombres rationnels $\mathbb{Q}$ sont inclus diagonalement dans $A_\mathbb{Q}$> : $a \equiv (a, a, a, \ldots)$. Une constatation simple mais importante est que $\mathbb{Q} \subset A_\mathbb{Q}$ forme un sous-groupe discret, de même que $\mathbb{Z} \subset \mathbb{R}$. En d'autres termes, une suite de nombre rationnels ne peut pas être convergente en même temps dans toutes les topologies v-adiques (par exemple si elle converge p-adiquement vers zéro pour tout p, elle doit être constituée d'entiers infiniment croissants).

Se souvenant que $\mathbb{R}/\mathbb{Z} = U(1)$ est un cercle, nous en arrivons à la notion de cercle adélique :

$$A_\mathbb{Q}/\mathbb{Q} = (\mathbb{R} \times \prod_p \mathbb{Z}_p)/\mathbb{Z}, \tag{2}$$

où $\mathbb{Z}_p$ est l'ensemble des entiers p-adiques ($a \in \mathbb{Z}_p \iff |a|_p \leq 1$). Nous constatons d'après (2) que le cercle adélique est un mélange de $U(1)$ et d'un groupe topologique compact totalement discontinu qu'on peut aussi décrire comme une « limite d'approximations latticielles » de $U(1)$, c'est-à-dire comme $\varprojlim \mathbb{Z}/n\mathbb{Z}$. Nous retrouvons ainsi les propriétés archimédiennes et fractales combinées dans un seul et même objet. L'analyse de Fourier basée sur $A_{\mathbb{Q}}/\mathbb{Q}$ plutôt que sur $U(1)$ conjugue très joliment transformation de Fourier usuelle et transformation sur les corps finis (cf. la thèse de Tate, reproduite dans TATE, 1967).

En faisant un pas de plus nous pouvons définir le groupe adélique non commutatif le plus simple $SL_2(A_{\mathbb{Q}})$, qui est essentiellement l'ensemble des vecteurs infinis de matrices

$$\left\{ \begin{pmatrix} a_v & b_v \\ c_v & d_v \end{pmatrix} \in SL_2(\mathbb{Q}_v) \,\middle|\, v = \infty, 2, 3, 5, \ldots \right\},$$

où (a_v), (b_v), (c_v), (d_v) sont des adèles. Là encore, le sous-groupe $SL_2(\mathbb{Q})$ est discret dans $SL_2(A_{\mathbb{Q}})$. À l'aide d'une forme différentielle invariante à gauche sur SL_2, et des normes $|a|_v$, on définit une mesure invariante à gauche $dm = \prod_v dm_v$ sur $SL_2(A_{\mathbb{Q}})$ de la même façon que sur sa composante classique $SL_2(\mathbb{R})$. En normalisant la mesure dm par la condition $\int_{SL_2(A_{\mathbb{Q}})/SL_2(\mathbb{Q})} dm = 1$, et en calculant cette intégrale composante par composante, on obtient enfin une magnifique explication de l'égalité (1) :

$$1 = \int_{SL_2(A_{\mathbb{Q}})/SL_2(\mathbb{Q})} dm = \int_{SL_2(\mathbb{R})/SL_2(\mathbb{Z})} dm_\infty \times \prod_p \int_{SL_2(\mathbb{Z}_p)} dm_p, \tag{3}$$

$$\int_{SL_2(\mathbb{R})/SL_2(\mathbb{Z})} dm_\infty = \pi^2/6, \qquad \int_{SL_2(\mathbb{Z}_p)} dm_p = 1 - p^{-2}. \tag{4}$$

Ici, (3) s'établit de la même manière que (2), la partie archimédienne de (4) est démontrée par la formule sommatoire de Poisson, et la partie p-adique de (4) découle du fait que sur un corps fini à p éléments, SL_2 consiste en $p^3 - p$ points, de sorte que le nombre de points de $SL_2(\mathbb{Z}_p)$ correspondant à $\mathbb{Z}_p^3$ est précisément $1 - p^{-2}$. Nous voyons maintenant émerger le schéma suivant :

- les notions essentielles (du moins certaines d'entre elles) du calcul intégral et de la géométrie des nombres réels et complexes possèdent leur équivalent adélique ;

- les objets adéliques ont une nette tendance à être plus simples que leurs composantes archimédiennes – par exemple les domaines adéliques fondamentaux des sous-groupes discrets arithmétiques des groupes semi-simples sont généralement de volume 1 (c'est la philosophie de Siegel-Tamagawa-Weil ; cf. KNESER, 1967) ;
- en vertu de ce fait et des formules de produit comme (2) ou (3), qui incarnent l'idée d'une démocratie parmi toutes les topologies, les informations sur la composante réelle d'un objet adélique peuvent être fournies *ou bien* par cette composante réelle *ou bien* par le produit des composants p-adiques pour tous les premiers p.

En s'autorisant une généralisation quelque peu risquée, on peut formuler le principe suivant, qui constitue la conjecture principale de cette communication :

Au niveau fondamental, notre monde n'est ni réel, ni p-adique, il est adélique. Pour des raisons qui reflètent la nature physique du type de matière vivante qui est le nôtre (par exemple le fait que nous sommes composés de particules massives), nous avons tendance à projeter l'image adélique du monde sur son côté réel. Nous pouvons tout aussi bien la projeter sur son côté non archimédien, et calculer arithmétiquement les choses les plus importantes.

La relation entre une image « réelle » et une image « arithmétique » du monde est une relation de complémentarité, qui rappelle celle qui existe entre des observables conjuguées en mécanique quantique.

Bien sûr, on n'est pas obligé de prendre cette métaphysique au sérieux. Mais même le lecteur sceptique peut toujours l'utiliser comme principe et comme guide dans l'étude mathématique de la structure de la théorie des cordes.

J'exposerai à présent un travail récent qui paraît prometteur de ce point de vue. Pour commencer, une réinterprétation du calcul de la mesure de Polyakov que j'avais proposée dans MANIN

(1986b) montre (voir Smit, 1988) que si nous prenons un point x de l'espace modulaire M_g ayant des coordonnées algébriques, alors la densité de cette mesure par rapport à une mesure canonique est égale à l'inverse de la partie archimédienne d'une fonction qu'on appelle la hauteur de x. Une propriété remarquable de la hauteur, compatible avec notre philosophie, tient à ce qu'elle est définie par un produit de facteurs correspondant à toutes les valuations du champ dans lequel se trouvent les coordonnées de x.

Je conjecture que l'on peut *définir sur l'espace des points adéliques d'un espace modulaire universel une mesure de Polyakov adélique, dont la composante archimédienne est la mesure de Polyakov ordinaire. Il y a lieu d'espérer que le volume adélique total correspondant soit calculable comme en (3) et en (4), ce qui donnerait une expression arithmétique de la fonction de partition de la corde.*

Si cet espoir se réalise, nous serons alors capables de parler de corde adélique de manière bien fondée. Naturellement, la raison principale pour croire à tout cela est l'apparition remarquable, en théorie des cordes, de variétés algébriques (espaces modulaires) et de mesures sur ces dernières (formes de Mumford), lesquelles variétés sont définies sur les entiers et pas seulement sur $\mathbb{R}$ ou sur $\mathbb{C}$.

Pour pouvoir expliquer quelques détails, il nous faut étendre l'image avec laquelle nous avons travaillé jusqu'à maintenant. La théorie des nombres n'étudie pas seulement les nombres rationnels $\mathbb{Q}$, elle étudie aussi tous les nombres algébriques $\bar{\mathbb{Q}}$, c'est-à-dire les racines des polynômes à coefficients rationnels. Il est commode de travailler avec de plus petits corps de nombres $\mathbb{K}$, c'est-à-dire avec des sous-espaces rationnels de dimension finie de $\mathbb{Q}$ contenant 1, et stables par multiplication de leurs éléments. Pour un tel corps $\mathbb{K}$, on démontre une généralisation du théorème d'Ostrowski, laquelle décrit toutes les valuations de $\mathbb{K}$. Comme $\mathbb{Q} \subset \mathbb{K}$, chacune de ces valuations w induit sur $\mathbb{Q}$ une valuation v, égale à $|\cdot|_\infty$ ou bien à $|\cdot|_p$. Nous disons que w étend, ou divise v. Maintenant, les faits suivants sont vrais : (a) toute valuation de $\mathbb{Q}$ s'étend en un nombre fini de valuations de $\mathbb{K}$; (b) les valuations qui étendent $|\cdot|_\infty$ correspondent aux plongements de $\mathbb{K}$ dans les nombres complexes. Une fois ce théorème démontré, on peut définir des nombres w-adiques $\mathbb{K}_w$, des adèles $A_{\mathbb{K}}$, des idèles $J_{\mathbb{K}}$, ainsi que tous les autres objets que nous considérions auparavant « sur $\mathbb{Q}$ ».

Supposons maintenant que nous avons un espace linéaire L sur $\mathbb{K}$ muni de normes $\|\cdot\|_w$, une pour chaque valuation de $\mathbb{K}$, telles que $\|al\|_w = |a|_w \|l\|_w$ pour $a \in \mathbb{K}, l \in L$ et $\|l\|_w = 1$ pour presque tout w, si $l \neq 0$. Nous pouvons alors définir la hauteur de $l \in L$ par la formule

$$h(l) = \prod_w \|l\|_w.$$

D'après la formule du produit $\prod_w |a|_w$ pour $a \in \mathbb{K}$, on voit que $h(l)$ dépend en fait uniquement de la droite $\mathbb{K}l$ dans L ; autrement dit la hauteur est une fonction sur l'espace projectif associé à L.

L'espace des modules de courbes M_g étant défini par des équations algébriques à coefficients *entiers*, on peut plonger M_g dans un tel espace projectif. Si ce plongement est construit à l'aide des fibrés déterminants de Mumford, on obtient la définition de la hauteur liée à la mesure de Polyakov.

La hauteur totale, contrairement à sa partie archimédienne, est définie seulement pour des points ayant des coordonnées algébriques, lesquels, bien qu'ils soient denses dans M_g, ne semblent guère attirants du point de vue physique. Cependant, un article récent (Voevodsky et Shabat, 1989) établit que ce sont précisément ces points-là qui apparaissent de façon naturelle aux sommets des réseaux liés à un schéma d'approximation latticielle en théorie des cordes. La situation est la suivante : dans un schéma de ce type on remplace une surface de Riemann lisse, c'est-à-dire une nappe d'univers (*string world sheet*) w munie d'une métrique ds^2, par une surface métrique triangulée, donnée essentiellement de manière combinatoire, disons, des sommets et des longueurs d'arcs reliant certaines paires de sommets. C'est là une version bidimensionnelle du calcul de Regge en relativité générale.

Considérons maintenant seulement des surfaces orientées compactes munies d'une triangulation équilatérale, tous les arcs étant de longueur 1 (changer cette valeur laisse invariante la classe conforme de la surface). On démontre aisément qu'une telle surface est munie d'une structure complexe compatible avec la métrique (supprimez d'abord les sommets, ensuite étendez la structure complexe obtenue, ce qui est possible parce que la somme des angles à chaque sommet est égale à $n\pi/3$ pour un entier n). Une telle surface définit par conséquent un point dans M_g. Le théorème principal de VOEVODSKY et SHABAT (1989), anticipé par GROTHENDIECK (1984), énonce que cette manière de faire nous permet précisément d'obtenir tous les points algébriques. L'image donnée par la théorie des nombres reflète donc très bien une image métrico-combinatoire. Une tâche très importante consiste maintenant à établir d'autres liens entre les deux descriptions, en particulier de calculer la hauteur en termes de la métrique.

Nous en venons maintenant au dernier point de notre discussion.

La généralisation la plus vaste de la formule d'Euler (1) est liée au calcul du volume adélique d'espaces homogènes du type $H(A_{\mathbb{K}})/H(\mathbb{K})$ où H est un groupe algébrique semi-simple et $\mathbb{K}$ un corps de nombres algébriques (nous avons traité brièvement le cas $H = SL_2$).

Des calculs similaires pour d'autres sortes de variétés algébriques, comme M_g, présentent des difficultés considérables. Qu'est-ce alors qui nous permet d'espérer pouvoir traiter arithmétiquement les champs de modules de courbes M_g ? Une voie d'accès possible est liée de façon remarquable à une nouvelle approche d'une autre propriété surprenante de la fonction de partition de Polyakov, à savoir que cette dernière est par essence un développement perturbatif. Plusieurs auteurs ont émis l'idée qu'on devrait plutôt travailler avec une sorte d'espace modulaire universel $\hat{M}$ contenant tous les espaces M_g (et quelque chose d'autre). Mû par cette idée et par celle d'une approche opératorielle, j'ai moi-même (MANIN, 1986a) conjecturé que cet espace $\hat{M}$ devait être un espace homogène par rapport à l'algèbre de Virasoro.

Cette conjecture a été récemment démontrée par quatre groupes de mathématiciens (ARBARELLO, CONCINI, KAC et PROCESI, 1988 ; BEÏLINSON et SCHECHTMAN, 1988 ; KAWAMATO, NAMIKAWA, TSUCHIYA et YAMADA, 1988 ; KONTSEVICH, 1987). Tous utilisent la même construction de base, due à Sato et Segal-Wilson. Dans cette construction, $\hat{M}$ est une grassmannienne infinie, et la « partie modulaire » de $\hat{M}$ paramètre des triplets (X, p, z), où X est une surface riemannienne complexe, p un point de celle-ci, et z une coordonnée locale en ce point.

Si l'on parvient à définir l'intégrale de chemin non perturbative comme une intégrale sur $\hat{M}$, il se peut bien que ce dernier devienne accessible à un traitement arithmétique. À cette fin, on aura besoin d'une extension de la théorie de Tamagawa-Weil aux groupes de dimension infinie, comme les groupes de Kac-Moody et $GL(\infty)$. (Signalons au passage que $\mathrm{vol}(SL(n,\mathbb{R})/SL(n,\mathbb{Z}) = \zeta(2)\cdots\zeta(n)$ possède une limite bien définie lorsque $n \to \infty$. Est-il possible d'exprimer cette limite comme un volume pour $n\infty$?)

En conclusion, je voudrais décrire très brièvement certaines préoccupations des spécialistes de la théorie des nombres, qui pourraient se révéler pertinentes pour le programme d'arithmétisation de la physique. La théorie des nombres possède son propre Grand Groupe Unificateur : le groupe $G = \mathrm{Gal}(\bar{\mathbb{Q}}/\mathbb{Q})$, dit groupe de Galois, qui consiste en toutes les permutations de nombres algébriques qui conservent les relations algébriques à coefficients rationnels. C'est un groupe topologique infini de type « fractal » dont la structure est très complexe, et qui en un sens contient toute l'arithmétique, si l'on prend aussi en compte certaines extensions centrales canoniques de ses sous-groupes, dits groupes de Weil. Pour illustrer cette assertion, remarquons simplement que le quotient abélien maximal G^{ab} se trouve être précisément $\prod_p \mathbb{Z}_p^*$, si bien que les nombres premiers resurgissent une fois de plus de façon totalement inattendue, essentiellement en tant que générateurs de G^{ab}. Lorsqu'il étudie les représentations de G et de ses sous-groupes fermés, un théoricien des nombres rencontre des fonctions automorphes et modulaires presque de la même façon (ou plus précisément d'une façon duale) qu'un physicien qui étudie les représentations de Kac-Moody et les algèbres de Virasoro. Des conjectures profondes, dues à Langlands (1980) relient la théorie de la représentation de G à celle de la représentation des groupes $H(A_{\mathbb{K}})$, via la théorie des formes modulaires et de leurs transformations de Mellin.

J'espère sincèrement que des coïncidences si remarquables ne s'avèreront pas fortuites.

Pour finir, je suis heureux et fier de dédier ce papier à Alexandre Grothendieck, dont les intuitions ont immensément influencé les mathématiques, et commencent à l'heure actuelle à influencer également la physique.

II.4
MOTIFS OUBLIÉS : LES VARIÉTÉS DE L'EXPÉRIENCE SCIENTIFIQUE[33]

Le gros public :
À poêle, Descartes ! À poêle !
(R. Queneau, *Les Œuvres complètes de Sally Mara*)

À mon arrivée à Bures-sur-Yvette, en mai 1967, le célèbre séminaire SGA 1966–67, consacré au théorème de Riemann-Roch, touchait déjà à sa fin. Mlle Roland, alors secrétaire de Léon Motchane à l'IHÉS, m'a trouvé un joli petit appartement à Orsay. Tous les matins, réveillé dès l'aube par le chœur bruissant des oiseaux, je me rendais à Bures à pied, savourant par avance la prochaine séance du séminaire consacré au projet alors tout nouveau des motifs, avec comme professeur particulier le Grand Maître lui-même, Alexandre Grothendieck. Quelques pages, écrites de sa main à cette occasion, se trouvent encore dans mes archives ; en particulier celle consacrée aux « Conjectures Standards ». Ces conjectures ne sont toujours pas démontrées, après un demi-siècle de vains efforts. Grothendieck lui-même les considérait comme la pierre angulaire du projet tout entier. Dans la lettre qu'il m'a adressée, datée du 20 mars 1969, il écrivait :

33. "Forgotten motives : the varieties of scientific experience", *Alexandre Grothendieck : a mathematical portrait*, International Press ed., Boston, 2014, p. 299–322.

> Je dois avouer à ma honte que je ne sais plus distinguer à première vue ce qui est démontrable (voire plus ou moins trivial) sans les conjectures standards, et ce qui ne l'est pas. Il est évidemment honteux qu'on n'ait pas démontré les conjectures standards !

Pourtant, au court des décennies suivantes, le vaste royaume des motifs n'a cessé de récompenser l'humilité des nombreux chercheurs qui voulaient bien se contenter de ce qu'ils étaient capables de faire en utilisant les outils qu'ils étaient capables d'élaborer.

Grothendieck m'a invité plusieurs fois dans sa maison du Chemin de Moulon. Il m'a autorisé à parcourir les étagères de sa bibliothèque ; j'ai emprunté quelques livres à lire chez moi. Lors de ma dernière visite, la veille ou l'avant-veille de mon départ, je lui ai demandé de me dédicacer un livre ou un article. À ma stupéfaction, il a ouvert *Les Œuvres complètes de Sally Mara* de Raymond Queneau, et a griffonné sur la première page :

Hommage affectueux R. Queneau

Les débuts de l'histoire des motifs

De retour à Moscou en juin 1967, après ces cinq ou six semaines de séances d'instruction intensives avec Grothendieck, j'ai passé plusieurs mois à consigner par écrit ses définitions principales relatives aux motifs, et à étudier l'arrière-plan indispensable dans divers ouvrages et publications. J'ai été très heureux quand, finalement, j'ai vu que j'étais capable de répondre à l'une des questions de Grothendieck, et de calculer le motif d'un éclatement sans utiliser les conjectures standard. Mon article (Manin, 1968) contenant cet exercice fut soumis à une revue l'été suivant et publié en russe. C'était le tout premier article jamais publié sur les motifs, et Grothendieck le recommanda à David Mumford (dans sa lettre du 14 avril 1969) comme « un joli article fondateur » sur les motifs.

Grothendieck m'écrivit à propos de cet article une lettre en russe (5 février 1969) ; elle semble être le seul et unique document attestant qu'il savait un peu de russe, que probablement son père lui avait appris.

Voici la première étape de la définition d'une catégorie de motifs (purs) : nous conservons les objets d'une catégorie algébro-géométrique donnée, par exemple la catégorie Var_k de variétés projectives lisses sur un champ déterminé, mais remplaçons ses morphismes par des *correspondances*. Ce changement implique que les morphismes $X \to Y$ ne forment plus à présent un simple ensemble, mais un *groupe additif*, ou même un K-module, où K est un anneau de coefficients approprié. De plus, les correspondances elles-mêmes ne sont pas des cycles sur $X \times Y$ mais des *classes* de cycles, modulo une relation d'équivalence « adéquate ». Parmi ces relations, la plus grossière est celle de l'équivalence numérique : deux cycles de mêmes dimensions sont équivalents si tous leurs indices d'intersection avec les cycles de dimension complémentaire coïncident. La relation la plus fine est l'équivalence rationnelle (ou de Chow) : des cycles équivalents sont des déformations d'une base qui est une chaîne de courbes rationnelles. Enfin, le produit direct des variétés induit une structure de produit tensoriel sur la catégorie.

La deuxième étape dans la définition de la catégorie adéquate de motifs purs constitue en la construction formelle de nouveaux objets (et des morphismes appropriés) qui jouent le rôle de « morceaux » des variétés : il s'agit des sources et des images de projecteurs, autrement dit de correspondances idempotentes $p \colon X \to X$ avec $p^2 = p$. On obtient ainsi une catégorie *pseudo-abélienne* ou complétion *karoubienne* de la catégorie de départ. Dans cette nouvelle catégorie, la droite projective $\mathbb{P}^1$ devient la somme directe (du motif) d'un point et du motif de Lefschetz L, qui intuitivement correspond à la droite affine.

La troisième et dernière étape de la construction consiste

à élargir à nouveau formellement la classe des objets : celle-ci comprendra à présent *toutes* les puissances tensorielles entières $L^{\otimes n}$ du motif de Lefschetz, et pas seulement les puissances positives ; elle comprend en outre les produits tensoriels de ces puissances avec d'autres motifs.

Plusieurs intuitions s'entretrelacent dans ce schéma fondamental découvert par Grothendieck, que je vais tâcher de rendre (plus) explicites.

L'intuition de base qui a guidé Grothendieck lui-même était l'image de la catégorie Mot_k des motifs de Chow purs comme réceptacle d'une « théorie cohomologique universelle », soit une application $Vk \to \mathrm{Mot}_k \colon V \mapsto h(V)$. Une théorie universelle était nécessaire pour unifier diverses constructions cohomologiques, comme celles de Betti, de de Rham-Hodge, et de la cohomologie étale.

Ce qui semblait paradoxal dans cette image-là, c'était l'observation suivante concernant les cycles transcendants sur une variété algébrique X. On pouvait mettre la main sur ces cycles pour $k = \mathbb{C}$ en faisant appel à la topologie algébrique, ou bien à des constructions compliquées d'algèbre homologique faisant intervenir les revêtements finis de X. Mais dans la catégorie des motifs purs, dès le début on considérait seulement des cycles algébriques représentés par des correspondances, et une chose n'était intuitivement pas claire du tout : comment diable ces cycles algébriques pouvaient-ils porter des informations sur les cycles transcendants ? De fait, la fonction principale des « conjectures standards » était de servir de pont entre l'algébrique et le transcendant. Tout ce qu'on pouvait démontrer grâce à elles était effectivement « plus ou moins trivial » – jusqu'à ce qu'on se mette à manier les correspondances elles-mêmes en utilisant une algèbre homologique sophistiquée générée (en partie) par le développement de la cohomologie étale et l'introduction par Verdier et Grothendieck des catégories dérivées et triangulées.

Cependant, le passage des morphismes comme ensemble au K-module des correspondances implique une autre idée intuitive, qu'on peut évoquer très succinctement par un rapprochement avec la physique, en l'occurrence avec le grand saut du mode classique de description de la nature au mode de description quantique. Ce saut définit la science du vingtième siècle. La démarche de base, et universelle en même temps, consiste à introduire un sous-espace linéaire engendré par tout ce qui en physique classique constituait seulement un ensemble : points d'un espace de phases, configurations de champs sur un domaine de l'espace-temps, etc. De telles superpositions quantiques forment alors des espaces linéaires sur lesquels des produits scalaires de type hilbertien sont définis, ce qui permet ensuite de parler d'amplitudes de probabilités, d'observations quantiques, etc.

Je n'ai aucun indice de ce que Grothendieck lui-même ait pensé à la physique quantique à l'époque où il mettait en place son projet de géométrie algébrique. Ce que nous savons en revanche, c'est que l'intérêt des scientifiques pour les armes de destruction massive, et leur comportement favorisant une collaboration avec leurs gouvernements respectifs et les complexes de l'industrie militaire provoquaient chez Grothendieck un malaise et une aversion profonde.

La source la plus directe de son inspiration a peut-être été la topologie algébrique, laquelle, après les années quarante du vingtième siècle, a davantage mis l'accent sur les chaînes et les cochaînes que sur les simplexes et sur les façons de les recoller.

Néanmoins, dans les années soixante-dix et quatre-vingt, et même plus tard, l'étude de la théorie quantique des champs a joué un grand rôle dans mon développement personnel de mathématicien, et le feedback de cette partie de la physique théorique – qui était en avance sur la géométrie algébrique – est devenu pour moi une grande source d'inspiration.

J'étais, et suis toujours habité par le rêve cartésien d'un rationalisme poétique, quel que soit ce que l'Histoire ait encore à nous dire sur le déclin de l'Occident, *der Untergang des Abendlandes*.

Je vais à présent retracer brièvement le développement des idées de Grothendieck sur les motifs, idées qui ont en gros continué à suivre les deux sources d'intuitions évoquées plus haut : l'algèbre homologique et la physique. Les références données à la fin de cet essai représentent le strict minimum pour qui s'intéresse à ce sujet, mais le lecteur pourra trouver bien d'autres données bibliographiques dans la collection d'articles (Janssen, Kleiman et Serre, 1994) ainsi que dans André (2004), Tabuada (2011) et Voevodsky, Suslin et Friedlander (2000).

Motifs et algèbre homologique

Les objets linéaires les plus communs sont, en algèbre, les modules sur des anneaux, et, en géométrie algébrique, les faisceaux de modules. Modules libres / faisceaux localement libres sont ce qu'il y a de plus proche des espaces linéaires classiques.

Une variété algébrique générale X, ou un schéma, est un objet hautement non linéaire. En géométrie algébrique classique, disons sur les complexes, par exemple, il était d'usage d'identifier la variété X et l'espace topologique $X(\mathbb{C})$ de ses points complexes et de l'étudier avec des méthodes faisant intervenir triangulations et décompositions cellulaires. En géométrie sur les corps finis, par exemple, cela ne marchait pas, et quand en 1949 André Weil introduisit sa fameuse suggestion de compter les points d'une variété sur un corps fini en utilisant la trace de l'endormorphisme de Frobenius agissant sur des groupes de (co)homologie de X convenablement définis, cette idée engendra un flot de recherches nouvelles.

Le premier résultat fut la création de la théorie de la cohomologie des faisceaux cohérents de modules $\mathcal{F}$ sur les variétés X ou sur des schémas plus généraux. Désormais, dans une définition constructive d'un groupe de cohomologie $H^*(X, \mathcal{F})$, on pouvait soit mettre l'accent sur la combinatoire des recouvrements de X par des ensembles ouverts en topologie de Zariski (cohomologie de Čech), soit sur des « résolutions projectives/injectives » de $\mathcal{F}$, c'est-à-dire sur des complexes exacts spéciaux de faisceaux du genre

$$\cdots \to F_2 \to F_1 \to F_0 := \mathcal{F} \to 0,$$

ou sur les mêmes complexes avec les flèches inversées. Ce passage de la dépendance de $H^*(X, \mathcal{F})$ de l'argument non linéaire X à l'argument linéaire $\mathcal{F}$ était très caractéristique de la géométrie algébrique des années cinquante et soixante du vingtième siècle. Le livre de H. Cartan et S. Eilenberg, *Homological Algebra,* et le célèbre FAC (*Faisceaux Algébriques Cohérents*) de J-P. Serre, devinrent les manuels standards des géomètres algébristes en herbe.

David Mumford et moi-même avons commencé en même temps, vers 1956, à nous former à la géométrie algébrique, lui à Harvard, moi à l'Université de Moscou. David se souvient de la façon dont son professeur Zariski « était mû par le désir de donner au travail de l'école italienne la rigueur qui lui manquait, en utilisant les nouvelles méthodes de l'algèbre commutative ». Mon professeur, Igor Safarevitch, nous a lui aussi suggéré d'étudier la glorieuse algèbre italienne, en l'approchant armés des intuitions et des techniques modernes développées par J-P. Serre, A. Grothendieck et leur école.

N'ayant ni le temps ni la patience de suivre des cours d'« italien accéléré », j'ai essayé de lire deux livres en même temps : *Le Superficie Algebriche* de Federigo Enriques et *La Divina Commedia,* et chaque fois que j'ouvrais le *Enriques* (ou d'ailleurs les SGA), je me répétais avec accablement : ... *lasciate ogni speranza voi ch'entrate...*

Malgré tout, cela a fonctionné. En 1967, lorsque j'ai rapporté de Bures des articles dactylographiés de Gino Fano, Vassya Iskovskikh et moi avons été capables de les lire sans trop nous préoccuper de savoir en quelle langue ils étaient écrits, puis de produire les premiers exemples de variétés birationnellement rigides, ainsi que de 3-variétés unirationnelles non rationnelles en utilisant les méthodes de Fano.

L'algèbre homologique s'est montrée plus récalcitrante, et dans ce domaine, c'est la génération suivante de jeunes étudiants moscovites passionnés, qui sont maintenant depuis longtemps des chercheurs confirmés, qui m'a appris la majeure partie de ce que je comprends aujourd'hui.

Nous avons d'abord, bien entendu, commencé par étudier la présentation des bases de l'algèbre homologique à la Grothendieck-Verdier, en termes de catégories dérivées ou plus généralement triangulées. Le passage du langage des structures de Bourbaki au langage désormais dominant des catégories (puis des poly-catégories) entraînait plusieurs modifications drastiques de l'intuition, et, comme nous le constatons *a posteriori*, conduisait au *Jardin des sentiers qui bifurquent*[34]. Le passage d'un carrefour à l'autre impliquait toujours une décision quant à ce qu'il fallait négliger, et plus tard il nous arrivait – cela arrive toujours à un moment ou à un autre – d'être obligés de revenir en arrière et de reprendre certaines idées oubliées.

L'histoire des *catégories dérivées* commence avec des catégories dont les objets sont des complexes (de groupes abéliens, de faisceaux ou d'autres objets d'une catégorie abélienne) qui sont considérés à homotopie près.

Dans le cadre des catégories triangulées de Grothendieck-Verdier, on oublie les objets/complexes initiaux, et l'on se concentre sur une catégorie additive abstraite, munie d'un foncteur de translation et d'une classe de diagrammes appelés triangles distingués. Mais le problème de la non-fonctorialité des cônes finit par reconduire aux complexes de groupes abéliens, promus cette fois au niveau des *morphismes* et non plus des objets. C'était là, bien sûr, un cas particulier de catégories enrichies, lesquelles, dans leur plus simple incarnation, postulent des ensembles de morphismes $\mathrm{Hom}(X, Y)$ à la Bourbaki, mais élevés à un niveau supérieur : cette fois on avait clairement affaire à une *catégorification* des ensembles de morphismes. Cependant, lorsqu'on accepte que des morphismes deviennent les objets d'une catégorie, alors il se peut que les morphismes de cette catégorie de l'étage supérieur forment à leur tour une catégorie... et nous nous retrouvons en train d'escalader une Tour de Babel qui aurait de quoi désespérer Grothendieck lui-même.

34. *El jardín de senderos que se bifurcan* : conte de Jorge-Luis Borges (1941).

Dans le cadre modeste du présent essai, je laisserai de côté les subtilités et les différentes versions de la notion de catégorie triangulée/différentielle graduée (dg), et me bornerai à décrire brièvement quelques découvertes de base des dernières décennies, qui relient de telles catégories aux motifs.

En gros, disons qu'à partir d'une catégorie de variétés (ou de schémas) X, on peut considérer ou bien le remplacement de chaque X par une catégorie triangulée $D(X)$ de complexes de faisceaux (quasi-)cohérents sur X, ou bien revenir à l'intuition initiale de Grothendieck, mais en remplaçant les *correspondances* par des *complexes de correspondances*.

Cette dernière approche a conduit aux motifs de Voevodsky, Suslin et Friedlander (2000). Je m'intéresserai maintenant à certains résultats qui procèdent de la première.

L'une des premières grandes surprises fut la découverte d'Alexander Beïlinson (1983) : on peut décrire une catégorie dérivée d'un espace projectif comme une catégorie triangulée constituée de modules sur une algèbre de Grassman. En particulier, un espace projectif devenait « affine » dans un certain type de géométrie non-commutative ! Le développement de la technique de Beïlinson a permis d'élaborer un mécanisme général de description des catégories triangulées en termes de systèmes exceptionnels, et d'étendre le royaume des candidats au rôle de motifs non commutatifs.

D. Orlov (2005) a, lui, démontré un théorème général selon lequel si X et Y sont des k-varietés projectives lisses, et s'il existe un foncteur pleinement fidèle

$$F\colon D^{\mathrm{b}}(X) \to D^{\mathrm{b}}(Y),$$

alors le motif de Chow $h(X)$ est facteur direct de $h(Y)$ « à translations et twists par des motifs de Lefschetz-Tate près ».

M. Kontsevich a formalisé les propriétés des catégories différentielles graduées en exprimant la propreté et la lissité dans ce cadre, puis défini les classes de catégories respectives (à homotopie près) comme des « espaces » en géométrie algèbrique non commutative. Il a ensuite défini la classe correspondante de motifs de Chow, et montré qu'il existe un foncteur de plongement pleinement fidèle de la catégorie des motifs de Chow-Grothendieck (modulo twists) dans les motifs non-commutatifs. Ces idées ont ensuite été développées par Tabuada, Marcolli, Cisinski et al. (voir l'article de survol Tabuada, 2011 et ses références).

Les motifs et la physique

Depuis le milieu des années soixante-dix, la géométrie algébrique a interagi avec la physique plus intensément qu'elle ne l'avait jamais fait : les champs de jauge auto-duals (instantons), les systèmes complètement intégrables (équations de Korteweg-de Vries), l'émergence de la supergéométrie (basée sur les règles formelles des statistiques de Fermi), la forme de Mumford et la mesure de Polyakov sur les espaces de modules de courbes (cordes quantiques), tout cela été discuté dans des séminaires conjoints de mathématiciens et de physiciens, ainsi que dans des colloques internationaux.

Les motifs ne sont pas encore apparus dans ce tableau. Cependant, en 1991, il est arrivé quelque chose de nouveau et d'inattendu.

Dans son livre *L'univers élégant – super-cordes, dimensions cachées et la quête de la théorie ultime*[35], Brian Greene raconte l'histoire suivante :

> Lors d'une réunion de physiciens et de mathématiciens à Berkeley en 1991, Candelas annonça le résultat obtenu par son groupe, qui utilisait la théorie des cordes et la symétrie en miroir : 317 206 375. Ellingsrood et Strømme annoncèrent le

35. Brian Green, *The Elegant Universe – Superstrings, Hidden Dimensions, and the Quest for the Ultimate Theory*, W.W. Norton, New York 1999/2003. Traduction française : Céline Laroche, sous le titre *L'univers élégant, une révolution scientifique : de l'infiniment grand à l'infiniment petit, l'unification de toutes les théories de la physique*, Robert Laffont, 2000 ; Folio, 2005.

résultat de leur très difficile calcul numérique : 2 682 549 425. Qui avait raison ? [...]

Un mois plus tard environ, un e-mail circulait parmi les participants à cette réunion de Berkeley, intitulé : La physique a gagné ! Ellingsrood et Strømme avaient trouvé dans leur code informatique une erreur ; une fois celle-ci corrigée, ils confirmaient le résultat de Candelas.

Le problème en question était le suivant. Considérons une hypersurface lisse V de degré 5 dans $\mathbb{P}^4$. Notons $n(d)$ le nombre (convenablement défini) de courbes rationnelles de degré d sur V. Le calcul de $n(d)$ semble être un problème parfaitement classique de géométrie algébrique énumérative, et, en fait, les nombres $n(1) = 2875$ et $n(2) = 609250$ étaient connus depuis longtemps. En utilisant l'outillage heuristique de la théorie des cordes quantiques, les physiciens Ph. Candelas, X. C. de la Ossa, P. S. Green et L. Parkes n'ont pas simplement calculé $n(3)$, ils ont aussi donné une expression analytique d'une fonction génératrice complète de ces nombres, à l'aide de ce qu'on appelle la Conjecture Miroir. Les mathématiciens G. Ellingsrood et S. A. Strømme ont, eux, fourni un code informatique permettant de calculer $n(3)$.

Laissant de côté bien des développements passionnants de cette riche histoire, je me bornerai à expliquer brièvement la partie qui concerne la nouvelle et hautement universelle structure motivique qui a émergé en géométrie algébrique. Je parlerai de variétés, même si en réalité les champs de Deligne-Mumford constituent l'habitat minimal de cette structure, et si elle nécessite l'extension de la construction des motifs purs ; ce qui a été réalisé par B. Toën.

En gros, nous avons à traiter le problème général suivant, hérité de la géométrie algébrique énumérative : étant donnée une variété projective V, comment (définir et) calculer le nombre de courbes algébriques de genre g sur V qui satisfont des conditions rationnelles d'incidence qui rendent ce nombre fini, comme dans l'archétype euclidien : « par deux points différents d'un plan passe une seule droite ». Après des efforts considérables, on parvient à définir pour toutes les valeurs stables de (g, n) une classe de Chow $I_{g,n}$ sur $V^n \times \bar{M}_{g,n}$ à coefficients dans un anneau de semi-groupe, disons $\mathbb{Q}[[q^\beta]]$, où β parcourt les classes entières du cône de Mori de V. Cette classe exprime la relation d'incidence virtuelle décrite plus haut, en la réduisant d'une part aux positions des points correspondants de V^n, et d'autre part à la position de la courbe correspondante sur le champ de Deligne-Mumford classifiant les courbes de genre g à n points marqués.

Cela étant fait, une liste des propriétés universelles des classes $I_{g,n}$ considérées comme des morphismes motiviques définit essentiellement la (co)action de la (co)opérade modulaire de composants $h(\bar{M}_{g,n})$ dans la catégorie des motifs sur chaque motif total $h(V)$ (j'emploie le mot « total » pour souligner que nous ne sommes pas autorisés ici à passer aux divers « morceaux », même si des torsions et des translations sont en fait disponibles (voir Behrend et Manin, 1996).

La sophistication à la fois de la physique théorique (et imaginative), et des mathématiques abstraites qui ont coopéré pour découvrir cette image est vraiment stupéfiante, et je voudrais attirer l'attention sur le fait que notre représentation traditionnelle (erronée) des mathématiques comme langage et outil technique nécessaires pour préciser l'intuition physique s'est trouvée ici renversée : c'est l'intuition physique qui a aidé à découvrir des structures mathématiques inconnues jusque-là. Un résultat remarquable de cette découverte a été la généralisation par Deligne du formalisme tannakien de Galois (Deligne, 2002) : il s'est révélé que les groupes de Galois motiviques étaient en réalité des super-groupes, si bien que les statistiques de Fermi sont désormais fermement implantées en géométrie algébrique, jusqu'alors strictement « bosonique ».

Bien sûr, semblables retournements sont fréquents dans l'histoire des sciences, mais ici le statut contemporain des deux théories – motifs et cordes quantiques – apporte une forte note romanesque à cette histoire. Les deux volumes (Deligne, Witten et al., 1999) consacrés au magnifique projet des deux communautés de coopérer et de s'efforcer de s'enrichir mutuellement portent deux épigraphes. Celle du premier volume est extrait de *Récoltes et Semailles* de Grothendieck :

> Passer de la mécanique de Newton à celle d'Einstein doit être un peu, pour le mathématicien, comme de passer du bon vieux dialecte provençal à l'argot parisien dernier cri. Par contre, passer à la mécanique quantique, j'imagine, c'est passer du français au chinois.

(Aux temps pré-post-modernes, on aurait dit : « Tout ça, c'est du grec pour moi ! ».)

Le second volume porte une épigraphe écrite en caractères chinois, extraite des *Analectes* de Confucius (XVII, 2), dont voici la traduction :

Le Maître a dit : « Les hommes sont par nature proches les uns des autres. Ce sont leurs habitudes acquises qui les éloignent ».

C'est la réponse collective des deux communautés, qui font valoir leur proximité, mais dans une langue (le chinois) étrangère à l'une comme à l'autre.

* * *

Dans la lettre qu'il m'a adressée des Aumettes, datée du 8 mars 1988, la dernière que j'aie reçue de lui, Grothendieck écrivait (en anglais) :

> [...] merci pour la lettre que vous m'avez envoyée pour mon anniversaire, et veuillez m'excuser d'avoir été si long à y répondre ainsi qu'à la précédente, et à vous remercier pour la réédition dédicacée de novembre dernier. Votre lettre m'a frappé par son côté quelque peu formel et mal à l'aise ; mon silence y était sans doute pour quelque chose. Ce que j'avais à dire sur l'esprit des mathématiques aujourd'hui, je l'ai dit dans les volumes du livre que je vous ai envoyés, à vous et à nombre d'anciens amis. J'ai bon espoir que, dès avant l'an 2000, les mathématiciens (et même les non-mathématiciens) le liront

avec soin, et seront sidérés par ce qu'il leur apprendra sur une époque étrange, enfin dépassée [...]

J'ai fait la connaissance de Grothendieck il y a presque un demi-siècle. En repensant à l'impression qu'il m'avait faite alors, je me rends compte que c'étaient sa générosité et son sens surprenant de l'humour qui m'avaient le plus frappé, la veine carnavalesque de sa nature, que j'ai plus tard appris à discerner chez d'autres anarchistes et révolutionnaires.

Sur la couverture du numéro 14 de la revue *Survivre... et Vivre* (octobre-novembre 1972) qui me parvint miraculeusement par la poste à Moscou, je lus :

> 2 FRANCS
> Canada 50 c
> Communautés :
> 1 fromage de chèvre.

III
ESSAIS VARIÉS

III.1
LE *TRICKSTER*[36] MYTHOLOGIQUE : ESSAI DE PSYCHOLOGIE ET DE THÉORIE DE LA CULTURE

Les mythes et les épopées de diverses cultures mettent en scène des variantes d'un même personnage, connu sous le nom de « rusé mythologique » (*trickster* en anglais, *göttlicher Schelm* en allemand, *plout* en russe), porteur d'un ensemble typique de caractéristiques physiques et comportementales, mi-comiques, mi-démoniaques. Tels sont Loki dans les mythes nordiques, Hermès dans les mythes grecs, Surdon dans les mythes ossètes, Wakdjunkaga dans les mythes des Indiens Winnebago, le Corbeau de l'épopée des Tchouktches du Kamtchatka. L'analyse des fonctions narratives montre que le rusé est un compagnon comique, un frère jumeau – ou un double moqueur, un négatif photographique – d'un autre personnage : le héros culturel. Dans les systèmes archaïques, le héros culturel est le personnage actif des mythes d'origine, qui invente ou vole aux dieux les éléments essentiels de la culture matérielle, parvient à obtenir le feu,

36. *Trickster* (*плут* [*plout*] en russe, *Schelm* en allemand, *πολυμήχανος* en grec – épithète homérique d'Ulysse) signifie à peu près tricheur, malin, rusé, escroc, futé, habile, manipulateur, « aux mille tours », fripon. Plutôt que de réduire cette richesse sémantique en privilégiant une signification, nous avons préféré laisser le terme en anglais, ce qui lui laisse sa charge incisive d'outil conceptuel, dont le présent article montre l'efficacité (N.d.T.).

anime les premiers humains, et établit des tabous culturels. Ces fonctions sont tournées en dérision par les actes du rusé : destructions, débordements, transgressions, mensonges – en parole et en action, en visions et en prophéties. Il vole, comme Hermès, un troupeau à Apollon ; il ourdit des intrigues insensées, comme Loki, qui a remis à Hod, aveugle et sans défiance, le rameau de gui qui va tuer Baldur ; il change d'apparence et de sexe ; il sert d'intermédiaire entre les dieux et les humains, entre les vivants et les morts : il est dévoré par une faim insatiable, un érotisme exacerbé, et l'envie de parcourir le monde.

Plus le personnage mythologique est archaïque, plus il est difficile d'isoler en lui cet ensemble singulier de caractéristiques : l'ancêtre totémique (souvent un animal) apparaît comme un indivisible amalgame du héros culturel et de son jumeau. Au fur et à mesure qu'on s'intéresse à des stades d'évolution plus récents, on distingue mieux cet ensemble ou ce complexe de traits dans la culture populaire des carnavals, les contes de fées, la littérature – depuis Homère (Ulysse, petit-fils d'Autolycos fils d'Hermès), jusqu'à Rabelais (Gargantua) et Thomas Mann (Felix Krull).

En un sens, le personnage rusé personnifie le comique, mais ce comique n'est pas nécessairement drôle. Il est parfois essentiellement hostile et effrayant, et, dans l'Europe médiévale chrétienne, diabolique :

> Le Diable était conçu comme *simia Dei*, « le singe de Dieu », son indigne imitateur, le rusé, Polichinelle du ciel et de la terre[37].

Mais cette évolution intéressante à suivre est seulement l'une des raisons pour lesquelles la figure du « rusé » ou *trickster* est un sujet si attirant quand on étudie les cultures.

Une autre raison est que le *trickster* se caractérise par une tension psychologique très particulière. Les autres héros mythologiques et épiques sont souvent perçus comme « manquant de

37. A. M. Panchenko, *La culture russe à la veille des réformes de Pierre-le-Grand*, Léningrad, 1984, p. 7 (en russe).

psychologie » – soit parce qu'ils ne sont eux-mêmes, d'après Jung, que des productions de l'esprit, des manifestations d'archétypes inconscients ; soit parce que, selon O. M. Freidenberg [38] (et en partie Lévi-Strauss), ils ne sont pas tant les sujets de leurs actes que des substituts de catégories cognitives.

Notre sentiment immédiat nous dit que le *trickster* est différent, que plus il est immergé dans l'élément de destruction et de transgression qui est le sien, plus il est psychologiquement chargé. C'est cette intensité psychologique qui fait du rusé le héros naturel d'un conte de fées ou d'un roman ; le personnage nous renseigne aussi, dans ses versions archaïques, sur les premiers stades phylogénétiques des états mentaux des humains. Nous essaierons ici de considérer la figure du *trickster* sous les deux angles mentionnés plus haut : l'histoire de la culture et l'histoire de l'esprit.

Voici maintenant un résumé des principales propositions développées dans la suite du présent article. Le noyau sémantique du complexe du *trickster* est une situation conflictuelle : la culture en train de « germer » au sein du stade naturel, préculturel. Les traits archaïques du complexe remontent à l'époque de la formation du Néanthrope en tant qu'être parlant et social. La discorde intérieure du *trickster* fait exploser toute l'harmonisation entre la culture et la nature que la tradition a pu mettre en place. Le jeu, la facétie et la plaisanterie surgissent en tant que résultats temporaires de la victoire de la culture dans ce conflit, et en tant que représentation apprivoisée, adoucie et émotionnellement simplifiée de ce dernier. La marginalité inhérente au *trickster* justifie la vénérable tradition d'analyser cette figure dans une perspective psycho-pathologique.

38. « Aussi étrange que cela puisse paraître, ces héros, combattifs, knidnappeurs, kidnappés, sont une forme archaïque de nos actuelles notions abstraites, de notre philosophie et gnoséologie, de nos systèmes de perception du monde. » (O. M. Freidenberg, *Mythe et littérature ancienne*, Moscou, 1978, p. 50, en russe).

Qu'est-ce que le complexe du *trickster* ?

La *juvénilité* est au cœur du complexe du *trickster*. Du point de vue de la phylogénèse, elle est liée au début de la période de la formation du Néanthrope (Homo sapiens sapiens) ; du point de vue de l'ontogénèse, à la jeunesse[39]. Nous devons garder à l'esprit que, dans les temps reculés, les humains apprenaient probablement à parler beaucoup plus tard que de nos jours (sans doute quand ils avaient entre 7 et 10 ans), alors que la puberté était plus précoce, si bien qu'on peut estimer que la jeunesse constituait une période d'acquisition des compétences sociales qui précédait immédiatement et incluait l'initiation (le rite du passage dans le monde social des adultes), et qu'elle était moins prolongée et moins différenciée que dans nos sociétés actuelles.

Le mouvement permanent, la « bougeotte », est une caractéristique qui découle de la jeunesse. Du point de vue comportemental, elle explique le caractère diffus, indéterminé, de la fonction du *trickster*, ses voyages, ses aptitudes de médiateur. En termes de personnalité, la mobilité se traduit par un rapport flottant à la parole et à la vérité, c'est-à-dire, selon un cadre de références plus moderne et « adulte », par la tricherie, la fausseté et l'amoralité.

La prise de conscience de ce que le contenu du discours peut être indépendant des circonstances extérieures particulières a été une grande découverte de l'histoire humaine. Ce discours libéré, quand on en maîtrisait la pratique, s'est révélé capable aussi bien de modeler des entités abstraites et imaginaires, que de contrôler les comportements. Les histoires inventées par le *trickster* sont en fait les premières tentatives pour contrôler le comportement de la partie adverse sans utiliser la force brute, et, par conséquent, pour programmer de longues chaînes d'événements inattendus.

La mobilité du *trickster* est en elle-même de valeur neutre ; elle n'acquiert de polarité que dans des manifestations concrètes

39. Cf. le motif du pacte faustien avec le Diable/*Trickster* : la jeunesse est donnée en échange de l'âme, c'est-à-dire de la conscience.

et des conditions existentielles. Quand elle est vue positivement, elle est interprétée comme anticonformisme, mépris des tabous et des conventions, liberté par rapport à l'obstacle des préjugés. Elle permet de franchir les barrières sociales et de renverser la hiérarchie sociale, donne la possibilité de battre en brèche la tradition et de remplacer l'autorité des aïeux par la découverte active des contemporains. C'est cet aspect qui a poussé Georges Dumézil à assimiler Loki et Syrdon aux précurseurs spirituels des premiers scientifiques :

> L'ordre établi n'a-t-il pas des réactions de défense, d'hostilité – qui amènent par contrecoup l'esprit à consacrer une partie plus ou moins grande et souvent de plus en plus grande de ses dons, à ruser, à tromper, à intriguer, et aussi, quand la sensibilté s'en mêle et s'aigrit, à persifler, à nuire, à haïr ? [...][40]

La vision positive du bouffon ou du « fou » comme catalyseur de l'« esprit carnavalesque » médiéval (Mikhaïl Bakhtine), ou du « changement de statut » temporaire dans les rites des sociétés traditionnelles (Victor Turner) a la même origine.

Sous son jour négatif, la mobilité du *trickster* est chargée d'un potentiel destructeur et autodestructeur. Son asociabilité, sa curiosité, dangereuses pour lui-même comme pour autrui et bravant tous les interdits, son instabilité psychologique – tout cela est lourd de malheur, un malheur qu'il est incapable de prévoir et d'empêcher en raison de l'état euphorique de son cerveau gauche (encore une raison pour le considérer comme un prédécesseur des scientifiques d'aujourd'hui). Sous sa forme extrême, le *trickster* agit comme un psychotique hébéphrénique (les patients atteints d'hébéphrénie, forme de schizophrénie touchant les adolescents, se caractérisent par leur asociabilité, une sexualité sans inhibition, et une tournure d'esprit changeante et incongrue).

40. Georges Dumézil, *Loki*, Flammarion, 1986, p. 216.

Passons maintenant en revue quelques arguments en faveur du trait caractéristique que nous venons de mettre en valeur (la juvénilité du *trickster*). Bien sûr, cette conception n'est pas sans poser de problèmes. Ils sont dus en partie à la difficulté générale de conceptualiser les motifs mythologiques, et à l'ambiguïté des données. Ils sont dus aussi aux lacunes et à l'imprécision des sources disponibles, ainsi qu'à l'absence d'informations géographiques et historiques précises sur la présence du personnage du *trickster*.

Reconstruction paléo-psychologique

Dans le cadre de notre interprétation, la présence évidente de deux éléments nous incite à faire l'hypothèse que la juvénilité est la principale caractéristique de la mentalité du *trickster* :

- tendance du *trickster* à avoir des formes de discours idiosyncrasiques, régressives et remontant peut-être à des stades anciens de la phylogénèse.
- traits ressemblant à des symptômes psycho-pathologiques, notamment à des symptômes typiques de l'adolescence.

Au cours du processus d'humanisation, c'est-à-dire de l'émergence et de l'évolution de l'humain à partir de l'animalité, il y eut une période critique : l'acquisition de la maîtrise du discours articulé (du type de celui qui est aujourd'hui le nôtre). La question du temps qu'a pris cette étape, de ses stades successifs et de leur datation certaine est loin d'avoir reçu une réponse définitive. On peut obtenir des indices indirects à partir de diverses sortes de données, parmi lesquelles a) les mesures de crânes fossilisés, qui nous permettent de retracer le développement du cerveau et de l'appareil vocal humain ; b) l'étude archéologique d'outils en pierre, qui démontre la variété croissante des types d'outils et la complexité grandissante de leur fabrication, et qui nous permet d'en inférer le développement de la dextralité, et par conséquent l'asymétrie fonctionnelle du cerveau ; c) l'étude des débuts de l'art et de l'activité sémiotique.

On peut tenir comme établi que, d'une manière générale, des changements décisifs se sont produits à la période moustérienne, il y a entre cent mille (ou cinquante mille) et vingt mille ans. À ce moment-là, le type anthropologique prédominant est passé du Paléanthrope (Néandertal d'Europe) au Néanthrope (Cro-Magnon). Fait intéressant, les données anthropologiques montrent qu'il est impossible que ce dernier ait été un descendant du premier. Le scenario de l'émergence du type Homo sapiens contemporain, de sa diversification et de sa relation avec la « branche morte », de sa dissémination à travers l'Oikouménè, et de la transition d'une évolution biologique vers une évolution sociale reste en grande partie obscur et sujet à controverse, mais il semble que la période moustérienne détienne la clef des premiers motifs paléo-psychologiques de la mythologie[41].

Du point de vue neuropsychologique, la parole, telle que nous la connaissons aujourd'hui, est intrinsèquement liée à l'asymétrie fonctionnelle du cerveau. L'hémisphère dominant, en général le gauche, contient les centres de reconnaissance et de production de la parole. Il se peut que cette asymétrie ait elle-même précédé la parole. Chez les humains, le système nerveux central se distingue par la présence d'une fonction intégrative hautement développée, comportant des connexions entre les

41. Les datations sont certes problématiques. Je dois à Vyatch. Vs. Ivanov les indications suivantes. Un récent numéro de *Science* propose un schéma de la migration de l'Homo sapiens vers l'Eurasie à partir de l'Afrique où s'est formée l'espèce il y a environ cent mille ans. La migration s'est déroulée au rythme d'environ deux-trois (ou même un-deux) individus par génération. On suppose qu'elle a commencé il y environ trente mille ans, ce qui correspond en gros à la date attribuée à l'apparition d'un proto-langage commun pour le groupe des grandes familles linguistiques apparentées du Nouveau et de l'Ancien Monde. Il a fallu environ quinze mille ans à chaque grande famille pour se différencier. Ces datations sont obtenues par des méthodes glottochronologiques.

principaux modes de perception : visuel, auditif, tactile. On a émis l'idée que la parole vocale s'est développée sur la base neurobiologique d'un hypothétique « langage médiateur interne » dans lequel étaient traduits tous les langages spécifiques à chaque mode perceptif. En recourant à la métaphore de l'ordinateur, on peut comparer ce stade d'évolution du système nerveux central humain à l'émergence d'un système de traitement dans lequel plusieurs canaux d'entrée-sortie sont pris en charge par un seul processeur. L'apparition du discours sonore dénote alors la formation d'un canal pour une reprogrammation dynamique de ce système de traitement dont le mode de fonctionnement originel, biologique, symbolise la « nature », tandis que le mode secondaire, social, correspond à la « culture ». Même si dans le monde contemporain le langage est essentiellement conçu comme un canal de transmission pour la communication de l'information, sa fonction archaïque principale, selon certaines propositions d'interprétation contemporaines, était de modifier le comportement, et les premières significations ont été des interdits, des restrictions et des tabous. Au stade de développement suivant, ce système de restrictions a été intériorisé par l'esprit (dans la mémoire individuelle), et a servi par là-même de régulateur pour le comportement et le travail en société. Cela préparait le terrain pour le développement de la vie intérieure, basée sur un nombre toujours grandissant d'informations verbales, qui n'étaient plus désormais réductibles à des prescriptions directes. Cette reconstruction historique s'accorde bien avec l'analyse du développement de la parole chez les enfants selon L. S. Vigotsky.

La formation des centres de la parole dans le cortex, et la restructuration correspondante des connections inter-hémisphériques ont nécessairement affecté la structure de la personnalité des premiers Néanthropes. Cet effet a dû être particulièrement prononcé chez certains individus, qu'on appelle faute de mieux des « proto-chamanes » (notons que même de nos jours le niveau de langage varie beaucoup au sein d'une population ; dans le passé, ces variations ont pu être encore plus importantes).

On peut interpréter certains signes distinctifs du *trickster* comme un reflet de la période en question.

Au début du vingtième siècle, l'ethnologue Paul Radin est parvenu à recueillir le cycle du *trickster* Wakdjunkaga, qui fut publié accompagné de travaux interprétatifs de Radin, Karl Kerényi et Jung. Le cinquième épisode du cycle raconte l'histoire de la lutte entre la main droite et la main gauche de Wakdjunkaga après qu'il eut égorgé un buffle (en tenant le couteau de la main droite).

> Soudain, la main gauche agrippa le buffle. « Lâche, il est à moi ! Lâche, ou je vais te couper », cria la main droite, « je vais te mettre en pièces ». La main gauche relâcha le buffle, mais agrippa immédiatement la main droite. Chaque fois que la main droite essayait de faire mal au buffle, la main gauche l'en empêchait en la retenant par le poignet. Donc, les mains se sont battues, et ce, jusqu'à ce que la main gauche soit gravement blessée. « Oh, pourquoi ai-je fait cela ? Je me suis fait mal à moi-même ». La main gauche saignait abondamment.[42]
>
> On a observé que les mains de certains patients avaient parfois un comportement littéralement identique après une comissurotomie – l'opération chirurgicale qui sépare les deux hémisphères cérébraux. « Un patient raconte, par exemple, qu'un jour il avait trouvé sa main droite en train de se battre avec sa main gauche quand il essayait d'enfiler son pantalon. Une main tirait le pantalon vers le haut, tandis que l'autre le tirait vers le bas. Une autre fois, le patient, en colère contre sa femme, avait essayé de la saisir de la main gauche, tandis que la main droite agrippait la gauche pour essayer de l'en empêcher. »[43]

Bien qu'à l'époque les effets de l'asymétrie fonctionnelle du cerveau n'aient pas encore attiré beaucoup l'attention, cet

42. C. G. Jung, K. Kerenyi, P. Radin, *Der göttliche Schelm. Ein Indianischer Mythen-Zyklus (Le fripon divin, un cycle mythique des Indiens d'Amérique)*, Zürich, Éd. Rhein, 1954, p. 354.

43. S. Springer, I. Deutch, *Left Brain, Right Brain,* San Francisco, 1981, p. 35.

épisode du combat des mains entre elles, ainsi que d'autres traits caractéristiques de Wakdjunkaga avaient été perçus par les éditeurs du cycle comme un indice de la mentalité profondément archaïque du héros mythique. Aujourd'hui, on peut assimiler avec davantage de certitude la conscience dédoublée du *trickster* Wakdjunkaga à divers dysfonctionnements neurologiques liés à la formation des centres de la parole et à la restructuration de la coopération entre les deux hémisphères.

Dans le mythe d'Hermès, les thèmes ou motifs liés à notre sujet sont mis en lumière par l'analyse sémantique attentive de l'hymne homérique à Hermès menée par T. B. Menskaya (avec des objectifs différents) :

> Les vers 560 à 567 du chant XIX de l'Odyssée décrivent... les visions trompeuses et faussement prophétiques (venant de la porte d'ivoire) par une accumulation d'épithètes caractéristiques de l'« élément d'Hermès », de l'« élément hermétique »... Ces visions sont chaotiques, murmurent indistinctement, ... font d'irréalisables promesses. [...]
>
> Les preuves abondent, qui attestent qu'Hermès est lié à la parole inintelligible, aux mensonges (pernicieux, de mauvais augure), à des sons sans signification. Par contraste avec le discours vrai, ce discours-là est, d'une part, indirect, non simple..., et d'autre part non accordé à l'échelle vocale de la parole. Concernant ce dernier aspect, on peut distinguer deux pôles : chuchotements, murmures, d'un côté..., et cris de l'autre.[44]

Cette description s'accorde bien avec le fait que ces émissions vocales résultent de la stimulation directe de certaines zones de l'hémisphère subdominant, ainsi que de l'ancien système limbique (cerveau olfactif ou viscéral). Elles étaient probablement beaucoup plus fréquentes à l'époque où la parole du cerveau gauche était en train de se développer. Le fait-même de dénoncer

---

44. T. B. Menskaya, *ΑΜΗΧΑΝΟΣ ΕΡΩΣ dans le contexte du mythe d'Hermès*, La structure du Texte, Moscou, 1980, p. 175 et 181 (en russe).

la non vérité des songes et des prophéties n'est possible que sur la base d'un discours suffisamment évolué, dont la fonction est de transmettre la vérité. Il faut bien comprendre que la « vérité » des songes et des prophéties est un concept fort différent de la « vérité » des énoncés objectivement vérifiables auxquels nous sommes habitués. La composante d'injonction est très forte dans les premiers ; ils enjoignent à faire un choix spécifique d'actes, et leur « véracité » est une fonction de l'efficacité de ces actes.

Enfin, lorsqu'il décrit Hermès en train de chanter, l'hymne homérique mentionne avec insistance et de façon répétée le côté gauche, la main gauche, corroborant ainsi l'hypothèse de la nature « cerveau droit » de sa personnalité.

Les mythes Winnebago sur le Corbeau, eux aussi, révèlent apparemment son lien étroit avec la parole du cerveau droit, notamment sous son aspect obscène. Le syndrome psychopathologique de Tourette comporte des tics et des émissions de sons vocaux (grognements, aboiements, et en certains cas coprolalie – usage incontrôlable d'un langage scatologique). De même que l'écholalie (répétition mécanique des phrases ou des expressions d'une autre personne) et la glossolalie (flux de sons ressemblant à des paroles mais incompréhensibles en aucun langage), ces modes d'expression représentent une régression vers les premiers stades du développement de la parole. Ils sont invariablement associés au chamanisme, aux débuts (sectaires) du christianisme, à la bouffonnerie des ménéstrels (en russe *skomorochestvo*), etc.

Enfin, nous pouvons retrouver les traits archaïques du *trickster* dans la figure vétérotestamentaire du grand-prêtre Aaron, frère et compagnon spirituel du prophète Moïse. La dualité-même de ces deux personnages reflète la dualité entre le héros culturel et le *trickster* sous son aspect mythologique, et entre le chef de tribu et le chamane au sens ethnographique (nous ne considérons naturellement pas ces deux paires comme équivalentes). L'introduction d'Aaron dans la narration est elle-même typique et représentative : quand la voix de Dieu dit à Moïse de rassembler les fils d'Israël et de quitter l'Égypte, Moïse se dérobe en alléguant sa parole embarrassée. La voix lui ordonne alors de faire appel à Aaron : « ... et je serai avec ta bouche et avec la sienne, et je vous enseignerai ce que vous devrez faire. C'est lui qui parlera pour toi au peuple » (*Exode* IV, 15–16). Aaron agit alors en interprète de la voix qui parle à Moïse, devant le peuple et devant Pharaon ; apparemment, il n'était pas seulement éloquent, il était aussi polyglotte. Quand Pharaon refuse de laisser partir les Israélites, c'est Aaron qui accomplit les trois premiers des signes théurgiques que sont « les plaies d'Égypte », la transformation des sceptres en serpents, etc. Il y a quelque chose d'une joute chamanique entre Aaron et les mages égyptiens, et les miracles ou les sortilèges d'Aaron se montrent plus puissants. Ainsi les fonctions sacrées d'Aaron sont-elles liées à sa virtuosité linguistique, à son habileté manipulatrice et, apparemment, à sa capacité à provoquer des hallucinations collectives (changer l'eau en sang). En même temps, c'est Moïse, malgré sa prononciation déficiente, qui est le canal conducteur de la volonté de la Voix, c'est-à-dire le vrai héros culturel, tandis qu'Aaron incarne son double inférieur. Aaron ne brise pas de tabous, c'est vrai, mais ses deux fils le font, et sont brûlés par le feu divin pour cela (*Lévitique* X, 1–2 ; *Nombres* III, 4). Le goût d'Aaron pour le pouvoir apparaît dans l'épisode où Myriam et lui reprochent à Moïse d'avoir pris une femme éthiopienne (*Nombres* XII, 1–2), ce pour quoi Myriam est punie d'une « lèpre » de sept jours. C'est seulement dans la tradition la plus récente, comme l'a fait remarquer Sergeï Averintsev, qu'Aaron est devensu l'image du grand-prêtre idéal, tandis que ses traits archaïques de *trickster* s'estompaient.

Touchons maintenant un mot des aspects psychopathologiques du personnage du *trickster*. D'une manière générale, la tradition de tracer ce genre de parallèle est bien établie[45] (il est

---

45. Nous ne nous occupons pas ici des problèmes brûlants de l'approche psychologique en psychopathologie ; les critiques du freudisme classique se sont largement exprimés à ce sujet. L'auteur de ces lignes partage le point de vue équilibré d'A. Dobrovitch (voir A. B. Dobrovitch,

récemment paru un panorama intéressant de l'évolution de la psychopathologie : il se démarque des reconstructions classiques habituelles, en ce qu'il s'appuie de manière concrète uniquement sur des données cliniques et expérimentales, et non sur des données ethnographiques et d'histoire de la culture[46]) ; les considérations suivantes sont de simple préliminaires à une recherche future. On pourrait par exemple enrichir l'interprétation de la figure du *trickster* en s'intéressant aux données venant de Sibérie sur ce qu'on appelle la « maladie chamanique », un trouble psychique particulier qui précédait le fait de devenir chamane, et qui faisait ensuite partie intégrante de la personnalité chamanique. La description du rituel chamanique comme d'un accès contrôlé d'hystérie correspond bien à l'idée générale selon laquelle une « tendance convulsive » élevée possède une valeur adaptative – du point de vue biologique et social à la fois – d'après les hypothèses de S. P. Davidenkov et Julian Jaynes, selon lesquels la société a pratiqué une sélection cohérente favorisant les individus à la mentalité schizophrénique.[47]

Nous aimerions maintenant développer davantage ici les similitudes entre les motifs comportementaux du *trickster* et l'hébéphrénie (je suis reconnaissant à V. A. Faivishevsky d'avoir attiré mon attention sur ces ressemblances). B. F. Porshnev a traité les aspects paléopsychologiques de l'hébéphrénie dans un cadre différent. Le syndrome hébéphrénique a été décrit par le psychiatre allemand Karl Kahlbaum en 1889. On a donné à ce symptôme le nom de la fille de Zeus, la jeune Hébé, qui était l'échanson des dieux olympiens ; c'est son « gobelet pétillant de tonnerre »[48], qui

« Les problèmes du subconscient en lien avec les questions de relations psychosomatiques et de pathologie clinique », *Le Subconscient*, vol. IV, Tbilissi, 1985, p. 237–253 (en russe)).

46. *Problèmes de génétique et d'évolution en psychiatrie*, Novossibirsk, 1985 (en russe).

47. Vyatch. Vs. Ivanov, « La structure des textes homériques décrivant des états mentaux », in *La structure du Texte*, Moscou, 1960, p. 8 (en russe).

48. « Un gobelet pétillant de tonnerre » : citation du poème « Orage de

tintait si merveilleusement dans la parole poétique russe. L'état hébéphrénique présente les traits suivants : attitude hypercritique à l'égard de l'entourage, en particulier à l'égard des personnes âgées ; manque de contrôle de soi, instabilité ; sensualité et envie de voyager ; sexualité excessive, de type pubertaire, provoquant un comportement débridé. Ces traits se combinent avec une attitude rationaliste à l'égard de soi-même et du monde, une programmation méticuleuse des actes sans prise en compte de leur résultat final, une « intoxication métaphysique » par des systèmes philosophiques, la religion et l'art.

La juxtaposition des ces deux ensembles de traits est en elle-même parlante.

Elle confirme la thèse de B. F. Porshnev sur la rigidité psychique, qui est un trait commun à la plupart des psychoses, et qui est peut-être une caractéristique philogénétique de l'un des premiers stades de l'évolution de la parole.

Le *trickster* et le problème du comique

L'aspect comique du *göttlicher Schlem*[49] à la période archaïque n'était sans doute pas encore lié à la drôlerie. Selon O. M. Freidenberg,

> la comédie, dans l'Antiquité, était une catégorie cognitive. Le monde duel, « divers/un », de la culture classique comportait constamment et en tous ses aspects deux veines de phénomènes, dont l'une parodiait l'autre[50].

---

printemps », du poète russe Fiodor Tiouttchev (1803–1873), dont la dernière strophe décrit Hébé servant à boire à l'aigle de Zeus (N.d.T.).

49. *Der göttliche Schelm (Le fripon divin)* : titre du livre de Jung, Radin et Kerenyi, consacré au personnage du *trickster* (op. cit.).

50. O. M. Freidenberg, *Mythe et littérature ancienne*, Moscou, 1978, p. 282 (en russe).

Ainsi compris, l'élément comique ne saurait être homogène, puisque les différentes oppositions ont des importances et des sens qui varient, jusqu'à l'incommensurabilité.

En outre, dans la formule « divers-un », n'est ce pas le « un » qui est la part déterminante, plutôt que le « divers » ? Les émotions profondes, y compris l'expérience qu'on fait du comique, sont en général irrationnelles. L'analyse rationnelle de la cause d'un sentiment atténue ce dernier, et le remplace par une série de découvertes de valeur incertaine.

Le champ sémantique du comique et du drôle est vaste et hétérogène. L'un de ses points focaux est l'idée d'une communication qui ait une saveur positive. C'est là une composante préculturelle : tel est le premier sourire d'un bébé, et bien que les animaux ne rient pas, les jeux de leurs petits semblent imprégnés d'une atmosphère rieuse (notons que seules les choses humaines, semblables à l'humain ou liées aux humains peuvent être drôles : un beau paysage peut évoquer dans l'imagination l'idée de l'harmonie du monde, mais un paysage drôle – si tant est qu'on puisse concevoir cela – ne peut nous faire penser qu'à nous-mêmes). Si l'on retire à une situation de jeu ses aspects de communication et d'émotion, ce qui reste est la modélisation de la réalité « réelle », la préparation à cette réalité, ou son remplacement. À l'intérieur du cadre de la culture, le jeu est une modélisation dotée de fonctions particulières. Son but est pour ainsi dire de révéler tout l'espace des phases de la culture, la totalité des états potentiellement accessibles. Une façon économique de faire cela est de construire un modèle dans un « coin retiré » de l'espace des phases. Le procédé le plus commun, dans ce genre de construction, est l'inversion des relations normales (cf. l'histoire du fou disant lors de funérailles : « puisses-tu en pêcher beaucoup ! »[51]). Celui qui

51. Allusion à une histoire du folklore russe, similaire à celle, française, du benêt Épaminondas qui réagit improprement à chaque situation. À chaque fois, on le bat, et on lui apprend la bonne façon de se comporter, qui se révèle tout aussi inadéquate à l'occasion suivante. L'épisode des

invente une situation qui fait rire se déplace le long de plusieurs axes, et lorsqu'il va atteindre les limites du possible, il renverse une opposition culturelle importante. Mais une situation qui fait rire est une convention. Elle résulte d'un contrat. La violation d'un tabou ne peut rester dans les limites d'une communication teintée de positivité qu'avec la connivence du public, et temporairement, sinon la culture explose et est remplacée par une autre. Le passage de cette violation au niveau verbal accomplit une modélisation de second ordre. Cela consolide le pacte social : les histoires des tours joués par le fou font rire de meilleur cœur que les tours joués dans la réalité. Ainsi, peut-être le rire est-il apparu comme un effet collatéral de l'évolution de la parole ?

Mettons en regard quelques interprétations du motif scatologique (du mot grec τὸ σκῶϱ/τοῦ σκατός : *fèces*), universellement présent dans les formes « inférieures » d'humour et dans la culture populaire du « carnaval sur la place publique ». L'une de ses représentations iconiques est une silhouette nue (diable, joker) en posture de défécation devant ou au-dessus d'un symbole de Temple ou d'un symbole du Monde. A. M. Panchenko suggère que cette figure exprime l'idée d'« une arrogance inhumaine, typiquement satanique, d'un mépris hautain pour le monde » (dans le cas où c'est le diable qui est représenté), ou bien de la même idée transposée « sur le plan comique de la perte de dignité ». Mais pour l'hagiographe du *fou en Dieu* Basile le Bienheureux, qui avait coutume d'accomplir ses fonctions corporelles en public, la signification de ces actes est différente – c'est la liberté de l'esprit par rapport au corps : « Il avait une âme libre... et sans avoir honte de ce que les gens ont honte de faire, quand son ventre en avait besoin, il le faisait devant eux »[52]. Cette ambivalence de l'épisode, et la façon ambiguë dont il est perçu, sont

funérailles suit celui de la rencontre de pêcheurs, auxquels on lui a expliqué qu'il aurait dû souhaiter une bonne pêche (N.d.T.).

52. D. S. Likhatchev, N. V. Panchenko, *Le rire dans l'ancienne Russie*, Léningrad, 1984, p. 90 (en russe).

acceptées et soulignées, mais n'épuisent pas sa sémantique profonde.

Souvenons-nous de la célèbre vision de Jung adolescent : Dieu siègeant sur un trône céleste d'or, l'un de ses excréments tombant sur un temple brillant, qu'il détruit. Il apparaît ainsi, en termes de psychologie analytique jungienne, que nous avons ici à faire à un proto-motif archaïque, qui se manifeste uniquement dans une vision provoquant un profond choc émotionnel, sans pouvoir en principe être épuisée par une explication rationnelle. Enfin, la pratique de la psychiatrie clinique et de sa méthode d'interprétation invite à comprendre cette constellation de motifs comme relevant d'altérations pathologiques autistiques de la personnalité provoquées par la shizophrénie : le patient éprouve un manque de satisfaction lors de ses contacts avec autrui et avec les objets, ce qui le conduit au narcissisme et à l'autoérotisme. De ce point de vue, les images scatologiques constituent un langage psychologique de base de l'autoérotisme ; on le retrouve dans plusieurs histoires du Corbeau et de Wakdjunkaga, ainsi que dans des hagiographies de saints et de *fols en Dieu*.

Bien sûr, c'est seulement lorsque le motif scatologique s'incarne subtilement dans une tradition littéraire déjà développée, que l'effet comique est accentué, ou parfois créé. Rabelais est une source inépuisable d'exemples (les 260 418 personnes noyées dans l'urine de Gargantua devraient provoquer la réaction attendue chez les lecteurs de la revue scientifique *Priroda* : c'est la précision du nombre qui est comique).

Ainsi, le comique archaïque n'est-il pas initialement drôle. Personnifié dans la figure du *trickster*, il incarne le franchissement juvénile des limites culturelles. Les incursions dans ce qui est préculturel et au delà du culturel étendent le domaine de la culture, mais, chose plus importante, élargissent le regard qu'on a sur elle. L'effet déstabilisant du *trickster* est à l'origine destructeur. À mesure que la psyché individuelle et sociale mûrit, le rire se développe à partir du comique et devient capable de neutraliser ces forces destructives en les faisant passer dans le domaine du jeu. Finalement, le rire civilisé est un consentement joyeux au franchissement temporaire des bornes.

III.2
À PROPOS DES PREMIERS DÉVELOPPEMENTS DE LA PAROLE ET DE LA CONSCIENCE (PHYLOGÉNÈSE)

1. Préambule

La métaphore pouchkinienne de la « fumée des siècles » est parfaitement exacte : l'acuité de la vision historique baisse rapidement avec la distance, et les jalons du passé subjectif ont vite fait de rapetisser à une échelle logarithmique. Il y a environ vingt ans, vous naissiez, vous ou vos enfants ou vos petits enfants. Il y a environ deux siècles naissait la civilisation technique contemporaine. Il y a environ deux millénaires, l'atmosphère culturelle dans laquelle se trouve aujourd'hui le monde contemporain (ou ce qu'on appelle conventionnellement le monde occidental) européocentrique existait déjà ; dès ce moment-là, tout ce que nous savons à ce jour concernant l'homme en tant qu'être social était dit ; toutes les grandes formules morales étaient proclamées ; tous les modes de comportement envers les dieux, la nature et les humains étaient codifiés. Ils se contredisent tous ? Et après ? – nous sommes ainsi faits. Le processus d'hominisation qui nous a faits tels était biologiquement complet il y a environ vingt mille ans, au Paléolithique supérieur ; la constitution humaine avait atteint sa structure et sa forme actuelles ; les humains s'étaient dotés d'un language complexe, et avaient appris à fabriquer divers outils en os et en pierre. Vers le milieu de cet espace de vingt mille ans, s'est élevée la première ville : Jéricho ; plus près du début de l'ère commune, Troie est tombée, et c'est à travers ses flammes que nous voyons les autres innombrables incendies des âges modernes et contemporains.

La période sur laquelle nous nous concentrerons dans cet article est encore plus éloignée : elle se trouve dans une frange de 20 000 à 200 000 (possiblement 500 000) ans avant J.-C. Dix mille ancêtres nous séparent d'elle. C'est alors que le processus de la glottogenèse s'est déroulé, que la parole et le langage ont émergé, et que les organes de la parole et les structures du cerveau se sont développés ; c'est alors que le cerveau est devenu asymétrique, et que l'esprit humain s'est cristallisé sous la forme que nous lui connaissons aujourd'hui.

La compréhension scientifique de ce processus progresse lentement, et très difficilement. Des périodes de conceptualisation spéculative ont alterné avec des périodes où le fait-même de formuler cette question était jugé non scientifique. Une difficulté inhérente à la théorisation d'une évolution, quelle qu'elle soit, est que nous n'en savons jamais assez sur la structure de l'entité qui évolue. En effet, décrire une évolution n'est pas décrire une histoire en tant que processus temporel : nous n'essayons pas de reconstruire tous les événements qui ont eu lieu, mais seulement ceux qui ont apporté un changement systémique dans la tranche de réalité que nous étudions. Les langues naturelles en tant que systèmes ont été étudiées en détail au niveau phonologique, grammatical, et un peu au niveau lexical. Cette focalisation sur la linguistique comparée a permis d'effectuer des reconstructions approfondies d'anciennes langues, et nous possédons des dictionnaires des états linguistiques nostratique ou sinocaucasien, qui comportent plusieurs centaines de racines remontant jusqu'à la période d'avant l'écriture, possiblement jusqu'à dix mille ans. Les comparatistes peuvent-ils discerner, plus loin dans le passé, quoi que ce soit qui fasse sens ? La dégradation exponentielle du vocabulaire de base au cours de l'évolution d'une langue, postulée par la glottochronologie, signifie, par extrapolation au passé, que les traces du vocabulaire d'un état plus ancien disparaissent totalement (DYBO et TERENTYEV, 1984 ; ILLICH-SVITYCH, 1971). Jusqu'à un certain point, nous pouvons compenser cela en incluant d'autres données dans notre étude de l'état en question. Si nous voulons découvrir quelque chose sur une histoire encore plus ancienne de la langue, nous devons renoncer à reconstruire son vocabulaire, et chercher à retracer l'évolution de ses autres propriétés structurelles. Par exemple, en prenant n'importe quelle conception de la structure des fonctions remplies par le langage, on peut poser la question de savoir comment cette structure a évolué. Prenons, pour illustrer cela, la classification des fonctions du langage selon les visées du locuteur, due à Roman JACOBSON (1984) : 1) fonction émotive (visant à exprimer l'état intérieur du locuteur) ; 2) fonction conative (visant à créer un certain état chez le récepteur) ; 3) fonction poétique (centrée sur le message lui-même) ; 4) fonction métalinguistique (centrée sur le langage lui-même) ; 5) fonction référentielle, cognitive (centrée sur la réalité) ; 6) fonction phatique (centrée sur la sociabilité, le contact). En lisant cette classification en termes de développement évolutif, nous concluons que la fonction émotive semble être la plus archaïque, héritée d'un état quasi-animal ; que les fonctions phatique et cognitive ont dû jouer un rôle important dès les premiers stades de la glossogenèse ; que la fonction métalinguistique a émergé plus tard, et qu'elle est caractéristique de certaines cultures très singulières, comme la culture de l'Inde l'ancienne – voir par exemple TOPOROV (1985). La fonction conative nous intéresse particulièrement ici : nous allons essayer de présenter des arguments montrant son rôle dominant lors des premiers stades de la glossogenèse. Enfin, la fonction poétique est peut-être isolée de façon abusive : en termes d'évolution, on devrait décrire autrement la genèse de la poésie.

Notons que quand nous passons de l'évolution du vocabulaire à l'évolution du système des fonctions du langage, nous changeons d'objet d'étude : nous passons de la linguistique à la psycholinguistique. Cela signifie que notre objectif n'est plus braqué sur le langage en tant que système sémiotique, mais sur le langage en tant que phénomène psychologique et moyen d'interaction sociale. Mais l'esprit humain s'est développé de concert avec le langage ; de plus, l'esprit n'a pu être complètement formé tant que la parole articulée n'était pas complètement développée. Par conséquent, il nous faut une conception de l'esprit qui reflète son développement systémique dans une perspective diachronique.

Le choix d'une telle description systémique déterminera aussi les questions que nous poserons. Par exemple, le cerveau est un système remarquablement complexe, un support matériel qui sert l'esprit. Cela amène une question pertinente et très intéressante sur les corrélats neurophysiologiques des processus mentaux.

D'un autre côté, supposons que nous soyons intéressés par l'histoire naturelle du développement de la conscience de soi – de l'image qu'un être vivant a de lui-même. Il s'avère que nous sommes incapables de reformuler fidèlement cette question dans les termes du développement du système nerveux central. Selon le jugement de valeur de chaque chercheur, on doit, soit abandonner ce problème (ce que fait le système de valeurs du behaviorisme), soit puiser dans un éventail de plus en plus large de données fournissant des indices de la présence, même occasionnelle, d'une conscience de soi : recherches sur le comportement animal et la psychopathologie humaine, données sur le développement de la structure syntaxique des langues modernes, et enquêtes sur les effets des hallucinogènes ; interprétation des mythes et théorie des bases de données ; enfin, recours à l'introspection et à l'« expérience de pensée » (*Gedankenexperiment*) psychologique.

Au tout début du vingtième siècle, l'introspection et la « psychologie de la compréhension » sont peu à peu passées de mode, et la place a été occupée pour un bon moment par le rigide modèle structurel freudien, qui organisait l'esprit à l'intérieur de la topologie « Ça-Moi-Surmoi », et dessinait hardiment à grands traits la théorie du développement, à la fois individuel et phylogénétique, de ce système. Ce n'est sans doute pas par une simple coïncidence historique que des concepts comme la psychanalyse freudienne, la théorie du changement phonétique des néogrammairiens, l'analyse structuraliste par Propp des contes de fées, et l'école formaliste de la Nouvelle Critique soient apparus à peu près en même temps. Les critères de validité scientifique et de rigueur du raisonnement en sciences humaines se sont de plus en plus alignés sur le modèle des science dures ; et la branche de la psychologie qui restait à l'écart des abstractions freudiennes a eu tendance à se transformer en l'étude de l'homme vu comme « nœud de contrôle » du processus technologique. L'avenir dira si l'ensemble des sciences humaines est en train d'entrer aujourd'hui dans une période de nouvelle synthèse.

Dans cet article, nous nous intéressons à une série de questions de nature psycholinguistique, liées au problème suivant.

Le subterfuge usuel, dans les études phylogénétiques, consiste à recourir à des parallèles avec l'ontogénèse. Quand on l'applique à l'histoire de la parole et des langues, cela implique que nous devons comparer le développement de la parole au cours de l'hominisation au développement de la parole chez l'enfant. Mais l'enfant ne commence à parler que dans la mesure où il est immergé dans un environnement langagier – les adultes lui parlent et se parlent dans son entourage. Qui était l'« adulte » pour les premiers hommes ?

Nous examinerons deux points pour essayer de répondre à cette question : la différence des aptitudes langagières d'un individu à l'autre, et l'existence de deux pôles opposés sur l'échelle des types de comportement langagier, que nous appellerons dans ce qui suit comportement langagier « dominant » et comportement langagier « subdominant ».

Aux époques historiques, la différence des aptitudes langagières d'un individu à l'autre est évidente, ne serait-ce que par le fait que, malgré la démocratisation de l'instruction, des poètes nationaux comme Dante et Pouchkine ont tellement dépassé le niveau de langue moyen, qu'ils sont devenus pour des siècles les professeurs de langue de leur nation. Le rôle des individus doués de compétences langagières exceptionnelles était probablement encore plus important à l'aube du langage.

Nous dirons que ce qui différencie, en gros, le comportement langagier « dominant » et le comportement langagier « subdominant » est le degré d'implication en chacun d'eux de la volonté et de la conscience. Dans les publications contemporaines, en dépit de la mise en garde d'A. S. Vygotsky, le comportement langagier est considéré avant tout comme une fonction de la part rationnelle et intentionnelle de l'esprit humain. Pour résumer en simplifiant un peu, on part du principe que la pensée consciente est formée (ou formulée) quand la parole est produite ; et quand la parole est perçue par autrui, cette pensée affecte indirectement le comportement du récepteur. C'est à ce genre de parole que nous appliquons ici le terme de « dominante ». Le terme « subdominante » sera appliqué par exemple à des types de comportements altérés par l'hypnose ou une pathologie (voir ci-dessous).

Nous soutenons, pour notre part, que le comportement langagier subdominant remonte à des époques très archaïques : il a joué un rôle important à la fin de la période de la glottogenèse, après des millénaires de parole embarrassée et mal articulée, pauvre en vocabulaire. La production d'une parole subdominante – qui était peut-être la fonction principale des chamanes – pouvait avoir un grand pouvoir de suggestion, et constituer un puissant agent unificateur pour une tribu préhistorique, indépendamment du fait que les simples membres de la tribu comprenaient plus ou moins bien, voire pas du tout, cette parole.

Cette façon archaïque de parler était essentiellement une parole au delà de la langue, c'est-à-dire que ces « actes de parole » (*speech acts*) sortaient du cadre d'un système linguistique établi. Le caractère paradoxal de cette notion de « parole au-delà de la langue », c'est-à-dire au delà des normes, peut être atténué par diverses considérations. Un habile discours de circonstance, même tenu en une langue inconnue de l'auditeur, peut être très efficace. E. V. Popov, spécialiste de l'intelligence artificielle, fait la remarque suivante :

> En raison du rôle prépondérant que prend toujours la signification, la parole humaine peut vaincre pratiquement toute résistance de la langue en liant un « acte de parole » à une situation particulière (POPOV, 1982).

Il faudrait ajouter que ce pouvoir de suggestion de la parole montre que les niveaux de sens atteints sont ici différents de ceux exprimés par les mots d'une langue nationale développée. JACOBSON (1984, p. 382) attire l'attention sur une question linguistique jamais étudiée : un individu moyen a un niveau de langage beaucoup plus élevé en tant qu'auditeur qu'en tant que locuteur. Nous sommes convaincus que cette différence était maximale chez les premiers hommes.

Résumons la conception qui nous intéresse ici. À la fin de la période de la glottogenèse, la fonction archaïque de la parole était davantage la programmation du comportement, que l'échange d'informations. Les porteurs de la langue (en puissance) étaient plutôt des individus particuliers que l'ensemble de la communauté. La parole est née de processus pychologiques puissants qui se sont effectués chez certaines individualités, plutôt que des besoins des communautés – et cela même si cette aptitude de la parole (associée à un comportement rituel) à unir par la suggestion un groupe d'êtres humains en les transformant efficacement en un organisme social unifié, a fixé les règles du discours. La codification et la fixation de la structure de la langue ont été longtemps une fonction sacrée des chamanes. La période à laquelle ce nouveau type de discours s'est répandu a coïncidé avec la transition entre l'Homo sapiens et l'Homo sapiens sapiens ; il se peut qu'elle ait été relativement brève (de 50 000 à 20 000 ans environ avant notre ère), et liée à l'expansion à travers le monde habité d'un génotype spécifique, en gros celui de Cro-Magon, porteur du potentiel de ce nouveau discours humain, et qui a remplacé le génotype de Néandertal. Cette période relativement brève a peut-être été aussi celle où les deux hémisphères du cerveau sont devenus de plus en plus actifs en raison de la restructuration des connexions inter-hémisphériques au cours de la formation du centre de la parole. En ce cas, ce n'est pas une coïncidence si la fin de cette période correspond à la floraison des peintures rupestres en Europe. Cette période a pour reflet dans la conscience mythologique l'ensemble des traits caractéristiques du « *trickster* mythologique »[53]. La formation de la conscience individuelle a été encore plus tardive, et ne s'est achevée qu'à la période historique. En un mot, on peut dire que la parole a précédé la langue, et que la langue a précédé la conscience.

Le présent article n'est pas un exposé exhaustif de tous les aspects de la question ; il n'est pas non plus polémique. C'est plutôt une tentative originale d'envisager le problème de la glossogenèse à la lumière des apports de la psycholinguistique. On trouvera dans les ouvrages (Chuprikova, 1985 ; Grolier, 1983 ; Yakushin, 1985) une recension des différentes approches de ce problème et des recherches contemporaines. Le recueil (Porshnev, 1974) propose une conception particulièrement novatrice et cohérente.

Je suis profondément reconnaissant à Vyatch. Vs. Ivanov, E. M. Meletinsky, A. A. Neifakh et V. A. Fajvishevsky pour les nombreuses discussions stimulantes que nous avons eues ensemble. V. A. Fajvishevsky, en particulier, a apporté des arguments puissants en faveur de la thèse de la fonction suggestive de la parole au cours de la phylogénèse.

Parole et conscience

Les expériences de Fromm

Fromm (1970) décrit une série d'expériences menées avec Don, un collégien. Le père et la mère de Don étaient tous deux des Américains nés au Japon. Don était né cinq jours avant l'attaque des Japonais contre Pearl Harbour. Après l'attaque,

53. Voir IIIe partie, ch. 1.

les Japonais vivant aux USA, les « nisei », avaient été enfermés dans ce qu'on appelait des « camps pour personnes transférées » (Don les appelle des camps de concentration). Si bien que Don avait passé son enfance dans un environnement où l'on parlait japonais.

À l'époque des expériences, Don ne pouvait, à ce qu'il disait, ni parler ni comprendre le japonais, en dehors de quelques mots comme « arigato » (merci) que sa grand'mère lui avait appris.

L'une des expériences avait pour but de produire une « régression d'âge ». Sous une suggestion hypnotique le ramenant à l'âge de sept ans, Don ne pouvait toujours pas comprendre même des questions simples en japonais. Le stade de suggestion suivant l'a transporté à l'âge de trois ans, « un jour où il était bien et heureux ». Après être resté un court instant sans rien dire, Don s'est mis à parler avec excitation en japonais, et ce pendant quinze à vingt minutes. Ramené à l'âge de sept ans, il est revenu à l'anglais.

Pour l'expérience suivante, analogue, on avait préparé un magnétophone. Le chercheur a invité indirectement Don à parler japonais, en le saluant avec le mot anglais « hi ! », qui sonne comme le mot japonais « haï » (oui). Quand il a entendu ce mot, Don s'est lancé dans une tirade en japonais. L'enregistrement a ensuite été transcrit et traduit.

Don, quant à lui, n'avait pas gardé le moindre souvenir de l'expérience, en raison d'une amnésie spontanée (l'amnésie post-hypnotique peut aussi être suggérée au moment de l'hypnose). Quand il a ensuite écouté l'enregistrement, il n'a pas compris grand'chose. Il était cependant capable de se rappeler certaines des pensées qu'il avait eues pendant qu'il parlait japonais : il avait pensé à un joli petit chien aux grands yeux que sa maman lui avait offert, et il était reconnaissant envers Maman. Ce souvenir collait bien avec la traduction de l'enregistrement. Une fois sorti de l'état d'hypnose, Don n'avait aucun souvenir d'avoir jamais eu un chien : il pensait que les chiens étaient bannis du camp.

Une autre expérience d'hypnose visant à évoquer l'« observateur caché » a permis à Fromm d'obtenir que Don dise ce qu'il avait éprouvé au moment où il parlait japonais (Fromm, 1970, p. 82).

> Mes lèvres se sont mises à bouger d'une drôle de façon. Je voulais dire quelque chose, mais je ne savais pas ce qu'en fait je disais. Les mots sortaient tout seuls, et je ne savais pas si c'étaient des mots réels. Le plus bizarre, c'était que mes muscles agissaient involontairement, comme si mon esprit ne prenait pas part à cela.

Le concept de comportement discursif dominant et subdominant

Par « comportement discursif », nous entendons la production ou la réception de textes, écrits ou oraux. Comme nous l'avons déjà mentionné, le comportement discursif est surtout étudié en lien avec les facultés rationnelles et volontaires de l'esprit (voir Dridze, 1984, p. 102, pour ce qui concerne les formulations-types).

Nous appellerons dominant cette sorte-là de comportement discursif.

Quand Don est soumis à la suggestion hypnotique de parler japonais, son comportement change, et devient différent de ce qu'il pourrait être dans une conversation normale. Quand il parle japonais bien qu'il soit convaincu d'en être incapable, la production du discours se passe autrement que dans des conditions normales.

Il est bien connu que chez les sujets hypnotisables, le discours de l'expérimentateur peut provoquer amnésie, insensibilité ou hypersensibilité à la douleur ; hallucinations positives et négatives ; catalepsie ; enfin, il peut pousser le sujet à accomplir après coup, après la séance, des actes suggérés sous hypnose, sans qu'il ait conscience de la vraie raison pour laquelle il agit ainsi. Quand le discours affecte de cette façon-là le comportement, les aspects conscients et critiques de la perception du discours sont en grande partie supprimés ; l'effet produit est d'autant plus puissant.

Ainsi, dans le mode dominant de perception du discours, le récepteur est-il conscient de son contenu, et peut-il l'évaluer de façon critique ; la réaction (verbale ou comportementale) est volontaire. Dans le mode subdominant, le contenu du discours perçu n'est pas évalué de façon critique, la réception est moins consciente, la composante injonctive du discours provoque chez le récepteur des réactions involontaires (et parfois des réactions qui normalement ne sauraient être conscientes). Nous pouvons définir de la même façon l'opposition entre la production de discours dominante et la production subdominante (voir le récit de Don, et aussi plus bas) : dans le mode subdominant, l'acte de parole peut échapper totalement au contrôle de la conscience.

On aurait tort de penser que le comportement subdominant souffre d'une certaine infériorité par rapport au comportement dominant : au contraire, on peut le considérer comme plus efficace à certains égards. Le rôle de la conscience n'est pas de générer un comportement discursif, elle agit plutôt comme un filtre qui supprime ou oriente autrement les actions et les réactions engendrées par des couches sous-jacentes de l'esprit.

À propos de terminologie

Dans les études de l'asymétrie du cerveau, le terme « dominant » est appliqué à l'hémisphère dont le cortex contient les centres qui régissent la parole (pour les droitiers c'est normalement l'hémisphère gauche). L'autre hémisphère est en général appelé « subdominant ».

Notre proposition d'appeler « dominant » le comportement discursif conscient est en accord avec l'esprit de cette terminologie.

Dans une perspective plus large, lorsqu'on a découvert l'asymétrie des hémisphères cérébraux, cette asymétrie a souvent été traitée comme un corrélat neurophysiologique d'un certain nombre d'autres oppositions, déjà analysées dans divers champs (cf. V. V. Ivanov, 1978). L'ouvrage de Springer et Deutsch (1997) donne une liste incomplète de ces dichotomies présentes à différents niveaux : dichotomies rationnel/intuitif, logique/visuel, séquentiel/concomitant, discret/continu, conscient/inconscient, etc., voire même oppositions historico-culturelles aussi larges que l'opposition occidental/oriental. En même temps, la nature de la corrélation entre ces différents couples, ainsi qu'entre chacun d'eux et la dissymétrie du cerveau, est souvent problématique, ou du moins ne peut pas être établie avec le même niveau de rigueur que celui respecté pour la découverte de ces oppositions elles-mêmes, à l'aide de techniques diverses et de types de données diverses.

Pourtant, il est hors de doute que de telles corrélations existent bel et bien. En d'autres termes, nous pensons qu'il y a de bonnes raisons de mettre sur le même plan toutes les oppositions mentionnées plus haut, même si la nature des connexions spécifiques qui les relient est mal comprise ou mal cernée. Dans cette situation, il est commode d'adopter des termes génériques pour la plus fondamentale des oppositions dont on postule l'existence. Il semblerait que le couple « dominant/subdominant » puisse efficacement remplir ce rôle. Dans les lignes qui suivent, nous l'utiliserons en lui donnant ce sens-là, mais cela ne veut pas dire que nous postulions explicitement que chaque mode de comportement soit régi par des mécanisme spécifiques de chaque hémisphère cérébral : nous posons simplement la question de l'existence d'une telle relation.

Cela dit, prêter attention aux possibles manifestations de cette opposition fondamentale dans toutes les données quelles qu'elles soient, paraît être un principe méthodologique utile, comme nous allons le montrer à partir de deux exemples représentatifs.

La linguiste Reveka Frumkina a consacré une série intéressante d'études (dont Frumkina, 1984 fournit un synopsis) à l'étude de la sémantique des noms de couleurs en langue ordinaire. Dans ces articles, l'auteur plaide pour le rejet de tout système de description sémantique basé sur la science de la couleur (ou sur la vision des couleurs) :

> [...] notre position de base est celle-ci : ce qui est signifié, le « signifié », ne peut être expliqué que par les relations établies entre les différents signifiés du monde intérieur du locuteur.

En même temps, les études de l'asymétrie hémisphérique qui recourent à une suppression temporaire de l'un des hémisphères montrent que les noms de couleurs peuvent être répartis en deux classes assez distinctes, selon qu'ils sont ou non préservés lors de ce genre d'expérience. Ainsi, des références simples à la couleur, comme « rouge » ou « noir », sont préservées après un choc administré à l'hémisphère dominant, tandis que des noms de couleur comme « sable » ou « de lin » (et probablement des composés comme « café au lait ») sont prévalants après un choc administré à l'hémisphère subdominant (NIKOLAENKO, 1983). Le « monde intérieur » du sujet est probablement inhomogène par essence, même par rapport à la sémantique des couleurs, et traite avec des modes différents (dominant et subdominant) le vocabulaire de chacune des deux classes. Il faut évidemment tenir compte de ce fait quand on met en place des expériences.

Notre second exemple concerne le « problème de la main » dans l'art paléolithique (V. V. IVANOV, 1972 ; STOLYAR, 1976). Dans l'iconographie du paléolithique supérieur, on trouve sur les murs des cavernes de nombreuses empreintes laissées par des mains couvertes d'ocre (on trouve aussi, moins fréquemment, des empreintes à la peinture noire, et des empreintes en négatif). « L'hypothèse de la main », exposée et critiquée par A. D. STOLYAR (1976), part du principe que les empreintes de mains constituent le premier stade du développement du dessin à la période paléolithique, et que les animaux représentés par leurs contours constituent le stade suivant (Stolyar rejette la théorie plus ancienne selon laquelle les empreintes de mains symbolisent le rôle de la main dans le travail et l'hominisation des ancêtres de l'homme). Stolyar remarque aussi avec beaucoup d'intuition que

> les silhouettes d'empreintes de mains individuelles diffèrent absolument des premiers dessins aurignaciens représentant les contours d'un « animal générique », parce que ce sont des gestes picturaux de nature totalement différente, dont l'un ne peut avoir engendré l'autre (p. 24).

On peut faire l'hypothèse que, de par leurs racines psychologiques, les empreintes de mains doivent être classées comme subdominantes, et les dessins de contours comme dominants (un point de vue très similaire est avancé dans V. V. Ivanov, 1972). Selon N. N. Nikolaenko (1983),

> quand l'hémisphère gauche est supprimé... la représentation-type d'un personnage comporte des mains et des pieds, les uns et les autres pouvant être agrandis hors de proportion.

Des expériences de suppression d'un hémisphère cérébral, où le sujet aurait le choix entre faire des dessins de contours et imprimer des empreintes, pourraient fournir des informations supplémentaires sur cette question.

La phylogénèse de la parole est liée de près au développement de l'asymétrie des hémisphères cérébraux. C'est pourquoi toute information sur les premiers stades de ce développement est essentielle pour le sujet qui nous intéresse ici.

Revenons maintenant au mode subdominant de comportement discursif. Quelques phénomènes relatifs à cette question sont passés en revue dans la section suivante.

Effets produits par la suggestion

L'ouvrage de E. R. Hilgard (1977) s'intéresse à l'hypnose dans un large contexte de phénomènes de dissociation psychique. Selon la définition qu'il donne,

> le but des procédés d'hypnose est d'amener le sujet à un état propice à une expérience de dissociation, en brisant la continuité habituelle de la mémoire, et en modifiant ou en supprimant son tropisme vers la réalité, ce qu'on obtient par une suggestion verbale directe jouant sur un mélange approprié d'attention, de distraction, et de stimulation de l'imagination (p. 226).

Comme l'a souligné F. V. Fajvishevsky, l'aspect le plus essentiel de l'hypnose est de créer un état altéré de conscience, dont l'accroissement de la suggestibilité est juste un épiphénomène. « Le glissement dans l'hypnose est comme une dislocation des articulations ». L'hypnose n'est devenue possible qu'après le développement de la parole.

Quand un état d'hypnose est atteint, le chercheur émet une suggestion verbale et en observe les effets sur le comportement du sujet. Voici quelques exemples-types :

(a) *Amnésie hypnotique*

Selon Hilgard (*ibid.*, p. 77),

> la première et la plus frappante caractéristique de la réaction amnésique est la capacité des mots à produire ou a supprimer l'amnésie.

Dans l'une des expériences d'Hilgard, le patient, nommé Matt, a appris sous hypnose une liste de mots, qu'on lui a dit ensuite d'oublier. Matt raconte :

> Je n'ai pas pensé que je devais oublier les mots quand il m'a dit de les oublier. Mais ensuite j'ai essayé de m'en souvenir et de les répéter, et je n'ai pas pu. Un ou deux mots sont revenus, et puis plus rien. Ensuite, ces mots-là ont disparu aussi. Je savais qu'ils étaient là, je les sentais littéralement tout proches, mais il y avait le vide à la place. Tu ne pouvais pas les atteindre... Après la suppression de l'amnésie, ce n'a pas été une illumination. Me les rappeler exigeait un effort. Mais cette fois c'était possible.

Le degré de la participation volontaire du sujet à atteindre l'amnésie peut varier. Certains sujets hypnotisables sentent qu'ils participent activement à l'expérience d'amnésie, mais sans la diriger. Voici le rapport de Marie sur une expérience semblable :

> Soudain, c'est comme si un écran était apparu entre moi et les mots... C'est un sentiment bizarre : vous savez que quelque chose s'est passé, et vous ne pouvez pas l'exprimer ; et en même temps, il vous avait bien dit que vous oublieriez ses mots... Vous avez beau essayer, vous ne pouvez pas vous rappeler... Peut-être si j'avais eu une heure ou deux devant moi, mais ils de m'ont pas laissé autant de temps.

Lorsqu'on eut dit à Marie qu'elle pouvait se rappeler tout :

> L'écran s'est comme retiré lentement. Les mots se sont mis à apparaître, l'un après l'autre.

(b) *Écriture automatique et parole automatique*

D'après la description classique (James, 1982, p. 234), le champ de conscience peut être envahi par des impulsions subconscientes activantes (poussant à agir) ou inhibantes (empêchant agir), dont l'origine n'est pas consciente; les réactions comportementales qui en résultent font partie de ce qu'on désigne par le terme général d'« automatismes ». « Ces pulsions peuvent faire écrire ou dire des mots dont on n'est pas conscient de la signification au moment où on les exprime ».

La suggestion post-hypnotique, déclenchée par l'écoulement du temps ou par un signal, est un procédé qui permet de contrôler la production des automatismes. Au moment où il accomplit l'acte qu'on lui suggère, le sujet ne se rend pas compte qu'il lui est suggéré, et invente une motivation. Dans une expérience décrite par Hilgard (1977, p. 200-201), la dissociation était si complète que le sujet n'était même pas conscient de l'acte lui-même. On lui avait suggéré sous hypnose que sa main gauche avait perdu sa sensibilité, et que sa main droite allait écrire automatiquement.

Quand le chercheur lui a piqué la main gauche avec une aiguille, la main droite a écrit automatiquement : « Aïe, bon sang, vous me faites mal ». Les deux mains, cachées derrière un écran, étaient hors de la vue du sujet, lequel au bout d'un moment a demandé quand l'expérience allait commencer.

D'autres exemples de comportement discursif subdominant sont fournis par la « suggestopedia » de Lozanov et ses méthodes d'apprentissage et d'auto-formation. La richesse des données empiriques, dans ce domaine, est proportionnelle à l'indigence de son développement théorique.

Dans la réflexion ci-dessous sur le rôle supposé de l'hémisphère subdominant, il est important de comprendre à quelles caractéristiques de la personnalité est liée une haute hypnotisabilité. D'après Shertok (1982, p. 259-260), les individus hypnotisables ne se caractérisent pas par une personnalité pathologique, pas plus que par un ego faible ou l'introversion.

> On doit plutôt décrire un sujet venu en volontaire et qui fait preuve d'une haute hypnotisabilité, comme une personnalité éminemment socialisée (à la fois attirée par le groupe et capable de s'opposer à lui) [...] D'après le test de Cattell, il s'avère que les gens les plus hypnotisables sont les plus ouverts et les plus affirmés, et, d'après le test de Gilford-Zimmerman, les plus sociables et les plus influents.

Le rôle joué dans la suggestion par l'aspect émotionnel de la communication n'est pas très clair ; il est en tout cas lié au degré plus ou moins impérieux de la suggestion. On sait que la perception de l'aspect émotionnel du discours peut souvent être inconsciente et gérée par les structures de l'hémisphère cérébral gauche. La sémantique émotionnelle, subdominante, de la communication peut être perçue comme principale, en particulier lorsqu'elle est en contradiction avec la sémantique dominante du sens littéral des mots. En même temps, comme l'a fait remarquer Bassin,

> il [l'aspect émotionnel] n'a pas seulement un « âge phylogénétique » similaire à celui du contenu et de la signification, mais il est même dans certains cas bien plus ancien. Ce « langage » est compris de façon innée non seulement par tous les humains de la terre (indépendamment de leur âge et de leur niveau culturel) mais aussi par les animaux supérieurs (Bassin, 1982, p. 22).

Glossolalie, écholalie, syndrome de Tourette

L'écholalie est la répétition involontaire, par un auditeur, de ce qu'il a entendu (en général la fin d'une phrase ou les derniers mots d'une expression).

La glossolalie est un comportement discursif particulier, observé uniquement dans des groupes, et dans le contexte de manifestations religieuses. Elle fait suite à un certain état proche de la transe, et se manifeste par un flux de paroles prononcées en quelque chose qui ressemble à une langue étrangère, inintelligibles même pour celui qui les prononce. Les premiers cas documentés de glossolalie sont liés au début du christianisme. Dans la Première Épître aux Corinthiens, Saint Paul mentionne plusieurs fois ce fait de « parler en langues », par exemple en 14, 2 :

> En effet, celui qui parle en langue [inconnue] ne parle pas aux hommes, mais à Dieu, car personne ne le comprend, et pourtant, il profère en l'Esprit des mystères.

Des enregistrements contemporains de glossolalie montrent sans aucun doute possible que ces paroles-là ne sont celles d'aucune langue existante. En même temps, ces enregistrements révèlent des motifs invariants : alternance de voyelles accentuées et de voyelles non accentuées, ton de voix montant ou descendant en fin de phrase, etc., indépendants de la langue natale de celui qui parle. Voici un exemple d'enregistrement d'un Indien Maya dans le Yucatan : *aria ariari isa, vena amiria asaria.*

Dans l'*Enfer* de Dante (XXXI, 67), le premier roi de Babylone, Nimrod, qui fit construire la Tour de Babel, et auquel revient donc, selon la légende, la responsabilité de la différenciation des langues, prononce une expression obscure : « Raphei mai amech zabi almi ». De façon intéressante, la structure vocalique de cette expression ressemble beaucoup à celle du passage en glossolalie cité au paragraphe précédent.

Enfin, le peu fréquent syndrome de Tourette (voir JAYNES, 1976, p. 351) se manifeste par des émissions périodiques involontaires, au beau milieu d'un discours normal, de paroles blasphématoires, de grognements, d'obscénités, etc., dont on estime en général qu'elles sont régies par l'hémisphère subdominant. Presque tous les patients souffrant de ce syndrome sont gauchers.

Il est possible que les formes de comportement discursif subdominant présentées ci-dessus reflètent l'activité de certains mécanismes générateurs de parole, qui restent sous-jacents, sans être modifiés ou contrôlés par les facultés supérieures.

Un cas de comportement doublement subdominant : les « voix »

Les hallucinations auditives (les « voix ») sont un cas spécialement intéressant de comportement discursif subdominant, puisque dans ce cas, à la fois la production et la réception du discours sont subdominantes. La démarcation du normal et du pathologique pose un problème difficile. Jaynes, dont le livre (1976) nous a fourni les informations qui suivent, raconte ce fait remarquable : à chaque fois qu'il avait donné une conférence sur les « voix », un bon nombre d'auditeurs étaient venus lui parler de leurs propres « voix ».

De nombreux cas d'hallucinations auditives sont décrits chez les schizophrènes (surtout avant que les médicaments chimiques contemporains n'aient pratiquement éliminé les formes classiques de cette maladie). Les voix peuvent avoir des attitudes diverses à l'égard du patient : elles conversent avec lui, le menacent, se moquent de lui, lui adressent des ordres, des reproches, des critiques, commentent le présent et prédisent l'avenir, hurlent, gémissent ; lentement, rapidement, en rythme, en rimes, en langues étrangères ; deux voix peuvent discuter entre elles à propos du patient.

Fait important, les voix possèdent un haut degré d'impérativité ; étant indépendante du contrôle de la conscience, une voix peut pousser quelqu'un à se suicider, ou, comme pour Jeanne d'Arc, à sauver le pays et le roi.

L'hypothèse de Jaynes

L'un des concepts centraux de son livre (Jaynes, 1976) part du présupposé que l'apparition d'hallucinations auditives est liée au franchissement d'un certain seuil de stress, et que chez les hommes du passé ce seuil était beaucoup plus bas qu'aujourd'hui, si bien que presque tout le monde entendait des voix qui déterminaient le comportement à adopter dans les situations critiques. La conscience humaine d'aujourd'hui, selon Jaynes, est un mécanisme psychologique très récent, qui a remplacé l'ancien mécanisme consistant à suivre ses voix, ce qu'on percevait comme suivre la voix de Dieu (ou des dieux). « Chez l'homme bicaméral l'obéissance à sa "voix" était l'équivalent de l'action volontaire ».

Jaynes date la désintégration de ce comportement environ à l'époque de la création de l'épopée homérique, et considère l'Iliade comme un témoignage de l'état archaïque de l'esprit humain, dirigé par la voix des dieux, tandis qu'Ulysse, lui, était un homme doté d'un esprit d'aujourd'hui (voir une analyse détaillée des arguments de V. V. Ivanov, 1980).

On peut trouver la formulation de Jaynes trop rigide, mais il est difficile de se défaire du sentiment que sa conception reflète bien les traits essentiels du long processus phylogénétique de formation de la conscience et de l'esprit qui sont les nôtres aujourd'hui.

1.1. Conscience, dissociation, et métaphore de l'ordinateur

Donc, l'ancien fonctionnement de l'esprit humain était surtout de type subdominant, tandis que son fonctionnement moderne est surtout de type dominant ; nous associons la différence entre ces deux modes au degré de maturité et de participation de la conscience ; par conséquent, il faut dire ici deux ou trois mots de la conscience.

Ce mot n'a jamais été employé selon une terminologie précise ; voir (Delgado, 1971 ; Popper et Eccles, 1977) pour l'analyse de ses principaux contextes. Nous tenterons juste d'exposer les caractéristiques de la notion de conscience essentielles au propos du présent ouvrage.

Par « esprit » (« mind »), nous entendrons la totalité des processus d'information qui ont lieu dans le système nerveux central. Nous spécifions ainsi le niveau auquel se situe notre étude : un seul et même processus – une impulsion nerveuse parcourant la fibre d'un nerf – ne sera pas considéré comme faisant partie de l'esprit tant que nous nous intéressons uniquement à ses paramètres physiques, mais le sera s'il est analysé en tant qu'élément d'un signal, comme par exemple : « il y a une ligne en pente dans le champ de vision ».

Nous tenons pour établi que certains processus de l'esprit jouent un rôle particulier : les informations dont ils sont porteurs constituent des informations sur l'esprit lui-même. En première approximation, on peut imaginer le plan détaillé d'une pièce, posé sur une table de cette pièce ; ce plan contient une image de la table sur laquelle se trouve une image du plan lui-même. Introduisons maintenant l'aspect dynamique : les objets figurant sur le plan sont découpés dans du papier et peuvent être déplacés pour faire des essais de dispositions différentes des meubles ;

on peut dire que le plan modélise des états possibles du monde au sujet duquel il transmet des informations. Nous associons la notion de conscience à des processus de ce genre présents dans l'esprit, que nous supposons :

(a) porteurs d'informations sur l'esprit lui-même, c'est-à-dire réflexifs ; (b) capables de modéliser des états de l'esprit différents des états habituels, c'est-à-dire dotés d'une fonction de modélisation ; (c) susceptibles d'influencer l'état de l'esprit tout entier, et, à travers cela, le comportement, c'est-à-dire dotés d'une fonction de contrôle.

Selon cette description, la conscience est un organe « fonctionnel » relativement petit de l'esprit ; dans le contenu dynamique de la conscience se trouve un reflet très général, de texture grossière, du contenu des processus réellement en action dans l'esprit, ainsi que les modèles des états possibles de l'esprit. La quasi totalité de l'esprit est occupée par le subconscient ou par l'inconscient. La conscience est représentée par un sous-ensemble de processus dynamiques suffisamment bien isolés à l'intérieur de l'esprit (autrement, elle ne serait pas capable de remplir ses trois fonctions). Enfin, l'esprit est capable de fonctionner sans la participation active de son organe fonctionnel spécialisé – la conscience.

La part jouée par la conscience dans le comportement se mesure a) au degré de réflexion dans la conscience des processus d'information sous-jacents à l'acte comportemental (à son début, en son cours, à son achèvement) ; b) au degré de participation de la conscience à la formation de ces processus d'information. Un musicien débutant qui apprend à lire les notes est conscient d'une plus grande partie des processus intervenant entre la lecture de la partition et la réaction motrice des doigts, qu'un musicien professionnel qui décide consciemment de se mettre à jouer mais qui ensuite joue inconsciemment.

C'est précisément parce que la réflexion, qui peut être au second degré (réflexion de la réflexion) ou à des degrés supérieurs, est la caractéristique principale de la conscience, que la participation de celle-ci n'est pas nécessaire à des actes tels que la réaction à des stimulations extérieures, l'exercice d'un savoir-faire, le comportement discursif, et même la formation de jugements et le déploiement de la créativité. Même lorsque le contenu de la conscience semble être une expérience purement extérieure, nous omettons en réalité l'un des stades de la description : « je vois » signifie « je sais que je vois », sinon cela voudrait dire : « je vois sans m'en rendre compte ».

Le psychisme peut contenir deux ou davantage réflexions dynamiques de lui-même, et fonctionner selon divers modes de réflexion mutuelle et de contrôle, qui se manifestent dans une grande variété de phénomènes de dissociation (HILGARD, 1977) : dédoublements de personnalité, automatismes, fugues, phénomènes d'hypnose, etc.

Le développement de la fonction discursive au cours du processus d'hominisation a ouvert au système nerveux des possibilités complétement nouvelles de former des mécanismes de réflexion, de modélisation et de contrôle. Le plus important d'entre eux s'avère peut-être la possibilité d'une réflexion aussi précise qu'on voudra, d'un degré aussi élevé qu'on voudra (atteignable seulement au niveau de l'esprit collectif, pas au niveau de l'esprit individuel).

La démarche de ce bref essai consiste à combiner l'introspection et la métaphore de l'ordinateur. L'introspection est la seule source de renseignement direct que nous ayons sur la seule conscience qui nous soit accessible – la nôtre ; la métaphore de l'ordinateur est la seule source de modèles conceptuels de l'esprit, suffisamment dynamiques et complexes, qui soient susceptibles d'évoluer, et d'être, dans l'avenir, comparés avec des données neurophysiologiques. En suivant cette démarche intellectuelle, nous n'essayons pas de répondre à la question « qu'est-ce que la conscience ? », mais juste d'identifier celles de ses caractéristiques qui nous semblent essentielles. Si des processus technogéniques d'information possèdent les mêmes caractéristiques, le mot « conscience » peut, mutatis mutandis, s'appliquer aussi à eux. C'est sous cet angle que POPOV (1982, p. 348) envisage les perspectives de développement d'ordinateurs de cinquième génération, capables de communiquer en langue naturelle avec leurs utilisateurs :

> Du point de vue de l'auto-modélisation (modélisation du système), la recherche est surtout orientée vers la création de systèmes dotés d'une « conscience de soi » basique, c'est-à-dire capables de décrire leurs propres connaissances, leurs capacités, et leur état. L'importance de la « conscience de soi » est due au fait qu'il est impossible d'inventer un système capable de comprendre toutes les requêtes de l'utilisateur et d'y répondre (même dans un domaine limité)... Pour ma part, je crois qu'un système de communication n'a pas pour but de comprendre et de connaître tout, mais d'être capable d'expliquer à l'utilisateur ce qu'il sait, lui, le système, et ce qu'il ne comprend pas, et pourquoi. Le seul moyen, à ma connaissance, de résoudre ce problème, est de développer la « conscience de soi » [du système]. Notons que la nécessité de la « conscience de soi » n'est pas une exigence du langage dans lequel a lieu la communication, mais plutôt une condition nécessaire pour que le système soit capable, afin d'atteindre ses objectifs, de décrire les limites de ses connaissances, ses états, et les causes des difficultés, en des termes compréhensibles pour l'utilisateur. En d'autres mots, c'est moins le langage de la communication que la complexité de l'environnement auquel la communication a affaire qui rend nécessaire la « conscience de soi ».

Il semble donc qu'au moment où j'écris (1987), la « phylogénèse des ordinateurs » en soit au stade du développement du discours en langue naturelle, et que le prochain stade, qui approche, fera entrer en jeu le développement de la conscience de soi, nécessité par le besoin d'un fonctionnement social efficace.

Il y a tout lieu de penser qu'au cours de la phylogénèse, le discours et la conscience humaines ont traversé, dans le même ordre, des stades comparables. La conscience, à ses débuts, est un filtre entre l'esprit et le comportement, la conscience évoluée est un filtre entre l'esprit de chacun et les esprits des autres.

La φρήν d'Homère et le « je » conscient

Il est bien connu que, selon les cultures, le siège de la conscience était localisé dans le cœur, le nombril ou encore le foie – qui sont des organes internes situés dans le thorax ou l'abdomen. Ainsi, l'analyse des textes d'Homère qui décrivent des états psychologiques (cf. V. V. Ivanov, 1980 et la bibliographie donnée par cet ouvrage) révèle-t-elle le rôle particulier joué par le mot *φρήν*. Ce mot a deux sens : il désigne un organe interne du corps – le diaphragme ou les poumons et le cœur (c'est ainsi qu'on le comprend en général), et en même temps le réceptacle de l'esprit, de la conscience, des émotions.

L'interprétation qui prévaut est d'y voir une preuve de l'ignorance des anciens en physiologie et sur le rôle du système nerveux central. Ils « pensaient » que le cœur est l'organe spirituel de la vie. Ce point de vue est trop rationaliste, et, ce qui est pire, passe à côté de la réalité psychologique sous-jacente à ces conceptions.

Un occidental contemporain a aussi l'expérience d'un « je » localisé quelque part, mais il le situe dans la tête, en un point qui se trouve entre les yeux, mais plus haut, vers l'avant du crâne. Cette localisation nous semble presque aller de soi. Mais des expériences de privation sensorielle, où le sujet passe plusieurs heures dans une pièce sombre et silencieuse, à flotter dans une cuve emplie d'eau salée ayant la température du corps, produisent des états de conscience altérés où, dans la perception qu'en a le sujet, le siège du « je » peut se déplacer vers d'autres endroits du corps, et même être projeté à l'extérieur de celui-ci. Ces résultats confortent l'idée que le « je » conscient de soi est, au sein du système nerveux central, une structure réflexive possédant un plan de l'esprit, un plan du corps, un plan de l'environnement et une localisation précise, sur ce tableau noir, du « moi » qui observe. La délocalisation du « je » est la délocalisation de l'observateur interne.

Si la localisation standard du « je » dans le corps a changé depuis Homère, cela veut bien dire qu'elle est socialement conditionnée. La localisation du « moi » dans le cœur, le nombril, le foie, etc., attestée dans différentes cultures, reflétait bien la conscience que les membres d'une société particulière avaient d'eux-mêmes. Une fois acceptée cette hypothèse comme psychologiquement cohérente, nous pouvons faire un pas de plus, et imaginer les états archaïques de la conscience dédoublée. Les deux (ou trois) consciences d'un pharaon égyptien, les sept consciences des chamanes celtes, devraient faire l'objet d'une étude psychologique, en tant que stades possibles du développement de la conscience humaine en général. La recherche contemporaine sur la conscience clivée fournit des informations pour ce faire.

L'archaïcité de la conscience subdominante et la figure du « *trickster* mythologique »

La conscience dédoublée de Wakdjunkaga, *trickster*

Un cycle de mythes des Indiens Winebago racontant l'histoire de Wakdjunkaga, un *trickster* mythologique, a été compilé par l'ethnologue Paul Radin, et publié, accompagné d'articles de P. Radin, K. Kerenyi et C. G. Jung, dans un livre (1954). Le cinquième épisode du cycle raconte la lutte entre la main droite et la main gauche de Wakdjunkaga après qu'il eut égorgé un buffle (en tenant le couteau de la main droite).

> Soudain, la main gauche agrippa le buffle. « Lâche, il est à moi ! Lâche, ou je vais te couper, cria la main gauche, je vais te mettre en pièces ». La main gauche relâcha le buffle, mais agrippa immédiatement la main droite. Chaque fois que la main droite essayait de faire mal au buffle, la main gauche l'en empêchait en la retenant par le poignet. Donc, les mains se sont battues, et ce, jusqu'à ce que la main gauche soit gravement blessée. « Oh, pourquoi ai-je fait cela ? Je me suis fait mal à moi-même ». La main gauche saignait abondamment.

(la traduction allemande ne permet pas de comprendre si l'exclamation finale est prononcée par Wakdjunkaga lui-même ou par sa main droite ; la main gauche, liée à l'hémisphère subdominant, garde un silence caractéristique). On a observé que les mains de certains patients avaient un comportement littéralement identique après une comissurotomie – l'opération chirurgicale qui sépare les deux hémisphères cérébraux.

> Un patient, par exemple, a raconté qu'un jour il avait trouvé sa main droite en train de se battre avec sa main gauche quand il essayait d'enfiler son pantalon. Une main tirait le pantalon vers le haut, tandis que l'autre le tirait vers le bas. Une autre fois, le patient, en colère contre sa femme, avait essayé de la saisir de la main gauche, tandis que la main gauche agrippait la droite pour essayer de l'en empêcher. (Springer et Deutsch, 1997, p. 44)

Héros culturels et *tricksters*

Même avant que les effets de l'asymétrie cérébrale n'aient commencé à attirer l'attention, les découvreurs du cycle de Wakdjunkaga avaient perçu cet épisode du combat des mains, ainsi que d'autres traits de Wakdjunkaga, comme une preuve de l'état profondément archaïque de l'esprit de ce personnage mythologique. Radin écrit notamment (Jung, Kerenyi et Radin, 1954) :

> Il [le *trickster*] vit encore dans l'inconscient, dans un état d'esprit enfantin, symbolisé par le combat entre ses mains, où la main gauche est blessée. (p. 117)
>
> [...] sa main droite et sa main gauche se battent entre elles, il brûle son propre anus et mange ses propres intestins, les diverses parties de son corps mènent une existence indépendante. Les choses se mettent à suivre leur propre cours, au-delà de sa volition à lui. (p. 117)
>
> Ce personnage incarne de vagues souvenirs des temps archaïques et primitifs... Sa faim, sa sexualité, son envie de voir

> le monde, ne sont ni celles des dieux ni celles des humains. De corps et d'esprit, elles appartiennent à un autre monde... (p. 154)

Mais il est possible d'affiner un peu ces affirmations. Il se peut que la conscience dédoublée du *trickster* ait été un état typique de certains individus à l'époque préhistorique où se mettait en place l'organisation neurophysiologique de l'asymétrie des hémisphères. La réorganisation de la coopération des hémisphères, qui allait de pair avec la formation des centres de la parole dans le cortex gauche, ainsi que l'émergence (ou le renforcement) de la différenciation fonctionnelle de ces derniers, pouvaient être une source permanente de dysfonctionnement neurologique.

Une preuve indirecte à l'appui de cette hypothèse est fournie par l'analyse générale des motifs mythologiques liés à la figure du *trickster* (voir Meletinsky, 1972 pour plus de détails). Le « *trickster* mythologique » est un compagnon comique, un jumeau, ou un travestissement du « héros culturel ». Alors que le champ d'action du héros culturel est d'obtenir le feu, d'inventer des artefacts culturels, de codifier le comportement et d'établir des tabous culturels, les fonctions du *trickster* sont la destruction, la transgression, le mensonge et la tricherie.

Il est intéressant de voir la façon dont ces traits archaïques apparaissent dans le caractère du grand-prêtre Aaron, frère et compagnon spirituel du prophète Moïse. Tout d'abord, la motivation de l'introduction d'Aaron dans la narration est elle-même typique et représentative : quand la voix de Dieu dit à Moïse de rassembler les fils d'Israël et de quitter l'Égypte, Moïse se dérobe en alléguant sa parole embarrassée. La voix lui ordonne alors de faire appel à Aaron :

> [...] et je serai avec ta bouche et avec la sienne, et je vous enseignerai ce que vous devrez faire. C'est lui qui parlera pour toi au peuple. (*Exode* IV, 15–16)

Aaron agit alors en interprète de la voix qui parle à Moïse, devant le peuple et devant Pharaon ; apparemment, il n'était pas seulement éloquent, il était aussi polyglotte. Quand Pharaon refuse de laisse partir les Israélites, c'est Aaron qui accomplit les trois premiers des signes théurgiques que sont « les plaies d'Égypte » : la transformation des sceptres en serpents, etc. Il y a quelque chose d'une joute chamanique entre Aaron et les mages égyptiens, et les miracles ou les sortilèges d'Aaron se montrent plus puissants. Ainsi les fonctions sacrées d'Aaron sont-elles liées à sa virtuosité linguistique, à son habileté manipulatrice, et, apparemment, à sa capacité à provoquer des hallucinations collectives (changer l'eau en sang). En même temps, c'est Moïse, malgré son défaut de prononciation, qui est le canal conducteur de la volonté de la Voix, c'est-à-dire le vrai héros culturel, tandis qu'Aaron incarne son double inférieur. Aaron ne brise pas de tabous, c'est vrai, mais ses deux fils le font, et sont brûlés par le feu divin pour cela (*Lévitique* X, 1–2 ; *Nombres* III, 4). La soif de pouvoir d'Aaron apparaît dans l'épisode où Myriam et lui reprochent à Moïse d'avoir pris une femme éthiopienne (*Nombres* XII, 1–2), ce pour quoi Myriam est punie d'une « lèpre » de sept jours.

C'est seulement dans la tradition la plus récente, comme l'a fait remarquer Sergeï Averintsev, qu'Aaron est devenu l'image du grand-prêtre idéal, tandis que ses traits archaïques de *trickster* s'estompaient.

Les *tricksters* des mythologies européennes possèdent eux aussi des caractéristiques qui indiquent sans équivoque possible un lien avec les modes archaïques de comportement discursif. En voici un exemple, extrait de MENSKAYA (1980) :

> Les preuves abondent, qui attestent qu'Hermès est lié à la parole inintelligible, aux mensonges (pernicieux, de mauvais augure), à des sons sans signification. Par contraste avec le discours vrai, ce discours n'est ni direct, ni simple, d'une part..., ni accordé, d'autre part, à l'échelle vocale de la parole. Concernant ce dernier aspect, on peut distinguer deux pôles : chuchotements, murmures, d'un côté [...] et cris, de l'autre.

Cette description s'accorde bien avec le fait que ces émissions vocales résultent de la stimulation directe de certaines zones de l'hémisphère subdominant, ainsi que de l'ancien système limbique. Elles étaient probablement beaucoup plus fréquentes à l'époque où la parole du cerveau gauche était en train de se développer. Le fait même de dénoncer la non vérité des songes et des prophéties n'est possible que sur la base d'un discours suffisamment évolué, dont la fonction est de transmettre la vérité. Il faut bien comprendre que la « vérité » des songes et des prophéties est un concept fort différent de la « vérité » des énoncés objectivement vérifiables auxquels nous sommes habitués. La composante d'injonction est très forte dans les premiers, ils enjoignent à faire un choix spécifique d'actes, et leur « véracité » est une fonction de l'efficacité de ces actes.

Pour résumer, le *trickster* figure un vestige d'une humanité à laquelle « la langue apprend à parler » ; à travers lui, d'étranges pouvoirs de la parole se manifestent pour la première fois : la violence des tabous et les mensonges qui tendent à les contourner ; le *trickster* se met à entendre parler tout ce qui l'entoure : arbres, eau, rocher, son propre corps, et les dieux – et il essaie de déchiffrer ce langage ; son « tourment verbal » est en fait un tourment physique dont nous nous souvenons à peine après tant de générations.[54]

On trouvera une interprétation plus fouillée du thème du *trickster* dans mon article, « Le *trickster* mythologique : essai de psychologie et de théorie de la culture ».[55]

---

54. Notons aussi à ce propos le curieux caractère du personnage de Thomas Mann, Félix Krull. Thomas Mann, ayant cultivé en lui-même un haut degré de sensibilité aux motifs mythologiques, dote impeccablement son héros-*trickster* contemporain d'un polyglottisme quasiment magique et quasiment inconscient – un fait qu'il convient de noter dans les études sur la présence de la mythologie dans la littérature contemporaine.

55. Voir, dans le présent recueil, le texte III.1.

Leçons de sanskrit

L'ancienne culture sanskrite de l'Inde était déjà constituée depuis longtemps lorsqu'elle a consciemment consigné et codifié l'état ancestral dans lequel l'homme « est parlé », « est agi », et pour qui la Parole est le sujet qui parle et qui agit. Les données ci-dessous proviennent de Toporov (1985), où les traits qui nous intéressent sont décrits de façon expressive.

Même le mot védique indo-aryen signifiant « parole », *vāc*, ne se conforme pas au modèle commun de nommer la parole à partir de l'organe auquel elle est liée : la langue de la bouche (*yazyk* en russe ; *glôssa* en grec, *lingua* en latin, et al.).

> Pour le statut qui était celui de la langue chez les anciens Indiens, ç'eût été un impardonnable péché mécaniciste, un outrage à l'éternelle essence de la langue, que de la nommer, elle qui est considérée comme étant de nature divine, par l'organe servant à la rendre manifeste, explicite, à la faire passer de l'état invisible à l'état visible. La langue, en tant qu'organe (*jihvā*), est un simple conduit pour la parole... *vāc*, en tant que langage, parole, mot, est moins un résultat du fait de parler, ou l'objet de cet acte, qu'une force créatrice (au sens que Humbolt donne au langage). (*ibid.*, p. 6)

Cet accent mis sur l'irrépressible énergie intérieure de la parole – qui n'est pas subordonnée à la volonté, mais qui la subordonne – va dans le sens de notre hypothèse – à savoir que le mode discursif originel est le mode subdominant.

La Parole a ses gardiens et ses thuriféraires. L'important est ici « la figure du sage qui crée la Parole comme on trie les grains avec un tamis » (*ibid.*). Dans cette figure, nous percevons une métaphore de la conscience individuelle qui filtre, tamise les productions de la parole, générant ainsi des mécanismes dans le système nerveux central ; mais aussi une métaphore des mécanismes sociaux permettant de faire une sélection parmi les actes de paroles spontanés, rendant ainsi possible la formation, au-dessus de la parole, d'une nouvelle couche structurelle, la langue.

> Une hypothèse, et qui plus est, une hypothèse naturelle, s'impose à l'esprit : les anciens grammairiens indiens de la période védique faisaient partie des prêtres qui contrôlaient la partie verbale du rituel... S'il en était bien ainsi, l'extraordinaire ressemblance entre les opérations accomplies par le grammairien et celles accomplies par le prêtre [le sacrifice – Yu. M.] trouve ainsi une explication. Comme le prêtre, le grammairien démembre, disjoint la totalité-une d'origine (respectivement le texte et l'animal), identifie les éléments disjoints... recombine, et synthétise à partir de ces éléments une nouvelle totalité de niveau supérieur. (ibidem, p. 10)

Le prêtre grammairien avait une sensibilité élevée au Mot. Aux époques anciennes, à chaque génération, dans chaque tribu, ce type de talent était certainement recherché, sélectionné et cultivé. Ceux qui le possédaient étaient la colonne vertébrale et le ciment unificateur de la tribu rassemblée autour d'eux (l'hymne védique de l'unité dit : « sam gachadhvam sam valadhvam sam vo manansi janatam » – « Rassemblez-vous, parlez ensemble : que vos esprits soient tous un seul accord » (Hymne CXCI à Agni)). Le chef tribal fort, autoritaire, actif (et facilement influençable par la suggestion), et le prêtre-chamane parlant en « langue », entendant des voix, manipulateur, à moitié fou, ces deux figures se reflètent probablement dans le couple héros culturel / *trickster*.

Condensation de la conscience

De nos jours, le développement de la conscience chez l'enfant est le résultat de deux types de processus qui interagissent les uns avec les autres : des processus neuropsychologiques se déroulant dans le système nerveux (croissance et maturation des neurones, établissement de connexions neuronales), et des processus sociaux basés sur l'interaction avec les autres, les adultes (apprendre à parler et à percevoir les autres et soi-même à travers eux, acquérir des aptitudes sociales). Une flamme de conscience s'allume dans le cerveau, puis la conscience sociale la « condense » et la nourrit.

Il faut voir la phylogénèse de la conscience comme un double processus de ce type. La conscience collective est antérieure à la conscience individuelle, et joue le rôle de terreau, de milieu, de « mycélium » (C. G. Jung), à partir duquel la conscience individuelle se cristallise.

C'est probablement un vestige de l'ère de la « conscience collective » que la non différentiation entre ce qu'on appelle la propriété aliénable et la propriété inaliénable (respectivement la terre, la maison, les possessions d'une part, et les organes du corps d'autre part), dont on trouve le souvenir dans divers codes judiciaires primitifs.

> [...] Dans les Lois de Manu (VIII, 125), qui donnent la liste des dix actes méritant châtiment, l'atteinte aux biens d'autrui figure juste entre le fait de blesser l'oreille et le corps d'autrui. (Romanov, 1985, p. 95)

Infliger un châtiment corporel à un voleur n'est pas seulement le punir, c'est lui rendre l'exact équivalent de son acte, parce que voler ce qui appartient à autrui équivaut à le blesser dans son corps. Le « je » préhistorique englobe plusieurs réalités : « moi plus mes affaires plus ma tribu ». Cette identification était d'ailleurs moins le résultat d'un effort volontaire ou rationnel, qu'une donnée immédiate n'exigeant qu'une « réflexion minimale » [ibid.]. Des traces de cet état subsistaient encore récemment, jusqu'à l'émergence de la notion d'auteur personnel d'œuvres littéraires. Auparavant, le discours n'appartenait, et ne pouvait appartenir à un individu. Ses formes profanes, inférieures, appartenaient à la tribu (la langue humaine, c'était la langue de la tribu), et ses formes sacrées appartenaient aux dieux, et ne faisaient que se transmettre de génération en génération.

La conscience de soi advient quand on commence à parler en son propre nom.

En psychologie contemporaine, le phénomène de « conscience

en expansion » joue un rôle marginal, pratiquement « en dessous du radar ». L'état mental ainsi nommé, et provoqué par des hallucinogènes, est sans doute simplement un ersatz de la conscience primitive naturelle. On trouve dans les fictions littéraire une description profonde de la psychologie du soldat lors d'une attaque nocturne : l'échec de l'attaque n'est attribué à rien d'autre qu'à la disparition de la conscience collective des attaquants. L'instauration soudaine de cette conscience collective dans des conditions extrêmes est l'un des ressorts fondamentaux de la psychologie de combat.

L'histoire du langage et de la conscience et quelques problèmes théoriques de sémiotique générale

Sémiotique et grands systèmes

Au point où nous en sommes ici, toute spéculation sur les premiers stades du langage et de la conscience doit être exprimée métaphoriquement, faute d'un cadre conceptuel approprié. Le défaut de la métaphore n'est pas un manque de précision ou de vérité, mais sa résistance à être incorporée à un système. Le modèle scientifique d'un phénomène peut, lui aussi, être faux ou grossièrement approximatif, mais son avantage est qu'il fait partie du système du savoir scientifique qui soutient ce modèle, qui l'alimente, et qui porte en lui le potentiel nécessaire pour l'améliorer ou le remplacer. Une métaphore exprimée en langue naturelle porte seule son propre poids ; elle vit ou elle meurt indépendamment de sa vérité.

Mais la « métaphore de l'ordinateur » est d'une nature différente. Ce qu'elle est censée refléter – le système nerveux central – est un système biologique général. La cible sur laquelle elle est projetée – ordinateur, processus numériques, bases de données – est un système technogénique général. La métaphorisation elle-même est une activité dynamique, créative et de longue haleine, qui implique de tester, de reporter, d'ajuster sur les processus biologiques notre connaissance précise et multiforme des processus d'information. Il peut se faire que tous les résultats ainsi obtenus soient ensuite rejetés (et, en règle générale, ils le sont effectivement). Il n'en reste pas moins qu'au cours de ce processus, une connaissance nouvelle se cristallise peu à peu.

La sémantique a comme prémisses principales l'hypothèse qu'il existe une similitude structurelle entre les différents systèmes de signes, et qu'il est possible d'abstraire un sujet d'étude idéal : le « système de signes ». Dans cette section, nous examinerons la possibilité d'une approche sémiotique du proto-concept de « grand système », ainsi que la possibilité de l'extension correspondante de la métaphore de l'ordinateur, qui se montre absolument essentielle.

Les systèmes suivants, quand on les considère à un niveau approprié d'abstraction, sont de « grands systèmes » : l'Univers, la Galaxie, la société, un écosystème, une espèce biologique, l'économie, une industrie, une armée, un ordinateur, un orchestre symphonique, un organisme, un cerveau, une cellule, le métabolisme. Un grand système doit être avant tout conceptualisé comme une entité physique susceptible de faire l'objet d'une étude scientifique. Ses caractéristiques spatiales constituent sa structure, et ses caractéristiques temporelles son comportement et son évolution. À l'intérieur du domaine de la connaissance scientifique, chaque grand système est représenté par la totalité des modèles qui lui sont associés. Par définition, un modèle ne prend en compte qu'un sous-ensemble des composantes matérielles et des processus du système, et, de plus, les traite de façon sommaire, grossière, générale. L'intégration de plusieurs modèles qui se rapportent au même système ou bien donne un nouveau modèle, ou bien se produit en dehors du champ de la connaissance scientifique, dans la conscience individuelle ou collective, dans les actes des gens qui servent, étudient ou utilisent le grand système. L'intégration du modèle de l'ordinateur constitue une nouvelle méthode dans l'histoire de l'intégration de modèles.

La sémiotique générale doit avoir comme objet la façon dont un grand système traite l'information (dans d'autres contextes : le comportement sémantique ou symbolique du système), notamment les aspects de ce traitement qui sont analogues dans tous les grands systèmes.

Cette comparaison peut s'avérer féconde à condition que a) les systèmes que l'on compare soient chacun suffisamment bien compris séparément ; b) les analogies sémiotiques entre eux ne soient pas triviales. Le structuralisme à la Lévi-Strauss est truffé de ce genre de parallélismes sémiotiques entre la structure de la langue et la structure du comportement social. Les essais méthodologiques de René Thom ajoutent à cela des comparaisons entre la morphogénèse, la syntaxe et les singularités des applications lisses, etc. On ne risque pas de se tromper en affirmant que le statut épistémologique de ces comparaisons est analogue à celui de la « métaphore de l'ordinateur ». Alors, il est clair que pratiquement toutes, si l'on y regarde de près, doivent être rejetées. Mais dans la mesure où elles deviennent un stade historique transitoire du long processus de l'étude comparative des grand systèmes, elles font tout de même sens, en tant que germes d'une nouvelle méthodologie.

Du point de vue du cadre conceptuel traditionnel de la sémiotique, cette approche exige un renversement de la hiérarchie des concepts de base. Si le « signe » est tenu pour la notion fondamentale de la sémiotique, alors le « traitement de l'information » sera la proto-notion de base de la sémiotique générale, tandis que le « signe » deviendra peut-être le résultat ultime de l'analyse d'une certaine classe de processus informationnels. Nous avons de bonnes raisons de croire que dans la future théorie, des concepts comme « base de données » ou « mémoire » devront être considérés comme plus fondamentaux que « signe ». C'est du moins ainsi que notre connaissance des grands systèmes biologiques et notre invention de grands systèmes technologiques se développent. Le phénomène bien connu de l'absence de valeur informationnelle de la nature physique d'un signe (cf. la thèse linguistique de l'arbitraire des signes de la langue) confirme aussi notre point de vue.

Les remarques variées qui suivent abordent certains problèmes de sémiotique générale.

Le problème de l'identification objective des processus d'information

Dans l'analyse scientifique d'un grand système, les aspects informationnels (sémiotiques) de son comportement ne peuvent pas être postulés a priori ; ils doivent être isolés d'une manière ou d'une autre au cours de l'analyse. Voici un croquis d'un ensemble de critères nécessaires pour effectuer cet isolement :

(a) Le *critère du « déclencheur ».* On doit considérer comme informationnels (i.e. on doit considérer comme des signaux) les processus qui, *ceteris paribus,* déclenchent ou stoppent d'autres processus dont l'échelle d'énergie est notablement supérieure à celle de l'énergie du signal.

(b) Le *critère systémique.* Les processus-signaux sont correctement identifiés si l'analyse met en évidence une organisation systémique : la « parole » est subordonnée au « langage ».

(c) Le *critère d'autonomie.* Les processus d'information développés tendent à former des « boucles fermées », des « réseaux », des « structures rigides », etc., qui sont assez résistants à l'influence inverse exercée sur eux par la vie matérielle de haute énergie du système. À chaque fois qu'on découvre de tels processus et des sous-systèmes de stockage, il faut leur attribuer à eux aussi des fonctions d'information.

Le problème du multilinguisme

Un grand système peut utiliser plusieurs langages différents, qui servent aux différents niveaux de processus d'information. La découverte et la description de ces langages est un problème important. L'interrelation entre le langage (ou plutôt, les processus d'information correspondants) et son environnement peut être grossièrement décrite en faisant appel à la triade sémiotique standard : le langage est produit par quelque chose, il produit un effet sur quelque chose, et transmet une information sur quelque chose. L'interaction entre des langages de différents niveaux est beaucoup moins bien comprise. La relation traditionnelle qu'on établit entre deux textes en langues naturelles – « un texte est la traduction de l'autre » – est fondée sur la vision idéalisée qu'il existe une signification commune aux deux textes, préservée par la traduction. Cette vision idéale est déjà battue en brèche dans le cas où l'un des textes est un programme en langage algorithmique, et l'autre texte la traduction du premier en code machine. La signification du premier texte est déterminée par son interaction avec le cerveau du programmeur, tandis que le second interagit avec la structure matérielle (le *hardware*) de l'ordinateur. La thèse de Humboldt, selon laquelle un énoncé « *per se* » ne transmet pas d'information, est plus vraie que jamais ici. Un langage de programmation sert de médiation entre le « monde intérieur » de l'être humain et celui de l'ordinateur. Cette médiation est nécessaire parce que les unités sémantiques élémentaires de ces deux mondes sont incommensurables. En particulier, ce qui est élémentaire dans le monde A peut être une construction complexe dans le monde B, et vice-versa. Dans la mesure où le comportement langagier d'un grand système doit rendre possible la modélisation du Monde, c'est-à-dire la modélisation d'autres grands systèmes (et du système lui-même), cette incommensurabilité sémantique apparaît comme naturelle, à partir du moment où le monde est représenté dans le grand système par une hiérarchie de modèles, exactement comme dans le système de la connaissance scientifique humaine.

De ce point de vue (et de plusieurs autres), on peut voir les langues naturelles comme des représentations isomorphes d'une langue unique douée d'un potentiel important d'intégration sémantique. Le discours scientifique recourt de façon particulièrement active à ce potentiel en générant constamment des expressions dont la sémantique se situe au-dessus du niveau de tout modèle spécifique du Monde ou d'une partie du Monde. Les langues naturelles, par contre, sont très pauvres en ce domaine : il est pratiquement impossible de transformer en algorithme un texte en langue naturelle tout en préservant ses propriétés de « vérité ».

Dans les langues naturelles, les paraphrases parviennent à épuiser les homonymies, aussi abondantes ces dernières soient-elles. Dans le langage des expressions algébriques, l'homonymie est incomparablement plus porteuse de sens. Du point de vue de la linguistique formelle, on peut dire qu'effectuer n'importe quel calcul, résoudre n'importe quel problème mathématique, revient à reformuler les données d'un problème en les exprimant, selon des règles connues et prédéfinies, dans les termes de sa solution. Ce processus n'a pas d'équivalent significatif en langue naturelle. Pour illustrer cela, rappelons-nous que l'un des premiers langages mathématiques à se séparer de la langue naturelle a été la numération arithmétique de position. Son avantage essentiel tenait à ce qu'il était possible d'effectuer de manière algorithmique les opérations arithmétiques sur des nombres exprimés en notation de position, au lieu de recourir à une collection arbitraire de recettes *ad hoc*. La numération en chiffres romains, intermédiaire entre le système de notation verbale et le système de position, est dépourvue des avantages du système de position, hormis la concision ; structurellement, elle est presque identique à la notation verbale.

Niels Bohr a souligné que la notation mathématique est importante parce qu'elle ne véhicule aucune charge sémantique *a priori*, et qu'elle nous permet d'isoler l'acte d'interprétation comme une opération intellectuelle indépendante. De pair avec son riche potentiel de traitement algorithmique, ce trait est capital pour les extraordinaires possibilités de modélisation que possèdent les mathématiques. Existe-t-il une « mathématique du cerveau » ? Quels langages et quelles structures utilise-t-elle ? Il est du moins évident que presque tout le contenu de l'inconscient a à voir avec le traitement mathématique de l'information, précisément parce qu'aucun processus algorithmique de traitement de l'information, lorsqu'il est en cours, ne permettra jamais aucune intervention extérieure, en dehors de l'entrée de l'information et du signal de mise en route.

Oppositions structurelles et organisation du comportement

On compare souvent l'appareil d'oppositions binaires (parfois ternaires) (cf. V. V. Ivanov, 1978) auquel recourent largement les travaux de tendance structuraliste, à l'écriture des nombres en base deux, ou à une classification des traits spécifiques qui utilise l'algèbre booléenne. Quand Lévi-Strauss décrit les principales oppositions de la pensée mythique, il discerne en elles une logique à un stade rudimentaire. Sans contester cela, nous voudrions souligner les particularités de la sémantique des oppositions binaires, ainsi que les traits de cette sémantique qui sont, si l'on peut dire, de type « subdominant » – si, dans l'esprit de la réflexion menée dans la section « Parole et conscience » (voir ci-dessus) on situe la logique dans la région « dominante ».

Pour comprendre ces particularités, considérons le statut des termes mis en opposition, et le statut de leur juxtaposition même.

Un terme *per se* d'une paire d'opposés, comme « nature » / « culture », « en haut » / « en bas », etc. peut en d'autre contextes être utilisé comme si c'était un terme muni d'une définition. Or, dé-finir, c'est dé-limiter, tracer des frontières autour d'une région occupée par le terme qu'on est en train de définir. Il existe quelque chose d'autre au-delà de ces limites.

Ce qu'une opposition dit sur les termes qu'elle oppose n'est en aucune façon la spécification de leurs frontières ; au contraire, l'opposition définit un noyau, un bassin fluvial, un attracteur. Quand une opposition est surimposée à la réalité, et acquiert une charge sémantique, les éléments de la réalité se mettent à graviter vers l'un des pôles de l'opposition comme de la limaille de fer dans un champ magnétique. Une seule et même opposition, par exemple, « le bien / le mal », peut être surimposée à la réalité de différentes façons, y compris de façon complétement inversée ; une opposition peut être un symbole ou une métaphore d'une autre opposition. Le comportement humain a tendance à s'organiser en système même quand ce n'est pas directement nécessaire du point de vue biologique ou social : comme les enfants, nous préférons marcher sur les dalles, plutôt que sur les lignes. Les oppositions nous permettent d'organiser un comportement systématique sans élever aucun système spécifique de comportement au niveau d'impératif exprès. La sémantique des couleurs dans les différentes cultures en est un exemple banal.

Nous croyons que cette fonction-là des oppositions est une fonction alternative, plus archaïque que leur fonction cognitive. L'analyse de Lévi-Strauss a besoin d'être affinée sur la question de savoir quelles oppositions essentielles pour l'esprit primitif sont effectivement « préscientifiques », et quelles oppositions sont (au sens large) arbitraires. Par ailleurs, comme nous l'avons déjà conjecturé autre part, la médiation effectuée par des oppositions émotionnellement chargées postulée par Lévi-Strauss n'est probablement qu'un artefact de la méthodologie de la recherche. L'état d'esprit indivis semble plus archaïque, et les mythes, quand on les considère de façon diachronique, nous renseignent davantage sur l'émergence des oppositions que sur leur rôle de médiation.

Le problème des racines sémantiques

Dans la culture contemporaine, on considère surtout le langage comme un moyen de transmettre une connaissance objective. « La critique linguistique » a concentré tous ses efforts sur la consolidation et la purification de cette fonction-là de la langue.

L'organisation du comportement apparaît comme un phénomène secondaire, et est en général présentée comme l'organisation d'un comportement efficace. Si l'on accepte un point de vue selon lequel l'organisation du comportement est en soi un phénomène primordial, cela jette un éclairage nouveau sur le rôle du tabou et sur la sémantique originelle de la négation.

De fait, toute organisation du comportement implique avant tout la limitation des degrés de liberté du grand système (pour un parallélisme typologique, pensez aux synergies dans l'organisation du mouvement selon Bernstein) ; le signal qui amène cette limitation est une « catastrophe » au sens de Thom. Les signaux de ce genre forment la classe la plus fondamentale du thésaurus sémantique.

Dans son analyse des racines sémantiques, Anna Wierzbicka fait remonter l'origine de la négation à « nolo » – « Je ne veux pas » (Stepanov, 1983, p. 239). Il serait plus exact de la faire venir de « noli » – « ne fais pas cela », comme le soutient Porshnev (1974) de façon convaincante.

III.3
MATHÉMATIQUES, ART, CIVILISATION

À la mémoire de Friedrich Hirzebruch.

Imaginez le Paris des années 1920, capitale du modernisme et de la Mode. Évoquant cette époque-là, Coco Chanel a dit un jour à Paul Morand à propos de Picasso :

> C'était sa peinture que j'admirais, même si je ne la comprenais pas. Je la trouvais convaincante, et c'est ce que j'aime. Pour moi, c'est une table de logarithmes.

Réfléchissez à cette image remarquable. Les mathématiques sont abstraites, et l'art de Picasso est abstrait. Il semblerait que là soit la similitude la plus évidente entre les deux « impondérables » que sont l'*Arlequin au violon* (*Si tu veux*) de 1918, et une table de logarithmes. Pourtant, Coco Chanel choisit un autre mot : ces deux choses-là sont « convaincantes », et c'est ce qui l'a attirée.

* * *

Dans cet essai, consacré à des aspects divers des mathématiques à travers les siècles, je voudrais prêter une attention particulière à cette qualité d'être « convaincant ».

Au niveau personnel, qu'une démonstration, une idée, ou une simulation sur ordinateur soit convaincante ou pas, dépend des prédispositions du mathématicien pour le raisonnement géométrique ou logique, de sa philosophie (consciente ou inconsciente) et de son système de valeurs.

Sur le plan social, le contexte historique général entre en jeu ; il peut provoquer un épanouissement extraordinaire des mathématiques, comme leur quasi extinction. Pour des raisons évidentes, les historiens des mathématiques se concentrent sur les lieux et sur les époques auxquelles les mathématiques ont été créées, ou du moins acceptées comme un héritage d'autres époques et/ou d'autres sociétés. Mais il serait intéressant de regarder de près les circonstances historiques dans lesquelles les mathématiques ont été négligées ou ont même (temporairement) disparu. Le développement des mathématiques anciennes (surtout grecques) a été stoppé en Europe pendant au moins les cinq premiers siècles du christianisme. Encore plus tôt, avant l'arrivée du christianisme, lorsque les Romains, esprits pratiques et militaristes, ont mis en place leur culture supérieure, ils y ont incorporé les humanités grecques, mais pas la science grecque. Même les applications militaires évidentes de cette dernière ne les tentaient pas. Selon Plutarque, lors du siège de Syracuse, le général romain Marcellus avait exhorté en vain ses soldats à ne pas battre en retraite :

> Nous ne renoncerons pas à nous battre contre ce Briarée de la géométrie, qui écope la mer avec nos vaisseaux, qui a détruit du premier coup notre bélier, et qui surpasse les géants mythologiques aux cent bras en lançant contre nous tant de traits à la fois.

Selon une tradition exégétique, Marcellus avait eu l'intention de faire passer Archimède au service de l'armée romaine (comme Werner von Braun passerait plus tard au service de l'armée américaine) mais l'épée d'un soldat ignorant trancha les jours du Briarée de la géométrie.

Toujours d'après cette tradition, Archimède lui-même ne considérait pas ses performances techniques comme des « applications » de ses mathématiques – pour ce grand esprit elles étaient juste une distraction indésirable.

* * *

Les chiffres romains :

I, II, III, IV, V, VI, VII, VIII, IX, X, XI, ..., L, ..., C, ..., D, ..., M,

toujours utilisés aujourd'hui à des fins ornementales, font partie du maigre héritage mathématique légué par la Rome antique. La façon la plus instructive de les voir est de les considérer comme un vestige archéologique unique d'un stade archaïque de la pensée mathématique.

L'unité, « I », symbolise une entaille sur un bâton (et non le chiffre I, qui est une lecture plus tardive). En raison de l'effort nécessaire pour faire chaque entaille, et de la place que cela prenait sur le bâton, les Romains durent abandonner le système numérique idiot mais parfaitement systématique et potentiellement infini :

I, II, III, IIII, IIIII, IIIIII, ...

et adopter un système beaucoup moins logique, de « noms » plutôt que de symboles :

$$I = 1, V = 5, X = 10, L = 50, C = 100, D = 500, M = 1000.$$

Même s'il ne permet pas d'aller jusqu'à l'infini, ce système est commode et efficace pour les petits nombres. Des séquences courtes de ces symboles s'interprètent à l'aide de l'addition ou de la soustraction :

$$2009 = MMIX = M + M - I + X.$$

Bien sûr, il n'existe pas de nom pour zéro. L'horreur de l'« absence », du « vide », est profondément ancrée dans la psychologie humaine. Dans l'*Ecclésiaste* nous trouvons déjà :

> [...] Ce qui est manquant ne peut être dénombré [...]

L'absence de symbole pour zéro a grandement retardé le développement du système romain et sa transformation en système de numération de position.

* * *

La diffusion d'un système de numération de position en Europe à la suite de la publication du *Liber Abaci* de Fibonacci (1202), fut en essence le début de l'expansion d'un langage universel, vraiment global.

Sa victoire finale fut lente à venir.

Le livre de Gregorio Reisch, *Margarita Philosophica,* fut publié à Strasbourg en 1504.

L'une des gravures de ce livre montre un personnage féminin qui symbolise l'Arithmétique. Elle regarde deux hommes, chacun assis à une table différente, un *abaciste* et un *algoriste.*

L'abaciste est penché sur son *abaque.* Cet instrument de calcul primitif a subsisté jusqu'à l'époque de ma jeunesse : dans n'importe quelle boutique de Russie, quand on payait, la caissière se mettait à calculer la monnaie qu'elle devait rendre en faisant glisser les petites boules cliquetantes de son abaque ou boulier.

L'algoriste assis à son bureau calcule quelque chose, et écrit des chiffres indo-arabes. L'ancien mot « algoriste » et le mot moderne « algorithme » viennent du nom du grand Al-Khwārizmī (né dans la région du Khwarezm vers 780).

La symbolique de cet ouvrage était très vivante quand le livre de Reisch a été publié.

L'Église catholique soutenait la tradition romaine, l'emploi des chiffres romains. Ils étaient parfaitement inutilisables pour les comptes pratiques du commerce, pour le calcul des fêtes mobiles comme Pâques, etc. Là, l'abaque était très utile.

La tribu rivale des algoristes était capable, elle, de faire des calculs en écrivant d'étranges signes sur le papier ou sur le sable, et l'on associait leur art à un savoir musulman secret, magique et dangereux. L'enseignement d'Al-Khwārizmī est devenu leur héritage – et le nôtre.

* * *

Une fois victorieuse, la numérotation décimale de position s'est développée et est devenue le seul langage universel de la modernité.

FIG. 4. L'Arithmétique contemplant un abaciste et un algoriste. Gregorio Reisch, *Margarita Philosophica*, Strasbourg, 1504, Bibliothèque Nationale de Catalogne, Barcelone.

La *sémantique* de ce langage donne la possibilité de calculer absolument tout – entailles, nœuds, bétail, bateaux, florins... Sa *syntaxe* est déterminée par des règles générales pour traduire une quantité abstraite en notation (décimale) de position, et inversement.

Enfin, la *pragmatique* de ce langage possède deux aspects :

Quand le texte numérique concernait une quantité du monde réel, comme dans les échanges commerciaux, un niveau plus élevé de règles syntaxiques fournissait un maillon essentiel du lien entre le texte et le monde physique. Un exemple célèbre de ces règles est le système de registres de comptes à double entrée codifié par Luca Pacioli en 1494.

D'un autre côté, quand le texte numérique concernait des données scientifiques, des observations astronomiques par exemple, sa pragmatique pouvait être liée à la prédiction d'une éclipse ou à la construction d'un modèle quantitatif du système solaire. Dans ce cas, le texte devait être traité algorithmiquement. En d'autres mots, il servait d'*entrée* (« *input* ») à un programme, tandis qu'un nouveau texte numérique, concernant lui aussi des observations (futures) du monde naturel, servait de *sortie* (« *output* »).

L'avantage inestimable du système de position était son adaptabilité idéale au traitement algorithmique – en particulier aux règles simples et universelle d'addition et de multiplication qu'on pouvait enseigner aux écoliers et aux comptables. Les programmes plus compliqués – ceux destinés aux comptables – étaient donnés en langue ordinaire, avec une alternance d'algorithmes élémentaires et d'énoncés au conditionnel (« si le débit du client *NN* dépasse son crédit de *ZZ* florins, ne plus rien lui livrer »). Les langages de programmation ont existé à l'état embryonnaire pendant des siècles, en tant que sous-dialectes informels de la langue ordinaire. Ils avaient une sphère d'application très limitée (mais d'une importance cruciale), et étaient destinés à des calculateurs humains, non à des calculateurs électroniques ou mécaniques. Même Alan Turing au XXe siècle, quand il parlait de sa formalisation universelle de la calculabilité, utilisait le mot « calculateur/calculatrice » (« computer ») pour désigner une personne suivant mécaniquement une liste finie d'instructions qui se trouve devant lui/elle.

La table de logarithmes de 90 pages que John Napier a publiée dans son livre *Mirifici logarithmorum canonis descriptio* (1614), exemple paradoxal de ce type d'activité, allait devenir un monument culturel et historique à l'échelle universelle (l'intuition de Coco Chanel ne la trompait pas). John Napier, qui calculait

Deg. 0 +|—

mi	Sines	Logarith	Differen.	Logarith:	Sines	
0	0	Infinite.	Infinite.	.0	1000000.0	60
1	291	8142567	8142568	.1	1000000.0	59
2	582	7449419	7449421	.2	999999.8	58
3	873	7043952	7043956	.4	999999.6	57
4	1164	6756275	6756274	.7	999999.3	56
5	1454	6533131	6533130	1.1	999998.9	55
6	1745	6350810	6350808	1.6	999998.6	54
7	2036	6196659	6196657	2.2	999998.0	53
8	2327	6063128	6063126	2.8	999997.4	52
9	2618	5945345	5945342	3.5	999996.7	51
10	2909	5839986	5839814	4.3	999995.9	50
11	3280	5744676	5744671	5.2	999995.0	49
12	3491	5657665	5657658	6.2	999994.0	48
13	3781	5577622	5577615	7.3	999992.8	47
14	4072	5503514	5503506	8.4	999991.7	46
15	4363	5434522	5434513	9.6	999990.5	45
16	4654	5369984	5369973	10.9	999989.2	44
17	4945	5309360	5309248	12.3	999987.8	43
18	5236	5252202	5252188	13.8	999986.3	42
19	5527	5198136	5198120	15.4	999984.7	41
20	5818	5146843	5146836	17.0	999983.1	40
21	6109	5098054	5098045	18.7	999981.3	39
22	6399	5051534	5051514	20.5	999979.8	38
23	6690	5007083	5007060	22.4	999977.6	37
24	6981	4964524	4964499	24.4	999975.6	36
25	7272	4923703	4923676	26.5	999973.6	35
26	7563	4884483	4884454	28.7	999971.4	34
27	7854	4846743	4846712	30.9	999969.2	33
28	8145	4810376	4810343	33.2	999966.8	32
29	8436	4775286	4775250	3[illegible]	999964.4	31
30	8726	4741385	4741347	38.1	999961.9	30
						Min.

Deg. 89

Deg. 0 +|—

mi	Sines	Logarith.	Differen.	Logarith.	Sines	
30	8726	4741385	4741347	38.1	999961.9	30
31	9017	4708596	4708555	40.7	999959.3	29
32	9308	4676848	4676805	43.4	999956.6	28
33	9599	4646077	4646031	46.1	999953.9	27
34	9890	4616225	4616176	48.9	999951.1	26
35	10181	4587239	4587187	51.8	999948.2	25
36	10472	4559069	4559014	54.8	999945.2	24
37	10763	4531671	4531613	57.9	999942.1	23
38	11054	4505004	4504943	61.1	999938.9	22
39	11344	4479030	4478965	64.4	999935.7	21
40	11635	4453713	4453645	67.7	999932.3	20
41	11926	4429022	4428950	71.1	999928.9	19
42	12217	4404925	4404850	74.6	999925.4	18
43	12508	4381396	4381318	78.2	999921.8	17
44	12799	4358408	4358326	81.9	999918.1	16
45	13090	4335936	4335850	85.7	999914.3	15
46	13380	4313958	4313868	89.6	999910.5	14
47	13671	4292453	4292360	93.5	999906.5	13
48	13962	4271401	4271304	97.5	999902.5	12
49	14253	4250783	4250682	101.6	999898.4	11
50	14544	4230583	4230477	105.8	999894.2	10
51	14835	4210781	4210671	110.1	999890.0	9
52	15126	4191364	4191250	114.5	999885.6	8
53	15416	4172317	4172198	118.9	999881.1	7
54	15707	4153627	4153504	123.4	999876.6	6
55	15998	4135279	4135151	128.0	999872.0	5
56	16289	4117263	4117130	132.7	999867.3	4
57	16580	4100664	4100527	137.5	999862.5	3
58	16871	4082175	4082032	142.4	999857.7	2
59	17162	4065082	4064935	147.3	999852.7	1
60	17452	4048276	4048124	152.3	999847.7	0
						Min.

Deg. 89

FIG. 5. Tables de logarithmes de Napier

les logarithmes à la main, chiffre après chiffre, jouait deux rôles à la fois : celui d'inventeur de nouvelles mathématiques et celui d'employé comptable, qui suivait ses propres instructions.

L'intuition philosophique de Leibniz en est d'autant plus étonnante ; sa célèbre exhortation : *Calculemus* ! postulait que non seulement les manipulations sur les nombres, mais aussi toute séquence de pensée rigoureuse et logique tirant des conclusions à partir d'axiomes de départ pouvaient se ramener à un calcul. La plus grande réussite des grands logiciens du XXe siècle (Hilbert, Church, Gödel, Tarski, Turing, Markov, Kolmogorov) fut de tracer une carte précise des frontières du monde idéal de Leibniz, dans lequel

- un raisonnement est l'équivalent d'un calcul ;
- la vérité est formalisable mais ne peut pas toujours être vérifiée de façon formelle ;

- la « vérité toute entière » – même sur le plus petit infini mathématique, celui des nombres naturels, excède les capacités de tout langage finiment engendré de générer à son tour des théorèmes vrais dans ce langage.

* * *

Tout texte mathématique concret comporte des mots et des formules. Avec un peu d'imagination, on peut considérer les formules comme des expressions appartenant à un langage formel (le langage peut différer d'un auteur d'article à un autre, mais souvent, il est simplement une version du langage de la théorie des ensembles). La question de savoir comment les mots et les formules se partagent la fonction de transmettre un contenu est intéressante en soi. Les mots, avant tout, sont ce par quoi un article de mathématiques s'adresse à des personnes et non à des ordinateurs ; ils permettent des raccourcis informels, des associations, l'expression de motivations ; ils sont chargés de tâches subtiles, comme de transmettre le système de valeurs de l'auteur.

Mais dans les passages essentiels d'un texte mathématique, ce ne sont pas toujours ni partout les formules qui sont chargées de transmettre le sens. Au moins depuis l'époque d'Euclide – et de nos jours dans les manuels scolaires de l'enseignement secondaire – les schémas jouent le rôle de formules. La plupart d'entre nous se souviennent du dessin d'un carré divisé par deux lignes en deux carrés plus petits et en deux rectangles. Ce dessin illustre/remplace/démontre la formule $(a+b)^2 = a^2+2ab+b^2$. Un schéma bien plus intéressant et bien moins connu (fig. 3) est celui qui illustre un théorème classique de Pappus d'Alexandrie (vers 300 après J.-C.). Ce dessin est un bel exemple de la façon dont la pensée géométrique des mathématiciens a interféré avec leurs formules et avec leur pensée formelle pendant des générations et des siècles.

Énonçons d'abord le théorème. Nous commençons par un hexagone situé dans un plan, de sommets BXbCYc (il n'est pas forcément convexe comme il l'est sur cette figure ! C'est le piège des schémas – ils imposent des restrictions dont on ne se rend pas compte). Pour chaque paire de côtés opposés de l'hexagone, par exemple Bc et bC, la diagonale joignant les deux autres sommets XY passe entre eux. Prolongeons ces deux côtés et la diagonale ; il peut se faire que les trois lignes ainsi obtenues se coupent en un point Z, auquel cas nous disons que ces deux côtés ont la *propriété de Pappus.*

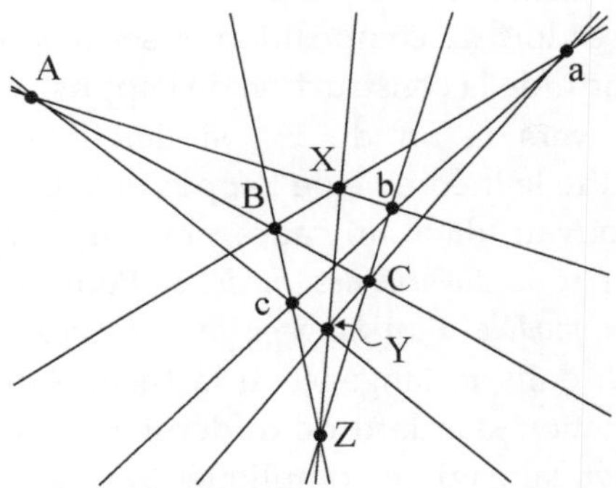

FIG. 6. Théorème de Pappus

THÉORÈME DE PAPPUS : *Si deux paires de côtés opposés d'un hexagone ont la propriété de Pappus, alors la troisième paire l'a aussi.*

C'est un résultat étonnant. D'abord parce qu'il est difficile d'imaginer comment on a pu arriver à cette affirmation. Contrairement au schéma de « $(a + b)^2 = a^2 + 2ab + b^2$ », elle n'appartient pas au royaume de la géométrie euclidienne : les distances, les longueurs et les angles ne jouent pas le moindre rôle dans ce théorème ni dans sa démonstration, et le groupe des mouvements rigides du plan non plus.

Les éléments structurels dont on a besoin sont primaires et strictement combinatoires : le plan est composé de points, les lignes droites sont certains sous-ensembles de points, deux lignes droites se coupent en un point et un seul, une ligne droite et une seule passe par deux points donnés.

C'est seulement au XIXe siècle qu'il est apparu clairement que le théorème de Pappus était un résultat capital de la géométrie *projective* du plan. On l'avait d'abord pris pour un énoncé relevant de la géométrie projective du plan sur les nombres réels, complétée par une ligne s'étendant à l'infini, où les parallèles se rencontrent. Mais ensuite, on a découvert qu'il était aussi valable pour le plan projectif sur n'importe quel corps abstrait. De plus, le corps, avec ses lois de composition et ses axiomes, peut être reconstitué à partir de la construction de Pappus.

Finalement, vers la fin du XXe siècle, il s'est révélé que l'équivalence entre le théorème de Pappus et la théorie des corps commutatifs pouvait, dans un cadre plus large, être expliquée et généralisée par la *théorie des modèles*. Pour dire les choses simplement, *un modèle d'un langage formel L* est à la fois une traduction de *L* dans le langage de la théorie des ensembles, et une interprétation standard de ce dernier. C'est ainsi qu'une construction métalangagière compliquée révèle la signification du schéma élaboré de Pappus.

En résumé, la théorie des modèles est un outil métalinguistique qui rend explicite un potentiel *contenu géométrique intrinsèque de théories formelles de type langagier linéaires et discrètes.*

Mais peut-on franchir ce pont en sens inverse ? Peut-on produire des mathématiques porteuses de sens, exprimées « seulement » par des images / des schémas géométriques / ... ?

* * *

Pour un certain nombre de raisons, des schémas comme les configurations de Pappus résistent aux tentatives de les organiser en langage. Leur syntaxe interne est idiosyncrasique et non systématique ; leurs liens syntaxiques mutuels défient la formalisation. Toute image possède un type d'intégrité qui se perd dans le processus de l'analyse. La façon dont les images transmettent

FIG. 7. Picasso, *Arlequin au violon* (1918). Cleveland Museum of Art, OH, USA. © Succession Picasso 2021. Photo © Cleveland Museum of Art Leonard C. Hanna, Jr. Fund / Bridgeman Images

et préservent l'information par divers procédés diffère du fonctionnement des configurations langagières, même « synonymes ». Elles font appel à un type d'imagination différent – à l'intuition de notre cerveau droit.

Expliquant l'intention (présumée) des inventeurs du cubisme, et d'œuvres comme l'*Arlequin au violon*, E. H. Gombrich écrit ceci :

> Les critiques ont considéré comme une insulte à leur intelligence qu'on attende d'eux qu'ils croient qu'un violon « ressemble à cela ». Mais il n'a jamais été question de les insulter. L'artiste leur a plutôt fait un compliment. Il a tenu pour acquis

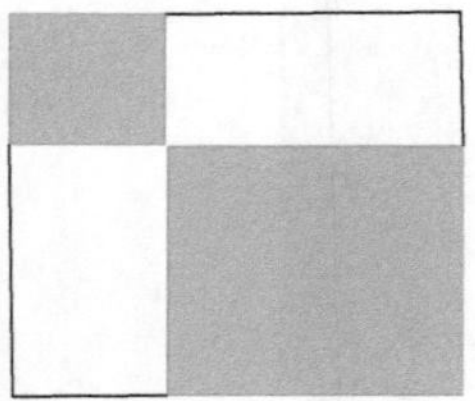

$$(a+b)^2 = a^2 + 2ab + b^2$$

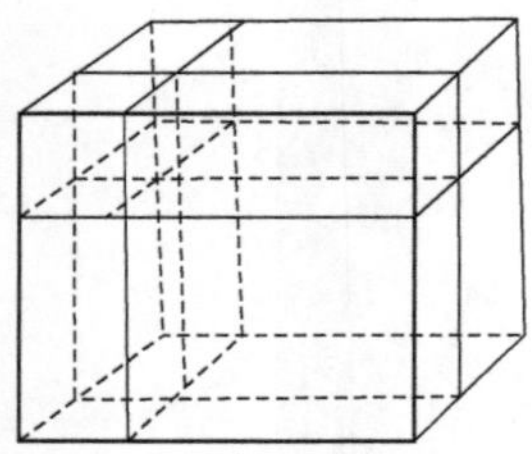

$$(a+b)^3 = a^3 + 3a^2b + 3ab^2 + b^3$$

Projection en deux dimensions d'un cube de trois dimensions

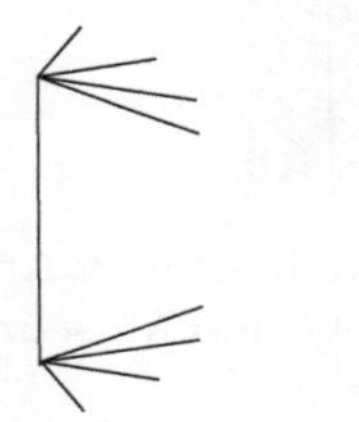

Formule du binôme de Newton

$$(a+b)^n = \sum_{i=0}^{n} C_i^n a^i b^{n-i}$$

Projection en deux dimensions d'un cube à n dimensions ??

FIG. 8. Cubisme mathématique

> qu'ils savaient à quoi ressemble un violon, et qu'ils n'allaient pas chercher cette information élémentaire dans ses tableaux. Il les invitait à venir jouer avec lui au jeu sophistiqué qui consiste à construire l'idée d'un objet solide et tangible à partir de quelques fragments plats de la toile.

En fait, ces quelques mots décrivent très bien certaines images-clefs, et certaines formules-clefs de l'histoire des mathématiques, ainsi que leurs difficiles relations mutuelles.

Tombe d'Archimède

$\int_{-1}^{1} x^2 dx = \frac{2}{3}$ équivaut à

La surface et le volume d'une sphère sont égaux respectivement au tiers du volume et au tiers de la surface du cylindre dans laquelle est inscrite la sphère. Une sphère et un cylindre furent placées sur la tombe d'Archimède à sa demande.

FIG. 9. La sphère et le cylindre

Au cours de la seconde moitié du XXe siècle, avec le développement de l'algèbre homologique et de la théorie des catégories, le langage des diagrammes commutatifs a commencé à entrer dans les mathématiques ; il a fallu un certain temps aux mathématiciens pour s'habituer à « faire la chasse aux diagrammes ».

La figure 10 montre un exemple réel d'un tel diagramme (extrait d'un article de 2007 de D. Borisov et de l'auteur). Le carré commu-

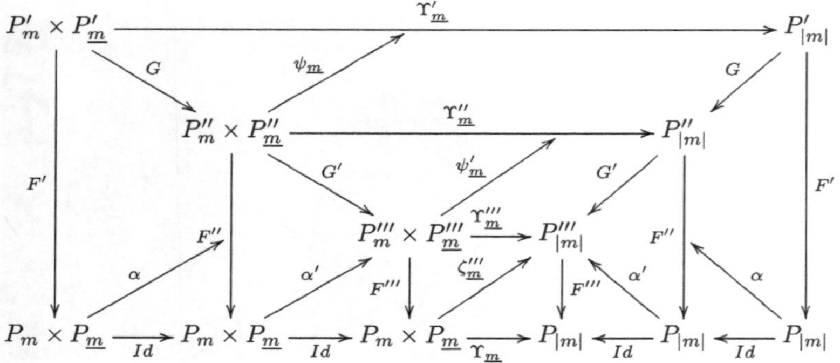

FIG. 10. Diagramme bi-commutatif

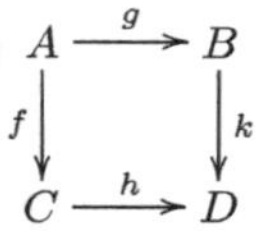

$$\begin{array}{ccc} A & \xrightarrow{g} & B \\ {\scriptstyle f}\downarrow & & \downarrow{\scriptstyle k} \\ C & \xrightarrow{h} & D \end{array}$$

FIG. 11. Carré commutatif

tatif de la figure 11 est un composant élémentaire du diagramme. Avant l'ère de la théorie des catégories, nous pouvions presque exprimer en langage linéaire tout le contenu de ce carré, en écrivant l'égalité $h \circ f = k \circ g$. Cependant, il y a une restriction : f, g, h, k sont des morphismes dans une catégorie, et l'on a besoin de savoir de quel objet part le morphisme et quel objet il « atteint ».

De plus, le grand diagramme de la figure 6 comporte des flèches obliques, par exemple la flèche α. Une flèche comme celle-là représente un morphisme qui *n'est pas dans la catégorie originelle* $\mathcal{C}$ où se trouvent les objets dont les noms sont donnés au début et à la fin de la flèche. Elle représente au contraire des morphismes dans la *catégorie des morphismes* Mor $\mathcal{C}$:

$$\alpha\colon \mathrm{Id} \circ F' \to F'' \circ G.$$

Le contenu exact du diagramme peut être transmis par un texte linéaire seulement à la condition que ce dernier soit accompagné d'un commentaire détaillé faisant alterner les mots et les formules. Mais un tel texte rend-il le diagramme superflu ? Non ! (Un jour, je correspondais par mail avec un collègue à propos d'un sujet mathématique très concret. Dans un mail, on doit bien sûr trouver des équivalents verbaux pour tout ce qui est visuel. Soudain, j'ai reçu de mon collègue ce cri de l'âme : « Un schéma ! Mon royaume pour un schéma ! »).

Dans ce qui va suivre, je vais essayer de montrer qu'au cours de ces dernières décennies le développement de la théorie des catégories, et spécialement la topologie homotopique, n'a pas seulement constitué un pas considérable dans une branche particulière des mathématiques, mais qu'il a aussi contribué à l'accomplissement et à la verbalisation du saut épistémologique dans notre compréhension des fondements des mathématiques qui est en train de se produire sous nos yeux.

Ici, je dois préciser que pour moi les « fondements » n'ont aucune fonction prescriptive ou normative. Je comprends les « fondements » comme le fruit du labeur des mathématiciens à chaque fois qu'ils décident à quel problème s'atteler, comment écrire des définitions et des démonstrations, et, enfin et surtout, comment transmettre leur connaissance, héritée ou due à de nouvelles découvertes, à la (ou aux) génération(s) de mathématiciens suivante(s).

La fonction sociale la plus importante de la recherche consacrée aux fondements est probablement de maintenir un dialogue entre les « deux cultures » (selon l'expression de C. P. Snow). Ce dialogue a sa source dans le fait que les mathématiques provoquent toujours une profonde anxiété philosophique.

Si l'on n'admet pas qu'un monde platonicien d'idées existe indépendamment de nous (et parfois les philosophes n'admettent même pas l'existence du monde des objets et des phénomènes), alors on est obligé de considérer les mathématiques comme le simple fruit de l'imagination hautement exercée de quelques douzaines ou de quelques milliers de personnes par génération. Laissant de côté pour l'instant la question des critères de la « vérité » d'un énoncé mathématique, on ne peut que s'étonner de la stabilité de la connaissance mathématique et de sa reproductibilité au cours des générations et des civilisations. De plus, cette connaissance n'est pas simplement reproduite à la façon dont le sont l'*Odyssée*, l'Épopée de Gilgamesh et les Évangiles. En l'espace des deux derniers siècles, elle s'est développée et enrichie à une vitesse inouïe par rapport à celle des époques précédentes, tout en changeant plusieurs fois de forme.

Revenons à la question du contenu mathématique des « fondements des mathématiques » et de leur évolution historique au cours des 150 dernières années. Pour la grande majorité des mathématiciens travaillant disons juste après la Seconde Guerre mondiale, l'image mathématique dont ils partent est celle d'un ensemble muni d'une structure additionnelle : espaces topologiques, groupes, anneaux, espaces mesurés... Au début, cet ensemble est juste une abstraction à la Cantor : la nature de ses éléments n'est pas importante. Ce qui est important, c'est qu'ils soient distinguables deux à deux et conceptualisés comme des parties d'un tout. Aux stades suivants, les éléments d'un nouvel ensemble peuvent être des sous-ensembles ouverts d'un ensemble précédent, des fonctions sur cet ensemble, et ainsi de suite. Cantor lui-même, dans un esprit minimaliste, avait posé les questions les plus élémentaires à propos de ces ensembles ; il avait démontré qu'il y a une échelle infinie d'infinis, et avait laissé aux générations de logiciens qui lui ont succédé le problème de la compréhension de l'ontologie et de l'épistémologie de ladite échelle. La génération plus pragmatique qui avait survécu à la Première Guerre mondiale s'était emparée de cette base potentiellement métaphysique, et avait construit à partir d'elle un édifice à l'architecture moderne et fonctionnelle pour le travail des mathématiciens, en utilisant les produits industriels appelés « structures » au sens de Bourbaki. Les mathématiciens, dans leur travail, ont mis en veilleuse les questions sur l'échelle des infinis ; ils ont néanmoins conservé les ensembles discrets comme premiers matériaux de construction. Le continu est devenu une superstructure posée sur le discret.

Même avant Cantor, il était déjà parfaitement clair que les constructions d'ensembles posaient des problèmes, même en arithmétique élémentaire. Si les nombres naturels désignent le nombre d'encoches sur un bâton ou la cardinalité de n'importe quel ensemble fini :

I, II, III, IIII, ...,

alors la notion de zéro comme cardinalité de l'ensemble vide crée des problèmes psychologiques, et les nombres négatifs nécessitent une interprétation relevant d'un domaine complétement différent, comme l'économie (« dette », « débit »).

Par contre, si nous considérons le continu comme le point de départ de l'intuition, et le discret comme une structure dérivée, alors les nombres entiers peuvent être introduits de façon extraordinairement naturelle. Imaginons un point se déplaçant dans l'espace. Supposons qu'il parte d'une position initiale donnée, qu'il se promène un peu, et retourne au point de départ sans jamais passer par l'origine. Demandons-nous : combien de fois a-t-il tourné autour de l'origine ? Il n'est pas difficile de définir précisément ce nombre entier, qui peut être nul, positif ou négatif (puisque le point peut tourner autour de l'origine dans le sens des aiguilles d'une montre ou à l'envers). De plus, il est facile de voir qu'un trajet dans un sens est annulé par un trajet en sens inverse – en abrégé : $1-1=0$. C'est à dire que le trajet obtenu en additionnant ces deux trajets peut être contracté en un point sans passer par l'origine.

Donc, qu'est ce qui est premier : le discret ou le continu ? C'est à coup sûr une question philosophique archétypale : le logos (λόγος) symbolise le discret, et le chaos (χάος) le continu.

Empruntant une métaphore à une discipline voisine (l'ethnologie), je comparerais volontiers cet état de choses à la théorie du mythe de Lévi-Strauss. Très certainement influencé par Bourbaki, Lévi-Strauss a construit son interprétation du mythe en voyant dans ce dernier une médiation entre des opposés[56].

56. Sur Lévi-Strauss, voir les textes III.2 et III.9 de ce recueil. (N.d.T.)

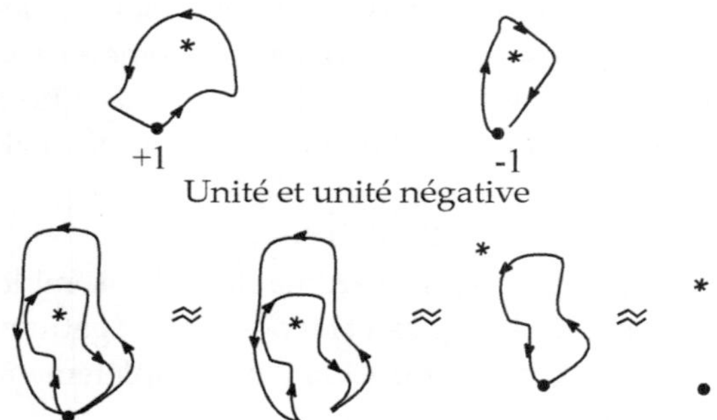

$1 + (-1) = 0$: l'égalité est remplacée par l'homotopie

FIG. 12. Image de l'homotopie

Il y a un quart de siècle, en réfléchissant à cette idée, j'ai conjecturé une évolution en sens inverse, dans laquelle le mythe marque une époque où la conscience des opposés (le « discret ») naît du chaos mental. De la même façon, la notation musicale est née de la musique-même.

Avec les yeux de l'esprit, le géomètre qui s'occupe de topologie homotopique voit des espaces de dimension infinie qui peuvent et doivent être déformés jusqu'à être contractés en un point. En dernière analyse, la discrétion que le topologue calcule et exprime en langage discret se réduit aux « composantes connexes » de ces espaces et aux espaces de morphismes qui en dérivent. Dans les exposés mathématiques de vulgarisation – et aujourd'hui dans les vidéos – les expressions « nœuds » dans $\mathbb{R}^3$, ou « éversion d'une sphère » (la retourner comme un gant), sont utilisées pour extérioriser ces images mentales intérieures. Il est aussi peu probable qu'on puisse utiliser ces extériorisations à des fins pédagogiques qu'il est peu probable qu'on s'imagine être Sviatoslav Richter jouant Schubert, après l'avoir vu interviewé par Bruno Montsaingeon. Pour cette raison, je peux seulement décrire brièvement mes impressions du saut épistémolo-

FIG. 13. Manuscrit d'une sonate pour violon seul de J.-S. Bach

gique qui, à mon sens, est en train de se produire dans les fondements des mathématiques. Son essence est une inversion de la relation entre le discret et le continu, entre le langage et l'imagination, entre l'algèbre et la topologie. Ce sont le continu, la topologie, l'imagination géométrique, qui prennent peu à peu la place jadis occupée par les mathématiques élémentaires. Le langage devient secondaire, subordonné, son « écriture interne » retourne à la forme hiéroglyphique, et la combinaison d'images géométriques devient son contenu. Cette combinatoire est non linéaire et multidimensionnelle, et dès sa naissance ce nouveau langage mélange la syntaxe, la sémantique et la pragmatique selon des modes que nous n'avons pas encore commencé à comprendre philosophiquement. Les diagrammes commutatifs de la théorie des catégories étaient un avant-goût de cette évolution. Avec l'arrivée des poly-catégories, des catégories enrichies, des A-algèbres, et autres structures similaires, nous commençons à parler un langage qui est beaucoup moins apte à l'extériorisation que celui auquel nous étions habitués. J'ai été confirmé dans l'idée que ce sentiment n'est pas seulement le fait de ma fantaisie personnelle, quand j'ai pris conscience que des processus similaires se déroulaient à la frontière entre les mathématiques et la physique théorique. Je pense aux intégrales de Feynman, aux méthodes de renormalisation, et aux applications comme l'intégrale de Witten pour le calcul des invariants de nœuds.

* * *

Je voudrais pour conclure revenir au thème par lequel j'ai commencé : le problème de la persuasivité des mathématiques et, plus généralement, de la science moderne.

L'expérience personnelle, les témoignages *de visu*, les références aux autorités ou aux textes faisant autorité – voilà ce qu'on tient souvent pour la liste exhaustive des moyens de persuasion. Bien sûr les physiciens, les chimistes et les biologistes ajouteraient la preuve par l'expérience. Pour ma part, j'aimerais aussi prendre en compte ce qu'on appelle un argument de « civilisation » – l'argument que Coco Chanel a saisi intuitivement. La civilisation nous fournit des moyens de vérifier la vérité qui ne se réduisent pas à en appeler à l'autorité, au fait d'être témoin oculaire ou de lire de longues démonstrations mathématiques. Pour préparer le présent exposé, j'ai fait pas mal de recherches sur la Toile – la possibilité de ce type de communication électronique est aujourd'hui considérée comme allant de soi par presque tout le monde. Mais elle a été rendue possible par deux mille ans de mathématiques, dont personne, ni nous ni aucun(e) de ceux que nous considérons comme des autorités, ne peut vérifier si elles sont pleinement convaincantes. Les mathématiques sont vraies, entre autres raisons, parce que l'équation de Maxwell a conduit à la technique de transmission de l'information par ondes électromagnétiques, et que l'algèbre de Boole travaille dur en ce moment dans votre ordinateur portable et dans le mien.

Cultiver le raisonnement mathématique sous son aspect « civilisateur » est la meilleure façon de concrétiser la connaissance mathématique abstraite, et de la transmettre de génération en génération. Au niveau personnel, je comparerais volontiers la culture mathématique – la culture des démonstrations – à l'entraînement d'un musicien : travailler dans le détail les moindres gestes, jusqu'à ce qu'ils deviennent automatiques et puissent être synthétisés dans l'exécution, disons, d'une sonate pour violon seul de J.-S. Bach.

La codification du langage formel, avec ses composants appartenant à la logique et à la théorie des ensembles, était le moyen idéal de « travailler dans le détail les moindres gestes ». Mais si elle s'accompagne de propagande idéologique comme l'intuitionnisme ou le constructivisme, elle s'affaiblit philosophiquement et perd sa valeur « civilisatrice ».

FIG. 14. Dürer, mains sur livre

III.4
ACTIVITÉ ARTISTIQUE SPONTANÉE, ORIGINES DES LOGOGRAMMES ET INTUITION MATHÉMATIQUE

À la mémoire d'Israël Moïsséevitch Gelfand.

Synopsis

L'asymétrie neurophysiologique et fonctionnelle des hémisphères cérébraux ne se manifeste pas seulement par une certaine division des fonctions, mais aussi par une compétition dynamique entre les hémisphères (cf. l'exposé synthétique des données cliniques dans McGilchrist, 2010). On peut imaginer cette compétition, qui se produit dans le cerveau pendant un certain laps de temps, comme des oscillations de part et d'autre d'un certain équilibre, dans lequel l'hémisphère droit ou le gauche prennent une plus ou moins grande part de responsabilité pour répondre à certains défis.

Dans le présent article, je vais essayer de montrer, comme de nombreux auteurs l'ont fait avant moi, qu'on peut appliquer l'image d'un tel équilibre pour caractériser des civilisations et leurs cultures, particulièrement à certaines périodes de transition. La première partie de mon exposé se concentrera sur l'origine de l'écriture et sur son développement. La seconde partie sera consacrée à repérer dans l'histoire des mathématiques, en particulier dans les *Éléments* d'Euclide, les traces de cette asymétrie fonctionnelle, et les caractéristiques de l'équilibre postulé.

Introduction

La découverte de l'asymétrie latérale du cerveau, des grands traits de la division des fonctions cognitives, et de la collaboration entre les deux hémisphères a généré un ample corpus de recherche, de vulgarisation et de généralisations (voir Bogen et Bogen, 1969 ; Vya. Vs. Ivanov, 1978 ; Nikolaenko, 1984).

Au moins depuis la parution du livre de Julian Jaynes, *La naissance de la conscience dans l'effondrement de l'esprit*[57], l'idée générale que la manifestation de changements dynamiques dans l'interaction des deux hémisphères pouvait aider à éclairer le développement de la culture et de l'homme moderne s'est largement répandue (alors que le concept jaynesien de « conscience » (« consciousness »)) était, lui, largement contesté.

Je voudrais d'abord insister ici sur le fait que certaines manifestations de ces changements dynamiques présentent des traits étonnamment similaires à des échelles temporelles très différentes :

- *minutes* : patients se remettant d'un électrochoc unilatéral (voir Kriss, Blumhardt, Halliday et Pratt, 1978 ; Nikolaenko, 1984 ; 2003) ;
- *jours, mois et années* : activité artistique surgissant à la suite de certaines lésions cérébrales (voir Lythgoe et al., 2005 ; Manin, 2011 ; Thomas-Anterion et al., 2010) ;
- *siècles et millénaires* : 1) peintures rupestres, évolution de l'écriture chinoise à partir de dessins/pictogrammes ; 2) mise en forme géométrique *versus* algébrique de la pensée mathématique (voir Manin, 2012).

Les modifications génétiques mettent un temps historique

57. Julian Jaynes, *The Origin of Consciousness in the Breakdown of the Bicameral Mind*, Houghton Mifflin, Boston, 1977, traduit en français par Guy de Montjou sous le titre *La naissance de la conscience dans l'effondrement de l'esprit*, Presses Universitaires de France, Paris, 1994.

considérable à se répandre dans une population. En général elles sont irréversibles, tandis que l'interaction cerveau gauche/cerveau droit qui nous intéresse ici est dynamique, et peut souvent être traitée comme « une lutte pour la domination » ; l'équilibre obtenu peut se modifier rapidement et même osciller chez une seule et même personne. Il ne peut donc pas être « câblé », c'est-à-dire fixé une fois pour toutes.

Nous inférons donc de cette grande variété d'échelles temporelles que la modification en question a des causes culturelles (« software ») plutôt que génétiques (« hardware »), et qu'elle peut par conséquent se produire à différents moments et avec des vitesses variées dans des aires géographiques et des civilisations diverses. Dans cette perspective, la prépondérance des systèmes d'écriture logographiques sur les systèmes alphabétiques et vice-versa, pourrait notamment suggérer un *spectre de différences systémiques* intéressant entre les cultures respectivement liées à ces prépondérances.

Je citerai en exemple la corrélation remarquable entre le développement ou l'expansion de l'écriture alphabétique dans la civilisation de l'Antiquité occidentale, et de l'atomisme en philosophie de la nature. Cette corrélation a fait le sujet du colloque « Principe atomiste et approche discrète : langage et pensée », organisé par l'Université des Sciences Humaines de Russie en 2010.

* * *

D'amples études cliniques menées à la suite de la découverte fondatrice par Sperry et Bogen des effets secondaires de l'ablation du corps calleux, ont révélé une image beaucoup plus complexe que celle donnée par la dichotomie vulgaire selon laquelle le « cerveau gauche » serait rationnel, analytique, verbal ; et le « cerveau droit » émotionnel, holiste, principalement visio-spatial.

En réalité, les deux cerveaux participent, selon les situations, à tous ces modes de fonctionnement. Néanmoins, comme le souligne McGilchrist (2010), l'asymétrie des hémisphères est présente « à de nombreux niveaux de description », elle « s'accroît de plus en plus au cours de l'évolution », et le fait que telle ou telle fonction du cerveau passe aux commandes est souvent lié à la distribution anatomiquement asymétrique des modules neuronaux respectifs.

On peut donc soutenir qu'à une plus grande échelle spatio-temporelle, les différences entre les systèmes d'écriture peuvent être liées à des oppositions culturelles du type *science occidentale/sagesse orientale.*

Le livre de Boltz (1994) apporte des arguments plus précis et mieux défendus. Dans la dernière partie de l'ouvrage, intitulée « Pourquoi l'écriture chinoise n'a pas évolué en alphabet », se trouve (p. 174) une longue citation de R. A. Muller, qui résume l'ancienne vision du monde chinoise :

> [...] une certaine raison faisait que toute chose dans le cosmos et sur terre était comme elle était, et que chaque mot, ou nom, était le mot ou le nom qu'il était : et cette raison était un reflet de l'ordre cosmique [...]

Un peu plus bas, Boltz écrit lui-même (p. 177) :

> Pour les lettrés de la Chine traditionnelle, il était tout simplement impossible de voir comme indépendants et séparables les traits [phonétiques] et [sémantiques] d'un caractère écrit ; une telle éventualité aurait violé toute l'ordonnance canonique de la relation entre le monde et le caractère écrit imposée par leur conception du monde.

* * *

Dans le présent article, je me représente en gros une « civilisation » comme un réseau de villes (auquel s'ajoutent des éléments ruraux) soudé par des structures de pouvoir. Son substrat matériel est créé par des bâtisseurs et des ingénieurs. Sa « culture » est produite à chaque génération par un groupe restreint de « lettrés » dont la seconde tâche principale consiste à transmettre cette culture aux générations suivantes. Pour la majeure partie de la population, cette culture constitue un certain « inconscient collectif ». La culture est transmise à cette partie de la population par les prêtres/enseignants/artistes/mass media, même si, en général, la perception de cette culture demeure passive. Cependant, la forme d'équilibre (dynamique !) entre cerveau droit et cerveau gauche qui prévaut chez les lettrés se reflète dans le « langage de la culture » de cette civilisation, et elle est transmise au reste de la population par ce langage.

Pour prendre un exemple très récent : nous nous souvenons de la façon dont la manipulation des ordinateurs personnels est passée de l'écriture/lecture d'instructions/informations au fait de cliquer sur des icônes, de pair avec notre mentalité générale, qui, de logocentrique qu'elle était, est devenue vidéo-centrique. Mais l'« image en mouvement » sert, semble-t-il, de force motrice encore plus forte pour atteindre un nouvel équilibre[58].

* * *

58. « Nous sommes en train de devenir une société vidéo-centrique. Notre attention délaisse le mot écrit pour les scènes d'action. Nous sommes happés par les clips image/son de 45 secondes que nous voyons sur CNN. Nous ne racontons plus d'histoires drôles à nos amis, nous leur envoyons des clips vidéo ! Le mot "video", qui signifie en latin "je vois", résume la façon dont nous nous procurons l'information qui informe notre conscience. C'est par le truchement de la vue que les neurones sont excités et font feu, créant du sens et des associations. Nous avons rendu matérielle l'imagination. Pixar, Disney, CNN, et une foule d'autres "banques de données" configurent ce que nous voyons et donc, dans une large mesure, ce que nous pensons ! [...]. En temps que prêtre, c'est mon travail de chercher à me trouver un pas en avant de ces changements culturels et sociaux. Dans l'Église où je suis engagé, l'Église méthodiste Bryanston, je prends de plus en plus conscience de ce que le prêche, qui est en réalité simplement une forme de logocentrisme, est une méthode de communication complétement dépassée. Son temps et son espace ne peuvent pas rivaliser avec ceux d'une génération habituée à être « gavée » des flashs d'un monde glamour. » (cf. `http://www.spirituality.org.za/blog/C1400319339/E86390675/index.htm`).

Le point de départ de cet article a été la combinaison d'une expérience personnelle d'activité artistique spontanée, et de la prise de connaissance de certaines données cliniques fournies par des expériences avec des patients soumis à une thérapie d'électrochocs unilatéraux (ECT). Ces deux faits remontent aux années 1970 (cf. l'introduction à mon recueil d'articles MANIN, 2007 ou à sa version russe MANIN, 2010).

Dessins effectués après un électrochoc unilatéral – évolution des pictogrammes aux hiéroglyphes

NIKOLAENKO et DEGLINE (1983) décrivent comme suit une série de ces expériences. On a demandé à des patients de dessiner de mémoire un des motifs suivants : une maison, un personnage, un arbre, un cube ; un pont sur une rivière ; des rails allant jusqu'à l'horizon. Des dessins de contrôle avaient été faits avant l'ECT. Dix à quinze minutes après l'électrochoc, les patients étaient en mesure de dessiner, et on leur a demandé de redessiner plusieurs fois le même motif jusqu'à ce qu'ils soient complétement remis de l'électrochoc.

Comme l'hémisphère qui avait été temporairement mis hors d'action ne récupérait que peu à peu, l'évolution des dessins reflète le changement d'équilibre progressif de l'interaction de cet hémisphère avec l'hémisphère actif, jusqu'au retour à l'équilibre normal.

NIKOLAENKO (1984 ; 2003) donne une analyse détaillée des changements systémiques dans l'exécution des dessins, qui reflètent la dynamique de ce processus.

Cette dynamique peut être résumée comme suit. Les dessins d'un patient en train de se remettre d'un électrochoc unilatéral de l'hémisphère droit, l'hémisphère gauche demeurant actif, montrent (en ordre inverse !) une évolution depuis le dessin/pictogramme vers le logogramme, au cours de laquelle la qualité pictographique des dessins initiaux « de l'hémisphère gauche » cède la place, au fur et à mesure que le temps passe, à une sensualité réaliste, beaucoup moins médiatisée par le langage ou les connaissances acquises.

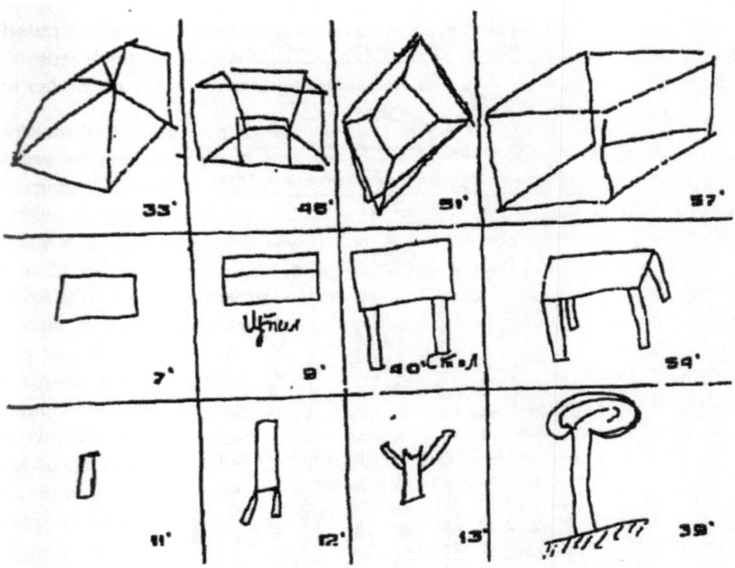

Fig. 15. Mise en parallèle de dessins effectués après un ECT unilatéral (Nikolaenko et Degline, 1983) et de l'évolution de deux logogrammes (« table » et « arbre »). Les formes historiques des logogrammes « arbre » et « table » reproduites ici datent de l'époque de l'ancien dictionnaire chinois Shuo-wen Chieh-tzu. On trouvera ci-dessous les formes, dans l'ordre chronologique, d'autres pictogrammes provenant d'études contemporaines s'appuyant sur des sources archéologiques.

Un mot d'avertissement est ici nécessaire. Alors que le temps de l'expérience clinique a été observé et mesuré, le « temps historique », lui, est ici une construction artificielle, puisque nous sommes en train de réfléchir à l'évolution de la *culture*. J'ai juste essayé de trouver dans la culture chinoise ancienne des traces observables de cette évolution depuis un état d'équilibre des

FIG. 16. En haut : parallèle entre le temps clinique et le temps historique (évolution de deux caractères chinois – « arbre » et « femme »). En bas : évolution d'autres logogrammes en temps historique (FAZZIOLI, 2004)

cerveaux gauche/droit vers un autre équilibre (où le « gauche » l'emporte).

Cette évolution est documentée par des séquences de formes de picto/idéo/logogrammes, qui ressemblent fort aux résultats des études en laboratoire. Le corpus disponible montrant l'évolution de la forme des caractères à partir des pictogrammes montre le même changement dynamique dans l'interaction cerveau gauche/cerveau droit que celui donné sans ambiguïté par les expériences d'électrochoc unilatéral en laboratoire, mais ici la chose se passe dans l'esprit de personnes différentes, à différents moments, à l'intérieur de la période historique correspondante.

William Boltz (1994, p. 69), commentant son tableau « Synopsis des trois stades du développement initial des caractères chinois », stipule une mise en garde analogue :

> Nous avons, dans la figure 16, résumé les trois stades fondamentaux du développement de l'écriture, et nous les avons traités dans le présent exposé comme s'ils étaient des pas successifs séparables dans un processus diachronique d'évolution. Le fait est, bien sûr, que selon toute vraisemblance, il s'agit là d'une description artificielle. Dans le développement réel de l'écriture, les processus caractéristiques de chaque stade ont dû se produire de façon en grande partie simultanée, sauf au tout début, où le premier stade, celui de l'invention des zodiographes, était la seule possibilité.

C'est comme si un extraterrestre vivant sur une autre planète, qui ne serait jamais venu sur la Terre, se trouvait recevoir un paquet de photos d'êtres humains, et essayait de comprendre comment les humains se déplacent. Après un certain travail d'analyse, il aurait rassemblé une série de photos de gens en train de courir : hommes, femmes, enfants... jambe gauche posée à terre en arrière du corps, jambe droite s'élevant en avant, les deux jambes en l'air, jambe droite posée à terre mais en avant du corps, jambe gauche en l'air... des gens tous différents, femmes, hommes, enfants, courant à différentes époques, pour des raisons différentes. Cependant la séquence d'instantanés montrant le processus de la course pourrait être reconstruite !

Le commentaire de Boltz est évidemment parfaitement applicable au second tableau (synthétique) de Fazzioli reproduit ci-dessus (cf. Fazzioli, 2004).

Ce tableau répond à une motivation très explicite : le livre de Fazzioli se présente comme un manuel d'introduction à l'écriture chinoise à l'usage des Occidentaux éduqués dans une « civilisation alphabétique », et sert de pont entre deux différentes formes d'équilibre entre cerveau droit et cerveau gauche.

Peintures rupestres, débuts du langage, premiers pictogrammes

Les dessins et peintures rupestres néolithiques sont connus depuis longtemps, et l'on découvre régulièrement de nouveaux sites. En 1994, un groupe de spéléologues a découvert en France, dans la grotte Chauvet, l'une des plus anciennes séries de représentations animales, très expressive.

Sur une autre peinture célèbre de la grotte de Lascaux (connue depuis 1940), on peut voir la scène suivante : un bison furieux (peut-être mortellement blessé), qui perd ses intestins ; devant lui, un homme (peut-être au visage d'oiseau) qui tombe, bras et doigts écartés ; un oiseau (perché sur un bâton ?) qui détourne la tête. On suppose que cette peinture date de seize à dix mille ans.

Devant cette cette scène presque réaliste, l'interprétation qui vient immédiatement à l'esprit est qu'il s'agit d'un accident de chasse. Cependant, cette idée est démentie par la représentation extrêmement peu réaliste du chasseur, de son visage, de l'oiseau. Ces éléments-là de la fresque ressemblent à un dessin d'enfant ou à des pictogrammes.

Horst Kirchner (1952) voit dans l'oiseau et dans le visage d'oiseau du chasseur l'indice de ce que la scène représente un rite chamanique, des exorcismes accompagnés du sacrifice rituel de l'animal. L'homme qui tombe est le chamane portant un

FIG. 17. Peinture rupestre de Lascaux : Bison et homme

masque d'oiseau. Dans les rites des tribus de chasseurs, surtout en Sibérie, les oiseaux perchés sur des bâtons, les masques et déguisements d'oiseaux jouaient un rôle particulier, parce que les oiseaux incarnaient les esprits secourables et les doubles des chamanes. Pourtant, le bison de cette fresque a plus l'air vengeur que sacrifié.

Finalement, Nicolas HUMPHREY (1998) propose l'idée que la clef qui permet de comprendre cette peinture est l'*opposition*.

Il estime que ceux qui ont laissé ces images à Lascaux avaient à ce moment-là développé dans leur langage toute la couche sémantique concernant les humains et leur vie sociale, mais *pas* celle concernant la chasse, les animaux, leur environnement et le monde objectif en général.

Ayant admis cela, Humphrey fait le pas suivant : dans la sphère des relations humaines, la prédominance du langage verbal *faisait obstacle* à la création d'images expressives et réalistes pour représenter les êtres humains, tandis que le manque de ressources sémantiques pour exprimer le monde objectif laissait aux modules « subdominants » du cerveau la liberté de produire des images d'animaux et de chasse.

Cette thèse est remarquablement en accord avec les observations faites sur des patients se remettant d'un électrochoc unilatéral (il vaut la peine de noter que Humprey ne mentionne pas ces observations-là ; ses preuves à l'appui proviennent d'études sur l'art des autistes).

Humphrey peint ensuite un vaste tableau des conséquences à grande échelle de son interprétation :

> [...] à la fin de la période glacière, il y a environ 11 000 ans, pour une raison ou une autre, l'art s'est arrêté. [...] Rien de comparable au naturalisme des peintures rupestres n'est plus apparu en Europe jusqu'à la Renaissance, où le dessin réaliste en perspective, donnant l'impression de la vie, a été réinventé, mais cette fois comme un « art » proprement dit, que l'on devait apprendre au moyen d'un long apprentissage professionnel.
>
> Peut-être, au fond, la perte de la peinture naturaliste était-elle le prix à payer pour l'avènement de la poésie. Les êtres humains pouvaient avoir la grotte Chauvet ou l'épopée de Gilgamesh, mais ils ne pouvaient pas avoir les deux en même temps.[59]

Nous ne connaîtrons jamais avec certitude la bonne interprétation (si elle existe...) mais l'interprétation que nous venons de citer s'accorde bien avec d'autres observations. Nous savons, par exemple, que le mot agressif de « culture » (« culture du Livre ») tend à considérer comme taboues les expressions de la culture visuelle qui font intervenir des images de dieux ou d'hommes ; cela s'est produit sous différentes formes avec l'islam et le christianisme (l'« iconoclasme »).

---

59. Dans la discussion en ligne qui suivit, Humphrey admet : « [...] je reconnais que j'ai exagéré en écrivant que la peinture naturaliste avait disparu partout en Europe à la fin de l'ère glaciaire jusqu'à sa réinvention à la fin du Moyen-Âge. On peut assurément trouver de beaux exemples de naturalisme dans l'art pariétal de l'est de l'Espagne, et, à une période plus tardive, dans les peintures des vases grecs, dans les fresques romaines, et plus loin de nous dans l'espace, dans l'art pariétal des Bushmen San. »

Dans le raisonnement que je viens de retracer à grands traits concernant les peintures rupestres de Lascaux, un postulat peut soulever des objections : le postulat qu'au début la parole n'était pas un moyen de transmettre des informations sur le monde objectif (les animaux, la chasse...) mais plutôt un instrument permettant d'agir sur les êtres humains et de manipuler leur comportement. Cependant, c'est exactement l'hypothèse qui a été développée ailleurs, dans plusieurs études concernant d'autres domaines : les deux volumes d'essais (Byrne et Whiten, 1988 ; Whiten et Byrne, 1997), où ce concept est baptisé « intelligence machiavélienne », ainsi que mes propres essais (Manin, 2021b,d) : « Sur les débuts du développement de la parole et de la conscience (phylogénèse) » et « Le *trickster* mythologique : étude de psychologie et de théorie de la culture », qui avancent l'idée que le personnage du « *trickster* mythologique » préservait dans la mémoire collective le souvenir du caractère manipulateur qu'avait le langage à ses débuts.

Rappelons la démarche de ces deux derniers essais, qui figurent dans le présent volume (voir textes III.1 et III.2) ; elle est résumée comme suit dans l'Introduction :

> 1. Dans les sociétés de l'époque historique, sont apparus par intermittence quelques individus (très peu nombreux) ayant un niveau de langage considérablement supérieur à celui de tous les autres, y compris des gens cultivés ou socialement importants. Souvenons-nous des catalyseurs de leur langue nationale qu'ont été Dante, Shakespeare et Pouchkine. Dans les sociétés préhistoriques, tels furent sans doutes aussi les créateurs de l'*Odyssée* et de l'épopée de Gilgamesh.
>
> J'ai postulé que cela valait aussi pour les stades beaucoup plus archaïques du développement de la parole. Sont apparus des gens à travers lesquels une langue pas encore née s'articulait, une parole engendrée par un cerveau qui avait muté. Cette proto-langue faisait irruption, à travers proto-poètes et proto-chamanes, dans un environnement qui ne parlait pas encore.

> 2. La proto-parole s'est développée parallèlement à la proto-conscience.
>
> Au départ, les fonctions et de la parole et de la conscience n'était pas cognitives. Elles consistaient dans l'introduction d'un mécanisme psychique capable de faire barrage aux réactions innées instinctives et animales, ainsi qu'aux schèmes comportementaux stéréotypés.
>
> La proto-parole en développement a fourni un système de signaux qui stoppait ces réflexes instinctifs ; ce système pouvait être intériorisé, et il a commencé à constituer les fondements de la psyché individuelle.
>
> Leur discours de plus en plus élaboré permettait aussi aux individus particulièrement doués de contrôler le comportement des autres, et en fin de compte, de créer les « réalités alternatives » dont le développement a donné la religion, la littérature, la philosophie et la science.

* * *

Dans leur article, Nikolaenko et Brener (2003) arrivent à la même conclusion à partir des indices fournis par les peintures rupestres. Leur principale preuve à l'appui consiste précisément dans les données cliniques concernant l'électrochoc unilatéral que j'ai rapportées plus haut :

> Au cours de toute la période connue sous le nom de Paléolithique Supérieur, par contraste avec les milliers de portraits réalistes d'animaux des grottes du sud-ouest de l'Europe, les représentations humaines sont rares, environ 5% du total de la production [...]. Souvent, ces quelques silhouettes humaines, qui sont en général des « bonshommes-bâtons » [...], n'ont pas de tête. Quand des têtes figurent sur les formes humaines, elles ont souvent, du moins jusqu'à la toute fin du Paléolithique, un visage animal ou semi-animal, ou, la plupart du temps, pas de visage du tout. Tout au long de la préhistoire, quand les visages sont représentés, ils sont souvent grotesques et fortement géométrisés. N'apparaît pas non plus dans l'art paléolithique la moindre représentation de paysage ou même d'élé-

ments naturels, ce qui contraste fortement avec l'art des périodes ultérieures [...].

Vu que la reconnaissance des visages et des expressions faciales est principalement, comme les auteurs de l'ouvrage l'ont montré précédemment, une faculté de l'hémisphère subdominant (droit), une telle représentation des visages humains est la preuve que les « modèles » humains, par opposition aux modèles animaux, étaient traités par les éléments fonctionnels linguistiques dominants de l'hémisphère gauche, ce qui est en parfait accord avec les conclusions de Humphrey (voir aussi Nikolaenko, Egorov et Freiman, 1997).

Jusqu'ici, Nikolaenko et Brener n'ont pas mentionné directement l'histoire du langage, mais ils le font un paragraphe plus loin, et relient cette fois cette altération de la perception du visage à la diffusion de l'écriture :

> C'est seulement à l'Âge du Bronze, avec le développement de l'écriture, que ces représentations altérées [des visages] ont cédé la place à des représentations plus réalistes.

Je considère comme une preuve de plus, qui complète et précise les arguments de Humphrey, Nikolaenko et Brener, les observations sur le développement de l'*écriture chinoise*. Ce développement peut être expliqué dans le cadre de ce même paradigme, et confirme donc ce paradigme. La logique de ma démarche est simple et directe (il serait intéressant et vaudrait la peine de considérer d'autres systèmes d'écriture, comme celui des Mayas, et d'analyser d'autres corrélats culturels de la dichotomie de base écriture logographique/écriture phonétique au début des temps historiques).

Les pictogrammes ont été les plus anciens signes d'écriture. Un pictogramme exprime un nom de chose (signifiant) par une image visuelle simplifiée de l'objet désigné par ce nom (signifié). Plus tard, la sémantique de ces pictogrammes évolue, en étendant le domaine des signifiés aux actions, qualités, etc.

C'est exactement l'évolution d'un pictogramme en signe iconique que démontrent magnifiquement les dessins réalisés par des patients après un électrochoc unilatéral reproduits dans NIKOLAENKO et DEGLINE (1983, p. 52).

Si nous postulons que les inventeurs des premiers systèmes d'écriture avaient le même équilibre initial cerveau gauche/cerveau droit que ceux qui, aux générations précédentes, avaient peint de façon réaliste bisons et chevaux selon un mode cerveau droit, il est naturel de supposer que cette activité du cerveau droit a été bloquée pour laisser la place aux idéogrammes. Et quand l'invention de ces idéogrammes, et surtout leur lecture, ont commencé à se répandre, le prix à payer a été la paralysie des mécanismes mentaux auxquels on devait la peinture réaliste. Comme le suggère Humphrey, c'est ce qui est arrivé à la fin de la période glaciaire.

Pendant ce temps-là, le langage victorieux crée ses propres bases de données (vocabulaire, morphologie, syntaxe...) dans l'épopée de Gilgamesh, le *Mahabharata* et l'*Iliade,* et attend le moment où l'écriture sera suffisamment développée pour accepter ce fardeau et l'enregistrer dans la mémoire externe.

Dans l'analyse qui précède, j'ai choisi des matériaux archéologiques visuels plutôt que verbaux, notamment des peintures rupestres et les premiers stades de l'écriture hiéroglyphique.

Mon argumentation fait aussi intervenir un appel assez peu conventionnel à ma propre expérience, que je vais maintenant décrire.

Un cas d'espèce

En 1973, on diagnostiqua chez le patient YM, 36 ans, droitier, professeur à la faculté de mathématiques de l'Université Lomonossov de Moscou, une *arachnoïdite* (inflammation de la membrane arachnoïde du cerveau), qui était probablement une séquelle de grippe. La gravité soudaine de son état était marquée par une sérieuse détérioration des facultés d'écriture et de lecture : le patient s'est presque évanoui un matin lorsqu'il a essayé de se remettre à travailler au manuscrit du livre qu'il écrivait alors (un *Cours de logique mathématique*). Cependant, aucune difficulté à parler et à raisonner normalement ne s'est manifestée.

Un traitement consistant en piqûres d'antibiotiques a été administré. Environ quatre mois après le début de la maladie, tandis que le patient rentrait chez lui en métro, il a soudain ressenti un besoin impérieux de peindre. Cette envie était si obsédante, que YM est descendu à la station suivante, a repris un métro dans l'autre sens en direction du centre de Moscou, a acheté des tubes de peinture à l'huile, des pinceaux et quelques toiles. Une fois rentré chez lui, YM a produit sa première peinture à l'huile : « La chouette et le soleil ». Au cours des mois suivants, il a peint deux portraits, un paysage abstrait avec un incendie, et dessiné des douzaines de croquis au crayon. Avant cet épisode, sa seule et unique expérience d'activité artistique avait été de modestes leçons de dessin pour écoliers dans un « Palais des Pionniers »[60] de province.

Au bout d'un an environ, YM était complétement guéri, capable de poursuivre ses recherches, et peignait de moins en moins, même s'il n'avait pas complétement cessé de dessiner. En septembre 1995, il faisait un séjour à Mussomeli, en Sicile, en tant qu'intervenant invité au colloque « La vérité en maths ». Les organisateurs l'avaient logé, sa femme et lui, dans une petite villa privée à flanc de colline. Un fragment de la vue depuis le balcon de cette villa fut le dernier dessin de YM.

Regardant ce dessin, qui produit à présent en lui un certain sentiment d'étrangeté, YM a soudain remarqué qu'il correspondait exactement aux observations rapportées par NIKOLAENKO (2003), qui s'appuient sur la pratique clinique : l'hémisphère gauche (qui a maintenant retrouvé sa prédominance dans l'esprit de YM) tend à produire des

60. Les Pionniers étaient une organisation de jeunesse communiste à l'époque soviétique. (N.d.T.)

FIG. 18. En haut : *Chouette et soleil* (huile sur toile), YM, 1973. En bas : *Vue de Mussomeli* (encre sur papier), YM, 1995

représentations d'un espace lointain (perspective normale, point de vue éloigné) tandis que l'hémisphère droit est enclin à donner des représentations d'un espace proche présenté en perspective inversée.

Trois modes d'intuition mathématique

Le dernier exemple sur lequel j'appuierai maintenant ma réflexion est le grand phénomène culturel des mathématiques antiques, essentiellement représentées ici par les *Éléments* d'Euclide. J'avais rassemblé dans un autre contexte (Manin, 2012) les observations qui vont suivre.

Les mathématiques, contrairement aux (autres) sciences, n'ont apparemment pas d'objet d'étude extérieur. On peut soit contester cette affirmation (contestation qui a engendré une longue tradition platonicienne), soit traiter les mathématiques comme un phénomène psychologique et culturel qui manifeste une série de propriétés inhabituelles et fascinantes (ce point de vue a conduit, en particulier, à créer l'histoire des « ethnomathématiques »).

J'adopterai ici le point de vue selon lequel, *au niveau individuel*, l'intuition mathématique, qu'elle soit primaire ou entraînée, possède trois modes de base, que je décrirai comme le mode *spatial*, le mode *linguistique*, et le mode *opérationnel* (ou *cinesthésique*). On trouvera dans l'article de E. S. Spelke (2010) des données sur le développement de l'intuition spatiale chez l'enfant (voir aussi Nikolaenko et Degline, 1983).

Le couple d'opposés *spatial/linguistique* était l'une des dichotomies centrales des études de l'asymétrie latérale du cerveau. Quand on met l'accent sur son contenu mathématique, on parle souvent de l'opposition *continu/discret*, ou bien *géométrie (topologie)/algèbre*. Les connotations émotionnelles de cette opposition se manifestent elles aussi explicitement de temps à autre. Le mot célèbre de Hermann Weyl : « *Der Teufel der Algebra und der Engel der Topologie ringen heute um die Seele jedes einzelnen Mathematikers* »[61] les résume bien. Il évoque aussi implicitement le fait qu'au

61. « L'ange de la topologie et le démon de l'algèbre abstraite luttent pour conquérir l'âme de chaque mathématicien », Hermann Weyl, « Invariants », *Duke Math. J.*, vol. 5, n° 3, 1939, p. 489–502 (p. 500).

Moyen-Âge on associait très sérieusement l'algèbre à la diabolique science musulmane des nombres.

La dichotomie *linguistique/opérationnel* s'observe dans de nombreuses expériences visant à étudier les facultés proto-mathématiques des animaux. Ces derniers, lorsqu'ils résolvent des problèmes élémentaires liés au calcul, et en communiquent les solutions, n'utilisent pas des mots, mais des actions : on lira les descriptions éloquentes données par Stanislas DEHAENE (1999), au chapitre 1 : « Des animaux talentueux ». Le mode opérationnel, lorsqu'il est extériorisé et codifié, devient un outil puissant pour la diffusion des mathématiques dans la société. Apprendre par cœur la « table de multiplication » est presque devenu un symbole de l'enseignement démocratique.

La subdivision de plus en plus radicale des mathématique en Géométrie et Algèbre, bipartition à laquelle s'est ajoutée au début de l'époque moderne l'Analyse (ou calcul intégral, ou Calculus), peut être considérée comme un corrélat, au niveau de l'ensemble de la civilisation (occidentale), de la tripartition que nous avons postulée plus haut à l'échelle individuelle.

Il est moins largement reconnu que *même au niveau de la civilisation toute entière* chacun des modes d'intuition mathématique (spatial, linguistique, opérationnel) ou encore un couple de modes, peut, selon les époques historiques, l'emporter, et régir la façon dont les abstractions mathématiques de base sont perçues et traitées.

Je prendrai comme exemple les nombres « naturels ». De nos jours, pour la plupart d'entre nous, nous les associons immédiatement et instinctivement à leurs noms : *five, cinque, fünf*, ou, en notation décimale : 1, 2, 3, ..., 1984, ... ; peut-être aussi à d'autres notations moins systématiques, comme 10^6 ou XIX.

Il n'en a pas toujours été ainsi, comme le montrent les exemples suivants, qui s'étendent sur des siècles et des millénaires.

Les *Éléments* d'Euclide sont régis par la dichotomie spatial/linguistique, le mode opérationnel jouant un rôle implicite, bien que capital. Pour Euclide, un nombre était une « grandeur », le résultat potentiel d'une mesure. La mesure d'une figure géométrique *A* (segment, angle) par une « unité » (une autre figure géométrique *U*) était conçue comme « une activité physique dans l'espace mental » : déplacer un segment de droite à l'intérieur d'un autre segment, pas à pas ; remplir (« paver ») un carré avec de plus petits carrés, etc. L'inégalité $A < B$ signifiait en gros qu'on pouvait déplacer une figure *A* pour la faire tenir à l'intérieur d'une figure *B*. Ce mouvement potentiel faisait intervenir un mode opérationnel caché. Sa description linguistique systématique n'est devenue possible qu'aux XIXe–XXe siècles, quand le *groupe orthogonal* et le groupe de tous les mouvements possibles dans le plan ou dans l'espace euclidiens sont eux-mêmes devenus des objets mathématiques.

En ce sens, quand on objectifie son contenu, on peut concevoir la géométrie euclidienne comme une « cinématique des corps solides en dimensions un, deux et trois » (ou, plus précisément, après Einstein, comme une physique *dans un vide gravitationnel* de dimensions correspondantes). Cette identification envahissante de l'espace euclidien avec notre espace physique a probablement influencé l'histoire du « cinquième postulat » d'Euclide. Cette histoire comporte des tentatives répétées pour *démontrer* ce postulat, c'est-à-dire pour déduire les propriétés de l'espace « à l'infini » à partir de ses propriétés observables à distance finie, ensuite, et comme à regret, pour accepter les espaces non euclidiens de Bolyai et Lobachevsky en tant qu'espaces « non mathématiques ».

Contrairement à l'addition et à la soustraction, *la multiplication des grandeurs* requérait naturellement pour Euclide le passage à *une dimension supérieure* : multipliez deux longueurs, vous avez une surface. Cela a pu constituer un obstacle important, mais je crois que pour les imaginations entraînées, cela a aussi ouvert la porte des dimensions supérieures. En tout cas, quand Euclide est conduit à mentionner le produit d'un ensemble fini de taille arbitraire de nombres premiers (comme dans sa démonstration de l'infinité de la suite des nombres premiers qui fait intervenir, en notation moderne, l'expression $p_1 \cdots p_N + 1$) il prend la précaution d'exposer son raisonnement général en prenant le cas de *trois* facteurs, mais il avait sans aucun doute des images mentales qui allaient au-delà de cette restriction.

Ici, il vaut la peine de noter que les entiers positifs, tout en constituant pour Euclide un type très particulier de grandeurs, ont probablement aussi acquis, dans son esprit, une autre sorte d'existence, intuitivement proche de l'idée que nous partageons tous aujourd'hui : le « nombre des objets d'un tas ».

Il existe un témoignage historique frappant, qui montre bien l'abîme séparant ces deux intuitions. En 1847, à Londres, une édition des six premiers livres d'Euclide fut publiée par Olivier Byrne, « arpenteur des colonies de Sa Majesté dans les îles Falkland ». Cette édition était très inhabituelle en ceci : Byrne avait reproduit fidèlement les *mots* d'Euclide (d'après une traduction anglaise) mais il avait inventé un nouveau système de dessins géométriques. Il insistait sur le fait que ces dessins ne se bornaient pas à illustrer le contenu géométrique des sujets dont traitait Euclide, mais qu'ils pouvaient être organisés en espèces de « formules » montrant la *dynamique des actions* qui se dissimulait dans les démonstrations d'Euclide. Pour mieux saisir cette dynamique, il utilisait des dessins en couleurs ; il peignait de couleurs différente les angles qu'il additionnait, les diverses parties constituantes d'une figure, etc., et avait littéralement *écrit des formules* qui faisaient intervenir ces figures, des signes conventionnels d'opérations algébriques et des mots. Cependant, de façon révélatrice, Byrne faisait complètement l'impasse sur les livres d'Euclide traitant des nombres premiers, de la décomposition en nombres premiers, etc.

Cette *dynamique des actions*, que Byrne faisait apparaître, était en train d'acquérir sa *forme linguistique* moderne, celle de la future *logique symbolique* : au même moment, en 1847, Boole publiait son *Analyse mathématique de la Logique (The Mathematical Analysis of Logic)*.

Néanmoins, le formalisme de Boole n'avait pas pour but d'exprimer la cinématique de solides idéaux. Il s'intéressait à la combinatoire des concaténations d'expressions linguistiques permettant de passer des *axiomes/postulats* aux *théorèmes*.

L'aspect temporel, *dynamique*, est revenu au mode linguistique presque un siècle plus tard, avec l'idée de la machine de Turing.

Une série d'exemples, allant, disons, de la théorie de Morse jusqu'à la démonstration par Perelman de la conjecture de Poincaré, donnent un bon aperçu de la force d'imagination spatiale et opérationnelle requise et atteinte par les mathématiques modernes. Par ailleurs, les physiciens ont à leur palmarès des merveilles, comme l'intégrale de chemin de Feynman et les invariants topologiques de Witten, que les mathématiciens n'intègrent à leur monde, organisé de façon plus rigide, qu'au prix d'efforts considérables.

Mais revenons aux *Éléments*. À première vue, il peut paraître étrange que la notion de *nombre premier*, le théorème sur la (potentielle) *infinité des nombres premiers*, et le théorème sur l'*unicité de la décomposition* en nombres premiers aient pu être énoncés et démontrés par Euclide dans le monde géométrique qui était le sien, où aucune notation systématique des nombres entiers n'existait encore, et où aucune règle de calcul *maniant ce type de notation* en lieu et place des nombres eux-mêmes n'était disponible.

Mais quand on essaie de comprendre rationnellement ce fait historique, on est ramené aux observations formulées plus haut dans un domaine différent, et l'on en revient à la prise de conscience assez paradoxale qu'une notation efficace, comme les chiffres indo-arabes, en réalité *n'aide pas*, et *fait même obstacle*, à la compréhension des propriétés relatives à la divisibilité, aux caractères des nombres premiers, etc., c'est-à-dire à toutes les propriétés qui concernent les nombres eux-mêmes, et pas leurs *noms*.

En fait, toute la théorie des nombres a pu voir le jour dans les travaux de Fermat, Euler, Jacobi, Gauss et autres, uniquement parce qu'elle ne s'encombrait pas d'un système de notation numérique efficace.

D'un autre côté la lutte pour l'indépendance du mode linguistique et ses premières victoires sont liées de près à l'expansion du système numérique de position en Europe.

Regardons à nouveau la gravure du livre *Margarita Philosophica* reproduite dans l'article *Mathématiques, art, civilisation*[62].

Dans le contexte de ce chapitre, l'abaque (ou boulier) représente le mode opérationnel, tandis que les calculs sur les nombres représentent le mode linguistique (même si dans d'autres contextes le côté opérationnel de ces calculs peut dominer).

La nouvelle épiphanie du mode opérationnel, cette fois sous l'avatar de *transformations algorithmiques de textes* est devenu le signe incontestable de la modernité.

Revenons maintenant à la table de Napier des logarithmes naturels, et examinons d'un peu plus près son contenu.

Dans les manuels modernes de calcul intégral, le terme « naturel » renvoie techniquement au fait que la base de ces logarithmes est le nombre

$$e = \lim_{n \to \infty} (1 + \frac{1}{n})^n = 2{,}718281828\ldots$$

Mais en réalité, on a tout lieu de penser que Napier ne connaissait pas e ! Ce que donnaient ses tables, c'était la valeur approximative des logarithmes des nombres selon la base $(1 - 10^{-7})^{10^7}$, qui est une approximation de e^{-1}.

Le nombre e n'est apparu que plus tard. Napier lui-même n'a jamais explicitement mentionné e, ni même découvert son existence. Disons qu'en gros, après avoir choisi la précision qu'il voulait donner à ses calculs, une marge d'erreur de 10^{-7} environ, il a travaillé sur des puissances entières du nombre $1 - 10^{-7}$, lequel à la puissance 10^7 était proche de e^{-1}.

62. Voir ci-dessus le texte III.3, p. 393.

Cette attitude pragmatique est étonnamment proche (mais pas si étonnamment que ça) de celle des praticiens du calcul informatique appliqué.

Sans e (et le nombre « imaginaire » $i = \sqrt{-1}$) Napier n'était pas en mesure de découvrir la fascinante formule d'Euler :

$$e^{\pi i} + 1 = -0$$

qui, quatre cents ans plus tard, deviendrait la clef de la description de l'*interférence quantique des amplitudes de probabilité*, l'un des piliers de la physique moderne.

Dans le contexte qui nous occupe ici, c'est là un exemple de plus du fait apparemment paradoxal qu'un système de notation efficace et unifiée des objets du monde mathématique peut *faire obstacle à la compréhension théorique* de ce monde.

D'autant plus sidérante était l'intuition philosophique de Leibniz, qui, dans sa fameuse injonction : *Calculemus !*, postulait que non seulement les manipulations numériques sur les nombres, mais tout enchaînement rigoureux et logique de pensées qui déduit des conclusions à partir d'axiomes initiaux pouvait être ramené à un calcul. Ce fut la plus haute réussite des grands logiciens du xxe siècle (Hilbert, Church, Gödel, Tarski, Turing, Markov, Kolmogorov, ...) que de tracer une carte précise des frontières du monde idéal de Leibniz, dans lequel

- raisonner équivaut à compter ;
- la vérité (mathématique) peut être formalisée mais ne peut pas toujours être vérifiée formellement ;
- la « vérité toute entière », même sur le plus petit univers mathématique infini, celui des nombres naturels, excède les capacités de tout langage finiment constitué de générer des théorèmes vrais dans ce langage.

Le concept central de ce programme – les langages formels (et les règles formelles de déduction) – a hérité des caractéristiques de base à la fois des langues naturelles (dans leur forme alphabétique écrite) et des systèmes arithmétiques de numération de position. En particulier, tout langage formel classique est unidimensionnel (linéaire) et consiste en symboles discrets qui expriment explicitement les notions de base de la logique.

Une idée décisive, qui a dévoilé l'inévitable « incomplétude » gödelienne de tout système déductif, a été d'incorporer la capacité d'autoréflexivité de la langue ordinaire (le « paradoxe du menteur ») aux langages formels. Cette autoréflexivité est possible grâce à l'arithmétisation leibnizienne du langage.

Euclide avait trouvé le remède aux déficiences de cette linéarité : limiter le rôle de la langue naturelle à l'expression de la *logique* de ses preuves. Le *contenu* de son imagination mathématique était transmis par des schémas.

Quelques remarques en conclusion

Depuis la publication du livre de Jaynes, le développement des neurosciences et de leurs méthodes expérimentales a révélé dans les deux hémisphères cérébraux une structure et une interaction entre les divers processus neuronaux beaucoup plus complexes que la vision trop simpliste de l'opposition cerveau droit/cerveau gauche. D'autres auteurs ont jeté le doute sur la façon dont Jaynes interprète l'idée de « conscience ».

Jaynes retrouvait dans la psychologie des héros de l'*Iliade*, dont le comportement était dicté par les « voix des dieux » de l'hémisphère droit, l'« esprit bicaméral » qu'il postulait. Il détectait sa fin et l'origine de la « conscience moderne » dans l'*Odyssée* et la « volonté libre » de ses acteurs. On a critiqué aussi le choix de ses sources, par exemple de s'être appuyé sur des textes antérieurs comme l'épopée de Gilgamesh. Dans la perspective qui est la nôtre, cette disparité temporelle, dans la mesure où il s'agit de régions géographiques différentes, n'invalide pas les observations de Jaynes ; c'est seulement leur interprétation, liée à l'idée de conscience, qui reste très sujette à caution.

Et l'intuition fondamentale de Jaynes, à savoir que certains changements culturels à grande échelle de l'histoire de l'humanité peuvent être liés à une modification de l'équilibre cerveau droit/cerveau gauche, conserve apparemment tout son attrait. Iain McGilchrist par exemple, dans son volumineux essai *Le maître et son émissaire*[63], adopte en général cette idée, et renomme différemment les modules du cerveau, appelant « Émissaire » le module gauche dit « dominant » (lié à l'usage du langage), et « Maître » le module droit, dit « subdominant ». Cette inversion des termes exprime nettement son système de croyances et de valeurs, mais l'image de base de l'évolution et de l'oscillation le long de l'axe dominant/subdominant n'est pas remise en question.

On peut ajouter à ce corpus d'observations et de spéculations l'*Achsenzeit* (*la période axiale*) de Jaspers (huitième au troisième siècle avant J.-C.). Les interprétations traditionnelles de ce terme sont sans doute trop chargées idéologiquement pour qu'on puisse l'aborder scientifiquement. Cependant, une étude historique récente, due à Rossen Milev (2008), apporte une nouvelle mise aux points sur cette question :

> Au quatrième siècle, dans toutes les cultures dominantes du monde se sont produits des changements « révolutionnaires » concernant l'écriture, ainsi que des transitions vers une nouvelle culture du livre manuscrit.

Chaque « modernité » cherche peut-être ses racines dans le passé en localisant sa propre « période axiale », c'est-à-dire le moment où s'est créé un nouvel équilibre « moderne » entre les pôles droit/gauche du cerveau.

63. *The Master and His Emissary* (McGilchrist, 2009).

Remerciements

À divers stades de la rédaction de cet essai, j'ai reçu aide et encouragements de T. V. Chernigovskaya, R. M. Frumkina, Vyach. Vs. lvanov, Kejian Xu, V. G. Lyssenko, Iain McGilchrist. Je leur en suis extrêmement reconnaissant. Je dois une gratitude spéciale à Karine Chemla, qui m'a orienté vers les ouvrages concernant l'écriture chinoise, et dont les nombreuses questions m'ont aidé à affiner et à clarifier mes arguments.

Enfin, je tiens à rendre hommage à Israël Moïsseievitch Gelfand, dont la magnifique diversité d'idées et d'intuitions a stimulé des générations de mathématiciens et continue de le faire, et dont le discours de réception du Prix de Kyoto (Gelfand, 1991) était essentiellement consacré au sujet du présent essai.

III.5
TRIANGLE DE PENSÉES[64]

La forme littéraire du dialogue philosophique, héritée de Platon et ranimée à la Renaissance, est quasiment tombée dans l'oubli au vingtième siècle, au moment précis où Martin Buber et Mikhaïl Bakhtine, dans leurs travaux sur la morale et la culture, concentraient leur réflexion sur le caractère implicitement dialogique de toute culture humaine. De fait, les voix de la plupart des philosophes, avant et après Platon, ont toujours été autoritaires et péremptoires, et ne prétendaient pas chercher la vérité dans le choc d'attitudes intellectuelles contrastées et de points de vue différents.

Le personnage central d'un dialogue philosophique est un homme sage, tandis que la modernité remplace la sagesse par la formation à telle ou telle discipline. La sagesse semble être une faculté innée, que font lentement mûrir les expériences de la vie ; en tant que telle, elle se rencontre rarement, et est encore plus rarement sollicitée. La formation à une discipline est un ersatz démocratique de la sagesse, et possède, malgré tous ses défauts (principalement d'ordre esthétique) une supériorité : elle produit des professionnels.

64. Recension du livre *Triangle of thoughts*, de A. Connes, A. Lichnerowicz et M. P. Schützenberger (American Mathematical Society, 2001), publiée à l'origine dans *Notices of the American Mathematical Society*, vol. 49, n° 3, mars 2002, p. 325–327.

Les dialogues délicieux de *Triangle de pensées* ont été conçus, écrits (et prononcés dans la vie ?) par des professionnels avisés, des mathématiciens ayant un fort penchant pour la physique théorique, l'histoire de la culture et l'épistémologie. C'est un livre à lire lentement, peut-être pas plus d'un dialogue à chaque fois, et à relire ensuite, afin de suivre le fil d'une argumentation qui s'interrompt et se poursuit ensuite dans un contexte différent une douzaine de pages plus loin. L'ouvrage est difficile, car sa bonne compréhension exige aussi du lecteur un haut niveau de formation professionnelle.

Les participants à cette conversation discutent de différentes images du monde inventées par les physiciens. Le contenu de ces images est exprimé, et ne peut l'être autrement, dans le langage des mathématiques, comme c'est le cas depuis l'époque de Galilée. Mais les mathématiques elles-mêmes ne sont pas exclusivement, ou pas prioritairement une langue, et pour autant qu'elles en sont une, la sémantique de cette langue ne se réduit jamais à une interprétation physique unique, même si elle s'enracine dans le monde physique.

Comme le dit d'entrée de jeu Alain Connes, Professeur au Collège de France et Médaille Fields 1982 :

> sans pour autant chercher à réduire chaque science à son objet, il est facile pour un physicien, un chimiste, un géologue, ou un astronome de définir l'objet de son travail : il consiste à étudier, à divers niveaux, la structure et l'organisation de la matière... En mathématiques, les choses sont différentes.

Et, continue-t-il :

> Pour lancer le débat, je voudrais présenter d'emblée deux points de vue diamétralement opposés sur l'activité mathématique : celui des « Platoniciens », qui se considèrent comme des explorateurs d'un « monde mathématique », sur l'existence duquel ils n'ont absolument aucun doute, et dont ils découvrent la structure ; et les « formalistes », qui se réfugient derrière une attitude sceptique, et estiment que les mathématiques ne sont

rien de plus qu'une série de déductions logiques dans un système formel ou, en un certain sens, dans une sorte de langue purifiée.

Une bonne partie des trois premiers dialogues (« Logique et réalité », « La nature des objets mathématiques » et « Physique et mathématiques : l'épée à deux tranchants ») développe cette affirmation initiale et les positions des participants à son égard.

Pour résumer : Alain Connes croit en une « réalité primordiale » des objets mathématiques, et considère la méthode axiomatique comme un outil pour étudier cette réalité (cf. son autre livre de dialogues Changeux et Connes, 1998). André Lichnerowicz (qui est mort à Paris en 1998) se montre réservé à l'égard de la philosophie formaliste, mais profite de l'occasion pour en apprendre davantage sur les arguments des formalistes (qui reposent sans surprise sur le théorème d'incomplétude de Gödel). Marcel Paul Schützenberger (mort en 1996) est un peu la mouche du coche qui risque des affirmations scandaleuses pour animer l'atmosphère, comme dans l'extrait suivant :

M. P. S. – Il est bien présomptueux de ma part de parler après vous deux. Il y a des jours où je suis pour la thèse léniniste d'Alain. Il y en a d'autres où je suis pour la thèse staliniste d'André.

A. L. – Pourquoi staliniste ?

P. P. S. – Ce qui différencie le stalinisme du léninisme, c'est une injection massive de libre arbitre, qui manquait à Lénine, dont la vision mécaniste de l'Histoire ne prenait pas en compte le libre arbitre.

Structurellement, ces trois premiers chapitres servent non seulement à introduire certains thèmes de base, mais aussi les masques, les *personae* des acteurs, même si ce sont des personnes réelles et pas des personnages inventés (le livre se termine par deux brèves notices biographiques, l'une sur Lichnerowicz, rédigée par Connes, et l'autre sur Schützenberger, rédigée par Moshe

Flato. Un lecteur ou une lectrice attentif(ve) mettra en regard les portraits de ces deux hommes remarquables et ses propres impressions).

Les autres chapitres sont dominés par la physique. Ce qui les distingue de tant d'autres ouvrages destinés au grand public, c'est la conscience implicite de la distance entre le monde physique et les moyens dont nous disposons pour l'appréhender ; une distance que nos avancées technologiques peuvent franchir mais pas faire disparaître.

Une remarque de Lichnerowicz est ici pertinente :

> [...] Si nous comparions ce qu'on appelait « physique » ou « mathématiques » au dix-neuvième siècle avec la physique d'aujourd'hui, ce qui nous surprendrait, ce ne seraient pas toutes ces équations que nous écrivons, mais plutôt les entités pseudo-rationnelles que nous inventons pour leur donner sens. Ce qui a changé, c'est le discours, pas la forme des équations.

Concernant les équations, ce n'est pas littéralement exact : avec l'arrivée de la relativité générale et des quanta, le vingtième siècle a ajouté de nombreuses nouvelles équations à l'arsenal classique. Néanmoins, le fait est que la « nouvelle physique » a apporté de nouveaux modes de discours, notamment en générant dans la langue naturelle un bon nombre d'expressions qui se réfèrent directement aux descriptions mathématiques de la réalité plus qu'à la réalité elle-même, quel que soit le sens que nous soyons prêts à accorder à ce terme dont on fait un usage abusif.

Par exemple, considérons l'« amplitude de probabilité » et le « principe de superposition », deux notions centrales de la mécanique quantique. Richard Feynman dans ses magnifiques conférences a fait des efforts héroïques pour expliquer au grand public leur signification physique, en laissant de côté leur contenu mathématique, parce qu'il ne pouvait escompter que son auditoire comprendrait $\sqrt{-1}$, et encore moins la formule d'Euler pour $e^{i\varphi}$, et la notion d'espace vectoriel complexe. À mon avis, il a échoué, mais il n'aurait pu mieux faire.

Pour des exemples tirés de la physique classique, voir les citations de Maxwell à la page 65 du livre (à propos des « noms propres » des p et des q en mécanique analytique), et pensons aux mentions de tel ou tel lagrangien qu'on trouve un peu partout (on pourrait écrire une histoire entière de la physique théorique qui tournerait autour de l'évolution de cette extraordinaire abstraction qu'est un lagrangien).

Ce qui complique encore les choses est que même une maîtrise totale de la formule d'Euler, de l'équation de Schrödinger et, disons, de la microscopie électronique, n'aide pas à formuler une épistémologie convaincante, et se borne à donner le vague sentiment que les choses les plus intéressantes ne sauraient être exprimées en mots, ou seulement en mots.

Il nous faut accepter cela, avec un soupir, comme un risque professionnel encouru par quiconque essaie d'écrire sur la science, y compris l'auteur de ces lignes (cf. Manin, 1981). Ce qui est merveilleux avec *Triangle de pensées*, c'est le nombre de choses intéressantes que ce livre parvient à transmettre avec des mots. Voici une discussion au sujet du feu :

M. P. S. – ... Je pourrais prendre le feu comme un exemple d'émergence. Le feu est totalement impossible à expliquer. La conjonction dans le feu de facteurs spécifiques...

A. L. – ... Je suis convaincu que le feu, dans l'histoire de l'esprit humain, est sans équivalent...

M. P. S. – On peut dire ça comme ça. C'est un phénomène unique dans la nature, et il y en a d'autres. Mais ce que je veux souligner, c'est que le feu existe seulement à échelle humaine. Vous ne pouvez pas faire un feu d'un dixième de millimètre.

A. L. – Réciproquement, le soleil n'est pas une boule de feu.

M. P. S. – Réciproquement, dès que vous faites un trop grand feu, ce n'est plus un feu, c'est une tempête de feu. C'est ce que les Alliés ont provoqué à Hambourg, et ce qu'ils ont recommencé à Dresde. Au lieu de 600 ou 700 degrés, la température a atteint 1 200 à 1 300 degrés. C'est pourquoi il y a eu un si grand nombre de victimes à Hambourg et à Dresde. Le haut commandement militaire anglais avait voulu déclencher une tempête de feu.

Et voici un échange sur la façon dont la relativité générale est bien confirmée par les dernières observations sur les pulsars binaires, et sur la signification exacte de cette confirmation :

M. P. S. – Si je comprends bien, les premiers coefficients de Fourier, les sept premiers en fait, sont suffisants pour déterminer les paramètres physiques du système. Une fois ces paramètres connus, la théorie prédit les autres coefficients de Fourier, et peut par conséquent être réfutée chaque fois qu'on fait des observations sur l'un d'eux ; ce qui rend possible de tester la validité de la théorie.

A. C. – Exactement – puisqu'on mesure directement les 5 paramètres képlériens, on peut les oublier. Ensuite, dès qu'on mesure n paramètres post-képlériens (comme la précession du périastre, les dilatations temporelles et la variation séculaire de la période orbitale), on a n équations à 2 inconnues, ces inconnues étant les deux masses, si bien que nous avons $n - 2$ réfutations possibles de la théorie relativiste de la gravitation.

Par exemple, pour le pulsar binaire $1913 + 16$, nous mesurons 3 paramètres post-képlériens, et nous avons ainsi $(3 - 2) = 1$ test de la relativité générale. Pour un autre pulsar binaire 1534+12, nous mesurons 5 paramètres post-képlériens, et nous avons ainsi $(5 - 2) = 3$ tests de la relativité générale.

Sur la langue, la musique, et le calcul quantique :

M. P. S. – ... La langue commence par la poésie, plus que par la grammaire ; l'euphonie joue ici un grand rôle.

A. C. – Votre point de vue coïncide avec le mien, car je crois sincèrement que la musique en est encore à ses premiers débuts, comme la langue quand elle en était au stade de

> l'euphonie. Je pense que nous pourrons peut-être réussir à éduquer de la même façon l'esprit humain à gérer des situations polyphoniques dans lesquelles plusieurs voix coexistent, plusieurs états coexistent, alors que dans notre logique ordinaire il n'y a place que pour une seule.
> Finalement, nous en revenons au problème de l'adaptation, qu'il nous a fallu résoudre afin de pouvoir comprendre la corrélation et l'interrelation quantiques dont nous avons discuté précédemment, et qui sont de nature fondamentalement schizoïde. Il est clair que la logique évoluera de pair avec le développement des ordinateurs quantiques, exactement comme elle a évolué avec la science informatique. Cela nous permettra sans aucun doute de franchir de nouvelles frontières et de mieux intégrer le formalisme mathématique du monde quantique dans notre système métaphysique.

Tel est le paragraphe de conclusion du dernier chapitre, « Réflexions sur le temps », un chapitre fascinant du début à la fin, et qui nous laisse sur notre faim.

Ce livre a un rôle important à jouer : aider le grand public intellectuel à éviter « les sirènes de l'irrationnel », évoquées par John Weightman (1998) dans sa recension de la contribution de Sokal et Bricmont (1998) aux controverses socio-philosophiques dans lesquelles de grandes têtes pensantes de France et des USA se sont inextricablement empêtrées.

Au fond, les auteurs célèbrent la cohabitation heureuse du sens commun et de ses raffinements les plus sophistiqués, développés dans les mathématiques et la physique, plutôt que cet « étrange mélange du postmodernisme et d'ancien culte du leader charismatique » (Weightman, 1998). Telle est la sagesse des professionnels.

III.6
L'ARCHÉTYPE DE LA VILLE DÉSERTE[65]

In memoriam Igor Yurievitch Kobzarev.

La civilisation, en tant que forme d'existence sociale, a un noyau idéologique : la Ville. Nous considérerons ici la Ville du point de vue de la psychologie analytique de C.-J. Jung, en recourant notamment à des concepts comme l'inconscient collectif et les archétypes.

Ce faisant, nous aborderons ces deux thématiques, la Ville et la psychologie des profondeurs, sur un pied d'égalité. Chacune éclairant l'autre. En d'autres mots, nous ne présupposons pas qu'il existe une théorie de la civilisation à partir de laquelle on puisse déduire logiquement les éléments de l'inconscient collectif décrits par Jung, ou les expliquer ; nous ne partons pas non plus du principe que l'hypothèse de Jung (ou tout autre système psychologique) est « vraie » et peut servir de base à une explication universelle de la forme d'existence sociale associée à une vie en commun concentrée en un même lieu, développée technologiquement, et « déracinée ». Si vous voulez, c'est la lumière subtile que ces deux thèmes reçoivent l'un de l'autre qui est le sujet de notre essai.

Du point de vue de la théorie de la civilisation, nous essaierons de comprendre la nature des mécanismes d'autodestruction qui font partie intégrante de la civilisation.

65. Première publication (en russe) dans la revue trimestrielle de culture internationale *Arbor Mundi* éditée par E. Meletinsky, n°1, 1992, p. 28–34.

Du point de vue de la psychologie des profondeurs, nous chercherons de nouvelles preuves de la présence de l'inconscient collectif dans les manifestations de la conscience planifiante.

I

Le 25 novembre 1984 était le dernier jour de l'exposition des dessins d'architecture de Bill Insley au Musée Guggenheim de New York. Étaient exposés là un grand nombre de dessins et de notes explicatives liés à un projet gigantesque – une cité conçue pour 400 millions d'habitants (la population entière des États Unis), nommée par Insley ONECITY[66]. Nous nous risquerons à employer une version latinisée de ce nom : UNURBS, dans l'idée que le lecteur voudra peut-être essayer de former un nom équivalent à partir d'autres racines linguistiques ; comme nous allons le voir, Insley travaille sur une réalité profondément non verbale, et la traduction est un moyen efficace de relâcher les contraintes de la carapace verbale.

Nous pouvons faire connaissance avec ce projet à partir de l'explication des problèmes d'urbanisme qu'il est censé résoudre.

New York est en train de se désagréger, dit Insley. Comme beaucoup d'autres villes américaines, il est même possible que New York cesse un jour d'être un lieu d'habitation. Les gens passeront leur vie à parcourir des terres incultes, et décideront parfois d'unir leurs forces dans une tentative désespérée pour assurer leur survie dans une nouvelle communauté urbaine.

UNURBS s'étendra sur une surface de 1 750 km^2 dans la région de collines et de lacs qui s'étend entre le Mississipi

66. ONECITY : à la fois « Une seule cité », « La Cité unique », « La Cité-une », et « La Cité numéro un ». Dans la version russe originale, Yu. Manin utilise une version russisée : EDINGRAD (« Ville unique »). L'auteur de la traduction anglaise ajoute en note : « le traducteur a le vague sentiment qu'ici, justement, il est recommandé d'essayer d'autres racines ».

et les Montagnes Rocheuses. Ses blocs résidentiels principaux constitueront la Cité Extérieure : 14 000 blocs d'immeubles carrés de neuf étages, de 4 km de côté, subdivisés chacun en 100 « pièces ». Seulement un cinquième de la Cité Extérieure sera allouée à des constructions ; le reste sera divisé en zones de parcs environnementaux et d'aires de loisirs.

Les bâtiments d'habitation auront aussi jusqu'à neuf niveaux souterrains, qui abriteront tous les centres de production, les services administratifs, les boutiques, les salles de concert, les musées ; tous les processus industriels et de gestion seront bien sûr informatisés.

Au centre d'UNURBS, un seul édifice, qu'on appelle la Cité Intérieure. Au centre de la Cité Intérieure se trouve la Bibliothèque Matte, un labyrinthe vide, dont l'accès est interdit, et qui conserve tous les secrets spirituels d'UNURBS ; elle est source d'un attrait irrésistible pour les citoyens, mais leur est inaccessible matériellement et spirituellement.

L'UNURBS aura, apparemment, une forme de gouvernement démocratique, avec des votes obligatoires presque quotidiens sur des sujets divers. Comme tous les utopistes, Insley ne s'occupe pas des vrais problèmes de la démocratie politique. La vie religieuse de la société est centrée sur le culte de l'horizon, perçu comme la frontière mystique entre le passé et le futur. Insley croit qu'il a franchi cette frontière et a vu sa Ville.

Au-delà du périmètre de la Ville se trouvent d'étranges /structures/ (les slashs encadrant les mots avertissent le lecteur de ce que ces « structures » ne sont pas des unités de construction ordinaires). Elles n'ont aucun but fonctionnel apparent. Le citoyen, avançant le long des murs à angle droit, contemplant les espaces ou les trouées qui s'ouvrent soudain devant lui, essayant de pénétrer le mystère, accomplit un acte mystique individuel.

Le travail sur les /structures/ commence même avant la construction d'UNURBS, et une fois la construction terminée, les /structures/ devront être abandonnées pour toujours. La destruction par le temps et les intempéries commencera immédiatement, mais le souvenir légendaire des /structures/ survivra à leur existence matérielle.

Finalement, UNURBS apparaît au regard contemporain comme « des ruines ensevelies dans le futur ».

II

Avant d'essayer d'analyser ce projet du point de vue de la psychologie analytique, il nous faut faire deux choses : rappeler brièvement son cadre conceptuel, et interroger des interprétations plus traditionnelles de phénomènes culturels comme le projet UNURBS.

Tant d'ouvrages de psychologie ont été consacrés au concept d'inconscient personnel, que nous pouvons ici le considérer comme connu. L'inconscient collectif jungien est avant tout opposé à l'inconscient personnel comme le générique l'est à l'individuel (voir plus bas une description plus poussée).

L'inconscient a son propre langage, dont l'explication et le décryptage sont l'un des buts principaux de la psychologie des profondeurs. Dans ce langage, les unités expressives sont représentées par des « complexes » pour l'inconscient individuel, et des « archétypes » pour l'inconscient collectif.

Si l'on recourt à la métaphore de l'ordinateur, le langage de l'inconscient, notamment de par sa sémantique à double entrée, est un « langage intermédiaire ». Le côté tourné vers l'intérieur ne nous est pas directement accessible, si bien que les archétypes, tout comme les complexes, ne peuvent être reconstruits que d'après leurs manifestations extérieures, quand ces dernières sont identifiées comme telles.

Le rôle thérapeutique de la prise de conscience d'un complexe dans la pratique psychanalytique peut se transformer en l'idée d'une thérapie collective jungienne de la société : ce thème se fait entendre distinctement dans le dernier livre de Jung, *L'homme et ses symboles* (Jung, 1992). Cependant, dans le système des idées théoriques de Jung, l'inventaire des archétypes est juste une étape nécessaire dans la découverte des contenus de l'inconscient collectif.

Les livres de Jung font la liste de certains archétypes (Animus et Anima, l'Enfant, la Grande Mère) ; des articles consacrés à tel ou tel archétype nous donnent une idée de la méthodologie de sa recherche. Certaines mises en garde de Jung sont d'ailleurs particulièrement importantes ; chaque archétype, souligne par exemple Jung, est une forme pure, et nous pouvons seulement avoir conscience de ses diverses manifestations, qui ne l'épuiseront jamais, et auxquelles il n'est pas réductible.

On peut reconnaître la présence d'un motif archétypal dans une œuvre d'art (ou dans des données mythologiques ou ethnographiques) à plusieurs indices, dont les deux principaux sont l'intensité de l'émotion produite, alliée à une joie mystérieuse, et la reproductibilité de ce motif au sein d'une culture donnée, comme dans des cultures diverses.

Un motif archétypal est « non civilisé ». Il est au-delà de toutes les valeurs éthiques et esthétiques. On peut dire qu'un archétype est éthiquement ambivalent et, esthétiquement, de partout et de nulle part (Rider Haggard est peut être aussi archétypal que Goethe), mais dire cela est juste une formulation commode du fait qu'il appartient à une autre sphère de l'esprit.

Dans les lignes qui suivent, nous envisagerons une hypothèse : et si le projet UNURBS et son contexte historique révélaient l'existence d'un archétype non répertorié par Jung, que nous appellerons l'archétype de la Ville Déserte ?

Mais commençons par une brève analyse du contexte.

La façon la plus directe d'aborder le projet UNURBS est de le voir comme un spécimen exceptionnel d'un phénomène bien connu des historiens de l'art : l'« architecture de papier ». On fait en général remonter ses origines aux « feuilles d'architecture » de Piranèse. Sous sa forme la plus simple, c'est une fantaisie d'architecte ou d'artiste, qui n'est pas destinée à être réalisée, mais qui, en principe, peut l'être. Dans la Russie d'aujourd'hui, on a de l'architecture de papier une interprétation simpliste de ce genre, qui la relègue dans la même catégorie que la musique injouable ou la littérature impubliable, et qui implique qu'un projet resté sur le papier est en quelque sorte un processus créatif normal avorté. Une interprétation aussi primitive a peu de chose en commun avec la réalité.

Il est déjà plus adéquat d'interpréter l'architecture de papier comme le produit complétement viable de la « conscience planifiante » (voir ci-dessous). Les fonctions vitales de la société civilisée sont, dans une large mesure, planifiées. Un plan implique qu'on ait une liste de paramètres décrivant la situation, et qu'on ait aussi l'intention de les optimiser. L'optimisation, ainsi que la découverte d'effets induits inattendus (qui peuvent être jugés positifs ou négatifs), sont réalisées au cours de la modélisation : par exemple le développement de projets dont certains resteront naturellement sur le papier en tant que témoignages d'idées abandonnées, et en tant que réserve d'idées. Une planification régulière développe un type spécial de conscience individuelle et collective, communément appelée la « conscience planifiante ». L'utilité de la conscience planifiante est souvent considérée comme allant de soi, et toutes les idéologies existantes qui professent l'optimisme historique inscrivent la conscience planifiante dans leur liste de valeurs.

Alors comment se fait-il que les architectures de papier d'Insley (et de bien d'autres, depuis Piranèse et ses *Carceri* jusqu'aux écoliers de Moscou, dont le projet de Cité du Futur, avec ses collines ensevelissant les anciens édifices, et ses rivières coulant dans les anciennes rues) inspirent un malaise inexplicable, et soient si difficiles à saisir rationnellement ?

C'est évidemment parce que le projet non seulement échoue à atteindre l'objectif d'aménagement qu'il s'est soit-disant fixé, mais n'est même pas compatible avec lui. Il est évident que la ville d'Insley est inhabitable ; que l'organisation rationnelle du système pénitentiaire était le cadet des soucis de Piranèse ; que le

« Columbarium Habitabile » d'Alexander Brodsky et Ilya Utkin, avec ses masques mortuaires de demeures défuntes, ne prétend qu'à moitié être un projet architectural.

C'est seulement dans les cas les plus simples qu'on peut interpréter cette contradiction interne de la conscience planifiante comme une « mise en garde », c'est-à-dire comme l'examen et la représentation exagérée de tendances indésirables qui sont en train de se développer, dans le seul but de les discerner plus clairement, et par là-même de les éviter. Nous éprouvons tout comme l'auteur l'ivresse au bord de l'abîme et l'envie de mettre le pied dans le carré noir ; et cela nous trahit, comme lui.

Alors, scrutant ces troublantes productions de l'imagination créatrice, peu à peu nous discernons en elles les manifestations de structures profondément archaïques, et devinons les sombres significations de certaines métaphores et de certains lapsus de la conscience planifiante, comme la « machine à vivre » ou « das Gespenst des Kommunismus » (le « Spectre du Communisme »).

III

Les archétypes mis en système par Jung (1968) appartiennent davantage à l'inconscient tribal qu'à l'inconscient collectif. Leurs manifestations sont liées de si près à la nature biologique de l'individu humain, que Jung peut traiter l'archétype comme la prolongation évolutive de l'instinct. Une exception possible est l'archétype du Sage ou du Sens (de la Signification), même si son étiologie à lui aussi est quelque peu éclaircie par les observations sur le comportement animal menées par Konrad Lorenz et son école.

L'archétype de la Ville Déserte envisagé ici appartient de façon plus immédiate à l'inconscient collectif. Sa dimension de base est de nature extrapersonnelle et interpersonnelle, ses manifestations principales correspondent directement à la *communitas* de V. Turner (1969), comprise comme l'ensemble des états potentiels de la société reflétés dans la psychologie-même de cette société (plutôt qu'évalués par un observateur externe).

L'archétype de la Ville Déserte est une forme de société vidée de son âme, et qui n'attend plus rien de l'extérieur ; un cadavre qui n'a jamais été un corps vivant ; un Golem dont la vie même est la mort. On peut découvrir la présence de cet archétype dans la conscience planifiante, précisément parce qu'une forme vide peut être perçue comme un plan. Néanmoins, la conscience planifiante fait la sourde oreille au grondement de l'eau morte. Il nous parvient par le truchement de l'art : la « ruche vide » de Gumiliev[67], et le « ruisseau courant parmi les ruines » de Tarkovsky.

Il est révélateur que les deux cinéastes contemporains les plus sensibles à cet archétype, Tarkovsky et Sokurov, aient choisi les romans des frères Strugatsky, dont les meilleures pages (le journal intime d'Abakin dans *Le scarabée dans la fourmilière,* l'expédition dans *La Cité maudite,* les descriptions de la Forêt dans *L'escargot sur la Pente*) sont consacrées à la Ville déserte, et aient mis en lumière ce motif, même là où il n'était pas particulièrement mis en valeur. On peut aussi évoquer Antonioni, dont les métaphores de l'« étrangèreté » sont directement liées à notre archétype, et, par contraste, Fellini, chez qui le motif de la Cité déserte est totalement absent, et remplacé visuellement par sa propre négation, l'image de Rome, telle que la décrit G. S. Knabe : « pleine de monde et de bruit ».

Dans la mesure où l'introduction de cet archétype dans l'art requière une explication, on le présente en général de façon stéréotypée : les « ruines d'une grande civilisation ancienne, oubliée et différente ».

Ce stéréotype est bien sûr ancré dans l'histoire. À en juger d'après les anciens chroniqueurs, par exemple, c'est ainsi que les

67. Allusion à un célèbre poème de Nicolaï Goumiliev, intitulé « Le Mot », qui se termine par : « Comme les abeilles mortes dans la ruche déserte, / Les mots défunts sentent mauvais ».

vestiges des édifices romains ont été perçus par les Saxons, qui les prenaient pour l'héritage de géants mythiques, et qui ne se sont jamais installés à leur emplacement (je dois ces analyses à I. Yu. Kobzarev).

Le plus important est la démarche psychologique d'Insley, dont l'orientation axiologique, explicitement exprimée par le motif des « ruines ensevelies dans le futur », et juste un peu déguisée, *pro forma*, sous la terminologie du « plan », nous oblige pratiquement à chercher ses racines dans la psychologie des profondeurs.

IV

L'analyse dont je viens de retracer les grands traits est le fruit d'un « effort de dialogue » avec la psychologie analytique, amorcé par S. S. Averintsev (1972). Si nous admettons que tout ce qui précède n'est pas simple élucubration de l'imagination du chercheur, nous devons chercher dans quelles directions poursuivre le dialogue.

Il est manifestement capital de continuer à répertorier les archétypes dans le cadre de la psychologie analytique, et en même temps de développer davantage la méthodologie de notre recherche. Le degré de précision qu'on peut espérer atteindre reste cependant incertain. Dès qu'un psychiatre ou un culturologue passe du rassemblement de données empiriques à leur classification, il se trouve face à deux problèmes principaux : comment savoir que l'on a bien affaire à un archétype ? Et comment identifier l'archétype sous ses manifestations forcément hétérogènes ? Si, comme c'était le cas jusqu'à aujourd'hui, au lieu d'utiliser des critères objectifs, on s'appuie sur les autorités ou sur la « voix du sang » (J. Murray), cela veut simplement dire que l'étude de l'inconscient collectif reste une activité marginale au sein de la communauté scientifique. Il est néanmoins possible que ce statut marginal soit inhérent à la psychologie des profondeurs, en raison de la formulation oxymorique de son objectif principal : étudier l'inconscient au moyen de la conscience. Je ne peux m'empêcher de citer une définition expressive de la marginalité, due à V. TURNER (1969) :

> les êtres marginaux ne sont ni ici ni là, ni ceci ni cela ; ils sont dans l'espace laissé vide entre les positions établies et prescrites par la loi, la coutume, la convention, et les rites.

S'il existe pourtant, de temps en temps, des chercheurs prêts à risquer leur réputation et à s'aventurer au-delà du paradigme, c'est pour la simple raison que la psychologie des profondeurs nous dit des choses trop importantes pour qu'on les rejette en tant que non scientifiques.

La civilisation contemporaine, planifiée et construite en grande partie de façon consciente, traverse aujourd'hui une série de crises, de nature et de profondeur diverses. La question est de savoir si l'humanité peut se permettre d'abandonner son présent chemin de développement. Nous croyons que la réponse est inconditionnellement négative.

Le retour à l'irrationalisme n'a jamais résolu aucune crise. Le fait que les utopies se transforment inexorablement en dystopies ne signifie pas que l'avenir doive se limiter à une « croissance organique ». La puissance de destruction de l'inconscient collectif prend facilement un goût nationaliste ou confessionnel, et renoncer à la planification scientifique ne nous exempterait pas de creuser le « puits de fondation » (selon l'expression de Platonov) de la société. Cela nous enlèverait simplement tout espoir de pouvoir nous extirper de cette fosse-là.

C'est seulement en entretenant la conscience collective que nous pouvons contrecarrer le potentiel de destruction de l'inconscient collectif.

Sinon la Ville déserte sera notre dernière demeure.

III.7
« C'EST DE L'AMOUR »[68]

En 1958, dans une petite ville américaine, naissait le quatrième enfant de Clara et David Park. Ils ont donné à la petite fille le nom de Jessy. Vers ses deux ans, le retard de son développement et son caractère introverti ont commencé à inquiéter ses parents. Le diagnostic a été bientôt confirmé : autisme de l'enfant.

Le syndrome de l'autisme (du grec ἑαυτός – soi-même) de la première enfance a été décrit au début des années quarante du vingtième siècle par le psychiatre américain L. Kanner. Les symptômes, notamment l'absence d'interaction avec les autres, y compris la mère, et un isolement extrême par rapport au reste du monde, se manifestent clairement entre deux et quatre ans. L'acquisition de la parole peut être nettement retardée, comme c'était le cas pour Jessy. Même si l'enfant apprend à parler sans retard particulier, sa parole, elle, est anormale : elle ne vise pas la communication. Un enfant autiste ne peut pas supporter le moindre changement dans son environnement habituel et sa routine quotidienne, mais sa mémoire fonctionne extraordinairement bien, et il est en bonne santé physique. Tous ses actes sont dominés par une même motivation : se fermer à autrui. La voici :

68. Recension du livre de Clara Park, *The Siege* (Atlantic Monthly Press, 1982, 328 p.), publiée dans *Priroda* n° 4, 1987, p. 118–120 (en russe).

> [...] une toute petite fille aux cheveux d'or, à quatre pattes, tournant en rond sans arrêt autour d'une tache sur le parquet, absorbée dans une mystérieuse jouissance d'elle-même. Elle est tout rire et sourire, mais ne lève pas les yeux ; elle ne cherche pas à attirer notre attention sur le mystérieux objet de son plaisir. Elle ne nous voit pas du tout. Il n'y a rien d'autre qu'elle et la tache ; et bien qu'elle ait dix-huit mois, l'âge de toucher les objets, de les porter à sa bouche, de les montrer du doigt, de se traîner à quatre pattes, d'explorer le monde, elle ne fait rien de tout cela. Elle ne marche pas, ne grimpe pas les escaliers à quatre pattes, ne se hisse pas debout sur ses pieds pour essayer d'atteindre quelque objet. Elle ne *veut* aucun objet. (p. 3)

Ce sont là des symptômes externes. Personne ne connaît les mécanismes sous-jacents à l'autisme de l'enfant. L'enfance de Jessy s'est déroulée à une époque où le syndrome de Kanner n'était pas familier à grand monde, même parmi les professionnels ; les conseils pratiques à l'intention des parents et des éducateurs venaient juste d'être élaborés, et il n'était pas facile de se les procurer.

David Park enseignait la physique dans un petit collège, et Clara venait de terminer des études universitaires. Avant la naissance de Jessy, elle avait eu l'intention de poursuivre une carrière universitaire quand ses enfants seraient grands. Mais l'état de son dernier enfant l'a obligée à renoncer à ses projets. Quand le sérieux de l'anomalie est devenu manifeste, les parents de Jessy ont décidé de ne pas envoyer l'enfant dans une institution, mais de l'élever à la maison (et plus tard de la mettre aussi dans une école spéciale).

Clara Park appartenait à la génération des

> mères des années quarante et cinquante, pour lesquelles le docteur Spock[69] avait remplacé la sagesse traditionnelle. (p. 14)

69. Benjamin McLane Spock (1903–1998), célèbre pédiatre américain, auteur notamment d'un best seller traduit en français en 1952 sous le

Cela signifiait qu'elle et ses amies non seulement observaient le développement de leurs enfants et partageaient entre elles leur expérience, mais qu'elles lisaient aussi des livres sur la psychologie de l'enfant, et, d'une façon générale, consacraient toute la force de leur cœur et de leur esprit – j'insiste : cœur et esprit – à l'éducation de leurs enfants. La génération rebelle des années soixante a été élevée par ces mères-là autant que par leur propre époque.

Le long et épuisant labeur d'amour que Clara Park a entrepris pour lutter contre l'autisme de Jessy, et sur lequel elle a écrit un livre six ou sept ans plus tard, Clara l'appelle un « siège ». Pour comprendre la signification de ce mot, nous devons regarder Jessy par les yeux de sa mère, et imaginer la conscience embryonnaire d'une petite personne qui s'est dissimulée derrière les murs d'une forteresse invisible, autosuffisante, repliée sur elle-même et enveloppée de protections comme un bourgeon, inaccessible aux mots humains, réfractaire aux attraits du monde et à ses sons, hermétiquement fermée même à son entourage le plus proche.

Les observations attentives de Clara Park, menées tous les jours pendant de nombreuses années, sont d'une valeur inestimable pour l'étude et la thérapie de l'autisme de l'enfant. Le livre donne un excellent portrait de la psyché autiste, dont la caractéristique principale est une carence de motivation – l'enfant agit comme si elle ou il ne voulait pas grandir. C'est la métaphore récurrente du livre. Jessy est l'enfant magique du Pays des Bébés du folklore irlandais. Il s'est avéré que cette façon de voir Jessy avait une valeur pratique : elle permettait de formuler une stratégie pour combattre la mentalité autiste. Cependant, Clara Park est pleinement consciente (et ses nombreuses observations et interprétations en témoignent) de ce que cette pathologie a des faces multiples, et qu'elle affecte toutes les zones de la psyché.

---

titre *Comment soigner et éduquer son enfant*. Ses détracteurs l'ont accusé de permissivité.

Le docteur Jérôme Kagan, se fondant sur sa grande expérience professionnelle, propose dans son livre *L'autisme de l'enfant* l'idée que le syndrome de Kanner nous oblige à admettre que la communication humaine est une fonction psychique séparée. Elle a vraisemblablement pour auxiliaires des mécanismes perceptifs spéciaux, comme, par exemple, la reconnaissance visuelle des visages, dont le propre dysfonctionnement se manifeste par une forme rare d'agnosie visuelle (échec du processus de reconnaissance faciale) – appelée prosopagnosie.

Vers trois ans, Jessy a appris à faire des puzzles. Quand ils font un puzzle, les enfants sont en général guidés par une image qu'ils essaient de reconstituer. Mais Jessy était tellement en phase avec les formes abstraites, qu'elle était capable de reconstituer le puzzle sur l'envers. Par contre, sa perception de l'image elle-même était très réduite, ou même inexistante. De façon révélatrice, elle était incapable de reconstituer un simple puzzle de cinq pièces, dont la dernière était un soleil avec des yeux. La forme de la pièce, arrondie et presque symétrique, ne donnait pas d'indication sur le sens dans lequel la placer – c'est-à-dire les yeux en haut. Jessy était incapable de comprendre cela : « Les yeux – les visages – n'étaient tout simplement pas pertinents pour son monde perceptif » (p. 60).

Bien des pages de ce livre fournissent d'excellents matériaux pour une analyse de l'interrelation fonctionnelle entre les deux hémisphères chez les enfants atteints du syndrome de Kanner. Chez Jessy, il semble bien y avoir eu une réduction générale de l'activité de l'hémisphère dominant (gauche, lié à la parole) et une suractivation de l'hémisphère subdominant. Par exemple, durant son acquisition très tardive de la parole, qui a débuté à l'âge de quatre ans, elle s'est mise à développer un usage compensatoire de la mélodie pour remplacer les mots.

Ce qui a conduit à utiliser la chanson d'enfants « Ring around a rosy » (« En ronde autour d'une rose »), pour désigner à la fois ce jeu, l'image d'une ronde dans un livre, une couronne de fleurs et finalement un cercle « et une constellation d'idées apparentées, ce qui fonctionnait bien mieux qu'aucun des mots réels qu'elle connaissait ». Ce vocabulaire mélodique, composé de *Leitmotive,* comme Clara les appelait, ne cessait de s'étendre.

> Nous avons remarqué ceci : même si elle était maintenant capable de chanter facilement beaucoup de chansons, elle ne chantait jamais ses *Leitmotive* au hasard, ou pour eux mêmes en tant que chansons. Elle ne les chantait pas non plus de façon musicale, comme les autres chansons, mais rapidement, schématiquement, *fonctionnellement* – juste assez bien pour qu'ils fassent leur travail de communication (p. 84).

À cinq ans, Jessy possédait un vocabulaire limité à trente ou quarante mots isolés, mais qui s'est mis à s'accroître rapidement – ce qui, selon Kanner, autorise un pronostic favorable. Au cours de sa sixième année, elle a commencé à s'approprier de nouveaux mots à la vitesse d'un enfant normal de deux ans, mais sans se mettre à parler à la vitesse d'un enfant normal de deux ans. Sa façon d'acquérir un nouveau lexique, ainsi que les particularités sémantiques et syntactiques de son discours étaient très éloignées de la norme. Les observations attentives de Clara Park notent que sa fille apprenait sa langue maternelle comme une étrangère, ce qui confirme que dans sa psyché le cerveau droit était prédominant (d'après plusieurs études, il semble que l'acquisition d'une seconde langue lors des premiers stades de l'existence se fasse avec une participation importante de l'hémisphère subdomninant[70]).

Ses capacités limitées de contact avec autrui imprimaient certains traits particuliers à sa manière de parler. Elle a appris et utilisé convenablement des mots comme « chêne », « orme »,

70. Voir Vyatch. V. Ivanov, *Pair et impair. L'asymétrie du cerveau et des systèmes de signes* (en russe), Moscou, 1978 ; T.V. Tchernigovskaya, L. Ya. Balonov, V. L. Degline, « Bilinguisme et asymétrie fonctionnelle du cerveau » (en russe), *Sémiotique. Études sur les systèmes de signes*, tome 16, Tartou, 1983, p. 62–83.

« érable » sans la moindre difficulté. Par contre, des mots comme « sœur », « grand'mère », « amis », « étranger », lui étaient sémantiquement inaccessibles à l'âge de cinq ans, et même à sept ans pour le dernier de ces mots. Cela ne provenait pas d'une incapacité à comprendre les abstractions en général, puisque Jessy était capable de distinguer et d'utiliser correctement les notions géométriques de « triangle », « rectangle », et ainsi de suite jusqu'à « octogone ». Incompréhensibles pour elle étaient les abstractions concernant les relations humaines. Le symptôme classique de l'autisme, l'emploi de « je » pour les autres et de « tu » pour soi-même est un exemple de cette non compréhension. Un enfant normal franchit rapidement ce stade de développement car il a pris conscience de ce que les pronoms changent de sens selon la personne qui les emploie, mais la conscience autiste bute sur cette notion. C'est seulement à huit ans que Jessy a compris la signification de « il », « elle », et « ils », et encore avec beaucoup de difficulté.

> Les jeunes enfants disent « mauvais » avec toutes les gradations possibles de peur et de colère ; mais elle, elle le dit avec un plaisir serein, pour ranger un phénomène dans la bonne catégorie. « Mauvaise boîte », dit-elle quand elle ramasse des boîtes de bière sur la plage. « Mauvais chien », commente-t-elle, lorsqu'elle remarque une poubelle renversée. [Jessy] n'aime pas les chiens. S'il s'en approche un de trop près, elle s'agrippe à moi ; s'il saute, elle geint. Mais il ne lui arrive jamais de verbaliser son émotion. Elle ne dit jamais « mauvais chien » à ce moment-là. (p. 211–212)

Cette incapacité à verbaliser les émotions est liée à une déficience générale de l'identification de soi, du processus de formation de son propre « je ». L'autisme révèle, avec une exactitude quasiment expérimentale, qu'on ne peut reconnaître son propre « soi » que si l'on reconnaît d'autres « soi ».

Voici une dernière remarque sur l'aptitude souvent accrue d'un enfant autiste dans la sphère des mathématiques élémentaires, aptitude qui devient évidente si elle est encouragée par les éducateurs. Un exemple tiré de la vie de Jessy est révélateur dans ce domaine aussi. Sa mère a commencé à apprendre à Jessy, vers ses sept ans et demie, à faire des additions : $1 + 1 = 2$, $2 + 1 = 3$. Clara ne lui a pas appris le zéro ; ce concept difficile n'est apparu que tardivement dans l'histoire de la civilisation, et Clara s'était dit que si les anciens Grecs avaient pu se passer du zéro, Jessy pouvait s'en passer aussi pour l'instant. Mais il s'est révélé que Jessy avait déjà entendu parler du zéro, et elle a protesté : « Pas de zéro ? ». Elle voulait $0 + 1 = 1$, et l'a écrit. Puis : « Oh, on a oublié ! Zéro plus zéro égale zéro. » (p. 241).

En psychiatrie contemporaine, on utilise aussi les termes « autisme » et « comportement autiste » dans une acception plus générale, pas seulement pour faire référence à des troubles psychologiques, mais également pour caractériser certains traits d'une psyché normale. Quand Clara Park a recommencé à enseigner, elle s'est rendu compte que le fait d'avoir observé Jessy lui avait ouvert les yeux sur bien des aspects de ses élèves – des êtres dotés de capacités normales, qui apprenaient à lire et à écrire et qui accomplissaient efficacement leurs tâches diverses, mais qui parfois ressemblaient énormément à Jessy, en raison d'obstacles intérieurs qui entravaient leur aptitude à travailler et à vivre.

Un auteur russe contemporain a publié un livre intitulé de façon méprisante : *L'éducation selon le docteur Spock*, une diatribe contre ce qu'il considère comme les mœurs étrangères, étranges et dérangeantes, de notre époque. Cette prise de position – tristement révélatrice – montre bien que l'autisme individuel a son pendant dans des autismes familiaux, confessionnels, nationaux. Des remparts invisibles de forteresses compartimentent le monde en cellules de prison ; trop de nos actes entassent toujours davantage de moellons sur ces murs ; chacun de nous risque de finir sa vie dans une solitude confinée. « L'étrange [Jessy] nous ressemble tellement. » (p. 274).

Le livre de Clara Park, depuis sa première édition en 1967, a été traduit en plusieurs langues. Nous faisons ici la recension de l'édition de 1982, augmentée d'un épilogue : « Quinze ans après ». Jessy a maintenant 23 ans ; Clara mentionne avec fierté qu'elle travaille, qu'elle a un compte en banque, et qu'elle paiera bientôt ses impôts, exactement comme n'importe quel citoyen en activité. De plus, elle est devenue un peintre reconnu, et ses œuvres sont exposées et se vendent. Dans le livre figure une reproduction en noir et blanc, accompagnée de quelques phrases expressives, décrivant une peinture intitulée *Un radiateur dans la salle de bain de Valérie – pop art*, et nous pouvons imaginer l'intense éclat des couleurs acryliques de ce tableau.

A happy end ?

Bien sûr que non. L'histoire d'une vie n'est pas finie tant que son protagoniste est vivant, seule l'histoire racontée par le livre s'achève. Jessy est restée fragile. La vie qu'elle mène est très différente de celle de ses frères et sœurs. *A happy end* ?

Écoutons encore une fois Clara Park :

> Qu'il me soit permis de dire simplement et sans détours ce que tout le monde sait. Je respire comme tout un chacun l'air raréfié et sans foi de ma génération, et je ne veux pas faire de sentiment. Mais le sentiment le plus noir est cette maudite *trahison des clercs*, qui refusent le bien qu'il a été donné de comprendre, parce qu'il est trop simple. Donc, voici : cette épreuve, que nous n'avons pas choisie, que nous aurions tout donné pour éviter, nous a transformés, nous a rendus meilleurs. Elle nous a enseigné une leçon que personne n'apprend de son plein gré, la dure, la lente leçon de Sophocle et de Shakespeare : c'est la souffrance qui fait grandir. Et cela aussi, c'est le cadeau de Jessy. J'écris aujourd'hui ce que je n'aurais pas cru possible d'écrire il y a quinze ans : si j'avais aujourd'hui le choix d'accepter cette épreuve, avec tout ce qu'elle entraîne, ou de refuser cette amer cadeau, il me faudrait tendre les mains – parce qu'il en est sorti pour nous tous une vie insoupçonnée. Et je ne changerais pas un mot de l'histoire. C'est de l'amour. (p. 320)

III.8
ACHAT DE PENSÉES SUR L'ARBAT

Vingt-trois août 1987, trois heures de l'après-midi. Je suis assis sur un tabouret pliant au milieu de l'Arbat[71], le dos appuyé à une jardinière en ciment. Un soleil d'automne. L'été, cette année, n'a pas été généreux. À mes pieds sur la chaussée un petit tas de pièces jaunes ; à côté, un petit chevalet en métal, comme ceux qui servent à peindre sur le motif. Sur le chevalet, au lieu de carton à dessin, est posée une grande feuille de bristol où est inscrit en gros :

J'ACHÈTE
PENSÉES
INTELLIGENTES
ET ORIGINALES
15 kopecks pièce

Pour que la feuille ne soit pas emportée par le vent, elle est fixée en bas par deux pinces à dessin. Le bloc-notes destiné à recevoir les pensées intelligentse pend au bout d'une ficelle.

* * *

L'été dernier, l'Arbat de 1987 n'existait plus. Ce qu'il sera, après l'hiver, on ne sait pas. Transformé en zone piétonnière,

71. L'ancienne rue de l'Arbat est une célèbre rue piétonne moscovite, très pittoresque, un peu comme les rues de Montmartre. L'ensemble du vieux quartier de l'Arbat a été réaménagé à l'époque soviétique. (N.d.T.)

peinturluré comme un décor de théâtre, objet de plaisanteries et de regrets, il regarde autour de lui sans comprendre, se cherchant lui-même.

Il est devenu ce printemps – tout à coup – le marché en plein air des peintres. L'après-midi – et parfois même dès le matin – depuis la place de l'Arbat jusqu'au théâtre Vakhtangov, et, de plus en plus clairsemés au fur et à mesure qu'on s'éloigne vers l'anneau des boulevards, des deux côtés de la rue étroite et en son milieu, à côté des réverbères et des jardinières de fleurs, il y a des chevalets et des trépieds d'installés, des paysages et des portraits d'accrochés. Aux heures propices, par beau temps, tous les quatre ou cinq mètres, un « modèle » est assis sur un tabouret, un rebord de vitrine, un petit banc, attendant son portrait – au crayon, au fusain, à la sanguine, à l'huile. Vingt roubles la demi-heure. Ou une caricature : cinq minutes – cinq roubles.

On étanche une soif inétanchable – se voir par les yeux d'autrui.

* * *

Il y a quinze ans, les peintres sortaient déjà dans la rue – pour la fameuse « exposition des bulldozers ». Pour ceux qui ne s'en souviennent pas : la « rue » était un terrain vague dans le quartier de Tcheriomouchki, et les autorités de la ville avaient fait venir les bulldozers sur le terrain vague, de façon très efficace. Pas pour combattre les peintres – qu'allez-vous penser ! Non, simplement, ce matin-là, il s'est avéré qu'allait juste commencer sur le terrain vague la construction, ou, disons, la plantation d'espaces verts. Aujourd'hui, à cet endroit-là, à partir de l'angle des rues Profsoyouznaya et Ostrovityanova, tout est couvert de constructions.

Cette année, les marchés des peintres – comme d'ailleurs les expositions – correspondent à ce qu'on appelle l'esprit du temps. Personne ne s'oppose à personne. Les émigrations, les morts et les départs se sont arrêtés à la génération précédente. La génération précédente vit à côté d'ici, mais elle est un peu... irréelle, n'est-ce pas ?

* * *

Les gens passent devant mon affiche. Ils s'arrêtent, lisent. Rigolent. Le petit attroupement tantôt grossit, tantôt diminue. Certaines réactions reviennent avec une constance étonnante.

* * *

– Quinze kopecks pour une pensée ? Pourquoi si peu ?

Je donne une réponse, improvisée la première fois, puis toute prête les fois suivantes :

– Vous montrez d'abord la marchandise, et puis nous verrons, peut-être qu'on pourra discuter du prix.

Ils hochent la tête, s'en vont.

* * *

– Une pensée, intelligente en plus, et originale par-dessus le marché ? Ça n'existe pas.

Étrangement, c'était la première fois que je me trouvais confronté à une telle conviction. Cela donne à réfléchir. Il semble que beaucoup de gens pensent cela.

* * *

– Et qu'est-ce qu'une pensée ?

En général, à ceux qui posent cette question-là, je me contente de sourire avec bienveillance. Mais cette fois, c'est un enfant qui la pose très sérieusement. Une petite fille avec des lunettes, en robe d'été bleu marine à rayures banches, qui tient la main de son papa. Des méridionaux.

– Hé bien, tu vois, quand tu as l'idée de quelque chose d'intéressant, c'est une pensée. Écris-la moi dans le bloc-notes, et tu auras quinze kopecks.
– Ça peut être du fantastique ?
– Comment ça, du fantastique ?
– Quand les gens parlent, et qu'ils se voient en même temps.
– Je ne comprends pas. Nous parlons tous les deux, et on se voit.
– Non, au téléphone. Et quand c'est comme à la télévision !

Le papa explique que de telles formes de communication existent déjà, et que par conséquent la pensée n'est sans doute pas originale. Je dis que du moment que la petite fille en a eu l'idée toute seule, la pensée est originale, et que je suis prêt à l'acheter, mais le père emmène la petite fille plus loin.

* * *

– Et pourquoi achetez-vous des pensées intelligentes ?

Mon Dieu, c'est tellement évident : qu'est-ce qui peut être plus intéressant qu'une pensée intelligente ? C'est ce que je réponds.

Tout le monde, sauf les enfants, comprend bien que c'est en partie un jeu. Mais personne n'est certain des règles de ce jeu. C'est pourquoi les tentatives de contact sont timides. Presque tout le monde soupçonne que mon but est d'humilier ou de blesser.

* * *

– Bon, je vais vous écrire une pensée.
– Dites-la d'abord, peut-être que je ne voudrai pas l'acheter.
– Si je vous la dis et que vous ne l'achetez pas, vous l'aurez quand même empochée !
– Et après ? À vous de prendre le risque. Et vous, de votre côté, c'est peut-être la pensée de quelqu'un d'autre, de Platon ou de je ne sais qui, que vous allez me refiler. À moi de prendre le risque.

– En ce cas, vous aurez tout de même empoché la pensée. Quelle différence cela fait-il, qu'elle ne soit pas de moi ?
– En ce cas, je vous aurai donné quinze kopecks, alors que c'est à Platon qu'ils reviennent.

* * *

– Et une pensée dans quel domaine ?
– Comme vous voulez.

Un homme jeune. Volodia. L'un des peintres. Il a apporté quelques paysages. Un petit morceau de l'un d'eux, dans un cadre de bois grossier, se laisse voir entre ses petits doigts. Le morceau est sympathique.

– Et on peut réfléchir ?
– Bien sûr ! dis-je, tout heureux. Bien sûr, réfléchissez !
Volodia s'éloigne et revient une dizaine de minutes plus tard. Il s'accroupit pour être à ma hauteur (la prochaine fois, il faudrait apporter un deuxième petit tabouret).
– Et dans le domaine de la réforme scolaire, on peut ?
– Comment ça ? dis-je, intrigué au plus au point.
– Je propose d'introduire la rhétorique à l'école et de renforcer la culture physique.
– La rhétorique ? Et pourquoi, Volodia ?
– Vous comprenez, personne ne sait converser...

J'acquiers cette première pensée de la saison :

> Au sujet de la « réforme scolaire » : introduire dans l'enseignement la matière « rhétorique », en tant qu'apprentissage de la conversation, et renforcer l'enseignement de la culture physique afin de fortifier l'organisme humain dans notre vie saturée de stress. V. D.

* * *

Je suis assis à une cinquantaine de mètres du café « Prague ». Depuis l'autre extrémité de l'Arbat me parviennent les sons d'une vie culturelle informelle : apparemment, des adeptes de Krishna sont en train de danser, et le groupe « Pères et enfants » de jouer quelque chose.

Hier encore, je marchais sur l'Arbat en qualité de simple passant ; aujourd'hui je sens avec une certaine fierté que j'apporte ma petite contribution. Contribution à quoi ?

Plus haut, après la ruelle Starokonyouchenny, s'est formé un cercle de spectateurs, attroupés autour d'une démonstration de breakdance.

Une génération qui fait de la musique, qui peint, qui bouge, unie par un système de signaux non verbaux. Ils se reconnaissent entre eux non pas comme nous jadis, non pas à des vers dits à haute voix (quel poème a récemment cité Makanine avec une nostalgie amusée ? Ah oui : « Il savait que la terre tourne, mais il avait une famille[72] ») – mais au « look », à l'allure.

Il m'arrive de rêver que la Nature a donné le jour à une génération sans mots pour se reposer un peu des pères, obsédés de « reconstruction », savants, menteurs invétérés, planificateurs.

L'*Homo ludens*, fils de l'*homo faber*.

* * *

Ici, à Moscou, le Congrès International de Logique et de Méthodologie de la Science vient de se terminer. Une partie des séances s'est tenue dans le bâtiment principal de l'Université d'État de Moscou sur le mont Lénine. Les Logiciens internationaux ont été un peu interloqués de voir que l'entrée de l'Université était gardée par un groupe de policiers, et qu'il était absolument impossible d'entrer sans laissez-passer.

---

72. « Il savait que la terre tourne / mais il avait une famille » : vers d'un célèbre poème satirique du poète dissident Evgueny Evtouchenko, intitulé « Faire carrière » (à propos d'un rival de Galilée, qui a préféré son confort à la vérité, et qui finalement n'est pas passé à la postérité, et n'a donc pas vraiment fait carrière).

Je suis lié à cette Grande Maison depuis le jour de son ouverture, en 1953, lorsque le premier septembre de cette année-là je m'y suis assis sur un banc d'étudiant. Cela fait donc trente quatre ans que je m'y trouve trois à quatre fois par semaine. La police à l'entrée est apparue il y a une dizaine d'années. Étrange, que l'on estime que l'enseignement universitaire ait besoin d'une surveillance si serrée.

Dans le groupe de gens qui se trouvent devant moi, je remarque le professeur Ch. de Léningrad. Je me lève de mon tabouret et le salue. Il a l'air stupéfait de me voir :

– Yuri Ivanovitch, c'est vous ?!
– Oui, qu'est-ce que ça a d'extraordinaire ?
– Vous m'avez tué... Quelle impression extraordinaire je garderai de ce petit voyage... Je vais en parler dans mon compte-rendu.

J'installe le professeur Ch. à côté d'un vase de fleurs, et l'interroge sur le Congrès. John McCarthy a organisé un séminaire de « logique non monotone » (je ne sais pas ce que c'est) ; le professeur Ch. a bien aimé McCarthy, mais pas sa logique.

– Bon, je ne veux pas vous importuner, dit le professeur en s'en allant. Vous savez, je l'ai toujours dit : comme on fait son lit, on se couche !

* * *

Un barbu sérieux s'approche. Il me propose de lui acheter une pensée :

– La vie, c'est comme les bandes molletières, elle est longue et elle pue.
– Je n'achète pas cette pensée-là.
– Pourquoi ?
– Elle pue. Et il me semble que je l'ai déjà lue quelque part.
– Non, c'est moi qui l'ai inventée. J'ai des témoins.

– C'est possible. Mais je ne l'achète pas.

* * *

Un jeune couple. L'homme :

– Vous voulez des pensées sur quoi ?
– Je ne sais pas. C'est vous le vendeur, moi je suis l'acheteur !
– Hé bien, je peux produire des pensées sur tout ce qu'on veut : comment gagner des millions, comment se faire aimer, comment voler sans se faire prendre.
– Non, je n'ai pas besoin de cela.

Sa compagne intervient. S'adressant à lui :

– C'est nul. Ce ne sont pas des pensées. Dis quelque chose sur le sens de la vie, par exemple !

Lui :

– Voyons, le camarade comprend certainement qu'il ne faut rien me demander sur le sens de la vie.
– Ne lui dis pas à lui, dis-le à moi !

La conversation prend un tour privé. Je saisis le crayon. Interloquée, elle demande :

– Et qu'est-ce que vous inscrivez ?
– Votre conversation, si vous permettez.

* * *

Il y a maintenant plusieurs personnes, qui font la queue. Entre les jambes des adultes s'accroupit une petite fille, qui essaye de voir ce qui se passe ; elle m'adrese un sourire éblouissant et s'en va en courant, s'étant assurée de ce qu'il ne se passait rien du tout. Un petit garçon reste planté là un bon moment, remuant les lèvres ; il finit par s'en aller, après avoir déclaré :

– Qu'est-ce qu'il faut comme pensées, pour acheter une voiture !

* * *

Volodia, le peintre, accompagné de ses copains, est venu s'installer plus près de moi. Sur le bord de la jardinière s'est assis Kostia, à qui je n'avais pas voulu acheter la pensée sur la vie-bande molletière. Le soleil me chauffe déjà l'oreille droite, du côté du théâtre Vakhtangov. Le commerce marche mal aujourd'hui pour Volodia, alors qu'au marché Izmaïlovo il réussissait parfois à vendre quelque chose. Volodia a vingt-trois ans, il est en première année du Cours Sourikov ; il a été recalé trois fois au concours d'entrée, et reçu la quatrième fois. Ses parents sont des gens constructifs ; ils tiennent la peinture pour moins que rien. Dans une demi-heure, Volodia et moi partirons ensemble ; nous allons tous les deux au théâtre ; malheureusement, pas au même. À la fin août à Moscou il n'y a que des troupes en fin de tournée, et le théâtre des étudiants de l'Université – il va aux premières, moi à l'autre. Je me vante de ce qu'un de mes anciens élèves est devenu régisseur du théâtre de la Maison de la Culture de l'Université de Moscou. Volodia demande respectueusement si c'est difficile d'être régisseur de théâtre. Nous nous attardons un peu sur l'idée que pour réussir quoi que ce soit, il faut que tout s'y mette : la vie entière, l'épouse, la maison, et ce, toute la sainte journée – sinon, on n'arrive à rien. Kostia raconte qu'il a changé dix-sept fois de travail – il énumère tous ses boulots en comptant sur ses doigts. À présent, il écrit. Il écrit, il écrit, et il n'est pas content de ce qu'il écrit – c'est un sujet en soi, cela – mais il n'y a pas moyen ; il faudrait entrer à la Faculté de lettres pour qu'on lui apprenne. Et son mode de vie n'aide pas : à force d'écrire dans les cabinets, il a les jambes lourdes.

Arrive un homme replet, content de lui, qui se présente comme régisseur-metteur en scène de manifestations de masse. Il propose une pensée, quelque chose à propos des gens qui font la queue aux bains publics.

– Voyons, lui dis-je d'un air dubitatif, est-ce vraiment une pensée, cela ? Essayez plutôt de trouver quelque chose de noble, d'un peu profond...
– Mais nous vivons depuis des décennies en pleins stéréotypes, tout le monde répète tout le temps la même chose. Par exemple, nous avions un tsar ; et il a dit : « Il y a art et art. Il y a du bon art, et il y a du mauvais art ».
– Alors, pour vous, c'est l'occasion : ne répétez pas de stéréotypes, dites quelques chose de vous, qui vienne de vous.

Le régisseur reste planté là un moment, les yeux levés au ciel, mais on voit bien qu'il a du mal, et il se met illico à raconter des anecdotes sur son activité de régisseur. Tout le monde l'écoute avec intérêt. Il s'avère qu'il a organisé les cérémonies de l'ouverture et de la clôture du récent Festival de l'Amitié avec un certain Pays du Sud, sur « fond » de sept mille recrues du KGB (je ne sais pas ce qu'est un « fond », je n'ai pas posé la question). Il m'invite au Palais Olympique pour un défilé de mode et un concert de rock. Demander à l'entrée de service à Valéry Pétrovitch deux places pour dix roubles moins quinze kopecks, ce qui fait neuf roubles quatre vingt-cinq kopecks (à mon avis, les quinze kopecks – pour une pensée – il aurait fallu les ajouter, pas les soustraire, mais à ce moment-là moi aussi je me suis embrouillé).

* * *

Le régisseur s'en va. Un jeune homme assis à côté, que je remarque seulement à l'instant, dit d'un air pensif :

– Ce que les gens peuvent se faire mousser...
– Il y en a quelques-uns qui se font mousser, dis-je. La plupart sont très coincés. Le type s'aperçoit tout d'un coup qu'on attend de lui une pensée intelligente, et il n'en a pas – pas une seule sous la main ! – alors il a peur. Et il se fait mousser, pour que personne ne s'aperçoive qu'il n'en a pas. Presque

personne ne se dit : ce cinglé assis avec son affiche, il a sûrement aussi peur que les autres, mais il a trouvé la force d'accrocher l'affiche, de s'asseoir, de proposer un jeu. Donc, on peut jouer à ces jeux-là – quels jeux, à proprement parler, d'ailleurs ? – mais je vais essayer moi aussi...

Kostia donne de la voix du haut de la jardinière :

– Oui, quand vous n'avez pas voulu acheter ma pensée, je me suis d'abord senti très humilié. Comme si j'étais incapable d'inventer quoi que ce soit. Ensuite, je suis resté assis ici, et j'ai regardé les gens. Et je m'aperçois que je ne suis pas pire qu'un autre. Ce que je ne comprends pas c'est : l'égoïsme est-il une bonne ou une mauvaise chose ? On fait des efforts pour les autres, et, en réalité, c'est juste parce que c'est plus agréable que d'en faire seulement pour soi.

Kostia soupire tristement.

Et pendant deux heures pas l'ombre d'un sourire n'est passée sur son visage.

* * *

Un homme joyeux, en chapeau, lance au passage :

– Je vous offre une pensée : la République de l'Arbat fait revivre la Renaissance.
– Ce n'est pas une pensée, c'est une observation ; mais ça ne fait rien, merci.

* * *

Kostia :

– Quelle Renaissance ? D'où sort-elle, celle-là ?

III.9
SOLEIL, PAUVRE TOTEM[73]

Une revue de Rio-de-Janeiro, *Manchete*, a publié il n'y a pas si longtemps un petit article sur les tribus d'Indiens Nambikwara qui vivent dans le nord-ouest de l'État de Mato Grosso et dans quelques autres régions du Brésil. « Ils chassent avec des arcs et des flèches – disait l'article – ils dorment à même le sol, de préférence dans de la cendre ». Les représentants d'une des tribus Nambikwara, les Hahaintesu, se considèrent comme les premiers habitants de la Terre. Selon les mots d'une Ancienne de la tribu, le jour où les Indiens Hahaintesu perdront les qualités propres aux premiers hommes de la Terre, ce sera la fin du monde[74]. Aujourd'hui, les Nambikwara sont un peu moins de six cents.

Un chapitre entier de *Tristes Tropiques* est consacré aux Nambikwara. En 1938, lorsque Claude Lévi-Strauss, ethnographe parisien de trente ans, a étudié ce peuple au cours d'une expédition, ils étaient deux mille.

Encore plus tôt, en 1915, le président de la commission du télégraphe, Candido Mariano da Silva Rondon, évaluait leur nombre à vingt mille. Rondon a organisé un « Comité de défense

73. Recension des ouvrages de C. Lévi-Strauss, *Tristes Tropiques* (éd. Mysl', Moscou, 1984, 218 p.) et *Anthropologie structurale* (éd. Naouka, coll. Bibliothèque ethnographique, Moscou, 1983, 535 p.), publiée à l'origine dans *Priroda* n° 6, 1985, p. 123–127.

74. Cité dans la revue *Za roubejom* (*Hors frontières*), 1984, n° 10 (1235), p. 18.

des Indiens », en a pris la tête, et lui a donné comme devise un des principes les plus impopulaires de l'éthique humaine : « Mourir s'il le faut, mais ne jamais tuer ». Apparemment, cela n'a pas protégé les Nambikwara, sur les terres de peuplement ancestral desquels passait la ligne de télégraphe construite par Rondon.

Les Nambikwara étaient en train de disparaître complétement, ainsi que les Caduveo, les Bororo, les Tupi-Kawahib et les autres tribus indiennes d'Amérique du Sud que décrivait Claude Lévi-Strauss dans son livre. C'est pourquoi les tropiques qu'il voyait étaient tristes.

Claude Lévi-Strauss, né en 1908 en Belgique, fils d'un peintre portraitiste, a passé son enfance en France où il a ensuite étudié la philosophie et le droit. Il a été très influencé par les œuvres de Marx. Passionné de musique, de géologie et de psychanalyse, il s'est formé à l'ethnographie en faisant des études sur le terrain parmi les Indiens d'Amérique du Sud, et en suivant des cours à l'université de São Paulo, au Brésil, à la fin des années trente. De 1941 à 1947, il a vécu et enseigné aux USA, puis est revenu à Paris. En 1949, il a soutenu sa thèse : « Les structure élémentaires de la parenté ». À partir de 1958, il a occupé la chaire d'anthropologie sociale au Collège de France, et en 1973 est devenu membre de l'Académie des Sciences. Les travaux de Claude Lévi-Strauss, auteur d'ouvrages abondamment traduits et réédités, érudit, philosophe, créateur de la théorie de l'ethnographie structurale – il est en quelque sorte la personnification du structuralisme – n'ont jusqu'ici presque pas été présentés au public russe, même si quelques publications de lui ou sur lui ont vu le jour en Russie[75].

75. Voir par exemple les articles (en russe) : C. Lévi-Strauss, « Le sorcier et sa magie », *Priroda*, 1974, n° 7, p. 86, et n° 8, p. 88 ; G. A. Koursanov, « Le structuralisme contemporain – philosophie et méthodologie », *Priroda*, 1974, n° 7, p. 74 ; M. N. Gretski, « L'homme et la nature selon les conceptions structuralistes », ibidem p. 78 ; V. P. Alexeiev, « Approche structuraliste du problème de l'inconscient », *Priroda*, 1974, n° 8, p. 98 ; C. Lévi-Strauss, « Mythe, rituel et génétique », *Priroda*, 1978, n° 1, p. 9 ; V. V.

Les deux livres qui nous occupent ici sont les œuvres-clefs du savant. Dans sa jeunesse, le rapport de ce chercheur à l'objet de son étude avait un caractère passionné, qui a par la suite laissé place à un attachement empreint de nostalgie. *Tristes Tropiques* est un livre sur ses premières rencontres avec son futur « objet d'étude », c'est-à-dire avec des gens – des gens appartenant à une culture primitive en train de mourir ; rencontres déjà décrites de loin, à la distance d'une décennie et demi. Le livre, presque raccourci de moitié dans la traduction russe, peut être pris surtout pour un journal de voyage, ce qui est regrettable. Cette édition russe omet notamment un chapitre central, intitulé « Comment on devient ethnographe », essentiel pour comprendre la biographie et la psychologie de l'auteur, et où il écrit : « Comme les mathématiques ou la musique, l'ethnographie est une des rares vocations authentiques. On peut la découvrir en soi, même sans qu'on vous l'ait enseignée »[76]. Il convient de lire aussi *Tristes Tropiques* comme le journal de cette découverte intérieure.

Anthropologie structurale, à la différence de *Tristes Tropiques*, s'adresse en premier lieu au lecteur spécialisé. Ce n'est déjà plus une monographie, mais un recueil qui rassemble des recherches scientifiques (publiées antérieurement) en théorie structurale de l'ethnographie, et dont deux chapitres sont enrichis chacun d'une « postface » polémique. Pourtant, c'est précisément la publication de ce livre, en 1958, qui a constitué une étape fondamentale de la biographie et des idées de Claude Lévi-Strauss, et qui a largement attiré l'attention du public. De toute évidence, la forme d'organisation du recueil s'est avérée une réussite : chaque article ou bien éclaire d'une façon particulière la démarche fondamentale du chercheur – son rapport à l'objet comme structure, ou bien montre les outils de l'analyse structurale à l'œuvre sur des données concrètes.

Ivanov, « Claude Lévi-Strauss et l'anthropologie structurale », ibid., p. 77.

76. Claude Lévi-Strauss, *Tristes Tropiques*, Paris, 1955, p. 41.

L'article synoptique d'E. M. Meletinski, « Mythologie et folklore dans les travaux de Claude Lévi-Strauss », apporte un complément important à l'édition russe. Il contient, en plus d'une exposition substantielle des positions théoriques générales de Claude Lévi-Strauss, une recension critique détaillée de son ouvrage en quatre tomes : *Mythologiques I – IV*.

L'autre appendice, rédigé par Via. Vs. Ivanov, « Claude Lévi-Strauss et la théorie structurale de l'ethnographie », a pour but de situer la trajectoire scientifique et la méthodologie de Claude Lévi-Strauss dans le contexte général de la pensée des sciences humaines de la fin du XIXe siècle et de la première moitié du XXe. La collaboration de Claude Lévi-Strauss avec le remarquable mathématicien André Weil, l'influence de Roman Jakobson, l'un des fondateurs de la linguistique structuraliste contemporaine, l'histoire de l'appropriation des enseignements de la psychanalyse, puis le rejet de cette dernière – tout cela aide à voir les idées du savant sous un éclairage juste.

Le troisième supplément, l'article de N. A. Boutinov, intitulé « Claude Lévi-Strauss – ethnographe et philosophe », adopte un point de vue critique. Sa formule la plus extrême se trouve dans les phrases de conclusion : « Un mythe s'est formé (sur Lévi-Strauss – Yu. M.), que l'on peut étudier et analyser. Nous avons tenté de déchiffrer la structure de ce mythe » (p. 466). Il convient de comprendre quelles particularités de l'œuvre de Claude Lévi-Strauss peuvent justifier psychologiquement cette affirmation.

Afin de donner au lecteur de la présente recension au moins un premier aperçu de l'essence du travail de Claude Lévi-Strauss, il faut choisir, parmi ses divers centres d'intérêt, un sujet bien défini. À la suite d'E. M. Meletinski, nous nous arrêterons sur l'apport de Claude Lévi-Strauss à la compréhension de la pensée mythique.

Toute une série de traits de la pensée primitive se découvrent au regard du chercheur, lorsqu'il travaille sur le terrain ou étudie les textes des mythes archaïques. L'homme primitif n'est pas séparé de la nature et de son environnement, il personnifie et dote d'un esprit les objets inanimés et les phénomènes naturels. Les représentations mythiques sont un moyen et un outil de communication et d'explication de l'expérience empirique quotidienne, et aussi une forme fondamentale d'expression et d'objectivation de l'expérience spirituelle. L'être profond d'une chose ou d'un phénomène se révèle dans le mythe étiologique de cette chose.

L'action des mythes, surtout des mythes étiologiques, se passe dans un temps originel, sacré, non empirique. Tels sont les mythes totémiques, qui racontent comment certains groupes humains (lignées, clans) descendent de totems – espèces animales ou végétales, ou encore phénomènes naturels (la louve qui a nourri Romulus et Remus est vraisemblablement la trace d'une croyance totémique archaïque). La pensée primitive fonctionne avec des représentations d'objets.

Chaque chercheur en mythologie formule d'une façon particulière son rapport à quelques questions fondamentales. Faut-il considérer les traits fondamentaux de la pensée mythique comme une forme embryonaire de la pensée scientifique qui caractérise la civilisation contemporaine, ou relèvent-elles au contraire d'une typologie qui leur est propre ? Dans une société primitive un mythe remplit-il des fonctions cognitives explicatives, ou son rôle est-il autre ? Quelles places respectives reviennent à la psychologie individuelle et à la psychologie collective dans le développement et le fonctionnement de la pensée mythique ?

Selon Claude Lévi-Strauss, toutes ces questions peuvent recevoir une réponse bien déterminée. La pensée primitive, avec toute sa concrétude sensible et matérielle, se révèle un outil puissant de classification et d'analyse ; en ce sens, elle est logique et rationnelle.

> La logique de la pensée mythique nous a semblé aussi exigeante que celle sur quoi repose la pensée positive, et, dans le fond, peu différente. Car la différence tient moins à la qualité des opérations intellectuelles qu'à la nature des choses sur lesquelles portent ces opérations. (...) Peut-être découvrirons-nous un jour que la même logique est à l'œuvre dans la pensée

mythique et dans la pensée scientifique, et que l'homme a toujours pensé aussi « bien ».[77]

Rappelons ici brièvement quelques points de vue différents, de façon à ce que le lecteur ait des éléments de comparaison. La pensée primitive est étrangère à la logique – ses principes organisateurs sont les associations-symboles, la participation mystique, l'analogie par contiguïté (Lucien Lévy-Bruhl, philosophe et psychologue français) ; le mythe n'est pas un moyen de connaître le monde extérieur, il est une façon de maintenir la continuité, de préserver les traditions, de stabiliser l'ordre cosmique et social ; le mythe remplit cette fonction lorsqu'il est vécu comme une réalité magique (Bronisław Malinowski, ethnographe et sociologue anglais).

De plus, pour Lévi-Strauss (il partage cette idée avec Lévy-Bruhl), le mythe est l'expression de l'inconscient collectif. Collectif, c'est-à-dire conditionné non par l'expérience individuelle mais par l'appartenance à un type biologique donné et à une mentalité sociale donnée. Inconscient, c'est-à-dire dont on ne prend pas conscience. Le contenu de cet inconscient collectif, ce sont les structures mentales, i. e. les constantes de la psyché humaine qui se découvrent quand on étudie le mythe (l'usage de ces termes chez Claude Lévi-Strauss n'est pas le même que chez Jung ou chez Freud). L'essence de ce concept un peu paradoxal est bien rendue par l'expression « logique inconsciente »[78].

Pour présenter la mythologie comme champ d'opérations logiques, Lévi-Strauss utilise largement des oppositions binaires, dont des exemples sont donnés, à divers degrés d'abstraction, par des couples comme « en haut/en bas », « jour/nuit », « sacré/profane », « nature/culture ». Pour lui, les opérations logiques sont

77. Claude Lévi-Strauss, *Anthropologie structurale*, Plon, 1958, p. 255.

78. N. A. Daragan, « Objet et méthode de recherche dans *Anthropologie structurale* de Claude Lévi-Strauss », *Chemins de développement de l'ethnologie à l'étranger*, Moscou, 1983, p. 29 (en russe).

des opérations de transformation, qui transposent un état de choses en un autre ; ou encore ce qu'on appelle des médiations, à l'aide desquelles l'opposition, considérée comme une contradiction, est remplacée par une série d'oppositions dérivées, de moins en moins « intenses », et devient psychologiquement et socialement gérable.

Pour clarifier l'idée de médiation, E. M. Meletinski écrit :

> L'opposition entre la vie et la mort est remplacée par l'opposition entre le règne végétal et le règne animal, laquelle est à son tour remplacée par l'opposition entre nourriture végétale et nourriture animale. Et cette dernière opposition est supprimée par le fait que le médiateur lui-même – le héros mythique culturel – est pensé sous la forme d'un animal qui se nourrit de charognes (le coyote, et chez les Indiens du Nord-Ouest le corbeau), et qui pour cette raison se tient entre prédateurs et herbivores. (*Anthropologie structurale*, p. 472 de l'édition russe)

Enfin, Lévi-Strauss assimile à des opérations logiques les classifications présentes dans les systèmes totémiques par exemple, qui utilisent la diversité des espèces animales comme une réserve d'appellations servant à désigner les groupes sociaux.

Au chapitre XI, déjà cité, d'*Anthropologie structurale*, Lévi-Strauss applique la méthodologie de son analyse à un exemple concret : le mythe d'Œdipe, un mythe qui apparaît souvent et est constamment interprété dans la culture européenne, et qui pour cette raison ne risque pas de présenter au lecteur des difficultés supplémentaires par l'exotisme de sa matière (comme c'est au contraire le cas pour la mythologie des Indiens d'Amérique, dont traite *Mythologiques*). Le lecteur, familier de la tradition freudienne d'interprétation du mythe d'Œdipe, et des travaux des savants sovétiques V. Propp, V. Iar'ho et S. Avérintsev, appreciera l'originalité de l'approche de Lévi-Strauss :

> Que signifierait donc le mythe d'Œdipe ainsi interprété « à l'indienne ? » Il voudrait dire qu'il est impossible, pour une

> société professant de croire à l'autochtonie de l'homme (ainsi Pausanias, livre VIII, XXIX, 4 : le végétal est le modèle de l'homme), de passer, de cette théorie, à la reconnaissance du fait que chacun de nous est réellement né de l'union d'un homme et d'une femme. La difficulté est insurmontable. Mais le mythe d'Œdipe offre une sorte d'instrument logique qui permet de jeter un pont entre le problème initial – naît-on d'un seul, ou bien de deux ? – et le problème dérivé qu'on peut approximativement formuler ainsi : le même naît-il du même, ou de l'autre ? (*Anthropologie structurale,* op. cit., p. 239)

L'autochtonie est ici le fait d'être engendré par la Terre ; dans les mythes de Thèbes ce motif se cache dans l'étymologie des noms d'Œdipe, de Laos, son père, et de Labdakos son grand-père, étymologie qui fait allusion au fait de boîter, d'être gaucher, etc. – particularirés qui dans plusieurs mythologies sont celles des êtres chtoniens, engendrés par la Terre.

Comme dans d'autres domaines scientifiques, des reconstructions d'une telle profondeur frappent certains professionnels par cette profondeur même, et d'autres par leur caractère arbitraire. Les constructions de Claude Lévi-Strauss prêtent le flanc aux critiques, qui lui sont venues de différents côtés.

Même quand on est d'accord avec le rôle que Claude Lévi-Strauss assigne dans la « logique du mythe » à la médiation des oppositions, on peut mettre en doute le bien fondé de la façon dont le savant assimile ladite logique à la pensée scientifique. En premier lieu, notons que selon la théorie des archétypes de Jung, on peut observer un stade ou un niveau de conscience mythologique qui précède la séparation des opposés en tant que tels. Les images archétypales, le matériau de départ du mythe selon Jung (un matériau collectif et inconscient là aussi, mais dans un autre sens), sont intrinsèquement ambivalentes, et en même temps servent à symboliser une certaine totalité. C'est pourquoi on peut considérer le mythe, lui aussi, en tant que totalité, comme un moyen de médiation d'une opposition pas encore formée.

En ce cas, en restant sur les rails de la pensée de Claude Lévi-

Strauss, on peut voir, « en sens inverse », sa série de médiations comme une généalogie des oppositions fondamentales. Dans la démarche strictement structuraliste, synchronique, de l'analyse, le sens du mouvement est quasiment indifférent (Claude Lévi-Strauss le souligne dans *Mythologiques*, où il prend comme modèle le « cercle » – la forme musicale du rondo) ; cependant, ces questions peuvent avoir une grande importance pour la compréhension du mythe en tant qu'idéologie. E. M. Meletinski, soulignant le caractère non absolu qu'ont, dans l'analyse de Claude Lévi-Strauss, même des oppositions centrales comme nature/culture, apporte des éléments convaincants à l'appui de la thèse du dégagement progressif des oppositions, et non de leur médiation.

Par ailleurs, la forme que prend la « logique » dans la pensée primitive, telle que la reconstruit Claude Lévi-Strauss, doit, de par son caractère même, être rejetée par la pensée scientifique, et non adoptée par elle. C'est Francis Bacon qui a exprimé cela avec le plus de sobriété, en appelant ces représentations collectives des fantômes de race, de place publique et de théâtre, et en rejetant ces structures génératrices de mythes, parce qu'elles faisaient obstacle à la compréhension scientifique du monde.

Mais même quand on n'est pas d'accord avec l'idée que la pensée mythique est une pensée scientifique à part entière qui s'applique simplement à une autre sphère de phénomènes, on peut être certain de ce que ses mécanismes profonds continuent à agir en tous temps sous d'autres formes.

Dans la psychologie individuelle, l'aptitude à « mythologiser » peut jouer le rôle d'un puissant facteur créatif ou thérapeutique. L'effort de S. Freud a été, possiblement, la plus remarquable incursion héroïque de la raison contre l'irrationnel présent dans le psychisme humain. Comme on l'a dit, sur le divan du psychanalyste s'est couchée toute la culture occidentale du vingtième siècle. En est-il résulté la découverte d'une « vérité scientifique » ? Loin de là, et ce n'est pas la question. Dans le chapitre X, intitulé « L'efficacité symbolique », Claude Lévi-

Strauss montre qu'une seule chose importe : donner au malade une langue pour exprimer ce qui était jusque-là inexprimable ; quant aux moyens d'expression et à la sémantique de cette langue, ils peuvent avoir un haut degré d'arbitraire, parce que l'analyse du psychanalyste est un mythe fabriqué.

Dans la psychologie sociale, l'expérience collective du mythe joue un immense rôle stabilisateur. Au cours de toute l'histoire de l'humanité, la connaissance humaine générale (non scientifique) produit toujours de nouveaux exemples caractéristiques de pensée mythique, et il convient d'accepter le rationalisme de C. Lévi-Strauss ethnographe en faisant cette rectification-là. Les fantômes de Bacon n'ont pas disparu du seul fait d'avoir éte montrés du doigt, et ils nous murmurent quelque chose sur nous-mêmes. Dans l'étude de la nature, l'idéal de Bacon a été suivi pendant trois siècles et demi avec la plus grande obéissance, mais le monde auquel il a amené l'humanité est devenu d'une nouvelle façon déséquilibré et encore plus dangereux.

L'analyse des mythes menée par C. Lévi-Strauss et visant à la découverte de leur structure profonde, est précise et brillante. Mais on peut donner diverses interprétations du fonctionnement social de cette structure.

L'œuvre de C. Lévi-Strauss a déjà pris sa place historique : c'est le monument de toute une époque de l'histoire de la recherche en sciences humaines. La linguistique était considérée comme le modèle de cette recherche, en partie en vertu de la remarquable définition de son objet d'étude : la totalité des textes depuis le début.

Pour le linguiste, le texte c'est la réalité – il est proféré ou inscrit, sur la pierre ou sur du papier. L'ethnographe ou le culturologue, eux, prêts à déduire d'un texte un type de comportement, un rite ou même « toute une culture », refusent parfois de voir que la question de savoir comment ce rite ou ce comportement s'est transformé en texte est déjà une étape cruciale de leur travail. Pourtant, le rapport d'un tel texte à la réalité non textuelle cesse d'intéresser le chercheur à partir du moment où la transformation de la réalité en texte est accomplie. Or, il n'existe pas de « texte d'une culture » ; ce texte peut seulement être créé toujours à nouveau, simplifiant et structurant chaque fois autrement la réalité. L'idéal de description exhaustive et par conséquent d'exactitude maximale, bien qu'inatteignable, existe toujours pour un linguiste. Par contre, le spécialiste en mythologie déplore d'emblée l'« excédent de données ». Il existe une différence substantielle entre l'étude d'un objet et l'étude de la description de cet objet, aussi scientifique que cette description puisse paraître, et le grand problème du structuralisme se trouve sans doute dans la question : de quoi étudie-t-il la structure ?

Aux yeux de l'auteur de cette recension, mathématicien professionnel, qui depuis deux décennies suit attentivement et passionnément le travail en sciences humaines de ses contemporains, la recherche en sciences humaines, c'est, selon l'expression du philologue Umberto Eco, « une affaire ouverte ». En sciences humaines, le respect systématique d'une méthodologie clairement définie est compensé et équilibré par la force d'imagination du penseur et du visionnaire. Claude Lévi-Strauss, en tant qu'homme et en tant que scientifique, présente dans son travail ces deux pôles, ce qui détermine de façon non négligeable l'attrait de son œuvre et son ouverture à la critique. Vaut-il la peine de s'attarder sur le logicisme excessif de certaines de ses formulations ? Par bonheur, il s'en évade.

Un remarquable essai d'Olga Michaïlovna Freidenberg, « Introduction à la théorie du folklore antique », qui étudie l'état intermédiaire entre la pensée par images de la mythologie et la pensée conceptuelle, montre à partir d'un exemple étonnant la façon dont l'homme rationalise ce qui est initialement irrationnel et archaïque. Au Moyen-Âge, un processus judiciaire entre un homme et une femme pouvait se résoudre par un duel. À cette occasion, on enterrait l'homme dans le sol jusqu'à la ceinture.

> Ainsi devenait-il semblable à la femme, à l'image classique de Gaïa ; cependant cette métaphorisation, vue à travers le

prisme de la rationalité, s'expliquait par le désir de faire une concession à la faiblesse féminine, d'égaliser les forces de l'homme et celles de la femme.

C'est ainsi que l'acte magique – faire ressembler l'homme à la femme-Gaïa-la Terre, change de sens et devient un acte pratique : on donne « un avantage » à la femme à cause de sa faiblesse. Mais cette interprétation des actes ne les rend pas pour autant rationnels en substance, et il appartiennent toujours au système qui se soumet à la logique secrète de la pensée mythique. Développant cette idée, Olga Freidenberg poursuit :

> C'est à peu près ainsi qu'avance toute la culture humaine. Conditionnée du début à la fin, édifiée avec les briques d'une conception du monde oubliée, elle prétend perpétuellement à la logique et à la finalité consciente de ses expressions. Elle croit au progrès et à l'innovation. La science rectifie attentivement et humblement la position des rênes dans les mains de la culture. Mais les gens n'aiment pas cela, ils résistent à de tels gestes... Le soleil, pauvre totem, ne se montre à eux qu'à la plage, moyennant une modeste obole[79].

---

79. O. M. Freidenberg, *Mythe et littérature dans l'Antiquité*, Moscou, 1978, p. 162–163 (en russe).

III.10
LE CARNAVAL DE LA RÉVOLUTION ET SES BOUFFONS[80]

> Dépendre du roi, ou d'une nation –
> N'est-ce pas la même chose ? Bon vent !
>
> A. POUCHKINE, *Traduit de Pindemonte*

Bakhtine et le carnavalesque

> Nous qui n'étions rien, soyons tout !
>
> Eugène POTTIER (1871)

Mikhaïl Mikhaïlovich Bakhtine consacra 45 ans, de 1920 à 1965, à faire des recherches pour son œuvre principale, *François Rabelais et la culture populaire au Moyen-Âge et sous la Renaissance*, et à l'écrire. En décembre 1928, Bakhtine fut incarcéré et condamné à cinq ans de travaux forcés au camp Solovets, commués en exil à Kustanay (Kazakhstan). Relaxé en 1936, il resta cependant interdit de séjour dans les grandes villes. En 1938, il fut amputé d'une jambe pour cause d'ostéomiélite chronique.

L'idée du présent article m'est venue lorsque quelque chose a attiré mon attention dans le vers emblématique du texte qui a

80. Article inédit.

Fig. 19. Mikhaïl Bakhtine (1895–1975)

tenu lieu d'hymne national soviétique entre 1922 et 1943. Ce vers est une libre traduction de paroles de *L'Internationale* :

> Ceux qui n'étaient rien seront tout !

Le principe carnavalesque majeur selon Bakhtine, le retournement qui intervertit le haut (le spirituel) et le bas (le corporel) est élevé par ce vers au niveau d'un romantisme grotesque.

Selon les propres mots de Bakhtine (1982, p. 49) :

> [...] dans le grotesque populaire, la folie est une joyeuse parodie de l'esprit officiel, de la gravité unilatérale, de la « vérité » officielle. C'est une folie *de fête*. Alors que dans le grotesque romantique la folie acquiert la nuance sombre, tragique, de l'isolement de l'individu.

À cette lumière, on peut voir la propre conception de Bakhtine du « carnavalesque » comme une description romantiquement grotesque de la révolution d'octobre ; son regard passe au-delà de nous, sans être troublé par

> le point de vue « normal », c'est-à-dire par les idées et les appréciations communes. (ibidem, p. 48)

Tout cortège de carnaval s'accompagne de bouffons et de « fous » ; la révolution bolchévique n'y a pas fait exception. Dans le même livre, Bakhtine écrit (p. 16) :

> Les bouffons et les fous sont les personnages typiques de la culture comique médiévale. Ils étaient en quelque sorte les véhicules permanents, consacrés, du principe du carnaval dans la vie courante (c'est-à-dire celle qui se déroulait en dehors du carnaval). Les bouffons et les fous, comme par exemple le fou Triboulet attaché à la personne de François Ier (et qui figure aussi dans le roman de Rabelais), n'étaient pas du tout des acteurs qui jouaient leur rôle sur une scène (...). Dans toutes les circonstances de la vie, ils demeuraient bouffons et fous. En tant que tels, ils incarnaient une forme particulière de la vie, à la fois effective et idéale. Ils se situaient à la frontière de la vie et de l'art

(dans une sorte de sphère intermédiaire) : pas plus personnages excentriques ou stupides qu'acteurs comiques.

Bouffonerie, guerre et révolution

Si nous considérons du point de vue de la psycho(patho)logie l'art européen de la première moitié du xxe siècle, nous devons bien nous rendre à l'évidence : dans la période allant jusqu'à la Première Guerre Mondiale, cet art fut avant tout un symptôme observable de névrose collective – voir le recueil (Baboulin, Zakrzhevskii et Radin, 2017) où trois essais de cette époque sont réédités.

Quand la névrose a explosé en folie générale de destruction et de mort, cet art est resté dans la mémoire collective comme des pages éparses de l'historique d'un cas médical.

Dans le Futurisme originel, l'italien, il n'y avait pas la moindre trace de joie carnavalesque ni de bouffonerie. Marinetti prônait

> il movimento aggressivo, l'insonnia febbrile, il passo di corsa, il salto mortale, lo schiaffo e il pugno
>
> le mouvement aggressif, l'insomnie fébrile, le pas de course, le saut périlleux, la gifle et le poing (cité in *ibid.*, p. 86).

C'est pourquoi Marinetti est devenu un fasciste convaincu, et l'est resté jusqu'au bout.

Les premiers futuristes russes qui ont parcouru la Russie en 1913–14 étaient ouvertement des bouffons (voir leurs mémoires rédigés par Benedikt Lifchitz (2002), leur témoin et compagnon). Leur voyou en chef était naturellement Mayakovsky, qui portait un gilet à rayures jaunes cousu par sa mère.

Mais qu'est-ce au fond que la bouffonnerie ou la clownerie ? Est-ce un trait de caractère, une passion et une vocation, un troisième rôle de figurant dans le spectacle de la vie ? Ou tout cela à la fois ?

Qui était Einstein quand il a tiré la langue aux objectifs des reporters braqués sur lui ? Peut-être voyait-il face à lui un Dieu jouant aux dés[81] ?

Et Krouchenykh récitant Dyr-Bul-Schyl[82] préfigurait-il le président de la Corée du Nord, le pays du boudietlyanisme[83] victorieux, qui a jeté le passé aux chiens pour qu'ils le dévorent ?

Et François d'Assise prêchant aux oiseaux après qu'un vaillant chevalier nommé Francesco, fait prisonnier au cours de la guerre avec Pérouse, la ville voisine, ait passé un an dans un donjon putride ?

Comment se fait-il que ce soient ces images-là de ces personnages qui flottent à la surface de la mémoire collective ?

Le grand musicien Alfred Brendel, qui était aussi un essayiste et un poète dans la veine d'OBERIOU, a longuement analysé cela dans son article (Brendel, 2016) consacré aux divers événements artistiques, expositions et spectacles, qui ont eu lieu à l'occasion du centenaire de Dada (voir les nombreux documents reproduits dans Breton, 2005). Voici, par exemple, (cité in Brendel, 2016), ce que Hans Arp écrivait en repensant aux premiers mois du mouvement Dada :

> Notre répugnance pour la boucherie qu'avait été la Guerre de 14 nous a livrés au pouvoir de l'art. Nous cherchions une immédiateté qui délivrerait les gens de la folie de cette période ; nous voulions aussi un nouvel ordre qui puisse créer un équilibre entre le ciel et le monde des enfers.

---

81. Allusion à la célèbre réplique d'Einstein, « Dieu ne joue pas aux dés », par laquelle il croyait réfuter la mécanique quantique (et se trompait...).

82. Le poète futuriste Krouchenykh déclamait en public ses poèmes, composés de syllabes sans queue ni tête, dont le plus célèbre est intitulé « Dyr-Bul-Schyl » (ces syllabes ne veulent rien dire en russe).

83. Le boudietlyanisme ou mouvement de « ce qui sera » (de « boudiet », troisième personne du singulier du futur du verbe être) est l'équivalent russe du futurisme. Ses membres se considéraient eux-mêmes comme « ceux qui seront ».

Et plus loin :

> Nous nous sommes enthousiasmés pour un mélange de bouffonnerie et de requiem pour les masses.

Hans Arp était l'un des fondateurs du mouvement Dada, établi en Suisse, laquelle était restée neutre dans la boucherie de la Première Guerre mondiale – nous reviendrons sur cet épisode. Dada a évolué, s'est mêlé à des mouvement d'avant-guerre comme le Futurisme, et s'est ramifié, donnant naissance, entre autres, au surréalisme. Mais quoi qu'il en soit, nous discernons à peine la présence du rire dans l'atmosphère psychologique de la bouffonnerie d'après guerre : la torture, la mort violente et la délectation sadique pour les décombres sont bien davantage présents. Cette force peut aussi se déguiser en slogan politique, comme dans les textes terrifiants d'Aragon, « Vive le Guépéou »[84] :

> Je demande un Guépéou[85] pour préparer la fin d'un monde [...]

et « Front Rouge »[86]

> [...] tous les médecins social-fascistes
> Penchés sur le corps de la victime
> Auront beau promener leur doigts chercheurs sous la chemise de dentelle ausculter avec les appareils de précision son cœur déjà pourrissant
> ils ne trouveront pas le remède habituel

84. « Prélude au temps des cerises », long poème d'Aragon publié à l'origine dans la revue *Littérature de la révolution mondiale*, n° 1, 1er juillet 1931.

85. GPU : Direction Politique d'État, police secrère instaurée au début de l'ère soviétique.

86. « Front rouge », poème d'Aragon publié dans le même numéro de la revue *Littérature de la révolution mondiale*.

et tomberont aux mains des émeutiers qui les colleront au mur [...]

Que ce ne soit plus moi qui vous crie
Feu
Mais Lénine
Le Lénine du juste moment

Le lecteur trouvera une analyse détaillée de l'activité de nombreux groupes surréalistes dans la monographie de J. P. Elburne, *Le surréalisme et l'art du crime* (Eburne, 2008).

Mais revenons maintenant aux *zaoumniki*[87], aux *boudietlyaniy*[88] et aux poète d'OBERIOU, qui sont devenus les bouffons de la Révolution et de son train carnavalesque, jusqu'à ce qu'elle les balaie tous.

OBERIOU

Le mouvement OBERIOU s'est formé à Petrograd à la fin de l'année 1927 et au début de l'année 1928. Ce nom est présenté dans le manifeste du mouvement comme une abréviation de « Association pour l'Art Véritable ». L'origine du OU final n'est pas documentée. Dans sa préface à un recueil de Daniil Kharms (1991), A. A. Alexandrov a proposé l'interprétation suivante :

Peut-être ont-ils emprunté le OU aux enfants qui ne veulent pas donner d'explication et répondent : « potomou chto potomou » (« parce que parce que ») (« potomou » – « parce (que) » en russe – se termine par « ou »). Le 24 janvier 1928, une pièce

87. *Zaoumniki* : transmentaux. Nom que se donnèrent eux-mêmes en 1912 les poètes de l'entourage de Krouchenykh et Khlebnikov. Le mot vient de « za » (au-delà) et « oum » (l'esprit raisonnable). Ils aspiraient en effet à se situer au-delà de la raison : « *Zaoum* est le nouvel art offert par la nouvelle Russie à l'ensemble du monde égaré qui a perdu l'esprit. » (A. Krouchenykh)

88. Voir note page précédente.

FIG. 20. Jacquemart de Hesdin, *Le fou*. Enluminure du Psautier de Jean de Berry, c. 1390. Bibliothèque Nationale, Paris

satirique et tragique de Kharms, *Elizavieta Bam,* avait été jouée à la Maison de la Presse. Si l'on essaye de deviner l'origine de ce nom, ce qui vient à l'esprit est le fameux duo de clowns Bim et Bom. Dans l'un de leurs sketches, ils montraient où allaient mener la faucille et le marteau en lisant à l'envers les mots MOLOT-SERP (marteau-faucille), ce qui donne PRESTOLOM : « avec un trône » !

OBERIOU n'a pas encore fait l'objet de nombreuses études universitaires[89], mais les deux volumes des *Œuvres complètes* d'Alexandre Vvendensky (1993a,b) contiennent, en dehors des textes conservés de Vvedensky lui-même, une sélection captivante et tout aussi chaotique de documents utilisables pour une future recherche.

Vvedensky et Kharms constituaient le noyau du groupe ; au moment de la publication de leur essai, intitulé *OBERIOU* (qui était, en substance, un manifeste (voir Vvendensky, 1993b, p. 146-148), quatre autres poètes : K. Vaginov, I. Bakhterev, N. Zabolotsky et B. Levin s'étaient joints à eux. Pendant un certain temps, le groupe a été basé au GINKHUK (Institut d'État de la Culture Artistique de 1923 à 1926), dont K. Malévitch était le directeur. Mikhaïl Meïlakh écrit dans sa préface au premier volume des *Œuvres* de Vvedensky (Vvendensky, 1993a, p. 21) :

> [...] après la suppression du GINKHUK, devenue inévitable à la suite de la publication de l'article de la *Leningradskaya Pravda* « Un monastère aux frais de l'État » (26 juin 1926) qui se déchaînait contre le « prêchi-prêcha contre-révolutionnaire de ces fous sacrés », et après le départ de Malévitch pour la Pologne et l'Allemagne, la situation n'était plus propice à la « consolidation des forces de gauche de l'art ».

89. Signalons simplement : *The Last Soviet Avant-Garde : OBERIU – Fact, Fiction, Metafiction,* Cambridge Studies in Russian Literature, 1997, de Graham Roberts, qui montre que la métafiction pratiquée par les membres d'OBERIU joue un rôle précoce de transition entre modernisme et postmodernisme.

Donc, dès ce moment-là, le train carnavalesque des « forces de gauche » commençait déjà à se débarrasser de ses propres fous sacrés.

14 avril 1930 : Mayakovsky, le « fou du Trône de la Révolution », se suicide.

1932 : Vvedensky est condamné à l'exil.

Août 1941 : second emprisonnement de Kharms, et internement en asile de fous, où il meurt le 2 février 1942.

Et quand vint le temps de célébrer les premiers « villages du Cuirassé Potemkine »[90] construits par les prisonniers du Goulag, ce furent d'autres écrivains qui s'en chargèrent.

Conclusion : Lénine – Dada

> Âge de honte et de folie ! Ne rien sentir,
> Ne pas vivre du tout, serait un sort heureux.
>
> MICHEL-ANGE

Le mouvement Dada est né au début du mois de février 1916 au Cabaret Voltaire de Zurich, qui se trouvait au numéro 1 de la rue Spiegelgasse, dans la maison qui fait l'angle. À la même époque, tout près de là, au numéro 14 de la même rue Spiegelgasse, habitait, avec son épouse Nadejda Krupskaya, le futur chef de la Révolution russe, Vladimir Ilitch Lénine.

---

90. L'expression « villages Potemkine » désigne couramment en Russie des mises en scène mensongères à des fins de propagande : le Prince Potemkine, amant de Catherine II, aurait, dit-on (faussement), fait recouvrir de façades luxueuses en carton-pâte, pour en masquer la pauvreté, les pauvres isbas des villages que l'Impératrice devait traverser au cours d'un voyage dans le sud de la Russie. C'est en l'honneur des exploits militaires de ce même Potemkine qu'a été baptisé le fameux Cuirassé Potemkine, théâtre en 1905 d'une mutinerie et de sa répression, évoquées par le cinéaste Eisenstein dans le film du même nom.

Un artiste roumain, Marcel Janco, membre d'un petit cercle de fondateurs et de décorateurs de cabarets dont faisaient partie Hugo Ball et Tristan Tzara, se rappellerait plus tard (voir NOGUEZ, 2015, p. 165) que le Cabaret Voltaire était un lieu de rencontres très prisé. S'y retrouvaient

> [...] artistes, étudiants, révolutionnaires, touristes, demi-monde. On pouvait y rencontrer un escroc et tricheur international, un psychanalyste, un sculpteur, une jolie espionne pêchant des renseignements. Soudain, dans l'épais brouillard du tabac, sur un arrière-plan de déclamation poétique ou de chanson populaire, émergeait le mémorable visage mongolien de Lénine accompagné de sa clique, ou la barbe assyrienne du grand danseur Laban.

Cela semble être l'unique témoignage de première main révélant que Vladimir Ilitch Oulianov-Lénine ne se bornait pas à fréquenter le Cabaret Voltaire, mais participait activement à ses spectacles. Dominique Noguez, à partir de cette histoire, a soutenu dans son livre (*ibid.*), fruit d'un gros travail de recherche, et qui fournit même une expertise graphologique des écritures de Lénine et de Tzara, que ces derniers entretenaient une amitié serrée.

Noguez, étant une personnalité créative, est lui-même enclin aux mises en scène dadaesques, mais, quelle que soit la valeur de ses arguments, le fait est que Lénine aimantait psychologiquement les bouffons de la Révolution, depuis A. KROUCHENYKH (1928) jusqu'à Louis Aragon, Salvador Dali et Vénitchka YEROFEYEV (1989), et était lui-même, de ce fait, le bouffon en chef de la Révolution.

Dans son opuscule, *Les procédés rhétoriques de Lénine. Éléments pour l'étude du langage de Lénine*, Alekseï Krouchenykh a consacré un bref chapitre à chacun des onze procédés qu'il a identifiés, et il note, page 48 de la troisième édition (KROUCHENYKH, 1928) :

> Les trois mots suivants produisaient un effet particulièrement remarquable : Expropriez les expropriateurs !

Fig. 21. À gauche : Le numéro 14 de la Spiegelgasse, où habitait Lénine, comme en témoigne la plaque commémorative du deuxième étage. À droite : La Münstergasse à Zurich. Sur la droite, on voit le début de la Spiegelgasse, au premier numéro de laquelle, dans la maison qui fait l'angle des deux rues, se trouvait le Cabaret Voltaire.

Ce slogan a fait florès, et au début de la « nouvelle NEP », dans les années 1990, la blague suivante, tirée de la *Literatournaya Gazeta*, eut de plus en plus de succès dans les cuisines de l'intelligentsia :

RECETTE DU GRAND PÉRIPLE

1) Piller les pillards.
2) Butter le butin.
3) Butiner le butté.[91]

91. Ce qui signifie en clair que Lénine invitait les prolétaires à s'emparer des biens « accaparés » par les possédants, puis à en profiter... après avoir

* * *

Le 2 juin 2016, la *London review of Books* a publié une lettre de lecteur, signée Gaia Servadio, que voici :

> Il y a quelques années, dans une ville de Sicile, Porto Empedocle, lieu de naissance de Pirandello, la communauté locale a demandé au maire d'ériger un monument en l'honneur du grand auteur dramatique. La ville n'avait pas d'argent pour ce faire. Au cours d'un voyage en Ukraine, où il se rendait dans une ville jumelée avec la sienne, le maire a remarqué une multitude de statues renversées de leurs piédestaux et gisant à terre. Elles représentaient un homme avec un rond de calvitie et des yeux bridés, qui ressemblait de façon frappante à Pirandello. Le maire a demandé s'il pouvait en acheter une. « Prenez-les gratuitement, prenez-les toutes », lui a-t-on répondu. Le maire avait du mal à croire à sa chance. Ainsi, après quelques retouches, le visage de pierre de Lénine est-il devenu le visage de pierre de Pirandello. Pour autant que je sache, la statue est toujours là, sur la place de la ville, où 92% de la population a récemment voté pour Berlusconi.

Épilogue : les poètes d'OBÉRIOU – 2

À Alfred Brendel, avec admiration

Quand le capitaine Lebyadkine arriva sur l'avant-scène et entonna

la grenade de l'Amour enflammé explosa dans la poitrine d'Ignatius
le manchot de Sébastopol
et de nouveau il pleura amèrement

bondirent des coulisses deux gardes qui lui tordirent les bras dans le dos et l'emmenèrent

---

tué ces derniers, et avoir démoli et ruiné le pays. Ce qui était évidemment absurde, puisqu'une fois le pays ruiné, il n'y aurait plus rien à butiner.

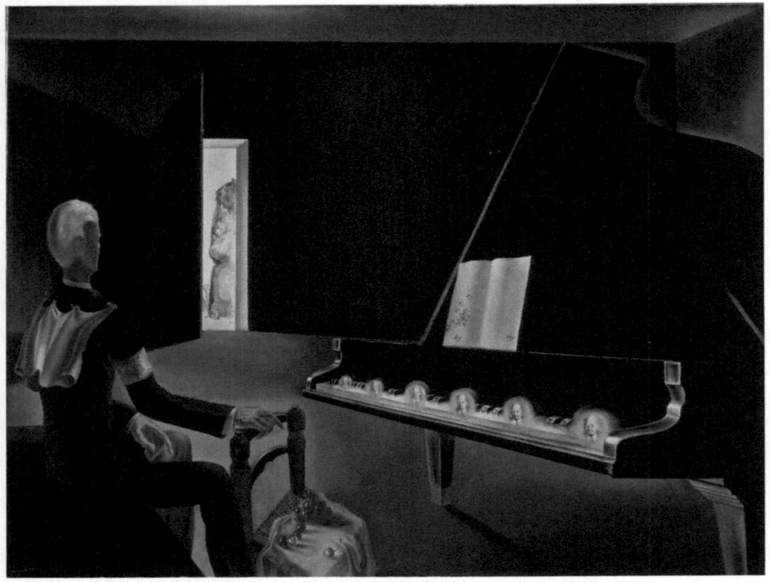

FIG. 22. Salvador Dalí, *Hallucination partielle. Six images de Lénine sur un piano* (1931). Musée National d'Art Moderne, Centre Pompidou, Paris. © Salvador Dalí, Fundació Gala-Salvador Dali / Adagp, Paris 2021. © Photo Josse / Bridgeman Images

(cette scène où était-elle
aux Solovki ou à Buchenwald
Lebyadkine né Liebeskind avait combattu vaillamment
dans l'armée blanche la rouge
il avait n'avait pas réussi à s'enfuir et pour où)

à l'entrée de la chambre à gaz au sous-sol du peloton d'exécution il y avait un petit panneau

Vorsicht Stufe
Attention à la marche
bien bien

Ignat Lebyadkine – personnage du roman de Dostoïevsky *Les possédés* (première édition en 1873) – est un poète d'OBERIOU avant la lettre.

La dernière œuvre vocale de Dimitri Chostakovitch est le cycle intitulé *Quatre poèmes du Capitaine Lebyadkine* (la Première eut lieu en mai 1975).

Fig. 23. V. S. Karassiev. Illustration pour *Les Messieurs de Tachkent* et *Les Messieurs Moltchanine* de M. E. Saltykov-Chtchedrine, 1988 DR

III.11
LES BONNES DÉMONSTRATIONS SONT CELLES QUI NOUS RENDENT PLUS SAGES

INTERVIEW DE YURI MANIN PAR MARTIN AIGNER ET VASCO A. SCHMIDT

Le Congrès International des Mathématiciens approche, et le vingt-et-unième siècle aussi. Pensez-vous qu'il puisse y avoir un Hilbert aujourd'hui ? Y a-t-il des problèmes contemporains qui soient analogues aux Problèmes de Hilbert ?

Je ne crois pas vraiment que la liste de Hilbert ait joué un grand rôle dans les mathématiques du vingtième siècle. Elle a certes été importante du point de vue psychologique pour beaucoup de mathématiciens. Par exemple, Arnold a raconté que, jeune étudiant de premier cycle, il avait recopié la liste de Hilbert dans son carnet, et qu'il la portait toujours sur lui. Mais quand Gelfand a appris cela, il s'est moqué d'Arnold. Ce dernier considérait la résolution de problèmes comme une partie essentielle des grandes réussites mathématiques. Pour ma part, je vois les choses autrement. Je vois le processus de la création mathématique comme une sorte de reconnaissance d'un motif préexistant. Quand vous étudiez quelque chose – la topologie, les probabilités, la théorie des nombres, ou n'importe quoi d'autre – vous acquérez d'abord une vision générale de ce vaste territoire, dont vous vous focalisez ensuite sur une partie. Puis, vous essayez d'y reconnaître certaines choses, et vous vous demandez :

« Qu'y a-t-il là ? » et « Qu'est-ce que les autres y ont déjà vu ? ». Vous pouvez donc lire les articles des autres, et finalement commencer à discerner quelque chose que personne n'avait vu avant vous. Très jeune, j'étais extrêmement intéressé par le fait que Gauss avait trouvé sept ou huit démonstrations de la loi de réciprocité quadratique. Ce qui me titillait, c'était la question de savoir pourquoi il avait besoin de sept ou huit démonstrations. Au fur et à mesure que j'ai progressé dans la compréhension de la théorie des nombres, j'ai mieux compris l'esprit dans lequel travaillait Gauss. Bien sûr, ce qu'il cherchait, ce n'étaient pas des arguments plus convaincants – une seule démonstration est suffisamment convaincante. Le principe est le suivant : faire une démonstration est une façon de découvrir de nouveaux territoires, de nouveaux aspects du paysage mathématique. Toute démonstration est une façon d'aller d'un endroit à un autre : quand vous prenez différents chemins, vous voyez différentes choses.

Mettre l'accent sur la résolution de problèmes, est-ce un peu une façon romantique de voir les choses : un grand héros qui conquiert la montagne ?

Oui, une sorte de conception sportive. Je ne dis pas qu'elle ne soit pas pertinente. Il est important, pour les jeunes, que les grandes découvertes puissent apporter une certaine reconnaissance sociale ; c'est un ressort psychologique qui attire la jeunesse. Un bon problème incarne la vision d'un grand esprit mathématique qui n'était pas en mesure de voir les chemins menant à un sommet, mais qui avait repéré qu'il y avait là une montagne. Mais ce n'est pas comme cela qu'il faut voir les mathématiques, ni les présenter au grand public. Et ce n'est pas leur essence. Surtout quand ces problèmes sont présentés comme une liste ; cela les fait ressembler à une liste des capitales des grands pays : ce qui transmet on ne peut moins d'informations. En réalité, je ne crois pas que Hilbert pensait que c'était la bonne façon d'organiser les mathématiques.

Vous risqueriez-vous à prédire des thèmes dominants pour les mathématiques du vingt-et-unième siècle qui approche ?

C'est très difficile. Je pense que la meilleure façon de présenter les mathématiques du vingtième siècle, c'est de s'intéresser aux programmes, pas aux problèmes. Les programmes tantôt sont formulés explicitement, tantôt émergent peu à peu en tant que tendance dominante. Prenons par exemple le développement de la logique mathématique et les fondations des mathématiques. C'était certainement un développement d'un programme compris comme tel. Après les découvertes de Cantor, il était clair que nous devions reconsidérer en profondeur nos façons de penser l'infini. Ou encore, prenons le programme de Langlands visant à comprendre le groupe de Galois à partir des représentations des formes de Galois et des formes automorphes. Nous entrons dans le vingt-et-unième siècle avec un grand programme. On peut dire que ce programme est la quantification des mathématiques. Quand on pense au nombre de notions mathématiques qui se sont transformées ces vingt dernières années, les nouvelles notions étant la version quantique des anciennes, on est stupéfait : pensez aux groupes quantiques, à la cohomologie quantique, à l'informatique quantique – et je pense que bien d'autres choses viendront. C'est très étrange, parce que personne n'avait jamais conçu rien de tel comme programme pour le développement des mathématiques en général. On désirait juste comprendre les outils mathématiques que les physiciens avaient inventés avec une intuition fantastique, et qu'ils utilisaient de façon très stimulante mais un peu irréfléchie du point de vue d'un mathématicien pur.

Selon vous, quel sera le regard de l'Histoire sur le XX*e* *siècle ? A-t-il été un siècle important ?*

Je crois que oui. Les mathématiques de ce siècle ont réussi à harmoniser et à unifier des champs divers, à une échelle probablement jamais vue auparavant. Dans cette unification, c'est la théorie des ensembles qui a joué le rôle prépondérant. Initialement conçue par Cantor comme un nouveau chapitre des mathématiques (la « théorie de l'infini »), la théorie des ensembles a peu à peu changé de statut, et a fini par devenir le langage mathématique universel. On a compris qu'à partir d'une liste assez courte d'opérations et de termes de base, on pouvait générer de façon récursive des constructions linguistiques qui apparemment transmettaient tout aussi bien l'intuition des pères fondateurs du calcul intégral, les probabilités, la théorie des nombres, que la topologie, la géométrie différentielle et tout le reste. La communauté mathématique acquérait ainsi un idiome commun. De plus, en permettant de distinguer clairement, dans les constructions mathématiques, d'une part un contenu relevant de la théorie des ensembles ou de la géométrie, et, d'autre part, une expression linguistique flexible (notations, formules, calculs), la théorie des ensembles simplifiait grandement l'interaction entre le cerveau droit et le cerveau gauche dans le travail de chaque mathématicien individuel. Cette double fonction du langage de la théorie des ensembles a permis le développement de nouveaux outils techniques et la résolution de vieux problèmes ainsi que la formulation de programmes de recherche. La diversification des mathématiques a été liée surtout à des phénomènes sociaux externes : la croissance rapide de la communauté scientifique en général, et les découvertes révolutionnaires de la physique. À mon avis, relativement aux changements apportés à notre perception globale du monde, les mathématiques des cent dernières années n'ont rien produit de comparable à la théorie quantique ou à celle de la relativité générale. En revanche, je pense vraiment que sans le langage mathématique, les physiciens n'auraient même pas pu dire ce qu'ils voyaient. Cette interrelation entre les découvertes de la physique et les modes de pensée mathématiques ou le langage mathématique, qui est le seul à pouvoir exprimer ces découvertes, est absolument fantastique. En ce sens-là, on considérera certainement le vingtième siècle comme un siècle qui aura permis de grandes avancées.

Vous vient-il à l'esprit des domaines spécifiques, dans lesquels notre vingtième siècle aura vraiment excellé ?

Aux XVIIIe et XIXe siècles, le langage mathématique était beaucoup plus vague que de nos jours. Je pense que le XXe siècle a commencé par repenser les principes fondamentaux. Quand les principes fondamentaux ont été suffisamment clairs, on s'est lancé dans une grande recherche de méthodes techniques d'une force incroyable, qui ont conduit à la création d'outils puissants nous permettant de développer notre intuition géométrique et de l'étendre à de nouveaux domaines. Je pense à la topologie, à l'algèbre homologique et à la géométrie algébrique. Sitôt ce développement technique accompli, plusieurs problèmes très difficiles se sont trouvés résolus en l'espace de trente ans – démonstration par Deligne des conjectures de Weil, démonstration par Faltings de la conjecture de Mordell, démonstration par Wiles du théorème de Fermat. Rien de tout cela n'aurait pu se faire au siècle précédent, simplement parce que les mathématiques n'étaient pas suffisamment développées.

D'aucuns – dont des mathématiciens – proclament que c'en est fini des preuves ou démonstrations, en partie en raison du recours universel aux ordinateurs. Qu'en dites-vous ?

Des mathématiques sans démonstrations sont une impossibilité dans les termes. La preuve, ou démonstration, ne peut pas mourir – sans que les mathématiques ne meurent avec elle. Mais les mathématiques peuvent mourir en tant que partie intégrante de la culture humaine. Je pense que dans notre génération les mathématiciens continuent à faire des mathématiques au sens où nous l'entendons. Les démonstrations sont la seule façon de connaître la vérité de nos pensées ; c'est en fait la seule façon de décrire ce que nous avons vu. Une démonstration n'est pas juste un argument qui convainc un adversaire imaginaire. Pas du tout. La démonstration est la façon dont nous communiquons la vérité mathématique. Tout le reste – les sauts de l'intuition, l'exaltation produite par une découverte soudaine, les croyances fortes mais non fondées – demeure notre affaire privée. Et quand nous effectuons des calculs informatiques, nous démontrons simplement que dans l'ensemble des cas que nous avons vérifiés les choses sont bien comme nous les avons vues.

Tout récemment, on mentionnait dans le journal qu'un ordinateur avait démontré une conjecture d'Herbert Robbins en effectuant une recherche exhaustive de toutes les stratégies possibles.

Bien sûr que c'est possible. Pourquoi pas ? Si vous avez inventé une bonne stratégie de démonstration, même si elle implique une recherche extensive ou de longs calculs, et si ensuite vous avez écrit un programme qui met en œuvre cette recherche, c'est parfait. Mais les démonstrations informatiquement assistées, exactement comme les démonstrations non assistées informatiquement, peuvent être bonnes ou mauvaises. Une bonne démonstration est une démonstration qui nous rend plus sages. Si le cœur de la démonstration consiste en une recherche volumineuse, ou en une longue chaîne d'égalités, c'est probablement une mauvaise démonstration. Si un résultat est tellement isolé qu'il n'y a rien d'autre à faire que de le voir surgir sur l'écran de l'ordinateur, alors cela ne vaut probablement pas la peine. Comprendre, c'est mettre en relations. Si je dois calculer les vingt premières décimales de π à la main, je serai certainement devenu plus sage après, parce que j'aurai vu que cela prenait trop de temps de calculer vingt décimales avec les formules que je connaissais. Donc je découvre quelque chose que je ne savais pas. Je vais probablement inventer un algorithme pour me faciliter le plus possible la tâche. Je deviens certainement plus sage. Mais quand j'obtiens sur mon ordinateur deux millions de décimales de π en utilisant un programme en ligne inventé par quelqu'un d'autre, je reste aussi bête que je l'étais.

Si vous avez un beau théorème accompagné d'une démonstration tout aussi belle, mais nécessitant de vérifier mille cas, est-ce que cela vous dérange de donner cela à traiter à un ordinateur ? Est-ce que ce sera une démonstration digne de foi ?

Elle sera digne de foi, mais j'aurais les mêmes réserves que pour n'importe quelle démonstration effectuée à la main. Il peut y avoir des erreurs de programmation, il peut y avoir des erreurs dans la mise en œuvre des calculs, et enfin, il peut y avoir des erreurs dans notre façon de classer les divers cas, et ainsi de suite. Il existe des exemples de ce genre de démonstrations ; il y a le problème des quatre couleurs et la classification des groupes simples. Dans ces deux cas, une énorme quantité de données combinatoires ont été traitées en partie par des calculs informatiques. Donc, il est encore temps d'avoir des doutes et de vérifier les calculs, mais, surtout, d'inventer des façons de voir les choses sous un nouvel éclairage.

Permettez-moi de vous poser une question sur ce qui se passe à l'intérieur des mathématiques. Ces dernières années, la communauté mathématique semble mettre l'accent sur les applications des mathématiques. Pensez-vous que les mathématiques pures vont se trouver en infériorité par rapport aux mathématiques appliquées ? Avez-vous l'impression que dans l'avenir l'argent ira vers ces domaines-là ?

Les applications exigent et reçoivent davantage d'argent que les mathématiques pures. Mais je ne pense pas que ce soit un problème d'argent, que le problème soit dans le fait qu'on alloue à ces dernières des ressources limitées. Les mathématiciens n'ont pas besoin de beaucoup d'argent et n'en dépensent pas beaucoup. Ce qui pose un problème, c'est l'intérêt du public pour les mathématiques, et l'échelle de valeurs du public. Je constate l'éloignement croissant de notre société pour les valeurs traditionnelles des Lumières, et le public ne souhaite tout simplement pas dépenser d'argent pour les mathématiques, ni probablement pour les universités en général. Les mathématiques seront victimes – si victime il y a – de ce processus général, pas du fait que l'argent va aux applications. Mais je pense en effet que les applications auront certainement de plus en plus le vent en poupe, tant du point de vue de l'importance des fonds alloués, que de l'attrait qu'elles exercent sur les jeunes. Les mathématiques appliquées sont liées à la simulation par ordinateur – ordinateur au sens large, bases de données, programmes et tout ce genre de choses. J'ai un jour traduit en russe une communication de Donald Knuth lors d'un colloque en Ouzbekhistan consacré à Al-Khwārizmī. Knuth a commencé sa communication par une drôle d'affirmation. À son avis, l'importance principale des ordinateurs pour la communauté mathématique a été que les gens que les mathématiques intéressaient, mais qui avaient une forme d'esprit « algorithmique », et qui s'étaient finalement tournés vers les mathématiques, pouvaient désormais faire ce qu'ils aimaient. Lui-même se décrivait comme quelqu'un dont l'esprit était conçu tout spécialement pour écrire des logiciels, et il disait combien il était heureux de pouvoir enfin faire ce qu'il avait toujours voulu faire. Je prends au sérieux cet argument, et je crois vraiment qu'à l'intérieur de la communauté des futurs mathématiciens en puissance, il existe une sous-communauté de gens dont l'esprit est davantage fait pour écrire des programmes informatiques que pour démontrer des théorèmes. Au dix-neuvième siècle, ils auraient probablement passé leur temps à démontrer des théorèmes, mais pas aujourd'hui. Je suspecte fort, par exemple, qu'aujourd'hui Euler passerait le plus clair de son temps à écrire des logiciels, vu qu'il a consacré tellement de temps et d'efforts à calculer par exemple les tables des positions de la lune.

Revenons à la question des mathématiques appliquées. N'est-il pas vrai que les mathématiciens font souvent des découvertes importantes, mais que le crédit en revient surtout aux informaticiens ? Un exemple type est la tomographie informatique. Je n'ai jamais rencontré personne qui ait entendu parler de la transformée de Radon, laquelle est au cœur de la tomographie informatique. Même les gens cultivés pensent que c'est exclusivement l'œuvre des informaticiens.

Ce qu'il faut comprendre, c'est qu'il y a une faiblesse inhérente à vouloir justifier ses propres recherches en disant qu'elles sont utiles. Utile est un mot qui relève de la technique. Toute notre compréhension de la mécanique quantique (ou des puces électroniques ou de n'importe quoi d'autre) est juste la compréhension de formules sur une feuille de papier. Il n'y a rien d'utile là-dedans. Cela devient utile si c'est mis en action de façon pratique, matérielle, et si c'est élaboré techniquement.

Les mathématiciens doivent-ils monter au créneau ? Doivent-ils sortir dans le monde et dire : « Nous voici ! » ? Sommes nous trop réticents à faire de la publicité pour nos propres réussites ?

Je plaide fortement pour la réticence. Je suis quelqu'un d'assez discret, et je n'aime pas imposer mes idées au public. Je pense que ce qui est bon se fera connaître de toute façon, même si le fait de vendre la culture pose un problème général – en admettant que nous produisions vraiment quelque chose qui ait une valeur culturelle. C'est au public de choisir de payer ou de ne pas payer pour cela. Il faut bien sûr que certains d'entre nous essaient de démontrer leur importance, mais je pense que c'est difficile. Si vous ne pouvez pas arguer de votre utilité, alors quel argument pouvez-vous utiliser ? Comment Rembrandt aurait-il pu argumenter contre le fait qu'il était en train de mourir dans la misère comme un pauvre homme ? Quel argument pouvait-il utiliser ? Je ne sais pas vraiment de quoi parlent les mathématiques. Mais c'est ainsi avec la culture, parce que nous ne savons pas non plus de quoi parlent les tableaux de Rembrandt, pourquoi ils peignait des portraits comme il les peignait – un vieil homme sur un fond. Pourquoi est-ce important ? C'est le problème de la culture : on ne peut pas dire « pourquoi ».

Bien des gens cultivés aimeraient vraiment savoir ce dont parlent les mathématiques. Ils disent que les mathématiciens, quand on leur demande ce qu'ils font, répondent en général : « C'est trop compliqué, je ne peux pas vous expliquer ». Devons- nous changer d'attitude ? Devons-nous sortir de notre trou et expliquer les mathématiques au moins aux gens qui veulent savoir ?

Jusqu'à l'âge de quatorze ans, j'ai vécu en Crimée – c'est-à-dire « en province » – et je ne savais pas qu'il existait des universités. Je savais déjà des choses en mathématiques, les rudiments du calcul intégral par exemple, parce que j'avais un bon professeur. Mais je n'avais pas la moindre idée de ce qu'on pouvait faire de ce goût pour les mathématiques, ni de ce que pouvait être une carrière. Néanmoins, j'ai trouvé à la bibliothèque et dans les librairies plusieurs livres qui m'ont énormément aidé à comprendre ce que sont les mathématiques. J'ai trouvé les livres de Courant & Robbins, de Pólya, de Szegő. Je n'avais absolument pas le sentiment que je ne pouvais pas apprendre ce que sont les mathématiques. Je ne comprends donc pas ce que racontent les gens dont vous parlez. Il vous suffit d'aller dans une bibliothèque – il y a un tas de livres qui expliquent ce que sont les mathématiques. Si vous êtes trop paresseux pour prendre un gros livre, prenez donc un numéro de *Mathematical Intelligencer* ou d'*American Mathematical Monthly*, et mettez-vous à lire.

Quel est, selon vous, le rôle culturel des mathématiques ?

À mon avis, la base de toute culture humaine est le langage, et les mathématiques sont une forme particulière d'activité linguistique. La langue ordinaire est un outil extrêmement flexible permettant de communiquer ce qui est essentiel à la survie, d'exprimer nos émotions, d'affermir notre volonté, de créer les mondes virtuels de la poésie et de la religion, de séduire et de convaincre. Néanmoins, la langue ordinaire n'est pas très bien adaptée à l'acquisition, à l'organisation et à la transmission de notre compréhension croissante de la nature, une compréhension qui est le trait le plus caractéristique de la civilisation moderne. On peut dire qu'Aristote est le dernier grand esprit à avoir poussé ces capacités de la langue ordinaire jusqu'à leurs limites. Depuis Galilée, Kepler et Newton, la langue ordinaire a été reléguée dans les sciences au rôle d'intermédiaire de haut niveau entre, d'une part, la connaissance scientifique réelle encodée dans les tables astronomiques, les formules chimiques, les équations de la théorie du champ quantique, les bases de données du génome humain, et notre cerveau d'autre part. Quand nous utilisons la langue ordinaire pour étudier et enseigner les sciences, nous apportons avec elle nos valeurs et nos préjugés, la passion pour le pouvoir, les images de la poésie, l'habileté manipulatrice du *trickster*, mais rien de vraiment essentiel au contenu du discours scientifique. L'essentiel est tout entier véhiculé soit par de longues listes de données plus ou moins bien structurées, soit par des mathématiques. Et les mathématiques, qu'on utilisait au départ afin de mieux décrire la structure des données, les compressent peu à peu à un tel degré, que nous nous mettons à parler des « lois de la nature », qui génèrent et expliquent l'infinie variété des phénomènes. De plus, au cours du processus de leur développement interne, et de par leur logique interne, les mathématiques créent des mondes virtuels de grande complexité et recelant une grande beauté, qui défient toute tentative de les décrire en langue naturelle, mais qui stimulent l'imagination d'une poignée de professionnels pendant plusieurs générations consécutives. C'est la raison pour laquelle je crois que les mathématiques sont l'une des réalisations les plus remarquables de la culture ; toute ma vie, j'ai été habité par les mathématiques, en tant que chercheur et en tant qu'enseignant, et à la fin de chaque journée de travail elles me laissent toujours plein de terreur sacrée et d'admiration. Je ne me crois pas pour autant en mesure de défendre de façon convaincante cette conviction dans le contexte du débat public contemporain sur la science et les valeurs.

Pourquoi êtes-vous si pessimiste ?

Pourquoi suis-je pessimiste ? Je rappellerai d'abord que le mot « culture », dans son usage courant, est devenu profondément autoréférentiel. On part notamment du principe que toute définition de la culture est déterminée par l'arrière-plan culturel, même si ce dernier n'est pas explicité. Cela signifie qu'aucune description, aucune évaluation objectives de la culture ne sont possibles. Bien plus, quand une prise de position sur la culture se met à faire autorité, elle modifie l'image que le public a de la culture, et modifie du même coup la culture elle-même. Et tout débat collectif ayant trait à la culture devient en quelque sorte partie intégrante de la culture. Et, chose encore plus importante, le discours moderne sur la culture est largement subordonné au discours politique. Nous étions moins conscients de tout cela il y a une quarantaine d'années, lorsque C. P. Snow a lancé le débat sur « les deux cultures ». À la base, Snow s'inquiétait du fait que, dans son milieu, la connaissance scientifique, contrairement à la connaissance de l'Antiquité grecque et de Shakespeare, n'était pas considérée comme une partie organique de l'éducation d'une personne cultivée. Bien plus, chacun ou chacune pouvait reconnaître ouvertement son ignorance des lois de la physique, et même s'en targuer, sans nuire à sa propre image de personne cultivée. Snow pensait que cela provenait de la perception distordue qu'avait le public de ce qui constitue le contenu réel de la culture, et il espérait qu'un débat public et des réformes de l'éducation pourraient contribuer à rétablir l'équilibre.

La thèse des deux cultures est-elle toujours pertinente ?

La pertinence de cette façon de voir dépend pour nous de notre capacité à nous identifier à la Culture idéale de Snow, la culture avec un grand C, qui embrasse la fois Homère et Bach, Galilée et Shakespeare, Tolstoï et Einstein. Je crains bien que cette capacité-là n'ait en grande partie disparu. En fait, l'idée à la mode de multiculturalisme crée l'image de nombreuses cultures également valables, dont chacune est assignée à une minorité et coïncide au fond avec la définition de cette minorité. La Haute Culture et/ou la culture de l'esprit d'origine européenne est mise sur un pied d'égalité avec les autres cultures régionales, et sa stature est rabaissée par des connotations aussi péjoratives que l'impérialisme culturel et l'eurocentrisme. Les écologistes imputent aux sciences et à la technique les usages destructeurs que nous avons faits d'elles, et réduisent ainsi leur attrait culturel. Par une ironie du sort, les arguments que les scientifiques utilisaient pour justifier leur travail sont maintenant retournés contre eux. Les discours de tendances déconstructionniste et post-moderne mettent en doute les critères de base remontant au moins à Galilée et à Bacon, qui permettent de reconnaître la vérité scientifique, et tentent de les remplacer par des constructions intellectuelles sauvagement arbitraires. C'est ainsi qu'un bon nombre de penseurs influents ne se bornent pas à ignorer la partie scientifique de la culture contemporaine, mais la congédient agressivement. J'ai beau trouver cette situation déplorable, il serait irréaliste de ma part d'escompter une amélioration substantielle dans le futur proche. En fait, tous les facteurs qui contribuent à cette situation sont d'origine assez récente, et il y a peu de chances pour que leur poids diminue de sitôt. Paradoxalement, la posture d'autodénigrement de la culture contemporaine occidentale est une continuation logique du développement de ses valeurs libérales, un développement auquel les Lumières et les sciences ont apporté une contribution tellement décisive. Dans ces conditions, il est parfaitement naturel que tout débat sur le rôle culturel des mathématiques paraisse fatalement dénué de sens à tout le monde, sauf à une minorité de mathématiciens.

Revenons à l'avenir des mathématiques. Y-a-t-il pour vous une théorie dont vous dites : « J'aimerais la voir se développer au siècle prochain – si je vis assez longtemps, c'est cela que j'aimerais voir » ?

Ça, je ne sais pas, et voici pourquoi : au cours de ma carrière scientifique, j'ai changé plusieurs fois de sujet d'étude, et cela, non pas tant parce que j'avais trouvé quelque chose de plus intéressant, mais parce que j'avais trouvé quelque chose d'autre. Fondamentalement, je trouve tout très intéressant, mais on ne peut pas tout faire à la fois. La stratégie par défaut est d'essayer de maîtriser plusieurs champs tour à tour. Les deux choses principales qui m'ont toujours intéressé sont, d'un côté, la théorie des nombres, et, de l'autre, la physique. Donc, dans l'un et l'autre domaines, je pense avoir toujours essayé d'utiliser une intuition qui soit entraînée dans les deux domaines. Dans ma liste personnelle de valeurs, une place d'honneur revient au terme de la Renaissance : « varietà » – la richesse de la vie et de l'univers allant de pair avec cette richesse d'expérience et de pensée atteinte par les grands esprits auxquels nous essayons de ressembler.

III.12
CHOIX DE POÈMES

Les commentaires, indispensables pour un lecteur français car ces poèmes sont porteurs d'une riche intertextualité et d'allusions contextuelles, ont pour la plupart été rédigés par la traductrice à partir de données et d'éclaircissements que l'auteur a eu l'extrême obligeance et la patience de lui offrir. Quelques-uns figuraient déjà dans l'édition russe de Les mathématiques comme métaphore.

Extraits du Cycle
LE STYLE TARDIF

Le style (*pas encore tout-à-fait*) tardif

Un vieillard sourd penche sa tignasse
Sur des notes.
Quelle musique en son cerveau s'angoisse
Et cogne ! Un siècle après, Adorno et Saïd
Nous baratinent en détail à propos du style tardif.
Mais à quoi bon nous baratiner...

L'aurore vespérale
Illumina jadis, à travers ses paupières serrées,
Un maigre gamin de onze ans ;
Depuis lors elle brille, et pour l'éternité.

L'étoile en sa galaxie, le corbeau sur la branche
Ignorent les affres du dilemme shakespearien.
Mais nous – sommes le style tardif de l'Univers
[qui se fait vieux.
Il chante à travers nous son angoisse.

Âme, prends ton temps. Ne pars pas trop vite là-bas
Où il n'est ni pudeur ni douche du matin –
Dans le vide éternel rien que des troupeaux d'anges,
Tels des bœufs congelés à jamais surgelés.

Nul ordre de donné, mais quelqu'un renonça
Et détourna les yeux vers des sujets plus importants,
Et j'ai presque eu le temps d'entendre un peu le style tardif,
L'aurore vespérale aux feux toujours plus tendres.

L'aurore vespréale : pour un lecteur russe, l'expression oxymorique « lumière de l'aurore du soir » (sviet vietchierniеї zari) évoque le début d'un très célèbre poème de Feodor Tyuttchev (1803–1873), intitulé « Le dernier amour » :

> Oh comme au déclin de nos jours
> Plus tendre et superstitieux est l'amour...
> Lumière d'adieu, brille encore,
> Dernier amour, vespérale aurore.

Theodor W. Adorno (1903–1969), philosophe et critique musical. Il a introduit le concept de « style tardif », en analysant en détails la Neuvième Symphonie de Beethoven, auquel font allusion les premiers vers. On reconnaîtra évidemment Arthur Rimbaud dans le gamin illuminé des vers suivants.

Édouard Saïd (1935–2003), critique littéraire, militant politique et culturologue. Le manuscrit de son dernier livre *Du style tardif. Musique et littérature à contre-courant*, a été préparé pour l'édition et publié à titre posthume.

Péniches sur le Rhin
(élégie)

... j'ai lu jusqu'au milieu le catalogue
des vaisseaux...
O. Mandelstam

L'*ANGELUS DEI* passe lentement,
Des bosses de charbon sur l'échine,
Comme un chameau qui a perdu de vue
Le chas de l'aiguille.

L'*IMMACULATA*, se cachant dans un voile de fumée,
Peureusement, serre au plus près la rive droite.

Dieu est inconnaissable mais nommable.
Le nom de Dieu, c'est Dieu,
croyaient les adorateurs du Nom.
Le Starets Hilarion, Paul Florensky...
L'infini non plus n'est pas connaissable, mais il est nommable.
Qui connaît les péniches ? Qui leur donne un nom ?
On ne sait pas si c'est Lui – si c'est Elle...

La *CURA DEI* a craché du diesel sur l'*INNUENDO.*

– *SAYONARA, MON DÉSIR !* – a gémi le *BANZAI*
se prenant pour un kamikaze, une tempête divine,
s'écrasant sur les impies, comme la flamme déchiquetée
qui cabra Hiroshima, l'atoll des îles Bikini,
le World Trade Center, Königswinter...

La *TOLERANTIE* poussive halète juste faiblement.

La *DISSIDENTIA* est échouée sur un banc de sable
[depuis la nuit dernière
où son ventre avec fracas s'érafla sur les pierres
à cent mètres de mon balcon.

Elle voguera de nouveau – mais nous, *ZEMBLA*, dis-moi, vers où voguer ?

PANTA RHEI... tout s'écoule... πάντα ῥεῖ...

Le catalogue des vaisseaux : liste donnée par Homère, au chant II de l'Iliade (v. 484–780) des vaisseaux achéens, dont chacun est porteur d'un sens particulier.

Angelus Dei (lat.) : L'Ange de Dieu, le Messager de la Bonne Nouvelle.

Immaculata (lat.) : L'Immaculée (un des épithètes de la Vierge Marie).

Les adorateurs du Nom : L'*imiaslavie* ou *imiabojie*, parfois appelé onomatodoxie, est un courant religieux russe apparu en 1907 à la suite de la publication du livre *Sur les montagnes du Caucase* du moine Hilarion. Les adorateurs du Nom ont été condamnés comme hérétiques par le Saint Synode orthodoxe. En juin 1913, le monastère de Saint Pantéleimon au Mont Athos, où s'étaient rassemblés les Adorateurs du Nom, a été pris d'assaut par une petite flotte russe. Les mathématiciens D. F. Yegorov et N. N. Louzine étaient des Adorateurs du Nom.

Cura Dei (lat.) : la sollicitude divine, la Providence.

Innuendo (lat., angl.) : allusion blessante.

Sayonara (jap.) : adieu !

Banzaï (jap.) : cri de guerre des guerriers japonais. Les Kamikazes étaient des pilotes qui sacrifiaient leur vie en fondant à pic sur les navires des Alliés dans l'Océan Pacifique pendant la Seconde Guerre Mondiale.

Tolerantie (holl.) : la tolérance.

Dissidentia (lat.) : la dissidence

Zembla : pays imaginaire inventé par V. Nabokov dans son roman *Flamme pâle.*

Elle voguera de nouveau – mais nous, ZEMBLA, dis-moi, vers où voguer ? : allusion au dernier vers, surprenant, d'un célèbre poème de Pouchkine, « L'automne » (1833), où le poète s'identifie soudain à un vaisseau levant les amarres : « Il vogue. Mais nous, vers où voguer ? »

À la façon de J. B.

Les Russes sont des Italiens tragiques
(anonyme)

J'aurais pu naître en Italie. Je m'appellerais, chiche !
Giorgio Manini. Le dimanche, la parentèle
S'assemblerait à l'église ; les hommes à la taverne
Jugeraient la politique et les combats avec l'Autriche.

Sur les façades rugueuses pousseraient comme champignons
vénéneux après la pluie des portraits du Duce, i.e. du Chef
de tous les Temps et Peuples ; le matin Wladimir
[Wladimirovitch
Marinetti m'éveillerait, en perçant de clous le vieux monde.

Dans le jardin des pionniers, au confluent du Tibre
[et du Salgire,
là où les mafieux vont du ciné aux stands de tir,
Masina m'apprendrait la science des amoureux
devant le couchant en feu, après l'école et ses jeux.

D'ailleurs, c'est ainsi que tout s'est passé. *Nel mezzo del*
Cammin... (sq.), l'âme abandonne la vallée del
larmes... et regarde en arrière. La Tauride avec la Toscane
indiscernables, confondues, s'éloignent.

J. B. : Joseph Brodsky (1940–1996) : immense poète russe exilé aux USA, fasciné par l'Italie, et dont l'écriture est d'une densité remarquable. Dans ce poème, Yuri Manin imite non seulement la thématique, l'humour, mais aussi l'ample et souple rythme, ainsi que les rimes parfois saugrenues de Joseph Brodsky – ce que la traduction ne peut rendre qu'imparfaitement.

Nel mezzo del cammin : « au milieu du chemin de notre vie », début de *La Divine Comédie* de Dante.

Filippo Tomaso Marinetti : fondateur du Futurisme italien. C'était Maïakovsky, bien sûr, qui s'appelait Wladimir Wladimirovitch.

Le Salgire : rivière traversant la ville de Simféropole en Crimée, où l'auteur est né et a vécu de 1937 à 1941 et de 1945 à 1953.

Giulietta Masina : actrice, muse de Fellini.

Extraits du cycle
LA SCIENCE ET LA VIE

L'espace-temps comme diagnostic

Nostalgie intercostale :
ce n'était pas le temps, mais l'espace
qui m'angoissait.

L'espace était fermé.

À présent

l'espace s'est ouvert, mais le temps
s'est presque fermé.

Nostalgie intercostale : jeu de mots avec « névralgie intercostale » (la nostalgie étant un désir de retour à la fois dans le temps et vers d'autres rivages ou côtes). Les côtes ont ici le double sens de côtes de la cage thoracique, et de côtes maritimes.

Dans la jeunesse de Y. Manin, l'espace (soviétique) était fermé.

Extraits du cycle
LES LIVRES DE MA JEUNESSE

Le titre du cycle « Les livres de ma jeunesse » est une allusion à Mandelstam :

> Le raznotchiniets[92] n'a pas besoin de mémoire, il suffit de parler des livres qu'il a lus – et sa biographie est prête (*Le bruit du temps*, ch. XIII).

L'un de mes grands-pères disait :

> Le raznotchiniets n'appartient à aucune classe sociale, même pas à celle des sans classe.

Les commentaires des poèmes suivants, donnés à contre-cœur, s'adressent aux lecteurs qui, dans leur jeunesse, ont lu d'autres livres.

---

92. *Raznotchiniets* : terme russe signifiant littéralement « d'un autre rang, d'un autre grade » (n'appartenant pas aux principales classes sociales : noblesse, clergé, marchands), par lequel on désignait au XIXe siècle les membres roturiers de l'Intelligentsia. Il a aujourd'hui le sens d'« intello roturier » tout en gardant sa connotation historique.

Les poètes d'OBERIOU

L'âme d'une très belle femme
Voltige comme un papillon.
L'artiste habitant la mansarde
Soudain l'attrape,
La fixe sur une épingle,
L'apporte au magasin d'État.

Elle ne voltige plus,
Il boit de la vodka, pousse de lourds soupirs.

Le monument architectural, d'un air las,
Enfourche le nouveau siècle.
Faire un pas de côté, faire un pas vers le haut
[– c'est déjà déserter.
Un homme est sorti de chez lui – il n'est plus.

OBERIOU (Association pour l'Art Réel) : nom d'un groupe informel de poètes de Leningrad, fondé en 1927, qui fut l'expression collective du modernisme russe et de l'« absurdisme ». Leur destin était tout tracé : Alexandre Vvedensky (1904–1941), a été soumis à une « détention préventive » en 1941, et, selon des témoignages divergents, soit est mort de dysenterie, soit a été exécuté par les gardiens de la prison. Daniil Charms (1905–1942), selon une source officielle, est mort dans la clinique psychiatrique de la prison. Nicolaï Zabolotsky (1903–1958) a survécu à des années d'emprisonnement et de bannissement (1938–1946) ; après la mort de Staline, il a pendant plusieurs années publié de bons poèmes, de facture traditionnelle. Nicolaï Oleïnskov (1898–1937) a été arrêté et fusillé en 1937...

« *Un pas à gauche, un pas à droite, c'est déjà déserter : la garde tire sans prévenir* » : sagesse des Camps, que la plupart des gens de ma génération, heureusement, ont appris seulement en lisant Chalamov et Soljenitsyne.

« *Un homme est sorti de chez lui* » : début d'un poème pour les enfants de Daniil Charms.

Les douze césars, salut !
Je te salue aussi, Suétone,
historien des histoires cochonnes.
Aujourd'hui ces plats-là
nous font mal à l'estomac.

Déblatérer sur les puissants,
fustiger les grands du monde :
vilaine maladie, qui démange
autant que des hémorroïdes.

Les despotes sont comme des enfants, simples,
les tyrans sont des saints de lumière
malgré leurs drôles d'observances
et leurs jeûnes inexplicables.

Bouffer du tyran rend malade,
plus de cannibalisme, à la diète !
tandis que glapissent les poètes
sur *la gloire acquise au prix du sang...*

Mais après tout, qu'importe.
Dieu soit avec eux,
avec nous, avec tout le monde.
Le temps de l'Histoire esquisse
toujours un pas de côté...

1967, 2005

Ce poème a comme référence implicite le roman de Gabriel García Márquez, *L'automne d'un dictateur*, qui fustige le pouvoir dictatorial.

La gloire acquise au prix du sang : citation extraite d'un poème de Lermontov, « La patrie », où Lermontov déclare son amour à sa patrie, qu'il aime non pour son Histoire glorieuse mais pour ses paysages, ses isbas et ses paysans.

> Chez les Grecs, aimer la vie, chez les
> Romains, mourir...
> A. Kouchner

Le ciel de printemps dans les trouées
des pluies qui tombent alentour...

Pourquoi toujours Rome et les Grecs ?
Je ne suis pas hellène, je suis juif,
graine de peu qui vole au vent,
spore de petit champignon desséché
qui n'a pas eu le temps de relever du Livre
ses yeux devenus aveugles.

Urbi et orbi, le fatum règne.
Rome, le monde et le destin
M'ont enseigné la leçon de la mort.

Mais la vie, évadée de la leçon,
rejoint la brise entre les rameaux.

Der Untergang des Abendlandes

j'ai quitté le chronotope où le karabakh cabochard
[réduit l'ennemi en poussière
j'habite le konotope où sur les berges du Rhin crânes
[et cruches abondent
le chien-loup n'a pas bien vu que j'ai du sang de petit loup,
[de sous-fauve de berceuse,
le partage noir achèvera ce que bakhtine a derridé ;
[après, rideau !

16 février 1997

Der Untergang des Abendlandes : titre du célèbre livre de Spengler, en général traduit par *Le déclin de l'Occident.*

Karabakh montagnard : nom d'une petite région montagneuse de l'ancienne URSS, dans laquelle des conflits identitaires séculaires et sanglants se sont ravivés à la fin de l'ère soviétique ; « cabochard » rime avec « montagnard ».

chronotope : terme inventé par l'historien, philosophe et critique littéraire Mikhaïl Bakhtine (1895–1975), pour caractériser l'« espace-temps » d'une œuvre littéraire.

Konotope : nom de plusieurs bourgades de Russie et d'Ukraine, et symbole de provincialisme dans la Russie classique. Ce nom semble formé à partir de *kon'* (le cheval en russe) et de *topos* (le lieu en grec), de même que *chronotope* est formé à partir de *chronos* (le temps en grec) et de *topos.* Ce nom désigne ici Bonn, où l'auteur, originaire de Russie, vit désormais, et qu'il aime, tant du point de vue culturel que professionnel.

cruches et crânes : depuis l'Antiquité, le Rhin a été l'enjeu de guerres territoriales, et les vestiges de poteries y sont mêlés aux crânes, symboles de guerre.

le siècle-chien-loup : allusion au vers d'un célèbre poème d'Ossip Mandestam :

> Le siècle-chien-loup m'attaque aux épaules
> Pourtant je ne suis pas loup par le sang (...)
> Seul mon semblable me tuera.

un sous-fauve de berceuse : allusion aux paroles d'une berceuse russe très connue, *Bayoutchi bayou*, qui menace une petite fille d'être attrapée au flanc par le loup, tout en lui donnant envie de le suivre. L'expression « sous-fauve » est à rapprocher des *Untermenschen* (sous-hommes) : ceux de Nietzsche, mais aussi ceux des Nazis, qui désignaient ainsi les Juifs.

le Partage noir : organisation terroriste russe de la seconde moitié du XIXe siècle. Allusion à la redistribution de la terre qui s'annonce dans l'ensemble du nouveau monde « globalisé », quand l'Europe commencera à payer pour ce qu'elle a fait lors de la découverte du « Nouveau Monde ».

derridé : jeu de mots sur le nom de Jacques Derrida (1930–2004), l'inventeur du concept et de la méthode de la « déconstruction » des textes.

N. B. : le texte russe ne comporte aucune majuscule, ni pour les noms propres ni en début de phrase.

À V. Zacharov

Je reconnais au langage
Des arbres, des murs, des visages,
Le dernier beau temps qui précède
Le départ des oiseaux.

Le dernier temps,
La douceur de temps des adieux.

J'échange contre la liberté
Mon métier de toujours,
Qui m'a presque accompagné
Jusqu'au bout du parcours.
Ma main desséchée
Laisse échapper
Une feuille verte.

Je peins à l'huile

La touche vient toucher la touche
comme la phalène – la page.

La touche vient toucher la touche
comme le canon glissant – la tempe.

La touche vient toucher la touche.
Le cerveau se languit sans langue.

L'hémisphère taiseux travaille
comme fait une avalanche –
le bruit arrive avec retard...

Ce poème sur le travail de l'hémishère droit est à mettre en relation avec l'expérience d'« activité artistique spontanée » décrite dans le chapitre du même nom (III. 4).

Divan occidentoriental

C'était un homme étourdi
Habitant rue Bassiéinaya.
Quand il est sorti il a mis
Une poêle au lieu de chapka...

D'une poêle il s'est coiffé
Et il s'est mis à souffler
Dans un flutiau étranger
(Je parle de tout le milieu
Avec lequel j'ai eu envie
De quitter la scène d'ici,
Je vais bel et bien la quitter,
Mais je n'ai pas décidé
En quelle année je partirai,
Voilà quel étourdi je suis...)

Il monta dans l'auto-da-fé -
Et de là vit un café.

Il a attendu Godot -
On lui a dit – mais c'est faux !

Il a envoyé sa malle
à Amsterdam
Mais elle a atterri, sa malle,
À Magadane.

S'étant assis dans un wagon
Qui s'était détaché du train
Il s'est retrouvé au-delà
Du cordon de sécurité,

Et sa propre mentalité
A perdu son identité.

Voilà quel...

Étourdije...

Sur la si peu plane plaine
Souffle un vent plein de sang-froid.

16 février 1999

Ce poème cocasse et tragi-comique a un contexte précis : l'émigration vers l'Ouest d'un bon nombre de membres de l'« intelligentsia russe », dont l'auteur faisait partie, à la suite de l'ouverture des frontières de l'URSS. Ils éprouvaient des sentiments mêlés d'espoir et d'angoisse, ouvraient grand les yeux vers la découverte du nouveau monde, et en même temps se retournaient avec anxiété sur eux-mêmes, à la fois heureux de rompre avec le passé, et inquiets d'oublier ce qui avait constitué leur « je » (d'où la formule « étourdije »)... Le sofa du titre est donc une métaphore amusante pour signifier un bref moment de repos au cours de la traversée.

Les lignes du début du poème mêlent des vers de l'écrivain soviétique Samouil Marshak, de Boris Pasternak et de Yuri Manin : la première strophe est une citation exacte du début d'un célèbre poème pour enfants de Marshak : « L'étourdi ». Les quatre premiers vers en italique de la parenthèse (vers 8, 9, 10, 11) sont une citation, exacte elle aussi, du grand et sérieux poème de Boris Pasternak, « Haut-mal ». Les vers sont si bien entremêlés qu'on ne peut discerner quel vers est de qui, ce qui souligne une parenté inattendue entre des auteurs réputés très différents. Mais ni Marshak ni Pasternak n'ont finalement quitté l'URSS, d'où la fin humoristique de la parenthèse : « Mais je n'ai pas décidé / En quelle année je partirai ».

Divan occidentorial : allusion au dernier grand recuel de poèmes de Goethe, *West-östlicher Divan* (*Divan occidental-oriental*), dont les poèmes ont un thème et un titre alternativement orientaux et allemands.

Rue Bassiénaya (rue des réservoirs) : la rue en question a existé sous ce nom à Saint-Pétersbourg/Léningrad, jusqu'en 1918, où elle a été rebaptisée « rue Nékrassov ». S. Marshak a écrit son poème en 1928 et l'a publié pour la première fois en 1930, alors qu'aucune rue de ce nom n'existait plus. En 1957, on a redonné le nom de « rue Bassiéinaya » à une autre rue.

Magadane : ville de la Kolyma, à l'Est de la Russie, où se trouvaient des camps de travaux forcés.

À la mémoire de Joseph Brodsky

Comme un indistinct adieu : « Jusqu'à la clarté première ».
Le corps n'est que le produit de l'esprit qui se décompose,
Et le corps se décomposant donne une faible lumière,
C'est ce qu'on dit, pourtant il s'agit d'autre chose.

Depuis le champ de Higgs, il faut gagner
La berge du Styx, en perdant les restes du sens
Et de la voix, avec comme une taie sur le gosier,
Si bien qu'on a beau crier, ni la barque ni le nocher
Ne sont atteints par le cri passant sur la rivière,
Au-dessus d'elle où brille encore une lumière,
Faible et qui diminue, parce que, tremblotant,
S'en va de la rétine et vers le fond descend
Une pièce de cinq sous d'or, une obole de cuivre, une tache...

Ce poème a été écrit à la suite d'un rêve, où Joseph Brodsky, qui venait de mourir, a dit quelque chose qui ressemblait à « do sviétania » (jusqu'à la clarté), et donc aussi à « au revoir » (« do svidania » – jusqu'au revoir). Il y avait quelque chose de mystique dans cette apparition, qui s'est peu à peu transformée en poème.

Le champ quantique de Higgs : c'est à cause de lui qu'au début de l'Univers les particules initialement sans masse ont acquis une masse. Il en résulte que les humains sont faits non de lumière, comme les anges, mais de matière pesante. La découverte des trois lauréats du prix Nobel est l'équivalent du péché originel.

Une pièce de cinq sous d'or, une obole de cuivre, une tache : « Sur ma rétine – une pièce de cinq sous d'or / Qui suffira pour toute la durée des ténèbres » : par ces deux vers se termine la douzième et dernière Élégie romaine de Joseph Brodsky.

Dans le présent poème, la vision, ou la disparition de la vision, suit à l'envers l'ordre des étapes de l'Histoire : « piatak », c'est une pièce de monnaie de cinq kopeks. Elle est en bronze, mais Brodsky avait écrit « d'or » parce que l'empreinte du soleil romain demeure sur la rétine ; ensuite, la vie s'en va, et la piécette d'or se transforme en l'obole grecque donnée à Charon ; puis, elle part complètement, et reste dans l'eau du Styx une tache.

Bouts-rimés d'adieu

la création c'est le don de soi-même
pas une balade à la lune
et l'on ne cherche quand on aime
ni le succès ni faire la Une,
la muse s'enfuit en pleurant
centons et « remakes » maudissant,
n'aimant ni l'époque ni personne,
et c'est pour moi que le glas sonne.

Ce poème est une sorte de « remake » humoristique de poèmes célèbres. Il conjugue la forme des « bouts-rimés » (poème composé à partir de rimes données à l'avance) et du « centon » (poème dont certains vers sont empruntés à d'autres poètes, et emmêlés à ceux de l'auteur – du latin « cento », qui signifie « patchwork, collage »). Un vrai « centon » est entièrement composé de vers empruntés.

Ici, les quatre premiers vers entrecroisent des vers de Boris Pasternak et de Stépan Tchipatchev, poète officiel soviétique. On constate avec tristesse à quel point ils vont bien ensemble, main dans la main.

Les deux vers « Le but de la création c'est le don de soi / Pas le battage ni le succès » se font suite dans un célèbre poème de B. Pasternak commençant par « Il n'est pas beau d'être célèbre ». « L'amour ce n'est pas des soupirs sur un banc / Ni des promenades au clair de lune » se font suite dans un poème d'amour de S. Tchipatchev, commençant par « On peut accorder du prix à l'amour ».

La muse qui s'enfuit fait bien sûr penser à Virgile (« Fugit ad salices »), et l'ensemble du poème à celui de du Bellay : « Las, où est maintenant ce mépris de Fortune ? » (De la postérité je n'ai plus de souci / Cette divine ardeur, je ne l'ai plus aussi / Et les Muses de moi, comme étranges, s'enfuient).

POSTFACE
de Pierre Lochak

Ce livre est un livre rare, un livre extraordinairement intelligent ; c'est aussi un livre intensément russe. Les premiers qualificatifs vont presque de soi, le dernier sans doute moins. Car Yuri Ivanovitch Manin est un mathématicien russe. Cette simple assertion devrait suffire à faire bondir toute lectrice, tout lecteur, d'une curiosité et d'un plaisir anticipés. Comment peut-on être mathématicien ? Comment peut-on être russe ? Comment peut-on être un mathématicien russe ? Ces questions nous touchent de beaucoup plus près qu'il n'y paraît de prime abord, et ce livre offre une occasion presque unique de les approcher avec une réelle authenticité. L'auteur, originaire de la Crimée où il passe son enfance, né à la pire époque des procès staliniens, est bien l'un des plus brillants représentants de l'école russe de mathématiques de sa génération. Il a également formé, encore que le mot soit ici impropre, quelques unes des étoiles de la génération suivante, dont A.A. Beïlinson et V.G. Drinfeld, qui comptent parmi les quelques mathématiciens les plus originaux de la fin du vingtième siècle. Ce sont eux, avec une poignée d'autres mathématiciens de Russie, de France, d'Allemagne, des États-Unis et d'ailleurs, qui ont véritablement fait entrer les mathématiques dans un vingt-et-unième siècle qui pour elles, au rebours peut-être de ce que l'on peut craindre dans d'autres domaines, s'annonce tout aussi fécond qu'un vingtième siècle qui les a lui-même transformées de fond en comble. Qui plus est, Y.I. Manin est l'un des mathématiciens qui a le plus réfléchi sur sa science ou son art, comme on voudra, et sur bien d'autres choses encore. Ainsi est-il par exemple grand connaisseur d'icônes, tout en ayant conservé, de l'expérience soviétique, un regard très critique sur ce qu'il nomme « le marché des idées » comme sur la façon dont l'économie du même nom oriente aujourd'hui la recherche scientifique, jusqu'à notre très contemporaine « culture de la finance ».

Il est peut-être aussi difficile à la grande majorité des lectrices et lecteurs français de se former une image authentique de la Russie que des mathématiques : deux pays lointains, froids, brumeux, mystérieux, incompréhensibles en leurs premiers principes. Non seulement ce livre peut contribuer à rapprocher ces contrées ni si lointaines ni si froides, mais il le fait par l'exemple, à sa façon précisément russe, parfois quelque peu chaotique et authentiquement profonde. À lui seul il réfute, toujours par l'exemple, la majeure partie de la triste épistémologie occidentale née autour du Cercle de Vienne, laquelle, s'agissant des mathématiques, s'est longtemps épuisée à assimiler faussement logique et mathématiques, cultivant des traits d'union qui n'ont guère lieu d'être (logique-et-mathématique, science-et-technique) ou qui du moins méritent des détours que l'écrasante majorité des auteurs, et des plus lus, n'ont jamais entrepris ou même seulement aperçus. Ici il est question de « vraies » mathématiques, c'est-à-dire d'algèbre, de géométrie et d'analyse, soit encore du temps, de l'espace et de ce monstre que le dix-neuvième siècle – allemand – a baptisé *le continu*. Le lecteur sentira, au fil des pages, et la pertinence de cette classification, et comment le vingtième siècle, avec notamment, en tout dernier lieu, A. Grothendieck, a fini par la faire elle-même éclater. Il se persuadera que la logique, d'Aristote à Gödel et au-delà, fait bien partie du jeu, mais pas de la manière élémentaire et stérile qu'ont serinée tant d'auteurs, à trop peu de frais. Et puis rien ne lui manquera de cet attrait que Y.I. Manin a ressenti toute sa vie, comme beaucoup de locataires de la deuxième moitié du vingtième siècle, pour la linguistique, sous des formes qui ne sont pas toujours celles sur laquelle a insisté un structuralisme peut-être plus familier, encore que celui-ci doive beaucoup lui aussi à un certain vent d'est, de V. Propp à R. Jakobson et au-delà.

À écouter ce grand récit – qui n'a rien, il faut l'avouer, de « post-moderne » – à l'admirer se déroulant sous nos yeux, on rencontre à chaque pas, on trébuche, on tombe dans un puits d'histoire, d'horreurs et de merveilles, maudit et enchanté tout à la fois. Naissance à Simferopol, en Crimée, en 1937. Et pourquoi la Crimée ? Tout un pan de l'histoire de la Russie déjà se montre en se cachant, l'accès à la mer, les déplacements de population, l'évacuation de la Russie d'Europe pendant la guerre, mais aussi deux siècles ensemble, la zone de résidence, une université très particulière à Rostov sur le Don, etc., etc. En 1937 : soit au moment des pires procès staliniens, un an avant la mort de Mandelstam, nul ne sait au juste ni où ni quand, frigorifié, épuisé, dans l'interminable convoi de la douleur. Juin 1941 : Andreï Nikolaïevitch Kolmogorov écrit sur le spectre de la turbulence un article génial, qui passera à la postérité sous l'abréviation K41. Il le fait précéder par un vibrant appel : mes frères, mes sœurs... la Wehrmacht vient de franchir la frontière russe. 1942, Stalingrad, où Churchill voit immédiatement, sinon le début de la fin, du moins la fin du début : Yuri Ivanovich a cinq ans, son père l'emmène pêcher sur le bord d'un ruisseau (voir l'*Introduction*), toujours en Crimée... et ce faisant lui transmet un enseignement qui le suivra toute sa vie. Automne 1943 : Ivan Gavrilovitch tombe au front, privé même du pauvre télégramme d'annonce, notification administrative à la famille sur un mauvais papier gris, de celles qui se répandent en une pluie de ténèbres et de larmes mêlée de neige fondue dans *Le conte des contes* de Yuri Norstein, ou parmi les éclats de lumière et de sable jaillissant sous les doigts de Ksenyia Simonova. Etc. etc. On n'en finirait pas. Imre Toth raconte que pas très loin de là, dans le Budapest de l'immédiat après-guerre, il tenait les percussions dans un orchestre symphonique, aux côtés du jeune György Ligeti ; parfois, pendant ces silences qui pour les percussionistes peuvent durer quelques dizaines de mesures, ils se permettaient de discuter. Et de quoi parlaient-ils ? Entre autres des relations d'incertitude de Heisenberg, presque neuves alors, découvertes par un Heisenberg de vingt ans. Aucun des deux n'était ni n'est devenu physicien mais, à Budapest comme à Moscou, comment ne pas se faire une idée de la mécanique quantique, comment de ne pas la fréquenter, ne serait-ce que de loin ?

À la fin des années cinquante, Yuri Manin, qui étudie, chose plus rare, la géométrie algébrique à Moscou, avec Igor Shafarevitch, est également passionné de mécanique quantique. D'ailleurs il n'y a pas une mécanique quantique mais deux au moins, la première, celle dont Dirac disait, qu'elle constituait un mystère (et le constitue toujours), et puis la deuxième, la théorie quantique des champs, que le même avait déjà qualifiée de « foncteur », mi-figue mi-raisin comme sait l'être un Anglais. Il y a donc deux mécaniques quantiques comme il y a deux villes, Moscou et Petrograd, un temps Leningrad ou Petersburg – sainte ou non – voire simplement « Peter » (à vrai dire il y a *trois* villes ; la troisième se nomme Kiev – mais c'est une tout autre histoire). La ville de Manin, sa mécanique quantique, c'est celle de Moscou plutôt que celle de la diffusion quantique, celle de Petersburg, autrement dit celle de Ludwig Faddeev que cependant élèvera en une extraordinaire symphonie mathématique l'un des premiers « étudiants » de Manin, V.G. Drinfeld, introducteur en particulier des « groupes quantiques », et qu'il ira jusqu'à rapprocher d'un autre sommet encore perdu dans la brume, issu lui des rêveries d'un certain Alexandre Grothendieck, aujourd'hui théorie dite de Grothendieck-Teichmüller, ce dernier enfin, jeune mathématicien très remarquable et chef des étudiants SA de Göttingen, tombé on ne sait où... sur le front de l'Est, le front russe. Drinfeld recevra la médaille Fields en 1986, au Congrès International des Mathématiques qui se tenait cette année-là à Berkeley. Enfin, presque – nous sommes encore sous Brejnev, à Vladimir Gershomovitch le visa de sortie est refusé et il peut tout juste faire parvenir au congrès un texte qui sera lu par Pierre Cartier, après une nuit blanche passée à tâcher d'en saisir les grandes lignes. Etc. etc. Non, décidément, on n'en finirait pas.

Mais ça, ce n'est donc pas tout à fait encore la mécanique quantique de Manin même s'il y a apporté de très précieuses et profondes contributions. Il se révèle en tous cas un adepte émerveillé, enthousiaste, du mystérieux pouvoir de la *linéarité*, ce trait décisif du vingtième siècle physico-mathématique ou plus généralement scientifique, depuis la mécanique quantique dans sa version « de Copenhague » et la théorie quantique des champs jusqu'aux motifs grothendieckiens, Yuri Ivanovitch, confiant aussi dans le fait que les beautés mathématiques de la théorie des cordes rencontreront un jour la nature, elle qui après tout donne son nom à la « physique ». Pour lui, le vingt-et-unième siècle sera quantique ou ne sera pas. Pour son ami David Mumford, il sera stochastique. Pour le regretté Vladimir Voevodsky et d'autres, il sera (infiniment) catégorique et homotopique. Ou tout cela à la fois, ou autre chose que nous ne voyons pas encore, ou qui perce seulement à travers un brouillard que Manin ne se lasse jamais de sonder avec une intelligence toujours aiguë, aux aguets, surprenante, savante et naïve tout à la fois comme une authentique recherche sait l'être.

* * *

Approchons-nous, tâchons de suivre quelques uns des fils colorés qui courent à travers l'ouvrage et percent allègrement la frontières entre les prétendues « deux cultures », une expression malheureuse souvent attribuée à C.P. Snow, lequel n'a fait en vérité que l'expliciter, reprenant un véritable cliché *occidental* que ce livre précisément pourrait contribuer à « déconstruire » sinon dissoudre. Sans doute en Russie n'a-t-il jamais eu cours – ou bien d'une tout autre manière. Pascal est assurément un immense penseur en même temps qu'un très grand écrivain, mais le jour où il a écrit son « morceau » sur l'esprit de géométrie et l'esprit de finesse, il n'a pas rendu service à tout le monde, entérinant pour des siècles à venir, d'une autorité future que sans doute il ne présageait pas, une forme de « commissurotomie cérébrale », césure radicale entre les deux hémisphères de notre cerveau, pour adopter ce qui est moins qu'une vérité scientifique mais davantage qu'une métaphore physiologique. Notons en passant que des *trois* cultures prônées ou célébrées en particulier par Wolfgang Lepenies (in *Die drei Kulturen,* 1985), la troisième, celle qui se rattache aux sciences humaines et plus spécialement en l'occurrence à la sociologie, ne s'est jamais véritablement autonomisée ou émancipée. Toujours est-il que s'il fallait condenser les profondes réflexions de Yuri Ivanovitch dans ce livre en deux termes, je choisirais ceux de *linéarité* et de *langage*. Le premier est en principe purement scientifique. Il s'oppose entre autres à la fameuse « croissance exponentielle » chère à la grande presse. Au vrai, Balzac proposait déjà dans *César Birotteau,* en 1837, un principe qu'il place lui-même en italiques et qui, écrivait-il, « doit dominer la politique des nations aussi bien que celle des particuliers : *Quand l'effet produit n'est plus en rapport direct ni en proportion égale avec sa cause, la désorganisation commence* ». Comme quoi lorsque le capitalisme, que Balzac a ici explicitement en vue, abandonne les vertus – toutes relatives – de la linéarité, on peut s'attendre à ce que les ennuis commencent. On sait combien l'avenir lui a donné raison !

Scientifiquement, le vingtième siècle a été pour une large part celui de la linéarité, depuis l'avènement de la mécanique quantique jusqu'au rêve des motifs d'Alexandre Grothendieck. Ainsi les mathématiques ont-elles accompagné le développement de la physique quantique, *linéaire* jusque dans ses fondements, depuis la théorie des représentations des groupes de Lie jusqu'à celle de l'homotopie opéradique et aux ∞-catégories. La réflexion que mène Yuri Manin sur le *langage* est d'un ordre différent, plus général peut-être, et si ce livre est très russe, il est aussi à sa façon ancré dans un certain vingtième siècle, tout en franchissant courageusement, l'air de rien, quelques unes des bornes de celui-ci. Ce faisant, à la manière du poisson rouge de l'enfance de Michel Foucault, il nous aide à jeter un précieux et difficile coup d'œil hors du bocal de notre présent – tout en continuant d'y nager.

***

Reprenons maintenant, en un bref parcours, le cheminement de ce volume. Yuri Ivanovitch Manin a vécu plusieurs vies, y compris professionnelles. Pour beaucoup de mathématiciens il est d'abord un très remarquable spécialiste de géométrie algébrique et de théorie des nombres, ce que son impressionnante liste de publications, consultable dans ce volume, confirme à l'envie. Cependant il n'est pas question ici d'aborder des problèmes véritablement « techniques » ; il importe plutôt de prendre le titre au sérieux : *les mathématiques comme métaphore*. Comme le mot l'indique, une métaphore transporte et, comme la langue le confirme, ce transport est toujours, d'une certaine façon, intransitif. Une métaphore ne transporte pas une vérité en une autre, elle n'est pas analogie, elle *nous* transporte d'abord. Toute icône, toute image, tout signifiant est en un sens métaphore, faisant signe vers... Tout comme, lorsque Dieu crée l'homme à son image, toute forme de mimesis se doit d'être dès l'abord congédiée. Cependant, si ce livre est bien de son siècle, c'est que les mathématiques y sont mises immédiatement en rapport avec la langue : l'icône, l'image, n'y fait que de brèves apparitions. Le Verbe est premier, ce qui n'est certes pas à dire que les mathématiques soient ici conçues comme un langage, au sens assez plat d'un simple « système de signes » que leur ont conféré des épistémologies réductrices.

La langue est première mais pourvue d'un mystère dont on peut dire qu'il touche les deux hémisphères de notre cerveau et bien plus encore – et cela même en un sens demeure métaphore. Tout l'effort de l'auteur, ou presque, va à comprendre et faire comprendre ce qu'une langue peut bien vouloir dire, si tant est qu'elle s'attache d'une manière ou d'une autre à véhiculer une forme de *vérité*. Son résumé des acquis de la logique mathématique du premier vingtième siècle est très remarquable. À travers les travaux de Hilbert, Church, Gödel, Turing, Tarski,

Markov, Kolmogorov et d'autres encore, cette logique qui s'est d'abord appuyée sur les travaux de Cantor a tracé « une carte des frontières du monde idéal de Leibniz » (cf. p. 396 pour un très bref vademecum). Si l'on se risque à contracter encore cet enseignement, on dira que nous avons appris que la syntaxe peut toujours se réduire à une forme ou une autre de « calcul » (de là l'injonction leibnizienne : « calculemus ! ») mais que la sémantique déborde toujours la syntaxe et que la vérité que cette dernière est capable d'exprimer, cette vérité-là n'est jamais toute entière vérifiable de manière formelle ; elle nous mène toujours, inexorablement, vers un dehors du langage, quelle que puisse être la richesse expressive de celui-ci (pourvu du moins qu'il ne soit pas au contraire trop pauvre).

Les trois chapitres qui traitent de logique en un sens assez large (I.4, 5 & 6) sont non seulement très remarquables mais de plus la troisième partie (en particulier les chapitres III.1 à III.4) leur est liée d'une manière aussi suggestive qu'en un sens mystérieuse. L'écho est perceptible, qui se met difficilement en mots. Ces chapitres racontent entre autres comment les travaux de Gödel (I.5) et ceux de Cantor (I.4) se répondent presque immédiatement. Les ensembles en tant qu'ils dessinent pour nous une sorte de rassemblement minimal de l'intuition (*Anschauung*), le calcul de l'infini, la syntaxe comme calcul, l'indécidabilité puis la calculabilité entendue comme récursivité, de même que, par opposition, l'incalculabilité (I.6), tout ceci s'engrène avec une cohérence étonnante. Au centre on trouve un argument très simple et profond, l'argument de la diagonale de Cantor, celui-là même qui a d'abord permis à celui-ci de montrer que deux infinis bien connus des mathématiciens d'alors sont effectivement « différents » : il y a effectivement davantage de points dans le continu, ce monstre que découvre et s'efforce d'explorer l'analyse du dix-neuvième siècle (et qui est loin d'être « dompté » ; nous y avons en un sens heureusement renoncé...) que de nombres entiers, ce matériau familier à Euclide et dont là encore nous avons avant tout découvert que sa richesse est infinie (traduction : la distribution des nombres premiers n'est pas déterminée par une fonction récursive). Comme l'écrit Manin, l'argument de la diagonale dit que le cardinal des parties d'un ensemble (fini ou infini) est « largement » supérieur au cardinal de cet ensemble, ou encore que pour tout cardinal x, 2^x est « largement » supérieur à x. Tout l'effort va ensuite, bien entendu, à conférer un sens précis à l'adverbe. De tels arguments, si simples et si lourds de conséquence (celui-ci est à la base de l'hypothèse du continu, de la preuve du théorème de Gödel et d'autres résultats encore), sont rares et précieux en mathématiques. On peut comparer par exemple celui-ci à l'argument rapporté par Euclide qui démontre l'existence d'une infinité de nombres premiers. C'est dire aussi qu'on ne saurait trop recommander à tout lecteur de tâcher d'en pénétrer la logique, aussi simple que profonde. Bien des arguments que l'on rencontre dans les articles « ordinaires » de mathématiques, en particulier de géométrie arithmétique, sont infiniment plus « sophistiqués » et s'appuient sur un matériau beaucoup plus riche et complexe. C'est pourtant ce genre d'arguments simples et directs, comme celui de la diagonale, presque enfantin dans son principe, qui ont parfois révolutionné notre manière de penser, inaugurant un « calcul de l'infini » tout en présageant l'inéluctable ouverture de la syntaxe sur son au-delà. Le théorème d'indécidabilité de Gödel, c'est en un sens assez précis le paradoxe du menteur (« je mens » affirme le rusé Crétois... allez comprendre...) joint à l'argument de la diagonale. Il n'en fallait pas davantage pour mettre à bas le beau programme formaliste, couronnement d'un dix-neuvième siècle (occidental...) sûr de lui-même et de ses pouvoirs, de David Hilbert, gloire – justifiée – des mathématiques allemandes. Le vingtième siècle, avec ses bizarreries, ses mystères, son instabilité, ses incertitudes, ses horreurs aussi, pouvait véritablement commencer.

* * *

Il n'est sans doute pas nécessaire de forcer la cohérence entre les diverses parties de l'ouvrage. Cependant, encore une fois cette cohérence existe, elle insiste, elle ne laisse pas oublier, quand bien même elle ne saute pas aux yeux. L'auteur est un éminent mathématicien russe, aussi fermement ancré dans le vingtième siècle que désireux de se projeter, avec sa science, dans un siècle nouveau. Tout est là, mot à mot. La deuxième partie est donc consacrée à la physique, ou plutôt aux relations entre physique et mathématiques, vues à travers les yeux d'un mathématicien. Les motifs s'entrelacent d'une manière très spécifique et convaincante : en quelques mots il est question du contraste entre le monde classique et le monde quantique, des mystérieuses beautés de l'intégrale de chemin et des rapports étonnants entre la théorie des nombres et la physique. Quel lien, s'il existe, avec la première partie de l'ouvrage ? La question n'est pas anecdotique en ce qu'elle revient d'abord à interroger la modernité de la mécanique quantique elle-même. La place manque pour développer ici un sujet scientifiquement et historiquement très riche. Là encore ce livre a le grand mérite de nous présenter un point de vue très argumenté et très fort. Peut-être peut-on avancer qu'il y a quelque chose qui est souterrainement de l'ordre de la langue dans la mécanique quantique, laquelle participerait ainsi, à sa façon, du fameux tournant, marquant ainsi un lien fort avec la première partie du livre.

Ce n'est pas simplement à dire que la physique quantique développe son propre langage, mathématique en premier lieu, ce qui va de soi. C'est, plus profondément, que le monde quantique est un monde dans lequel l'*information* joue un rôle particulier. Ce qui est *calculable*, ce qui est *observable*, ce qui est mesurable dans ce monde au sujet d'un système donné, ressortit à une forme ou une autre d'information, toujours partielle (conformément aux relations d'incertitude de Heisenberg). Notons que ce livre se place, sans même y insister, du côté de l'interprétation (non déterministe) dominante, celle qui a historiquement « gagné la partie », celle que l'on appelait jadis l'interprétation de Copenhague. Cette victoire historique est peut-être par elle-même très parlante : elle suppose une forme de défaite du kantisme, en ce que la chose en soi n'est pas seulement inconnaissable, elle devient inexistante ; elle disparaît. Le déterminisme, fût-il caché, signerait un retour possible des arrière-mondes et, afin de conjurer celui-ci, nous nous devons d'explorer le monde des phénomènes sans songer un instant à chercher une cause à leur apparaître. Autrement dit la physique classique, celle qui précisément fait fond sur la causalité, aurait irrévocablement fait son temps. Dieu est libre de jouer aux dés si et comme il l'entend. Ce n'est pas le lieu d'entrer plus à fond dans cette question de la consonance entre modernité, mathématique en particulier, et mécanique quantique, mais il valait la peine de pointer au moins un doigt vers ce lieu ou' se silhouette une cohérence avec la première partie de l'ouvrage. Conséquence plus immédiate et d'ordre éminemment physique : il n'est pas forcément évident, pour un lecteur du présent ouvrage, qu'il existe un rapport entre l'onde ψ solution de l'équation de Schrödinger (ou de Dirac) et l'onde de de Broglie attachée par exemple à un électron, laquelle se diffracte en traversant un cristal on ne peut plus matériel.

Il suffit. Plongeons-nous plutôt un instant avec l'auteur, non sans un enthousiasme compréhensible, dans les attachantes bizarreries de ce monde quantique, un monde où le dilemme « observable *vs* non observable » fait écho à celui de la première partie, « calculable *vs* non calculable ». Ce monde est celui de l'information, des probabilités et de la linéarité, cette dernière sous-tendant l'appareil mathématique aujourd'hui pour une part presque classique (espaces de Hilbert, opérateurs, etc.) qui mène à un *calcul*, lequel fournit en particulier des spectres, eux-mêmes en dernier ressort formés avant tout de nombres. Un appareil *mathématique* nous fournit des nombres : les comprenons-nous ? Et d'ailleurs, comprenons-nous l'appareil lui-même ? En un sens les deux réponses sont négatives. Notons qu'ici il est à peine question de ce qu'un physicien serait tenté d'invoquer d'abord et avant tout : la réponse de la nature, autrement dit de l'expérience, ou encore l'adéquation avec les nombres que fournissent des appareils *physiques*. Oublions ici, un peu paradoxalement, cette question. Comprendre des nombres, c'est leur donner un sens et, suivant en cela Yuri Manin et la physique la plus contemporaine, la théorie des nombres en ce point entre en jeu, aujourd'hui, de façon étonnante. Les structures qu'elle manie ou suggère rencontrent les nombres que la physique cherche à prédire ou à comprendre. Ainsi les invariants topologiques explorés d'abord par le physicien E. Witten font-ils le pont entre théorie des cordes et géométrie arithmétique, en l'occurrence théorie de l'intersection sur les champs de modules de courbes. Encore une fois les grincheux pourraient s'insurger : et mère nature dans l'histoire ? Laisse faire le temps, la patience et ton roi, répond le physicien optimiste. De fait, la physique contemporaine a modifié la célèbre devise de Galilée : certes la nature est peut-être écrite dans la langue des mathématiques, mais aujourd'hui c'est souvent la « physique » qui fait appel aux mathématiques pour écrire une nature *possible*, qu'il n'est souvent, pour diverses raisons, plus possible (certains s'aventurent même jusqu'à suggérer qu'il n'est plus pertinent) de comparer avec la nature « réelle », telle qu'autrefois elle se donnait à voir. N'entrons pas dans ce débat délicat. Il est vrai que la physique emprunte aux mathématiques... et que parfois elle rembourse sa dette au décuple. Il y a bien alors de quoi s'enthousiasmer comme le fait Manin, surtout pour les mathématiciens. Ainsi les deux grands programmes de linéarisation, l'un de la nature, l'autre de la géométrie, font-ils leur jonction, autrement dit la mécanique quantique, sous des formes dérivées et contemporaines certes, rencontre le songe motivique d'Alexandre Grothendieck, un rêve qui date du milieu des années soixante et dont il lui est arrivé de dire que d'autres y penseraient encore un demi-siècle plus tard, ce qui s'est avéré.

Revenons cependant à l'appareil *mathématique* qui nous fournit des nombres. Le comprenons-nous, lui, autrement dit est-il justiciable d'honnêtes mathématiques, de celles que les mathématiciens écrivent et admirent sans mettre en doute la vérité de leurs conclusions même s'il arrive que certains logiciens fassent grise mine ? En un sens, non, et cette incompréhension même est mathématiquement productive. Les mathématiciens, chacune d'entre elles et chacun d'entre eux, sont souvent souterrainement attachés à un objet mathématique qui leur parle particulièrement, presque personnellement, pour une raison ou pour une autre. Cet attachement à un objet précis (jamais considéré par les épistémologues) est particulièrement important. On le retrouve à la base un peu secrète de certaines grandes découvertes, de même qu'un sentiment des plus obscurs peut avoir fait jaillir un poème avec sa métrique. Chez Yuri Manin, nul doute qu'un tel objet (sûrement pas unique) d'un certain désir, soit représenté ici par l'intégrale de chemin mise en évidence par Richard Feynman il y a déjà plus d'un demi-siècle. Deux versants, deux facettes à cet objet : une grandeur physique, l'action, et une question mathématique. À propos de la première, Manin insiste sur l'importance majeure d'une grandeur qui de prime abord peut sembler « abstraite » ou du moins dérivée. Les grands physiciens cependant ne s'y sont pas trompés. La célèbre constante de Planck $\hbar$ a bien la dimension d'une action, et bien des conversations entre Einstein et Bohr ont porté, dès les premiers congrès Solvay, sur sa signification profonde et en particulier sur son invariance adiabatique. Quant à la ou les questions mathématiques que nous pose cette fameuse intégrale, il s'agit d'abord de sa définition même : si l'on ôte le petit i ($= \sqrt{-1}$), alors Norbert Wiener nous a génialement appris comment se tirer d'affaire ; ce sont les mathématiques de l'équation de la chaleur, du mouvement brownien et plus généralement des processus stochastiques. Mais avec le petit i de l'équation de Schrödinger, nous ne savons plus trop définir l'intégrale, moins encore énoncer les théorèmes de phase stationnaire en dimension infinie qui seraient nécessaires pour justifier les assertions si suggestives des physiciens. Notons simplement, pour terminer, le rapport de tout ceci avec un célèbre texte d'André Weil, cinq petites pages intitulées *De la métaphysique aux mathématiques* (1960), dans lesquelles il utilise d'ailleurs en partie une lettre bien antérieure (1940) à sa sœur Simone. Il y conte le processus historique du progrès en mathématique, ces brouillards qui à chaque époque recouvrent certains objets (aujourd'hui l'intégrale de chemin, entre bien d'autres), puis qui se dissipent lentement, comme il l'écrit à propos de Lagrange entrevoyant ce que sera le groupe de Galois, sans pouvoir l'atteindre. Et il ajoute que certains objets ont ainsi perdu de leur mystère et par là-même de leur intérêt, en premier lieu le calcul différentiel et intégral. Or en ce point on est tenté d'objecter violemment ! Non, le *calculus* n'a pas vraiment livré ses dernières ressources. Au contraire, il est tentant d'y trouver, sous des formes à l'évidence moins élémentaires que ce qui s'enseigne dans les premières années des études universitaires, un nœud d'intuitions qui demeure à la source de découvertes mathématiques étonnantes. En un sens ce « calcul » incarne une certaine forme de maîtrise de l'espace et du temps qui demeure à la base, non seulement de bien des recherches mathématiques, mais aussi de tout un pan de la civilisation industrielle et du capitalisme. Pour se borner au versant mathématique, je citerai simplement la version résumée par Grothendieck dès la première page des SGA (SGA 1, p. 1 ! Suivent environ 2 500 pages), qui doit tant à Leibniz, ainsi que l'introduction par le même de la cohomologie cristalline (pour des détails sur tout ceci et bien d'autres choses encore, je me permets de renvoyer à *Mathématiques et finitude*, Kimé, 2015). Je citerai aussi... l'intégrale de chemin.

* * *

La troisième et dernière partie de ce volume est celle qui s'écarte le plus de la version américaine ; plus fournie, elle inclut des textes qui ne figurent pas dans cette dernière (III.3, 4, 8, 9, 10 & 12) et offrent, si l'on met III.3 de côté, un aperçu sur des facettes peut-être moins clairement scientifiques, plus personnelles et entre autres plus spécifiquement russes de la pensée de l'auteur. On notera que III.4, 8 & 10, ainsi que certains des poèmes rassemblés dans III.12 et magnifiquement traduits par Claire Vajou avec le concours actif de leur auteur, ne figurent pas dans l'édition russe (plus précisément la deuxième édition, qui date de

2010). Celle-ci contient en revanche un choix d'autres textes qui pour diverses raisons n'ont pas été retenus.

La première moitié de cette troisième partie (III.1 à III.4) tourne autour de ce qui est sans doute le plus fort et constant des centres d'intérêt extra mathématiques de l'auteur, à savoir la linguistique, plus précisément une forme de proto-/archéo- ou psycho-linguistique. Ici encore, à tendre un tant soit peu l'oreille, on perçoit de subtils mais indubitables échos du reste du volume. N'est-il pas après tout de nouveau question d'un « tournant linguistique » ? Simplement celui-ci ne date pas d'un siècle et demi, ni même de vingt-cinq siècles ; il s'étend plutôt sur une durée quasi astronomique de quelques deux cents siècles voire dix fois plus, entre mille et dix mille générations. Nous peinons à en cerner jusqu'aux plus vagues contours, presque imperceptibles au travers de « la fumée des siècles » (Pouchkine) et cependant l'auteur s'aventure à nous faire – hypothétiquement – assister à la très lente phylogénèse du pouvoir de la parole chez les humains, très lente prise de pouvoir de cette partie du cerveau (l'hémisphère gauche, pour simplifier) que précisément Yuri Manin nomme, après d'autres, *dominant*.

Il est à noter que la question n'est *pas* ici celle d'une « proto-langue universelle », objet de tous les fantasmes d'une forme de protolinguistique souvent contestée sinon décriée, sans doute contestable. Cette dernière vise à rien moins que la restitution d'une langue originelle, adamique, quelques millénaires en deçà des reconstructions admises pour des groupes de langues géographiquement situées, en particulier le proto-indo-européen. Sur cette protolangue on ne trouve guère, semble-t-il, d'accord entre les linguistes, les rapprochements entre langues indo-européennes et langues sémitiques étant déjà souvent considérés comme hasardeux. Les questions examinées dans ce livre, après d'autres auteurs, en particulier le célèbre anthropologue Paul Radin, sont d'un tout autre ordre ; elles concernent des périodes beaucoup plus longues et plus anciennes et se situent à la frontière entre linguistique, anthropologie et pourquoi pas philosophie, histoire, sociologie, ou encore psychologie (d'où le terme de psycholinguistique). Elles sont plus indisciplinées qu'interdisciplinaires. Comment s'est constituée ce que nous nommons conscience de soi ? Comment a pu évoluer l'équilibre entre « cerveau gauche » et « cerveau droit », ces deux expressions n'étant certes pas à prendre au pied d'une lettre physiologique ? Il est caractéristique et amusant que ces deux faces de nous-mêmes sont ici, en accord avec de nombreux auteurs, qualifiées respectivement de « dominante » et « subdominante » quand d'autres auteurs emploient des qualificatifs tout différents, parfois avec des connotations presque inverse.

Au foyer de cette lente « prise de pouvoir du cerveau gauche » on trouve le *trickster* (cf. III.1) aux multiples et chatoyants déguisements, distribué dans toute une suite carnavalesque de personnages qui hantent les lieux de pouvoir, de divination ou de dévotion, autant que plus tard les littératures de pratiquement toutes les civilisations. On le retrouve sous des noms, des habits, des oripeaux étonnamment divers, engagé aussi dans des couples aussi peu comparables *a priori* que [ceux du clown blanc et du clown rouge, de Moïse et de son frère Aaron, du chef de tribu et du chamane.] Outre l'intérêt intrinsèque et le caractère proprement comique, au sens quasi antique du terme, de ce personnage introduit par Paul Radin dans un livre auquel, et ce n'est pas un hasard, Carl Jung a collaboré, Yuri Manin voit en lui celui qui a fait, au fil de nombreux millénaires, basculer la fonction de la parole, accompagnant sa métamorphose en un véritable langage (cf. III.2). Il est ici inutile de commenter plus avant ces idées étonnantes, que d'aucuns jugeront non scientifiques (car difficilement « falsifiables » !) mais qui n'en sont pas moins extrêmement suggestives. Les beaux textes III.1 à III.4 parlent d'eux-mêmes.

J'ajouterai cependant deux observations en marge, une marge trop étroite pour leur accorder la place qu'elles méritent – ou ne méritent pas. Ci-dessus je me suis permis d'émettre des réserves au sujet du texte célèbre de Pascal sur l'esprit de géométrie et l'esprit de finesse. Mais au fond, plutôt que de se référer à la prétendue césure entre « les deux cultures », peut-être serait-il préférable de lire cette *pensée* dans les termes du délicat équilibre entre les deux faces de nous-mêmes dont une bonne partie de ce volume s'enquiert. Peut-être, en un mot, vaut-il mieux y voir un plaidoyer pour l'« hémisphère subdominant », avec toute la complexité que Yuri Manin et d'autres auteurs attestent avec les détails, les nuances et les doutes ici requis. On fera attention que la césure entre « les deux cultures » n'est à l'évidence sociologiquement que trop bien attestée. On prendra garde aussi que pour Pascal « géométrie » est pratiquement synonyme de « mathématiques », tout comme, trois siècles et demi plus tard, Henri Poincaré écrira « illustre géomètre » pour « célèbre mathématicien ». Les péripéties de l'équilibre intramathématique entre les figures et les discours (voire les figures du discours) sont nombreuses et complexes depuis les *Éléments* d'Euclide ou même avant. Yuri Manin en touche d'ailleurs un mot ici même (e.g. dans III.3). Cela dit et pour rendre hommage à Pascal, ce qui précède se réfère à un ordre différent. De manière plus hasardée encore, on peut noter que Pascal use volontiers d'oppositions binaires qui confèrent à son style une marque très reconnaissable. Est-ce à dire qu'aujourd'hui certains « grands récits » se sont usés, en tout premier lieu le récit hégelien de la *Phénoménologie de l'esprit* ? Autrement dit nous entrerions dans un temps moins dialectique, moins porté sur les médiations que sur des oppositions non dialectisables. Encore une fois, il importe extrêmement de lire cette suggestion aventurée dans son ordre, en songeant que rien n'oblige pour autant à revenir à un dualisme gnostique volontiers attribué à Plutarque, combattu par Plotin, abjuré par Saint Augustin. Rien n'y oblige, du moins pas comme le spectacle de l'actualité pourrait le suggérer.

Je terminerai ce paragraphe avec une dernière remarque qui elle aussi prolonge et confirme certaines des impresssions consignées plus haut, à savoir qu'ici le terme de *dominant*, appliqué au « cerveau gauche », à l'hémisphère du langage entendu en particulier comme véhicule des idées et des concepts, ce terme est pleinement justifié. Nous sommes, *hic et nunc,* à une échelle temporelle qui tient du clin d'œil à l'aune des éons que ces textes embrassent, plongés dans un moment qui est – encore – « linguistique ». De *logos* et d'*eikôn,* c'est encore, malgré certaines apparences assez superficielles, le premier qui domine. Pour combien de temps se demande l'auteur et nous avec lui ? De fait et dans une sorte de mise en abyme, l'*image* intervient assez peu dans ce volume, mais elle n'est pas oubliée, revenant au détour d'un texte, ainsi en III.3 où les mathématiques sont interrogées à nouveau. Les deux pôles, « gauche » et « droit », « dominant » et « subdominant », admettent aussi, dans un contexte plus philosophique, diverses dénominations, dont certaines peuvent paraître surprenantes (voir aussi p. 358) : langage et imagination, algèbre et topologie, discret et continu, en sont quelques exemples (le dernier couple d'antonymes est longuement interrogé dans *Mathématiques et finitude,* cité plus haut). Et Yuri Manin de noter qu'à l'intérieur des mathématiques elles-mêmes, et jusque dans leurs fondements, le « cerveau droit » est peut-être en train de « reprendre le pouvoir » (p. 407). L'avait-il au fond jamais perdu ? Le tournant linguistique au sens du temps court, un petit siècle et demi, n'aurait-il représenté qu'un accident historique aussi peu destiné à perdurer que les féroces crises iconoclastes qui ont jalonné nos rapports à une transcendance révélée ou non ? Laissons à l'avenir, proche ou plus lointain, le soin d'en décider.

* * *

La matière même de la fin du volume (textes III.6 à III.12) nous suggère, nous invite, pour ne pas dire nous oblige à nous montrer moins délibérés et cohérents. à quoi bon ? La nature humaine ne l'est assurément pas et l'auteur nous entraîne peu à peu vers des contrées plus ombreuses. Voici pourtant que certains *Leitmotive* reparaissent au détour de la page. Passons sur III.11, texte « sage » comme son titre l'indique, en principe facilement compréhensible et convaincant, du moins pour l'auteur de ces lignes. Dans la recension III.7 du livre de Clara Park, on entend par moment à nouveau le thème des deux hémisphères. Ici je me contenterai de noter qu'à la date à laquelle cet essai a été écrit, en 1987, l'autisme (ou le spectre autistique) était peu exploré, mal connu et souvent mal considéré. Ces quelques pages de l'auteur sont donc en un sens aussi remarquables que le livre qu'elles résument et commentent avec une admiration et une sympathie manifestes – et manifestement méritées. L'archétype de la ville morte, lui, qui fait tout le sujet du texte III.6, est longuement commenté dans la préface de F. Dyson et je n'y reviens donc pas. Insistons seulement sur ce qu'il est bien question d'un archétype au sens jungien du terme. Car les idées de Carl Jung déploient effectivement leur aile et leur influence sur ces textes. Simplifiant à l'extrême on pourrait dire qu'entre l'inconscient individuel freudien, avec sa topique résumée par la triade « ça-moi-surmoi », qu'il juge trop rigide, et l'inconscient collectif jungien, Yuri Manin a tranché en faveur de Jung. Il est d'ailleurs amusant de songer que le thème omniprésent des deux hémisphères n'est pas sans rappeler la dichotomie pseudo-sinisante du yin et du yang (subdominant *vs* dominant), laquelle dichotomie Alexandre Grothendieck affectionne au point d'y avoir consacré des centaines de pages. Yuri Manin voue à celui-ci une admiration quelque peu stupéfaite (quel mathématicien objecterait ?) ; or, pour ce dernier, Jung figure avant tout le paradigme du traître, celui qui a trahi son maître comme d'autres l'ont, à en croire Grothendieck, trahi lui-même. Décidément, rien n'est simple, même si ce n'est pas ici le lieu de développer ces facettes de l'histoire ! Ce qui est sûr par contre, c'est que le thème de l'inconscient collectif plutôt qu'individuel, qui est aussi celui de la philogénèse plutôt que l'ontogenèse, revient non sans profondeur et subtilité en III.9, à propos des travaux de Claude Lévi-Strauss. Je laisserai au lecteur le plaisir de méditer sur ce texte où l'on rencontre aussi le thème du contraste entre opposition et médiation (cf. le haut de la p. 483 ainsi que le premier paragraphe de la p. 485) dont il a été rapidement question ci-dessus. Rencontre étonnante et significative si l'on y songe. En un sens les mathématiques ne connaissent pas la « flèche du temps », elles sont toujours « réversibles », ce qui d'ailleurs occasionne bien des difficultés en physique théorique. Même sous la forme extrêmement élémentaire sous laquelle elles sont mises en jeu dans le « structuralisme », ceci mène, comme le remarque l'auteur (haut de la p. 485), à un système de transformations dont la signification est profondément synchronique, le sens du mouvement étant indifférent, de sorte que l'idée (hégelienne ?) de médiation, de sursomption des oppositions, fait long feu, et que l'on revient *volens nolens* à un échiquier d'oppositions non dialectisables. Laissons au lecteur le plaisir du texte, et celui de pousser plus loin si cela lui chante. Quant à nous, esquissant à nouveau un pas en arrière plutôt qu'en avant, remarquons simplement que dans le texte III.8 l'auteur nous invite avec un sourire à partager un moment moscovite quelque peu surréaliste, de ceux que la perestroïka avait multipliés. Acceptons cette invitation et rendons-lui son sourire...

Le *Carnaval* (III.10) et le choix de poèmes (III.12) sont en un sens les textes les plus intimes. Oh, ce n'est pas que, profondément, tout au long de ce *Carnaval*, il ne soit pas question du fameux *trickster*, encore que le mot ne figure pas dans le texte ! Au vrai, on ne voit que lui – ou presque. Sauf que lorsque les bouffons et les fous, entre deux glacis, le temps de quelques étincelles désordonnées, se saisissent du pouvoir, pour peu que l'on tâche d'aller à la rencontre de tous ceux qui errent sur des chemins de traverse, il serait injuste de les couler immédiatement dans le moule de l'Université. Non qu'ils perdent rien pour attendre. N'ayons crainte ; des articles savants, érudits, admirablement documentés, leur seront un jour consacrés, l'ont été déjà très largement. Ces quelques pages n'en sont pas. Elles choisissent d'accompagner certains de ces errants, ceux de Dada, ceux du Futurisme, les tenants du Zaoum balbutiant leur dyr-bul-schyl, les futurs condamnés d'Oberiou, pourquoi pas également le fol-en-Christ vêtu des hardes russes du *yurodivyï* ou encore le talmudiste errant, ceux qui croyaient au Ciel et ceux qui n'y croyaient pas, tous les colporteurs, tous les damnés de la parole faisant cause commune avec les damnés de la terre. L'absurde, *ab-surdus*, littéralement l'inouï – que diable, nous ne sommes pas sourds, messieurs ! – le désaccordé bat son plein dans un certain cabaret enfumé de Zürich que fréquente aussi – il habite à deux pas – un Vladimir Illitch, lequel tantôt expédiera les récalcitrants aux Solovki et ailleurs. Alors, fini de jouer ! Endgame ! Pour l'heure, Sergeï Alexandrovitch ne s'est pas passé la corde au cou, ni Vassili Vassilievitch tiré une balle dans le cœur. Laissons les mots de la Révolution jaillir un instant, un instant seulement, dans leur jouissive liberté, pire, se faire avalanche dans une rare et précieuse anarchie – subdominante ou moins encore.

À quoi bon commenter les poèmes rassemblés en III.12 ? Sinon afin de préciser que certains sont extraits de la collection qui figure dans l'édition originale et que tous sont ici traduits du russe pour la première fois ; sinon pour ajouter que leur auteur aime à pratiquer l'art du centon et de l'allusion, un art qui comme de juste suppose commentaire, ici généreusement offert par la traductrice, après l'auteur lui-même ; sinon encore pour noter que la nostalgie s'y montre discrète, jamais envahissante. Foin cependant de ces lourdes prétéritions ; autant vaudra, en guise de clôture, une citation :

L'étoile en sa galaxie, le corbeau sur la branche
Ignorent les affres du dilemme shakespearien
Mais nous – sommes le style tardif de l'Univers qui se fait vieux.
Il chante à travers nous son angoisse.

LISTE DES PUBLICATIONS DE Yuri I. MANIN

1956

1. « Congruences moduli to a prime modulus », *Izv. AN SSSR*, sér. math. 20:6 (1956), p. 673–678 (en russe) ; *AMS Translations*, sér. 2, 13 (1960), p. 1–7 (en anglais).

1958

2. « Algebraic curves on fields with differentiation », *Izv. AN SSSR*, sér. math. 22:6 (1958), p. 737–756 (en russe) ; *AMS Translations*, sér. 2, 37 (1964), p. 59–78 (en anglais).

1959

3. « Sur les modules d'un corps de fonctions algébriques », *Doklady AN SSSR* 1253 (1959), p. 488–491 (en russe).

1961

4. « The Hasse-Witt matrix of an algebric curve », Izv. AN SSSR, sér. math. 251 (1961), p. 153–172 (en russe) ; *AMS Translations*, sér. 2, vol. 45 (1965), p. 245–264 (en anglais).
5. « À propos des équations diophantines sur champs fonctionnels », *Doklady AN SSSR* 139:4 (1961), p. 806–809 (en russe).
6. « Sur les revêtements ramifiés des courbes algébriques », *Izv. AN SSSR*, sér. math. 25:6 (1961), p. 789–796 (en russe).
7. *Théorie des variétés abéliennes*, thèse de doctorat, Institut de math. Steklov, Moscou, 1961, 66 pages (en russe).

1962

8. « À propos de la théorie des variétés abéliennes sur un champ de caractéristique finie », *Izv. AN SSSR*, sér. math. 26:2 (1962), p. 281–292 (en russe).

9. « Une remarque sur les p-algèbres de Lie », *Sibirskii Math. Journal* 3:3 (1962), p. 479–480 (en russe).
10. « Une démonstration émémentaire du théorème de Hasse », Chapitre 10 de *Méthodes élémentaires en théorie analytique des nombres* de A. O. Gelfond et Yu. V. Linnik, Fizmatgiz, Moscou, 1962, 13 pages (en russe).
11. « Groupes formels abéliens de dimension deux », *Doklady AN SSSR* 143:1 (1962), p. 35–37 (en russe).
12. « Sur la classification des groupes formels abéliens », *Doklady AN SSSR* 144:3 (1962), p. 490–492 (en russe).
13. « Sur les constructions géométriques au compas et à la règle », Chapitre 6 de l'*Encyclopédie des mathématiques élémentaires,* vol. 6, Fizmatgiz, Moscou, 1962, 14 pages (en russe).

1968

29. « Correspondences, motives, and monoidal transforms », *Math. Sbornik* 77:4 (1968), p. 475–507 (en russe) ; *Mathematics of the USSR Sbornik* vol. 6 (1968), p. 439–470 (en anglais).
30. « Surfaces rationnelles et cohomologie de Galois », *Proc. Moscou ICM,* MIR, Moscou, 1968, p. 495–509.
31. « On some groups related to cubic surfaces », *Algebraic geometry,* Tata Press, Bombay, 1968, p. 255–263.
32. « Cubic hypersurfaces I. Quasigroups of point classes », *Izv. AN SSSR,* sér. math., 32:6 (1968), p. 1223–1244 (en russe) ; *Math USSR – Izvestia* 2 (1968), p. 1171–1191 (en anglais).
33. *Cours de géométrie algébrique,* Comp. Center, Université de Moscou, 1968, 185 pages (en russe).

1969

34. « The p-torsion of elliptic curves is uniformly bounded », *Izv. AN SSSR* sér. math. 33:3 (1969), p. 459–465 (en russe) ; *Math. USSR Izvestia* 3 (1969), p. 433–438 (en anglais).
35. « Hypersurfaces cubiques II. Automorphismes birationnels en dimension deux », *Inv. Math.* 6 (1969), p. 334–352).
36. « Hypersurfaces cubiques III. Boucles de Moufang et équivalence de Brauer », *Math. Sbornik* 79:2 (1969), p. 155–170 ; « Cubic hypersurfaces III. Moufang loops and Brauer equivalence », *Math. USSR Sbornik* 24:5 (1969), p. 1–89 (en anglais).
37. « Leçons sur le foncteur K en géométrie algébrique », *Ouspekhi Math. Naouk,* 24:5 (1969), p. 3–86 (en russe) ; « Lectures on the K-functor in algebraic geometry », *Math. Surveys* 24:5 (1969), p. 1–89 (en anglais).

38. « Commentaires sur les cinq problèmes d'Hilbert », *Hilbert Problems,* Naouka, Moscou, 1969, p. 154–162, 171–181, 196–199 (en russe).
39. « Éléments réguliers dans le groupe de Cremona », *Math. Zametki* 5:2 (1969), p. 145–148 (en russe).

1970

40. « The refined structure of the Néron-Tate height », *Math. Sbornik* 83:3 (1970), p. 331–348 (en russe) ; *Math. USSR Sbornik,* 12 (1970), p. 325–342 (en anglais).
41. *Cours de géométrie algébrique I : schémas affines,* Université de Moscou, 1970, 133 pages (en russe).

1971

42. « Le groupe de Brauer-Grothendieck en géométrie diophantienne », *Actes du Congrès International de Math.,* Nice, Gauthier-Villars 1971, vol. 1, p. 401–411.

1975

58. « Le problème du Continuum », *Sovrem. Probl. Math.* 5 (1975), p. 5–72 (en russe).
59. « Le Théorème de Gödel », *Priroda* 12 (1975), p. 80–87 (en russe).

1976

60. « Non-Archimedean integration and *p*-adic Jacquet-Langlands L-series », *Uspekhi Math. Naouk* 31:1 (1976), p. 5–54. (en russe) ; *Math. Surveys* 31:1 (1976), p. 5–57 (en anglais).

1977

61. « Poisson brackets and the kernel of the variational derivation in the formal calculus of variations (en collaboration avec I. M. Gelfand et M. A. Shubin) Funkc. Anal. i evo Prilozen., 10:4 (1977), 31–42 (en russe) ; (en anglais) : *Func. Anal. Appl.,* 10:4 (1977).
62. Convolutions of Hecke series and their values at lattice points (en collaboration avec A.A.Panchishkin). (en russe) : Math. Sbornik, 104:4 (1977), p. 617–651. (en anglais) : Math. USSR Sbornik, 33:4 (1977), 539–571.
63. Long wave equations with a free surface I. Conservation laws and solutions (en collaboration avec B. Kupershmidt). (en russe) : Funkc. Anal. i evo Prilozen., 11:3 (1977), p. 31–42. (en anglais) : Func. Anal. Appl., 11:3 (1977), p. 188–197.

64. *A Course in Mathematical Logic,* Springer Verlag, XIII (1977), 286 pages.
65. « Assioma/Postulato », *Enciclopaedia Einaudi* vol. 1 (1977), p. 992–1010, Einaudi,Turin.
66. « Applicazioni », *Enciclopaedia Einaudi* vol. 1 (1977), p. 701–743, Einaudi, Turin.
67. « Des hommes et des signes », *Priroda* 5 (1977), p. 150–152. (en russe).
68. « Long wave equations with a free surface II. The Hamiltonian structure and the higher equations » (en collaboration avec B. Kupershmidt), *Funkcional. Anal. i evo Prilozen.* 12:1 (1978), p. 25–37 (en russe) ; *Func. Anal. Appl.* 12:1 (1978), p. 20–29 (en anglais).
69. « Matrix solitons and vector bundles over singular curves », *Func. Anal. i evo Prilozen.* 12:4 (1978), p. 53–63 (en russe) ; *Func. Anal. Appl.* 12:4 (1978) (en anglais).
70. « Algebraic aspects of non-linear differential equations », *Sovrem. Probl. Math.* vol. 11 (1978), p. 5–152 (en russe) ; *Journ. of Soviet Math.* 11 (1979), p. 1–122 (en anglais)
71. « Self-dual Yang-Mills fields sur une sphère » (en collaboration avec V. G. Drinfeld), *Funkc. Anal. i evo Prilozen.* 12:2 (1978), p. 78–79 (en russe) ; « Self-dual Yang-Mills fields on a sphere », *Func. Anal. Appl.* 12:2 (1978) (en anglais).
72. « Sur les faisceaux localement libres sur $\mathbb{CP}^3$ associés aux champs de Yang-Mills » (en collaboration avec V. G. Drinfeld), *Uspekhi Math. Naouk* 33:3, 1978, p. 241–242 (en russe).
73. « Construction of instantons » (en collaboration avec M. F. Atiyah, V. G. Drinfeld, N. J. Hitchin), *Phys. Lett.* A 65:3, 1978, p. 185–187.
74. « Instantons and sheaves on $\mathbb{CP}^3$ » (en collaboration avec V. G. Drinfeld), *Springer Lecture Notes in Math.*, vol. 732, 1978, p. 60–81.
75. « A description of instantons » (en collaboration avec V. G. Drinfeld), *Comm. Math. Phys.* vol. 63 (1978), p. 177–192.
76. « Une description d'instantons II » (en collaboration avec V. G. Drinfeld), *Actes. du Séminaire International sur la physique des hautes énergies et la théorie quantique des champs,* Serpoukhov, 1978, p. 71–92 (en russe).
77. « Modular forms and number theory », *Actes du Congrès international de math.*, Helsinki, 1978, vol. 1, p. 177–186.
78. « *Continuo/Discreto* », *Enciclopaedia Einaudi* vol. 3 (1978), p. 935–986, Einaudi, Turin.
79. « *Dualitá* » (en collaboration avec I. M. Gelfand), *Enciclopaedia Einaudi* vol. 5 (1978), p. 126–178, Einaudi, Turin.

80. « Divisibilità », *Enciclopaedia Einaudi* vol. 5 (1978), Einaudi, Turin, p. 14–37.

1979

81. « Conservation laws and Lax representation of Benney's long wave equations (en collaboration avec D. R. Lebedev), *Phys. Lett.* A 74 (1979), p. 154–156.
82. « Gelfand-Dikii Hamiltonian operator and the co-adjoint representation of the Volterra group (en collaboration avec D. R. Lebedev), *Funkc. Anal. i evo Prilozhen.* 13:4 (1979), p. 40–46 (en russe) ; *Func. Anal. Appl.* 13:4 (1979), p. 268–273 (en anglais).
83. « Yang-Mills fields, instantons, tensor product of instantons » (en collaboration avec V. G. Drinfeld), *Yad. Fiz.* 29:6 (1979), p. 1646–1653 (en russe) ; *Soviet J. Nucl. Phys.* 29:6 (1979), p. 845–849 (en anglais).
84. « Modular forms and number theory », *Actes du Congrès Int. de* Math. *1978*, Helsinki, 1979, vol. 1, p. 177–186.
85. Mathematics and Physics. (en russe) : Znaniye, Moscou, 1979, 63 pp.
86. *Démontrable et indémontrable, Sov. Radio*, 1979, 166 pages (en russe).
87. « Insieme », *Enciclopaedia Einaudi* vol. 7 (1979), p. 744–776, Einaudi, Turin (en italien).
88. « Razionale/Algebrico/Transcedente », *Enciclopaedia Einaudi* vol. 11 (1979), Einaudi, Turin, p. 603–628 (en italien).
89. « Nouvelle rencontre avec Alice », *Priroda* 7 (1979), p. 118–120 (en russe).

1980

90. « An instanton is determined by its complex singularities », (en collaboration avec A. A. Beïlinson et S. I. Gelfand), *Funkc. Analiz i evo Priloz.* 14:2 (1980), p. 48–49. (en russe) ; *Func. Anal. Appl.* 14:2 (1980) (en anglais).
91. « Twistor description of classical Yang-Mills fields », *Phys. Lett.* B 95:3–4 (1980), p. 405–408.
92. « Équations de Benney pour les ondes de grande longueur d'onde II. Représentation de Lax et lois de conservation » (en collaboration avec D. R. Lebedev), *Zap. Nauchn. Sem. LOMI* 96 (1980), p. 169–178 (en russe).
93. « Transformation de Penrose et champs classiques de Yang-Mills », *Group Theoretical Methods in Physics*, Naouka, 1980, vol. 2, p. 133–144 (en russe) :

94. « Methods of algebraic geometry in modern mathematical physics » (en collaboration avec V. G. Drinfeld, I. Krichever, S. P. Novikov), *Math. Phys. Review* 1 (1980), Harwood Academic, Chur, p. 3–57.
95. *Calculable et incalculable*, Sov. Radio, 1980, 128 pages.
96. *Algèbre linéaire et géométrie* (en collaboration avec A. I. Kostrikin), Moscou University, 1980, 319 pages (en russe).

1981

97. « Gauge fields and holomorphic geometry », *Sovr. Probl. Math.* 17 (1981), p. 3–55 (en russe) ; *Journal of Soviet Math.* (en anglais).
98. « Hidden symmetries of long waves », *Physica* D 3:1–2 (1981), p. 400–409.
99. « On the cohomology of twistor flag spaces » (en collaboration avec G. M. Henkin), *Compositio Math.* 44 (1981), p. 103–111.
100. « Expanding constructive universes », *Springer Lect. Notes in Comp. Sci.* 122 (1981), p. 255–260.
101. « Simmetria » (en collaboration avec I. M. Gelfand), *Enciclopaedia Einaudi* vol. 12 (1981), Einaudi, Turin, p. 916–943.
102. « Strutture matematiche », *Enciclopaedia Einaudi* vol. 13 (1981), Einaudi, Turin, p. 765–798.
103. « La langue naturelle dans les textes scientifiques (en russe), *Structure du Texte* 81, Naouka, Moscou, 1981, p. 25–27.
104. *Mathematics and Physics*, Birkhäuser, Boston, 1981, 100 pages.
105. *Lo Demostrable e Indemostrable*, Mir, Moscou, 1981, 262 pages (en espagnol).

1982

106. « Null-geodesics of complex Einstein spaces », (en collaboration avec I. B. Penkov), *Funkc. Analiz i evo Priloz.* 16:1 (1982), p. 78–79. (en russe) ; *Func. Anal. Appl.* 16:1 (1982) (en anglais).
107. « Équations de Yang-Mills-Dirac en tant qu'équations de Cauchy-Riemann sur un espace de twisteurs » (en collaboration avec G. M. Henkin), *Yad. Fiz.* 35:6 (1982), p. 1610–1626 (en russe).
108. « Gauge fields and cohomology of spaces of null-geodesics », *Gauge Theories, Fundamental Interactions and Related Results*, Birkhäuser, 1982, p. 231–234.
109. « What is the maximum number of points on a curve over F ? », *Journ. Fac. Sci. Univ. Tokyo*, sér. 1A 28:3 (1982), p. 715–720.
110. « Remarques sur les supervariétés algébriques », *Algebra* (pour le 90e anniversaire d'O. Yu. Schmidt), Université de Moscou, 1982, p. 95–101 (en russe).

111. *Mathematiques et Physique*, Naouka i Izkousstvo, Sofia, 1982, 56 pages (en bulgare).
112. « Une trilogie sur les Mathématiques », *Znaniye-Sila* 3 (1982), p. 32 (en russe).

1983

113. « Flag superspaces and supersymmetric Yang-Mills equations », *Arithmetic and Geometry, papers to honor I. R. Shafarevich*, vol. 2, Birkhäuser, 1983, p. 175–198.
114. « Supersymétrie et supergravité dans le superespace de géodésiques nulles », *Group Theoretical Methods in Physics*, Naouka, Moscou vol. 1 (1983), p. 203–208 (en russe).
115. « Idées géométriques en théorie des champs », *Idées géométriques en physique*, Mir, 1983, p. 5–16 (en russe).
116. « Tynyanov et Griboïedov », *Revue d'Études Slaves*, t. LV, f. 3 (1983), Paris, p. 507–521 (en russe).

1984

117. « Géométrie de supergravité et supercellules de Schubert », *Zapiski Sem. LOMI* 133 (1984), p. 160–176 (en russe).
118. « Grassmannienes et variétés de drapeaux en supergéometrie », Problèmes d'Analyse moderne, Université de Moscou, 1984, p. 83–101 (en russe).
119. « Schubert supercells », *Funkc. Analiz i evo Priloz.* 18:4 (1984), p. 75–76 (en russe) ; *Func. Anal. Appl.* 18:4 (1984), p. 329–330 (en anglais).
120. « Nouvelles solutions exactes et analyse cohomologique des équations classiques et supersymétriques de Yang-Mills », *Troudy MIAN* 165 (1984), p. 98–114 (en russe).
121. « Holomorphic supergeometry and Yang-Mills superfields », *Sovr. Probl. Math.* 24 (1984), p. 3–80 (en russe) ; *Journal of Soviet Math.* (en anglais).
122. « New directions in geometry », *Ouspekhi Math. Naouk* 39:6 (1984), p. 47–73. (en russe) ; *Math. Surveys* 39:6 (1984), p. 51–83 et *Springer Lecture Notes in Math.* 1111, 1985, p. 59–101 (en anglais).
123. « The inverse scattering transform and classical equations of motion », *Nonlinear and Turbulent Processes in Physics*, Harwood Academic, Chur, 1984, vol. 3, p. 1487–1502.
124. « Linear codes and modular curves » (en collaboration avec S. G. Vladut), *Sovr. Probl. Math.* vol. 25 (1984), p. 209–257 (en russe) ; *Journal of Soviet Math.* 30 (1985), p. 2611–2643 (en anglais).

140. *Bevezetés a kiszámíthatóság matematikai elméletébe* (traduction en hongrois de *Computable and Uncomputable*), Műszaki Könyvkiadó, Budapest, 1986, 144 pages.

1987

141. « Quantum strings and algebraic curves », *Actes du Congrès International de Math., Berkeley 1986*, AMS, Providence RI, 1987, vol. 2, p. 1286–1295.
142. « Some remarks on Koszul algebras and quantum groups », Ann. Inst. Fourier 37:4 (1987), p. 191–205.
143. « Values of Selberg's zeta function at integer points » (en collaboration avec A. A. Beïlinson), *Funkc. Analiz i evo Prilozen.* 21:1 (1987), p. 68–69. (en russe) ; *Func. Anal. Appl.* 21:1 (1987), p. 58–60 (en anglais).
144. « Sheaves of the Virasoro and Neveu-Schwarz algebras » (en collaboration avec A. A. Beïlinson et V. V. Shechtman), *Springer Lecture Notes in Math.* 1289 (1987), p. 5266.
145. « A superanalog of the Selberg trace formula and multiloop contribution for fermionic string » (en collaboration avec M. A. Baranov, I. V. Frolov, A. S. Schwartz), *Comm. Math. Phys.* 111 (1987), p. 373–392.
146. « Sur le problème des premiers stades de la parole et de la conscience (phylogénèse) », *Intellectual Processes and their Modeling*, Naouka, Moscou, 1987, p. 154–178 (en russe).
147. « C'est de l'amour », *Priroda* 4 (1987), p. 118–120 (en russe).
148. « Le trickster mythologique en psychologie et dans l'histoire de la culture », *Priroda* 7 (1987), p. 42–52 (en russe).

1988

149. *Quantum groups and non-commutative geometry*, Montreal University Press, 1988, 88 pages.
150. « Neveu-Schwarz sheaves and differential equations for Mumford superforms », *J. of Geometry and Physics* 5:2 (1988), p. 161–181.
151. Brouwer Memorial Lecture 1987, *Nieuw Arch. Wisk.* (4) 6 (1988), n°s 1–2, 1–6.
152. « Éléments de supergéométrie » (en collaboration avec A. A. Voronov et I. B. Penkov), *Sovr. Probl. Math.* vol. 32 (1988), p. 3–25 (en russe).
153. « Supercell partitions of flag superspaces » (en collaboration avec A. A. Voronov) *Sovr. Probl. Math.* vol. 32 (1988), p. 27–70 (en russe).

154. *Méthodes en Algèbre homologique I. Introduction à la Théorie de Cohomologie et aux Catégories dérivées* (en collaboration avec S. I. Gelfand), Naouka, Moscou, 1988, 416 pages (en russe).
155. *Gauge Field Theory and Complex Geometry*, Springer Verlag, 1988, 295 pages.
156. *Algèbre homologique* (en collaboration avec S. I. Gelfand), *Sovr. Probl. Math.* vol. 38 (1988), 238 pages (en russe).

1989

157. « Arrangements of hyperplanes, higher braid groups, and higher Bruhat orders » (en collaboration avec V. V. Schechtman), *Advanced Studies in Pure Math.* vol. 17, Algebraic Number Theory, Academic Press, 1989, p. 289–308
158. « Rational points of bounded height on Fano varieties » (en collaboration avec J. Franke, Yu. Tschinkel), *Inv. Math.* 95 (1989), p. 421–435.
159. « Multiparametric quantum deformation of the general linear supergroup », *Comm. Math. Phys.* 123 (1989), p. 123–135.
160. « Determinants of Laplacians on Riemann surfaces, Conformal Invariance and string theory » (Poiana Brasov, 1987), Academic Press, Boston, MA, 1989, p. 285–291.
161. « Reflections on arithmetical physics, Conformal Invariance and string theory » (Poiana Brasov, 1987), Academic Press, Boston, MA, 1989, p. 293–303.
162. « The formalism of left and right connections on supermanifolds » (en collaboration avec I. B. Penkov), Lectures on Supermanifolds, Geometrical Methods and Conformal Groups, World Scientific, 1989, p. 3–13.
163. « Strings », *Math. Intelligencer* 11:2 (1989), p. 59–65.
164. « Multiparametric quantum deformation of the general linear supergroup », *Comm. Math. Phys.* 123 (1989), 123–135.
165. « Letter to the editor », *Izv. AN SSSR, sér. mat.* 53:2 (1989) (en russe) ; *Math. USSR Izvestija* 34:2 (1990), p. 465–466 (en anglais).
166. *Linear Algebra and Geometry* (en collaboration avec A. I. Kostrikin), Gordon and Breach, 1989, 309 pages.
167. *Elementary Particles : Mathematics, Physics and Philosophy* (en collaboration avec I. Yu. Kobzarev), Reidel, Dordrecht, 1989, 227 pages.

1990

168. « Sur le nombre des points rationnels de hauteur bornée des variétés algébriques » (en collaboration avec V. V. Batyrev), *Math. Annalen* 286 (1990), p. 27–43.

169. « Non-standard quantum deformations of GL(n) and constant solutions of the Yang-Baxter equation » (en collaboration avec E. E. Demidov, E. E. Mukhin, D. V. Zhdanovich), *Progress of Theor. Phys. Supplement* 102 (1990), p. 203–218.
170. « Quantized theta-functions », *Progress of Theor. Phys. Supplement* 102 (1990).
171. *Théorie des nombres* (en collaboration avec A. A. Panchishkin), *Sovr. Probl. Mat.* vol. 49 (1990), 348 pages (en russe).
172. « Mathematics as metaphor », *Proc. of ICM, Kyoto 1990* vol. II, The AMS and Springer Verlag. p. 1665–1671.

1991

173. « Three-dimensional hyperbolic geometry as ∞-adic Arakelov geometry », *Inv. Math.* 104 (1991), p. 223–244.
174. « Quantum Groups », *Afd. Natuurkunde* 100 (1991), Nederl. Acad. Wetensch. Verslag, p. 55–68.
175. *Topics in Non-commutative Geometry*, Princeton University Press, 1991, 163 pages.

1992

176. « Notes on quantum groups and quantum de Rham complexes », *Teoreticheskaya i Matematicheskaya Fizika* 92:3 (1992), p. 425–450.
177. « L'Archétype de la ville déserte » (E. Meletinsky éd.), *Arbor Mundi* 1 (1992), p. 28–34 (en russe).

1993

178. « Notes on the arithmetic of Fano threefolds », *Comp. Math.* 85 (1993), p. 37–55.
179. « Points of bounded height on del Pezzo surfaces » (en collaboration avec Yu. Tschinkel), *Comp. Math.* 85 (1993), p. 315–332.

1994

180. *Homological Algebra* (en collaboration avec S. I. Gelfand), *Enc. of Math. Sci.* vol. 38, Springer Verlag, 1994, 222 pages.

181. « Gromov-Witten classes, quantum cohomology, and enumerative geometry » (en collaboration avec M. Kontsevich), *Comm. Math. Phys.* 164:3 (1994), p. 525–562.

1995

182. « Lectures on zeta functions and motives (according to Deninger and Kurokawa) », *Columbia University Number Theory Seminar*, Astérisque *228* (1995), p. 121–164.
183. *Number Theory I. Fundamental Problems, Ideas and Theories* (en collaboration avec A. Panchishkin), *Enc. of Math. Sci.* vol. 49, Springer Verlag, 1995, 303 pages.
184. « Generating functions in algebraic geometry and sums over trees », *The Moduli Space of Curves* (R. Dijkgraaf, C. Faber et G. van der Geer éd.), *Progress in Math.* vol. 129, Birkhäuser, 1995, p. 401–417.
185. « Problems on rational points and rational curves on algebraic varieties », *Surveys in Differential Geometry* vol. 2 (1995), Int. Press, p. 214–245.

1996

186. « Quantum cohomology of a product » (en collaboration avec M. Kontsevich, appendice de R. Kaufmann), *Inv. Math.* 124, f. 1–3 (1996), p. 313–339 (Remmert Festschrift).
187. « Quantum groups and algebraic groups in non-commutative geometry », *Quantum Groups and their Applications in Physics* (L. Castellani et J. Wess éd.), Actes de l'École Int. de Physique « Enrico Fermi », IOS Press 1996, p. 347–359.
188. « Distribution of rational points on Fano varieties », *Publ. RIMS Kokyuroku* 958, Analytic Number Theory, 1996, p. 98–104.
189. « Automorphic pseudodifferential operators » (en collaboration avec P. B. Cohen and D. Zagier), *Algebraic Aspects of Integrable Systems* (à la mémoire d'Irène Dorfman), (A. S. Fokas et I. M. Gelfand éd.), Birkhäuser, Boston, 1996, p. 17–47.
190. « Stacks of stable maps and Gromov-Witten invariants » (en collaboration avec K. Behrend), *Duke Math. Journ.* 85:1 (1996), p. 1–60.
191. « Higher Weil-Petersson volumes of moduli spaces of stable *n*-pointed curves » (en collaboration avec R. Kaufmann et D. Zagier), *Comm. Math. Phys.* 181:3, 1996, p. 763–787.
192. *Selected Papers*, World Scientific Series in 20th Century Mathematics vol. 3, World Sci., Singapore, 1996, xii + 600 pages.

193. « Methods of homological algebra » (en collaboration avec S. I. Gelfand, traduction de [154]), *Encycl. of Math. Sci*, vol. 38, Algebra V, Springer Verlag, 1996, xv + 372 pages.

1997

194. « Mordell-Weil Problem for Cubic Surfaces, Advances in the Mathematical Sciences-CRM's 25 Years » (L. Vinet éd.), CRM Proc. and Lecture Notes vol. 11, Amer. Math. Soc., Providence, RI, 1997, p. 313–318.
195. « Semisimple Frobenius (super)manifolds and quantum cohomology of $\mathbb{P}^r$ » (en collaboration avec S. A. Merkulov), Topological Methods in Nonlinear Analysis 9:1 (1997), p. 107–161 (Ladyzhenskaya Festschrift).
196. « Le Vatican, automne1996 », *Priroda* 8 (1997), p. 61–66 (en russe).
197. « Gauge Field Theory and Complex Geometry » (seconde édition, appendice de S. Merkulov), Springer Verlag, 1997, XII + 346 pages.
198. *Linear Algebra and Geometry* (en collaboration avec A. I. Kostrikin), édition brochée, Gordon and Breach, 1997, ix + 308 pages.
199. *Elementary Particles* (en collaboration avec I. Yu. Kobzarev), version russe de [167], Phasis, Moscou, 1997, 206 pages.

1998

200. « Sixth Painlevé equation, universal elliptic curve, and mirror of Pn : geometry of Differential Equations » (A. Khovanskii, A. Varchenko, V. Vassiliev. éd.), *Amer. Math. Soc. Transl.* (2), vol. 186, p. 131–151 (prépublication `alg-geom/9605010`).
201. « Relations between the correlators of the topological sigma-model coupled to gravity » (en collaboration avec M. Kontsevich), *Comm. Math. Phys.* 196 (1998), p. 385398 (prépublication `alg-geom/970824`).
202. « Stable maps of genus zero to flag spaces », *Topological Methods in Nonlinear Analysis* 11:2 (1998), p. 207–218 (Moser Festschrift) ; corrections : vol. 15 (2000), p. 401 (prépublication `math.AG/9801005`).
203. « Interrelations between mathematics and physics », *Séminaires et Congrès* n° 3, Soc. Math. de France, 1998, p. 158–168.
204. « Truth, rigour, and common sense », *Truth in Mathematics* (H. G. Dales et G. Oliveri éd.) Clarendon Press, Oxford, 1998, p. 147–159.

1999

205. « Three constructions of Frobenius manifolds : a comparative study » (mélanges offerts à M. Atiyah), *Asian J. Math.* 3:1 (1999), p. 179–220 (prépublication `math.QA/9801006`).

206. « Weak Frobenius manifolds » (en collaboration avec C. Hertling), *Int. Math. Res. Notices* 6 (1999), p. 277–286 (prépublication `math.QA/9810132`).
207. « The work of Maxim Kontsevich », *Notices of the AMS*, Jan. 1999, p. 21–23.
208. *Homological algebra* (en collaboration avec S. I. Gelfand), Springer Verlag, 1999, 222 pages (édition brochée de [179]).
209. *Frobenius manifolds, quantum cohomology, and moduli spaces*, AMS Colloquium Publications vol. 47, Providence, RI, 1999, xiii + 303 pages.

2000

210. « Classical computing, quantum computing, and Shor's factoring algorithm », *Séminaire Bourbaki* n° 862 (juin 1999), *Astérisque* vol. 266, 2000, p. 375–404.
211. « Invertible Cohomological Field Theories and Weil-Petersson volumes » (en collaboration avec P. Zograf), *Ann. Ist. Fourier* 50:2 (2000), p. 519–535.
212. « New moduli spaces of pointed curves and pencils of flat connections » (en collaboration avec A. Losev), Fulton Festschrift, *Michigan Journ. of Math.* vol. 48, 2000, p. 443–472.
213. « Mathematics as profession and vocation », *Mathematics : Frontiers and Perspectives* (V. Arnold et al. éd.), AMS, 2000, p. 153–159.
214. « Courbes rationnelles, courbes elliptiques et l'équation de Painlevé », *Studencheskie Chteniya MK NMU* 1, 2000, Moscou, 2001, p. 27–36. (en russe).
215. « Mathematics : recent developments and cultural aspects », *Science and the Future of Mankind*, Actes de l'Académie pontificale des Sciences, Vatican, 2001, p. 89–94 et *Max Planck Research, Sci. Mag. of the Max Planck Society* 2, 2000, p. 58–59.
216. « Composition of points and Mordell-Weil problem for cubic surfaces » (en collaboration avec D. Kanevsky), *Rational Points on Algebraic Varieties* (E. Peyre et Yu. Tschinkel éd.), *Progress in Mathematics* vol. 199, Birkhäuser, Bâle, 2001, p. 199–219.
217. « Theta functions, quantum tori and Heisenberg groups », *Letters in Math. Physics* 56:3 (édition spéciale Euroconférence M. Flato, partie III), 2001, p. 295–320.
218. « Mirror symmetry and quantization of abelian varieties », *Moduli of Abelian Varieties* (C. Faber et al. éd.), Progress in Math. vol. 195, Birkhäuser, 2001, p. 231–254 (prépublication `math.AG/0005143`).

219. « Modules and Morita theorem for operads » (en collaboration avec M. Kapranov), *Am. J. of Math.* 123:5 (2001), p. 811–838.
220. « Moduli, Motives, Mirrors », *European Congress of Mathematicians Barcelona 2000* vol. I., *Progress in Math.* vol. 201, Birkhäuser, 2001, p. 53–74.
221. « Holography principle and arithmetic of algebraic curves » (en collaboration avec M. Marcolli), *Adv. Theor. Math. Phys.* 5 (2001), p. 617–650.
222. « Un espace de liberté », interview, *Computerra* 2 [379], 23 janvier 2001, p. 26–28 (en russe).

2002

223. « Continued fractions, modular symbols, and non-commutative geometry" (en collaboration avec M. Marcolli), *Selecta math.*, new ser. 8 (2002), p. 475–521.
224. « Triangle of Thoughts » (recension du livre d'A. Connes, A. Lichnerowicz et M. P. Schützenberger), *Notices of the AMS*, mars 2002, p. 325–327.
225. *Variétés de Frobenius, cohomologie quantique, et espaces moduli* (traduction russe de [208]), Factorial Press, Moscou, 343 pages.

2003

226. *Methods of homological algebra*, seconde édition (en collaboration avec S. Gelfand), Springer Monographs in Mathematics, Springer Verlag, Berlin, 2003, xx + 372 pages.

2004

227. « Unfoldings of meromorphic connections and a construction of Frobenius manifolds » (en collaboration avec C. Hertling), *Frobenius Manifolds* (C. Hertling et M. Marcolli éd.), Vieweg & Sohn Verlag, Wiesbaden, 2004, p. 113–144.
228. « Extended modular operad » (en collaboration avec A. Losev), *Frobenius Manifolds* (C. Hertling et M. Marcolli éd.), Vieweg & Sohn Verlag, Wiesbaden, 2004, p. 181–211.
229. « Functional equations for quantum theta functions », *Publ. Res. Inst. Math. Sci. Kyoto* 40:3 (2004), p. 605–624.
230. « Multiple ζ-motives and moduli spaces $\overline{\mathcal{M}}_{0,n}$ » (en collaboration avec A. Goncharov), *Compos. Math.* 140:1 (2004), p. 1–14.
231. « Real multiplication and noncommutative geometry. The legacy of Niels Henrik Abel » (O. A. Laudal et R. Piene éd.), Springer Verlag, Berlin 2004, p. 685–727.

232. « Moduli stacks $\bar{L}_{g,S}$ », *Math. Journal de Moscou* 4:1 (2004), Moscou, p. 181–198 (preprint `math.AG/0206123`)
233. « (Semi)simple exercises in quantum cohomology » (en collaboration avec A. Bayer), *The Fano Conference Proceedings* (A. Collino, A. Conte, M. Marchisio éds.), Université de Turin, 2004, p. 143–173.
234. « Georg Cantor and his heritage », *Algebraic Geometry : Methods, Relations, and Applications : Collected papers dedicated to the memory of Andrei Nikolaevich Tyurin*, Proc. V. A. Steklov Inst. Math. Moscow, vol. 246, MAIK Nauka/Interperiodica, 2004, p. 195–203.
235. « Géométrie non-commutative et théta-fonctions quantiques », *Globus, Math. Seminar Notes of the Moscow Independent University* vol. 1(2004), p. 91–108 (en russe).
236. « Problème de Mordell-Weil pour les surfaces cubiques », *Globus, Math. Seminar Notes of the Moscow Independent University* vol. 1(2004), p. 134–146 (en russe).

2005

237. « F-manifolds with flat structure and Dubrovin's duality », *Advances in Math.* (M. Artin Fest.) 198 (2005), p. 5–26.
238. *Introduction to modern number theory* (en collaboration avec A. A. Panchishkin), 2e édition, revue et augmentée, *Encyclopaedia of Mathematical Sciences* vol. 49, Springer-Verlag, Berlin, 2005, xv+514 pages.
239. « Von Zahlen und Figuren », *La Géométrie au xxe siècle. Histoire et horizons* (J. Kouneiher, D. Flament, Ph. Nabonnand, J.-J. Szczeciniarz éd.), Hermann, Paris, 2005, p. 24–44.
240. « Iterated Shimura integrals », *Journal Math. de Moscou* vol. 5, n° 4 (2005), p. 869–881 (prépublication `math.AG/0507438`).

2006

241. « Iterated integrals of modular forms and noncommutative modular symbols », *Algebraic Geometry and Number Theory* (en l'honneur du 50e anniversaire de V. Drinfeld, V. Ginzburg éd.), Progress in Math. vol. 253, Birkhäuser, Boston, p. 565–597.
242. « Manifolds with multiplication on the tangent sheaf », *Rendiconti Mat. Appl.* série VII, vol. 26 (2006), p. 69–85 ; *Rendiconti della Acc. Naz. Sci. detta dei XL*, sér. V, vol. XXXI, P. I (2009), p. 113–128.
243. « The notion of dimension in geometry and algebra », Bull. of the American Math. Soc. vol. 43, n° 2 (2006), p. 139–161.

2007

244. « Generalized operads and their inner cohomomorphisms » (en collaboration avec D. Borisov), *Geometry and Dynamics of Groups and spaces* (à la mémoire d'Aleksander Reznikov ; M. Kapranov et al. éd.), *Progress in Math.* vol. 265, Birkhäuser, Boston, p. 247–308.
245. *Mathematics as Metaphor*, essais choisis, American Math. Society, 2007, xi+232 pages.
246. *Mathematical knowledge : internal, social and cultural aspects*, 27 pages.

2008

247. « Modular shadows » (en collaboration avec M. Marcolli), *Modular forms on Schiermonnikoog*, (Bas Edixhoven, G. van der Geer et B. Moonen éd.), Cambridge UP, 2008, p. 189–238.
248. *Matematika kak Metafora* (version augmentée de [245]), Université Indépendante de Moscou, 2008, 400 pages (en russe).
249. *Matematica e conoscenza : aspetti interni, sociali e culturali* (version italienne de [248]), *La matematica II. Problemi i teoremi* (C. Bartocci et P. Odifreddi éd.), Einaudi, 2008.

2009

250. « Quantum theta functions and Gabor frames for modulation spaces » (en collaboration avec F. Luef), *Lett. Math. Phys.* 88, 1–3 (2009), p. 131–161.
251. « An update on semisimple quantum cohomology and F-manifolds » (en collaboration avec C. Hertling et C. Teleman), *Proc. Steklov Inst. Math.* vol. 264 (2009), p. 62–69.
252. « Stability Conditions, wall-crossing and weighted Gromov-Witten Invariants » (en collaboration avec Arend Bayer), *Journal Math. de Moscou* vol. 9, n° 1 (Deligne Festschrift), 2009, p. 3–32.
253. *Introduction à la théorie moderne des nombres* (en collaboration avec A. Panchishkin ; version révisée de [238]), MCNMO, Moscou, 2009, 552 pages (en russe).
254. « Lectures on modular symbols », *Arithmetic Geometry*, Clay Math. Institute Summer School 17 juillet – 11 août 2006, Clay Math. Proceedings vol. 8, 2009, p. 137–152.
255. « We do not choose mathematics as our profession, it chooses us » (interview ; en collaboration avec M. Gelfand), *Notices AMS* vol. 56:10 (2009), p. 1268–1274.

2010

256. « Remarks on modular symbols for Maass wave forms », *Algebra and Number Theory*, vol. 4, nº 8 (2010), p. 1091–1114.
257. *A Course in Mathematical Logic for Mathematicians*, seconde édition (en collaboration avec B. Zilber), Springer Verlag, 2010, xvii + 384 pages.
258. *Matematika kak Metafora* (seconde édition augmentée de [248]), Université Indépendante de Moscou, 2010, 424 pages (en russe).
259. « Cyclotomy and analytic geometry over F_1 », *Quanta of Maths*, Conférence en l'honneur d'Alain Connes, Clay Math. Proceedings vol. 11 (2010), p. 385–408.
260. « Truth as value and duty : lessons of mathematics », *Truth in Science, the Humanities, and Religion*, Balzan Symposium 2008 (N. Mout et W. Stauffacher éd.), Springer, 2010, p. 37–45.
261. « What then ? » (recension de l'ouvrage de J. Gray : *Plato's Ghost : the modernist transformation of mathematics*), Notices AMS vol. 57:2 (2010), p. 240–243.
262. « Mathematiker als Übersetzer », Orden pour le mérite für Wissenschaften und Künste, *Reden und Gedenkworte*, vol. 38, 2009–2010, Wallstein Verlag, Göttingen, 2010, p. 83–87.
263. « Infinities in quantum field theory and in classical computing : renormalization program », *Lecture Notes in Comput. Sci.* 6158, Springer, Berlin, 2010, p. 307–316.

2011

264. « Error-correcting codes and phase transitions » (en collaboration avec M. Marcolli), *Mathematics in Computer Science* vol. 5 (2011), p. 133–170.

2012

265. « Combinatorial cubic surfaces and reconstruction theorems », *Contemporary Mathematics* vol. 566, AMS, 2012, p. 99–118.
266. « A computability challenge : asymptotic bounds and isolated error-correcting codes », WTCS 2012 (Calude Festschrift ; M. J. Dinneen et al. éd.), Lecture Notes in Computer Sci. 7160, 2012, p. 174–182.
267. « Foundations as superstructure (Reflections of a practicing mathematician) », *Philosophy, Mathematics, Linguistics : Aspects of Interaction*, Proc. of the International Sci. Conference, St. Petersburg, Euler Int. Math. Institute, 22–25 mai 2012, St. Pétersbourg, p. 98–111.

268. « Renormalization and Computation II : Time Cut-off and the Halting Problem », *Math. Struct. in Comp. Science* vol. 22, hors-série, p. 729–751, 2012, Cambridge UP.
269. *Introduction aux schémas et aux groupes quantiques*, Publ. du Centre d'Éducation Permanente de Moscou, Moscou, 2012, 256 pages (en russe).
270. « Mathématiques », Nouvelle Encyclopédie russe vol. X (2), Encyclopaedia, Moscou, 2012, p. 73–78 (en russe).

2013

271. « Renormalization and computation I : motivation and background », Actes de l'OPERADS 2009 (J. Loday et B. Vallette éd.), Séminaires et Congrès 26, Soc. Math. de France, 2013, p. 181–222.
272. « On the derived category of $\overline{M}_{0,n}$ » (en collaboration avec M. Smirnov), Izvestiya of (en russe) Ac. Sci., vol. 77, n° 3, 2013, p. 93–108.
273. « Numbers as Functions », *P-adic Numbers, Ultrametric Analysis and Applications* vol. 5 n° 4, 2013, p. 313–325 (prépublication `arXiv: 1312.5160`).
274. « Dynamic functional asymmetry of brain hemispheres on the civilizational scale », `http://7iskusstv.com/2013/Nomer11/Manin1.php` (en russe).

2014

275. « Complexity vs Energy : Theory of computation and theoretical physics » (Communication au congrès satellite de l'ECM 2012), *QQQ Algebra, Geometry, Information*, 9–12 jllet 2012, Tallinn, Journal Phys. Conference Series vol. 532 (276Towards motivic quantum cohomology of (En collaboration avec M. Smirnov). Proc. of the Edinburg Math. Soc., Vol. 57 (sér. II), n° 1, 2014, p. 201–230.
276. « Towards motivic quantum cohomology of $\overline{M}_{0,S}$ » (en collaboration avec M. Smirnov), Proc. of the Edinburg Math. Soc. vol. 57 (sér. II) n° 1, 2014, p. 201–230.
277. « Non-commutative generalized Dedekind symbols », *Pure and Appl. Math. Quarterly* vol. 10 n° 2, 2014, p. 245–258.
278. « Kolmogorov complexity and the asymptotic bound for error-correcting codes » (en collaboration avec M. Marcolli), *Journ. of Diff. Geom.* 97, 2014, p. 91–108.
279. « Zipf's law and L. Levin's probability distributions », *Functional Analysis and it's Applications* vol. 48 n° 2, 2014.

280. « Forgotten motives : the varieties of scientific experience », *Alexandre Grothendieck : A Mathematical Portrait* (Leila Schneps éd.), Int. Press, 2014, p. 299–307.
281. « Point, Atom, Letter », *Philosophy, Mathematics, Linguistics : Aspects of Interaction*, Proc. of the International Sci. Conference, St. Petersburg, Euler Int. Math. Institute and St. Pb. Dept. of Steklov Math. Institute, 21–25 avril 2014, St. Pétersbourg, 2014, p. 98–111.
282. « Big Bang, Blow Up, and Modular Curves : Algebraic Geometry in Cosmology » (en collaboration avec M. Marcolli), SIGMA Symmetry Integrability Geom. Methods Appl. 10 (2014), article 073, 20 pages.

2015

283. « Kolmogorov complexity as a hidden factor of scientific discourse : from Newton's law to data mining », *Complexity and Analogy in Science : Theoretical, Methodological and Epistemological Aspects*, Actes de la session plénaire de l'Académie pontificale des sciences, 5–7 novembre 2012, Libreria Editrice Vaticana, 2015.
284. « Arithmetic differential equations of Painlevé VI type (en collaboration avec A. Buium), *Arithmetic and Geometry* (Luis Dieulefait et al. éd.), LMS Lecture Note Series, n° 420, 2015, p. 114–138.
285. « Physics in the world of ideas : Complexity as Energy. Keynote talk », ISCS 2014 : Interdisciplinary Symposium on Complex Systems. Emergence, Complexity and Computation 14 (A. Sanayei et al. éd.), 1. Springer IP, Switzerland, 2015, p. 3–13.
286. « Mais où sont les neiges d'antan ? », Interview par Alex Cecchetti, CAC/SM C Interviu, n° 24, 2015, p. 6–14.
287. *Mathematik, Kunst und Zivilisation*, Enterprise, 2015, 109 pages.
288. « Mathematics, Art, Civilization », *Mathematician* (P. Casazza et al. éd.), The Math. Association of America, p. 203–216 (version en anglais de [287]).
289. « De Novo Artistic Activity, Origins of Logograms, and Mathematical Intuition », *Art in the Life of Mathematicians* (Anna Kepes Szemer éd.), AMS, 2015, p. 187–208.
290. « Neural codes and homotopy types : mathematical models of place field recognition », Journal Math. de Moscou vol. 15, oct.-déc. 2015, p. 741–748.

2016

291. « Symbolic dynamics, modular curves, and Bianchi IX cosmologies » (en collaboration avec M. Marcolli), Annales de la Fac. des Sci. de Toulouse vol. XXV n° 2–3, 2016, p. 517–542.

292. « Moduli Operad over F_1 » (en collaboration avec Matilde Marcolli), *Absolute Arithmetic and F_1-Geometry* (Koen Thas éd.), EMS Tracts in Mathematics vol. 25, 2016, p. 331–361.
293. « Local zeta factors and geometries under SpecZ », *Izvestiya : Mathematics* vol. 80:4, 2016, p. 751–758.
294. *Mathematik als Metapher*, Ausgewählte Essays vol. 1, Enterprise, 2016, 291 pages.
295. « Time between real and imaginary : what geometries describe Universe near Big Bang ? », *Math. Journal*, Kazakhstan, vol. 16, n° 2 (60), 2016, p. 180–205.
296. « Cognition and Complexity » (M. Burgin et C. S. Calude éd.), *Information and Complexity*, World Scientific Series in Information Studies, 2016, p. 344–357.
297. « Semantic spaces » (en collaboration avec M. Marcolli), *Math. Comput. Sci.* 10, n° 4, 2016, p. 459–477.
298. « Painlevé VI equations in p-adic time », *p-Adic Numbers, Ultrametric Analysis and Applications* vol. 8 n° 3, 2016, p. 217–224.
299. « Error-correcting codes and neural networks », *Selecta Math. New. Ser.* (2016), 10 pages.
300. « Error-correcting codes and neural networks », *Selecta Math. New. Ser.* (2016), 10 p.
301. « Symbolic dynamics, modular curves, and Bianchi IX cosmologies » (en collaboration avec M. Marcolli), *Ann. Fac. Sci. Toulouse Math.* (6) 25 (2016), n°s 2–3, p. 517–542.
302. « Local zeta factors and geometries under SpecZ », *Izv. Ross. Akad. Naouk Sér. Mat.* 80 n° 4 (2016), p. 123–130 ; réédité in *Izv. Math.* 80 n° 4 (2016), p. 751–758.

2017

303. « Grothendieck-Verdier duality patterns in quantum algebra », *Izv. Ross. Akad. Naouk Sér. Mat.* 81 n° 4 (2017), p. 158–166 (en russe) ; traduction anglaise in *Izv. Math.* 81 n° 4 (2017), p. 818–826.
304. « Cognitive networks : brains, internet, and civilizations » (en collaboration avec Dimitri Yu. Manin), *Humanizing mathematics and its philosophy*, Birkhäuser/Springer, Cham, 2017, p. 85–96.
305. « Foundations as superstructure (reflections of a practicing mathematician) », *Proceedings of the International Conference – Philosophy, Mathematics, Linguistics : Aspects of Interaction, 2012* (réédition de [267]), Stud. Log. (Londres) 70, Coll. Publ., Londres, 2017, p. 101–115.

2018

306. « Modular forms of real weights and generalized Dedekind symbols », *Res. Math. Sci.* 5 n° 1 (2018), article n° 2, 10 pages.
307. « Error-correcting codes and neural networks », *Selecta Math.* (N. S.) 24 (2018), n° 1, p. 521–530.
308. *Introduction to the theory of schemes* (traduit du russe, édité et préfacé par Dimitry Leites), Moscow Lectures 1, Springer, Cham, 2018, xvi + 205 pages.
309. *Quantum groups and noncommutative geometry* (seconde édition ; avec une contribution de Theo Raedschelders et Michel Van den Bergh), CRM Short Courses, Centre de Recherches Mathématiques, Montréal ; Springer, Cham, 2018, vii + 125 pages.

2019

310. « Asymptotic bounds for spherical codes » (en collaboration avec M. Marcolli), *Izv. Ross. Akad. Naouk Sér. Mat.* 83 (2019), n° 3, p. 133–157 ; réédité in *Izv. Math.* 83 (2019) n° 3, p. 540–564.

2020

311. « Homotopy theoretic and categorical models of neural information networks » (en collaboration avec M. Marcolli), `arXiv:2006.15136`.

RÉFÉRENCES BIBLIOGRAPHIQUES

ANDRÉ, Y. (2004). *Une introduction aux motifs (motifs purs, motifs mixtes, périodes)*. T. 17. Panoramas et Synthéses. Soc. Math. de France.

ANJING, Qu. (2002). "The third approach to the history of mathematics in China". In : *Actes du Congr. Intern. des Mathematiciens Beijing*. T. III. Beijing : Higher Education Press, p. 947-958.

ARBARELLO, E. et al. (1988). "Moduli spaces of curves and representation theory". In : *Commun. Math. Phys.* 117, p. 1-36.

ATIYAH, M.F. (1989). "Topological quantum field theories". In : *Publ. Math. IHÉS* 68, p. 175-186.

——— (2005). "Geometry and Physics of the 20th Century". In : *La Géométrie au XXe siècle. Histoire et horizons*. Sous la dir. de J. KOUNEIHER et al. Paris : Hermann.

AVERINTSEV, S. S. (1972). "La psychologie analytique de C. G. Jung et les motifs de l'imagination créative". In : *L'esthétique bourgeoise moderne*. Moscou : Iskousstvo, p. 110-155. (en russe).

BABOULIN, N., A. ZAKRZHEVSKII et E. RADIN (2017). *Футуризм и безумие [Le futurisme et la folie]*. Moscou : Édition de la librairie Tsiolkovsky. (en russe).

BAKHTINE, M. M. (1982). *François Rabelais et la culture populaire du Moyen-âge et de la Renaissance*. Paris : Gallimard. traduit du russe par Andrée Robel.

BASSIN, F. V. (1982). "Sur la crise contemporaine de la psychanalyse". In : *L'inconnu dans la psyché humaine*. Le Progrès. (en russe).

BATTRA, A. M., S. DEHAENE et W. J. SINGER, éd. (2010). *Human Neuroplasticity and Education. The Proceedings of the Working Croup 17-28 October*. T. 117. Scripta Varia. Le Vatican : Pontificae Acaderniae Scientiarum.

BEHREND, K. et Yu. I. MANIN (1996). "Stacks of stable maps and Gromov-Witten invariants". In : *Duke Math. J.* 85.1, p. 1-60.

BEÏLINSON, A. (1983). "The derived category of coherent sheaves on $\mathbb{P}^n$". In : *Selecta Math. Soviet.* 3, p. 233-237.

BEÏLINSON, A. A. et V. V. SCHECHTMAN (1988). "Determinant bundles and Virasoro algebras". In : *Commun. Math. Phys.* 118.4, p. 651-701.

BLANCHET, C. et al. (1995). "Topological quantum field theories derived from the Kaufman bracket". In : *Topology* 34, p. 883-927.

BLOOM, H. (1994). *The Western Canon*. New York : Riverhead Books.

BOGEN, J. E. et G. M. BOGEN (1969). "The other side of the brain, III : The corpus callosum and creativity". In : *Bulletin of the Los Angeles Neurological Soc.* 34.4, p. 191-203.

BOLTZ, W. G. (1994). *The origin and early development of the Chinese writing system*. New Haven, CO : American Oriental Society.

BOOSS-BAVBNECK, B. et J. HØYRUP (2003). "Introduction". In : *Mathematics and War*. Sous la dir. de B. BOOSS-BAVBNEK et J. HØYRUP. Bâle : Birkhäuser, p. 1-9.

BOOSS-BAVBNEK, B. et E. HØYRUP, éd. (2003). *Mathematics and War*. Bâle : Birkhäuser.

BOURBAKI, N. (1960). *Éléments de l'histoire des mathématiques*. Paris : Hermann.

——— (1974). *Éléments d'histoire des mathématiques*. Hermann. éd. révisée.

Bourbaki, une société secrète de mathématiciens (2000). T. 2. Les génies de la science. Paris : Pour la science.

BRENDEL, A. (oct. 2016). "The growing charm of Dada". In : *The NYRB*, p. 22-25.

BRENER, M. (2000). *Faces. The changing look of humankind*. Lanham, NY : Oxford Univ. Press of America.

BRETON, André (2005). *Dossier DADA – Kunsthaus Zürich*. Hatje Cantz Verlag.

BYRNE, Richard W. et Andrew WHITEN (1988). *Machiavellian Intelligence I. Social expertise and the evolution of intellect in monkeys, apes and humans*. Oxford : Clarendon Press.

CANDELAS, P. et al. (1991). "A pair of Calabi-Yau manifolds as an exactly soluble superconformal theory". In : *Nuclear Phys.* 359, p. 21-74.

CANTOR, G. (1895). "Beiträge zur Begründung der transfiniten Mengenlehre". In : *Math. Ann.* 46, p. 481-512. 49 (1897), 207–246.

CESI, F. (2003). *Il natural desiderio di sapere*. Le Vatican : The Pontifical Academy of Sciences.

CHAITIN, G. (1992). *Information, randomness and incompleteness. Papers on algorithmic information theory*. World Scientific.

CHANGEUX, J.-P. et A. CONNES (1998). *Conversations on Mind, Matter, and Mathematics*. Princeton Univ. Press.

CHEMLA, K. (1998). "History of Mathematics in China : A Factor in World History and a Source for new Questions". In : *Actes du Congrès des Mathématiciens de Berlin*. T. 3. Documenta Mathematica. Bielefeld, p. 789-798.

CHUPRIKOVA, N. I. (1985). *Psyché et conscience comme fonction du cerveau*. Naouka. (en russe).

DALES, H. G. et G. OLIVERI (1998). "Truth and the foundations of mathematics. An introduction". In : *Truth in Mathematics*. Sous la dir. de H. G. DALES et G. OLIVIERI. Oxford : Clarendon Press, p. 1-37.

DALES, H. G. et G. OLIVIERI, éd. (1998). *Truth in Mathematics*. Oxford : Clarendon Press.

DAUBEN, J. W. (1990). *Georg Cantor : his mathematics and philosophy of the infinite*. Princeton : Princeton Univ. Press.

DAVIS, P. et R. HERSCH (1980). *The mathematical Experience*. Boston : Birkhäuser.

DEHAENE, S. (1999). *The Number Sense. How the mind creates mathematics*. Oxford University Press.

DEHAENE, S. et al. (1999). "Sources of mathematical thinking : behavioral and brain-imaging evidence". In : *Science* 284, p. 970-974.

DELGADO, J. (1971). *Le cerveau et la conscience*. Mir. (en russe).

DELIGNE, P. (2002). "Catégories tensorielles (dédié à Yuri I. Manin à l'occasion de son 65e anniversaire)". In : *Mosc. Math. J.* 2, p. 227-248.

DELIGNE, P., E. WITTEN et al., éd. (1999). *Quantum Fields and Strings : A Course for Mathematicians*. T. 1 & 2. American Mathematical Society.

DRIDZE, T. M. (1984). *Activités textuelles dans la structure de la communication sociale*. Naouka. (en russe).

DYBO, V. A. et V. A. TERENTYEV (1984). "La macrofamille nostratique et le probème de sa localisation temporelle". In : *Actes de la conférence* Reconstruction linguistique et histoire antique de l'Est, Naouka. (en russe).

DYSON, F. (1972). "Missed opportunities". In : *Bull. Amer. Math. Soc.* 78, p. 635-652.

EBURNE, J. P. (2008). *Surrealism and the Art of Crime*. Cornell University Press.

EMMER, M., éd. (2004). *Mathematics and Culture I*. Springer.

ENZENSBERGER, H. M. (1999). *Drawbridge Up. Mathematics—a Cultural Anathema*. Natick, Mass. : A. K. Peters.

FALTINGS, G. (1984). "Calculus on arithmetic surfaces". In : *Ann. of Math.* 119, p. 387-424.

FAZZIOLI, E. (2004). *Gemalte Wörter. 214 chinesische Schriftzeichen – from Bild zum Begriff*. Marixverlag.

FEYNMAN, R. P. (1948). "The space-time approach to non-relativistic quantum mechanics". In : *Rev. Mod. Phys.* 20, p. 367-387. réédité in *QED; The Strange Theory of Light and Matter*, Princeton Univ. Press, 1988.

FREILING, C. (1986). "Axioms of symmetry : throwing darts at the real line". In : *J. Symb. Logic* 51, p. 190-200.

FROMM, E. (1970). "Age regression with unexpected reappearance of a repressed childhood language". In : *Internat. J. Clinical Experimental Hypnosis* 18, p. 79-88.

FRUMKINA, R. M. (1984). *Couleur, sens, similarité*. Naouka. (en russe).

GAREY, M. et D. JOHNSON (1979). *Computers and intractability : a guide to the theory of NP-completeness*. San Francisco : Freeman et Co.

GELFAND, I. M. (1991). "Two archetypes in the psychology of man". In : *Nonlinear Sci. Today* 1, p. 11-16.

GLIMM, J. et A. JAFFE (1981). *Quantum physics. A functional integral point of view*. Springer.

GÖDEL, K. (1995). *Unpublished Essays and Lectures*. T. 3. Collected Works. Oxford University Press.

GRANT, H. (1995). "What is modern about "modern" mathematics ?" In : *Math. Intelligencer*, p. 62-66.

GROLIER, E. de, éd. (1983). *Glottogenetics. The origin and evolution of language*. Kluwer.

GROTHENDIECK, A. (1969). "Standard conjectures on algebraic cycles". In : *Algebraic Geometry, Bombay Colloqium 1968*. Oxford University Press, p. 193-199.

——— (1984). "Esquisse d'un programme". tapuscrit `https : / / webusers . imj - prg . fr / ~leila . schneps / grothendieckcircle / EsquisseFr.pdf`.

HARDY, G.H. (1929). "Mathematical proof". In : *Mind* XXXVIII-149, p. 1-25.

HILDEBRANDT, S. (1995). *Wahrheit und Wert mathematischer Erkenntnis*. T. 59. Themen. Munich : Carl Friedrich von Siemens Stiftung.

HILGARD, E. R. (1977). *Divided consciousness : multiple in human thought and action*. Wiley.

HUMPHREY, N. (1998). "Cave art, autism, and the evolution of the human mind". In : *Cambridge Archeological Journal* 8.2, p. 165-176.

ILLICH-SVITYCH, V. M. (1971). *Essai d'étude comparative des langues nostratiques. Dictionnaire comparatif B-K (alphabet russe)*. Naouka. (en russe).

IVANOV, V. V. (1972). "Sur un type de signes archaïques en art et sur la pictographie". In : *Premières formes d'art*. Moscou : Iskousstvo, p. 105-147. (en russe).

——— (1978). *Pair et impair*. Moscou : Éd. de la Radio soviétique. (en russe).

——— (1980). "Structure des textes homériques décrivant des états psychiques". In : *Structures textuelles*. Naouka, p. 81-117. (en russe).

IVANOV, Vya. Vs. (1978). *Чет и нечет. Асимметрия мозга и знаковых систем [Pair et impair. Assymétrie du cerveau et des systèmes de signes]*. Moscou, Советское радио [Éditions de la Radio Soviétique].

JACOBSON, R. (1984). *Œuvres choisies*. Le Progrès. (en russe).

JAFFE, A. et F. QUINN (1993). "Theoretical Mathematics : toward a cultural synthesis of Mathematics and Theoretical Physics". In : *Bull. American Mathematical Society* 29.1, p. 1-13.

——— (1994a). "Response to comments on "Theoretical mathematics"". In : *Bull. Amer. Math. Soc.* 30, p. 208-211.

——— (1994b). "Responses to "Theoretical Mathematics etc."" In : *Bull. American Mathematical Society* 30.2, p. 161-177.

JAMES, W. (1982). *The varieties of religious experience*. Boston : Penguin.

JANSSEN, U. (1992). "Motives, numerical equivalence, and semi-simplicity". In : *Invent. math.* 107, p. 447-452.

JANSSEN, U., S. KLEIMAN et J-P. SERRE, éd. (1994). *Motives. Proc. Summer Research Conference 1991*. T. 55.1, 55.2. Proc. Symp. in Pure Math. American Mathematical Society.

JAYNES, J. (1976). *The origin of consciousness in the breakdown of the bicameral mind*. Boston, Houghton.

JUNG, C. G. (1968). *The archetypes and the collective unconscious*. Princeton Univ. Press. (traduit de l'allemand par R. F. C. Hull).

——— (1992). *L'homme et ses symboles*. Paris : Robert Laffont.

JUNG, C. G., K. KERENYI et P. RADIN (1954). *Der göttliche Schelm. Ein Indianischer Mythen-Zyklus*. Zürich : Rhein Verlag.

Kawamato, N. et al. (1988). "Geometric realization of conformal field theory on Riemann surfaces". In : *Commun. Math. Phys.* 116, p. 247-308.

Keilis-Borok, V. et al. (2003). "On the predictability of crime waves in megacities—extended summary". In : *The Cultural Value of Science, Actes de la session pléniaire de l'Académie Pontificale des Sciences (8-11 nov. 2002)*. Le Vatican, p. 221-229.

Kharms, D. (1991). *Полет в небеса. Стихи, проза, драмы, письма [Envol vers le ciel. Poésie, prose, théâtre, lettres]*. Sovietskiy pissatiel, Leningradskoye Otdelenye. (en russe).

Kirchner, H. (1952). "Ein archäologischer Beitrag zur Urgeschichte des Schamanismus". In : *Anthropos* 47, p. 244-286.

Kneser, H. (1967). "Semi-simple algebraic groups". In : *Algebraic Number Theory*. Sous la dir. de J. W. S. Cassels et A. Fröhlich. Academic Press, p. 250-265.

Koblitz, N. (1984). *p-adic numbers, p-adic analysis and zeta functions*. T. 58. Graduate Texts in Mathematics. Springer.

Kobzarev, I. Yu. et Yu. I. Manin (1989). *Elementary Particles. Mathematics, Physics and Philosophy*. Kluwer Academic Publishers.

Kontsevich, M. L. (1987). "Virasoro algebra and Teichmüller spaces". In : *Funkcional. Analiz i Prilozh.* 21, p. 78-79. (en russe).

Kouneiher, J. et al., éd. (2005). *La Géométrie au xxe siècle. Histoire et horizons*. Paris : Hermann.

Kriss, A. et al. (1978). "Neurological asymmetries immediately after unilateral ECT". In : *Journ. of Neurology, Neurosurgery, and Psychiatry* 41, p. 1135-1144.

Krouchenykh, A. (1928). "Приемы ленинской речи. К изучению языка Ленина [Les procédés rhétoriques de Lénine. Éléments pour l'étude de la langue de Lénine]". In : Moscou : Maison d'édition de l'Union panrusse des poètes. (en russe).

Langlands, R. P. (1980). "L-functions and automorphic representations". In : *Proc. ICM 1978*. T. 1. Helsinki, p. 165-176.

Li Calzi, M. et A. Basile (2004). "Economists and Mathematics from 1494 to 1969 Beyond the Art of Accounting". In : *Mathematics and Culture I*. Sous la dir. de M. Emmer. Springer.

Lifchitz, B. (2002). *полутораглазый стрелец. Воспоминания [L'archer qui avait un œil et demi. Souvenirs]*. Moscou : Zakharov. (en russe).

Lyotard, J.-F. (1984). *The postmodern condition : a report on knowledge*. Univ. of Minneapolis Press.

LYTHGOE, M. F. X. et al. (2005). "Obsessive, prolific artistic output following subarachnoid hemorrhage". In : *Neurology* 64.2, p. 397-398.

MACRAE, N. (1990). *John von Neumann*. American Mathematical Society.

MANDELBROT, B. (1977). *Fractals*. San Francisco : Freeman.

MANDELBROT, B. et M. HUDSON (2005). *The (Mis)behaviour of Markets*. Profile.

MANIN, Yu. I. (1968). "Correspondences, motives and monoidal transformations". In : *Math. USSR-Sb* 6, p. 439-470.

——— (1981). *Mathematics and Physics*. Boston : Birkhäuser.

——— (1986a). "Critical dimensions of string theories and the dualizing sheaf on moduli spaces of (super) curves". In : *Funkcional. Analiz i Prilozh.* 20, p. 88-89. (en russe).

——— (1986b). "The partition function of the Polyakov string can be expressed in terms of theta functions". In : *Phys. Lett.* 172, p. 184-186.

——— (1990). "Mathematics as Metaphor". In : *Proc. of ICM* 2, p. 1665-1671.

——— (2000). "Classical computing, quantum computing, and Shor's factoring algorithm". In : *Astérisque* 266, p. 375-404. Séminaire Bourbaki, n° 862 (juin 1999).

——— (2007). *Mathematics as Metaphor. Selected Essays*. American Math. Society.

——— (2010). *Математика как метафора [Les mathématiques comme métaphore]*. Moscou : MTSNMO. 2e édition augmentée.

——— (2011). "Сова и солнце [La chouette et le soleil]". In : inédit, version russe du chapitre III.4 de ce volume.

——— (2012). "Foundations as superstructure (Reflections of a practicing mathematician)". In : *Philosophy, Mathematics, Linguistics : Aspects of Interaction. Proc. of the International Sci. Conference, St. Petersburg*. St. Pétersbourg : Euler Int. Math. Institute, p. 98-111.

——— (2021a). "George Cantor et son héritage". voir ch. I.4 du présent ouvrage.

——— (2021b). "Le personnage mythologique du *trickster* : essai de psychologie et de théorie de la culture". ce volume, chapitre III.1.

——— (2021c). "Les mathématiques comme métaphore". voir ch. I.2 du présent ouvrage.

——— (2021d). "Les premiers développements de la parole et de la conscience : essai de phylogénèse". ce volume, chapitre III.2.

——— (2021e). "Vérité, rigueur et sens commun". voir ch. I.3 du présent ouvrage.

McGilchrist, I. (2009). *The Master and His Emissary : The Divided Brain and the Making of the Western World*. Yale University Press.

——— (2010). "Reciprocal organization of the cerebral hemispheres". In : *Dialogues in Clinical Neuroscience* 12.4, p. 503-515.

Meletinsky, E. M. (1972). "Sources archaïques d'art verbal". In : *Premières formes d'art*. Moscou : Iskousstvo, p. 149-189. (en russe).

Menskaya, T. B. (1980). "ΑΜΗΧΑΝΟΣ ΕΡΩΣ dans le contexte du mythe d'Hermès". In : *Structures textuelles*. Naouka, p. 174-183. (en russe).

Milev, R. (2008). "The "World Script Revolution" in the Fourth Century : a series of coïncidences and typological similarities, interferential influences, or an unexplored phenomenon of parallelism ?" In : *Variantology* 3, p. 369-389.

Mumford, D. (1992). "Pattern Theory : a Unifying Perspective". In : *Proc. of the first ECM* 1, p. 187-224.

——— (2000a). "The dawning of the age of stochasticity". In : *Mathematics : Frontiers and Perspectives*. Sous la dir. de V. Arnold et al. American Mathematical Society, p. 197-218.

——— (2000b). "The dawning of the age of stochasticity". In : *Mathematics : Frontiers and Perspectives*. American Mathematical Society, p. 197-218.

——— (2002). "Pattern Theory : the Mathematics of Perception". In : *Actes du Congr. Intern. des Mathematiciens Beijing*. T. I. Beijing : Higher Education Press, p. 401-422.

Newman, James R., éd. (1956). *The World of Mathematics. A small library of the literature of mathematics from A'h-mosé the Scribe to Albert Einstein*. New York : Simon et Schuster.

Nikolaenko, N. N. (1983). "Asymétrie fonctionnelle du cerveau et capacités descriptives". In : *Texte et culture, études des systèmes cognitifs*. T. XVI. Université d'État de Tartu, p. 84-89. (en russe).

——— (1984). "Функциональная асимметрия мозга и изобразительные способности [Assymétrie fonctionnelle du cerveau et facultés de représentation]". In : *Ученые записки Тартуского государственного университета* 17, p. 48-67.

——— (2003). "Artistic thinking and cerebral asymmetry". In : *Acta Neuropsychologica* 1.2, p. 144-158.

Nikolaenko, N. N. et M. Brener (2003). "Functional cerebral asymmetry and its possible evolution in historical times". In : *Journ. of Evolutionary Biochemistry and Physiology* 39.4, p. 491-501.

NIKOLAENKO, N. N. et V. L. DEGLINE (1983). "Семиотика пространства и функциональная асимметрия мозга [Sémiotique de l'espace et assymétrie fonctionnelle du cerveau]". In : *Ученые записки Тартуского государственного университета* 16, p. 84-98.

NIKOLAENKO, N. N., A. Y. EGOROV et E. A. FREIMAN (1997). "Representation activity of the right and left hemispheres of the brain". In : *Behavioural Neurology* 10, p. 49-59.

NOGUEZ, D. (2015). *Lenin DADA*. Zurich : Limmat Verlag.

NØRRETRANDERS, T. (1998). *The User Illusion : Cutting Consciousness Down to Size*. Penguin.

ORLOV, D. (2005). "Derived categories of coherent sheaves and motives". arXiv:math/0512620.

PLATON (1932). *La République*. Paris : Les Belles Lettres.

POIRIER, M. (1984). "A realm of logical insanity". In : *ARTnews* 83.

POOVEY, M. (1998). *A history of the Modern Fact. Problem of Knowledge in the Sciences of Wealth and Society*. The University of Chicago Press.

——— (2003). "Can numbers ensure honesty ? Unrealistic expectations and the US accounting scandal". In : *Notices of the American Mathematical Society* 50.1, p. 27-35.

POPOV, E.V. (1982). *La communication en langage naturel avec les ordinateurs*. Naouka. (en russe).

POPPER, R. R. et J. G. ECCLES (1977). *The self and its brain. An argument for interactionism*. Springer.

PORSHNEV, B. F. (1974). *Sur les débuts de l'histoire de l'humanité (problèmes de paléopsychologie)*. Mysl'. (en russe).

PURKERT, W. et H.J. ILGAUDS (1987). *Georg Cantor, 1845–1918*. Birkhäuser.

RESHETIKHIN, N. et V. TURAEV (1991). "Invariants of 3-manifolds via link polynomials and quantum groups". In : *Invent. math* 103, p. 547-597.

ROMANOV, V. N. (1985). "Quelques remarques sur la composition du Mahabharata". In : *L'Inde antique*. Naouka, p. 88-104. (en russe).

SELIN, H., éd. (2000). *Mathematics across cultures. The history of Non-Western Mathematics*. Kluwer Academic Publishers.

SHERTOK, L. (1982). *L'inconnu dans la psyché humaine*. Le Progrès. (en russe).

SIEGMUND-SCHULTZE, R. (2003). "Military Work in Mathematics 1914-1945, an Attempt at an International Perspective". In : *Mathematics and War*. Sous la dir. de B. BOOSS-BAVBNEK et E. HØYRUP. Bâle : Birkhäuser, p. 23-82.

SMIT, D.-J. (1988). "String theory and algebraic geometry of moduli spaces". In : *Comm. Math. Phys.* 114, p. 645-685.

SOKAL, A. et J. BRICMONT (1998). *Impostures Intellectuelles*. Paris : Odile Jacob.

SOLOW, R. M. (1997). "How did economics get that way and what way did it get ?" In : *Daedalus* 126.1, p. 87-100.

SONTAG, S. (1990). *Illness as Metaphor & AIDS and its Metaphors*. New York : Picador/Farrar, Strauss et Giroux.

SPELKE, E. S. (2010). "Core systems and the growth of human knowledge : natural geometry". In : *Human Neuroplasticity and Education. The Proceedings of the Working Croup 17-28 October*. Sous la dir. d'A. M. BATTRA, S. DEHAENE et W. J. SINGER. T. 117. Scripta Varia. Le Vatican : Pontificae Acaderniae Scientiarum, p. 73-99.

SPRINGER, S. et I. DEUTSCH (1997). *Left brain, right brain*. New York : Worth Publishers.

STEPANOV, Y. S., éd. (1983). *Sémiotique*. Radouga. (en russe).

STOLYAR, A. D. (1976). "Sur l'« hypothèse de la main » comme explication traditionnelle de l'origine de l'art paléolithique". In : *L'art archaïque*. Novosibirsk : Naouka, p. 8-24. (en russe).

TABUADA, G. (2011). "A guided Tour through the Garden of Noncommutative Motives". arXiv:1108.3787.

TASIC, V. (2001). *Mathematics and the roots of postmodern thought*. Oxford Univ. Press.

TATE, J. (1967). "Fourier analysis in number fields and Hecke's zeta-functions". In : *Algebraic Number Theory*. Sous la dir. de J. W. S. CASSELS et A. FRÖHLICH. Academic Press, p. 305-347.

TCHAÏKOVSKY, Yu. V (2001). "Qu'est-ce que le vraisemblable ? (évolution du concept de l'Antiquité à Poisson)". In : *Recherces historico-mathématiques* 41, p. 34-56. (en russe).

THOMAS-ANTERION, C. et al. (2010). "De nova artistic activity following insular-SII ischemia". In : *PAIN* 150, p. 121-127.

TOPOROV, V. N. (1985). "Le sanscrit et ses leçons". In : *L'Inde antique*. Nauka, p. 5-29. (en russe).

TURNBULL, H. W. (1956). "The great mathematicians »". In : *The World of Mathematics. A small library of the literature of mathematics from A'h-mosé the Scribe to Albert Einstein*. Sous la dir. de James R. NEWMAN. T. 1. New York : Simon et Schuster, p. 75-168.

TURNER, V. (1969). *The ritual process : structure and antistructure*. Chicago : Aldane.

VOEVODSKY, V. et G. B. SHABAT V (1989). "Equilateral triangulations of Riemann surfaces and curves over algebraic number fields". In : *Soviet Math. Dokl.* 39, p. 38-41.

VOEVODSKY, V., A. SUSLIN et E. FRIEDLANDER (2000). *Cycles, transfers, and motivic homology theory*. Ann. Math. Studies. Princeton University Press.

VOLOVICH, I. V. (2010). "Number theory as the ultimate physical theory". In : *p-adic Num. Ultrametr. Anal. Appl.* 2, p. 77-87. *p*-adic space-time and string theory, *Teor. Mat. Fizika* (1987), p. 337–340 (en russe).

VON NEUMANN, J. (2005). *Selected Letters*. Sous la dir. de M. RÉDEI. T. 27. History of Math. American Mathematical Society et London Mathematical Society.

VVENDENSKY, A. (1993a). *Œuvres 1926–37*. Moscou : Guileya. (en russe) présentées et annotées par M. Meylakha.

——— (1993b). *Œuvres 1938–41 et appendices*. Moscou : Guileya. (en russe) présentées et annotées par M. Meylakha.

WEIGHTMAN, J. (1998). "The lure of unreason". In : *The Hudson Review* 50, p. 475-489.

WEIL, A. (1980). *Collected Papers*. T. 2. Springer.

WHITEN, Andrew et Richard W. BYRNE (1997). *Machiavellian Intelligence II. Extensions and evaluations*. Cambridge University Press.

WITTEN, E. (1989). "Quantum field theory and the Jones polynomial". In : *Comm. Math. Phys.* 121, p. 351-399.

YAKUSHIN, B. V. (1985). *Conjectures sur l'origine du langage*. Naouka. (en russe).

YEROFEYEV, V. (1989). *Моя маленькая лениниана [Ma petite Léniniana]*. T. 1. Petite Bibliothèque du journal Sovremennaya Moralka. Moscou : LIGA. (en russe).

TABLE DES MATIÈRES

Cet ouvrage,
le soixante-dixième
de la collection « L'Âne d'or »
publié aux Éditions Les Belles Lettres
a été achevé d'imprimer
en août 2021
dans les ateliers d'Evoluprint
31150 Bruguières

N° d'éditeur : 9935
N° d'imprimeur : 29371
Dépôt légal : septembre 2021